教育部高等学校电子信息类专业教学指导委员会规划教材
高等学校电子信息类专业系列教材

Fundamentals of Electronic Technology

电子技术基础

（微课视频版）

任骏原　赵丽霞　王学艳　张　健　主编

清华大学出版社
北京

内 容 简 介

本书全面介绍电子技术的基本理论、电路的基本分析方法和设计方法。全书共分12章，内容包括电路的基本概念及基本定律、电路的基本分析方法、正弦稳态电路分析、常用半导体器件、放大电路基础、集成运算放大器及其应用、直流稳压电源、数字逻辑基础、逻辑门电路和组合逻辑电路、触发器和时序逻辑电路、半导体存储器和可编程逻辑器件，以及数模与模数转换电路。每章均有Multisim仿真示例、小结、自测题和习题。

本书可作为高等学校理工科相关专业的教材，也可供高等学校教师、研究生及从事电子技术研究的科技人员参考。

本书封面贴有清华大学出版社防伪标签，无标签者不得销售。
版权所有，侵权必究。举报：010-62782989，beiqinquan@tup.tsinghua.edu.cn。

图书在版编目(CIP)数据

电子技术基础：微课视频版/任骏原等主编．—北京：清华大学出版社，2022.6(2024.8重印)
高等学校电子信息类专业系列教材
ISBN 978-7-302-59656-1

Ⅰ．①电… Ⅱ．①任… Ⅲ．①电子技术－高等学校－教材 Ⅳ．①TN

中国版本图书馆CIP数据核字(2021)第249688号

责任编辑：闫红梅
封面设计：李召霞
责任校对：李建庄
责任印制：沈　露

出版发行：清华大学出版社
　　网　　址：https://www.tup.com.cn，https://www.wqxuetang.com
　　地　　址：北京清华大学学研大厦A座　　邮　编：100084
　　社　总　机：010-83470000　　邮　购：010-62786544
　　投稿与读者服务：010-62776969，c-service@tup.tsinghua.edu.cn
　　质量反馈：010-62772015，zhiliang@tup.tsinghua.edu.cn
　　课件下载：https://www.tup.com.cn，010-83470236
印 装 者：三河市铭诚印务有限公司
经　　销：全国新华书店
开　　本：185mm×260mm　　印　张：22　　字　数：534千字
版　　次：2022年6月第1版　　印　次：2024年8月第4次印刷
印　　数：5501～7500
定　　价：59.80元

产品编号：093943-01

高等学校电子信息类专业系列教材

顾问委员会

谈振辉	北京交通大学（教指委高级顾问）	郁道银	天津大学（教指委高级顾问）
廖延彪	清华大学　　（特约高级顾问）	胡广书	清华大学（特约高级顾问）
华成英	清华大学　　（国家级教学名师）	于洪珍	中国矿业大学（国家级教学名师）
彭启琮	电子科技大学（国家级教学名师）	孙肖子	西安电子科技大学（国家级教学名师）
邹逢兴	国防科技大学（国家级教学名师）	严国萍	华中科技大学（国家级教学名师）

编审委员会

主　任	吕志伟	哈尔滨工业大学			
副主任	刘　旭	浙江大学	王志军	北京大学	
	隆克平	北京科技大学	葛宝臻	天津大学	
	秦石乔	国防科技大学	何伟明	哈尔滨工业大学	
	刘向东	浙江大学			
委　员	王志华	清华大学	宋　梅	北京邮电大学	
	韩　焱	中北大学	张雪英	太原理工大学	
	殷福亮	大连理工大学	赵晓晖	吉林大学	
	张朝柱	哈尔滨工程大学	刘兴钊	上海交通大学	
	洪　伟	东南大学	陈鹤鸣	南京邮电大学	
	杨明武	合肥工业大学	袁东风	山东大学	
	王忠勇	郑州大学	程文青	华中科技大学	
	曾　云	湖南大学	李思敏	桂林电子科技大学	
	陈前斌	重庆邮电大学	张怀武	电子科技大学	
	谢　泉	贵州大学	卞树檀	火箭军工程大学	
	吴　瑛	战略支援部队信息工程大学	刘纯亮	西安交通大学	
	金伟其	北京理工大学	毕卫红	燕山大学	
	胡秀珍	内蒙古工业大学	付跃刚	长春理工大学	
	贾宏志	上海理工大学	顾济华	苏州大学	
	李振华	南京理工大学	韩正甫	中国科学技术大学	
	李　晖	福建师范大学	何兴道	南昌航空大学	
	何平安	武汉大学	张新亮	华中科技大学	
	郭永彩	重庆大学	曹益平	四川大学	
	刘缠牢	西安工业大学	李儒新	中国科学院上海光学精密机械研究所	
	赵尚弘	空军工程大学	董友梅	京东方科技集团股份有限公司	
	蒋晓瑜	陆军装甲兵学院	蔡　毅	中国兵器科学研究院	
	仲顺安	北京理工大学	冯其波	北京交通大学	
	黄翊东	清华大学	张有光	北京航空航天大学	
	李勇朝	西安电子科技大学	江　毅	北京理工大学	
	章毓晋	清华大学	张伟刚	南开大学	
	刘铁根	天津大学	宋　峰	南开大学	
	王艳芬	中国矿业大学	靳　伟	香港理工大学	
	苑立波	哈尔滨工程大学			
丛书责任编辑	盛东亮	清华大学出版社			

前 言
FOREWORD

"电子技术基础"是电子科学与技术、电子信息工程、计算机科学与技术、智能科学与技术、网络工程、通信工程、机电工程和自动化等专业的学科基础课程。课程的任务是使学生掌握电子技术的基本理论、电路的基本分析方法和基本设计方法,为深入学习后续课程和从事有关电子技术方面的实际工作打下基础。

本书根据教育部《普通高等学校本科专业目录(2020年版)》和教育部高等学校电子电气基础课程教学指导分委员会《电子电气基础课程教学基本要求》进行编写,全面介绍电子技术的基本理论、电路的基本分析方法和设计方法。全书共分12章,内容包括电路的基本概念及基本定律、电路的基本分析方法、正弦稳态电路分析、常用半导体器件、放大电路基础、集成运算放大器及其应用、直流稳压电源、数字逻辑基础、逻辑门电路和组合逻辑电路、触发器和时序逻辑电路、半导体存储器和可编程逻辑器件,以及数模与模数转换电路。

编写本书的主要指导思想是:保证基础、精选内容、培养能力、便于自学,按照基础知识储量和学科发展增量统筹考虑的原则构建知识体系,加强学科新技术的引入。

本书的特色如下:

① 内容新颖。跟踪电子技术学科的发展新趋势,汲取学科领域的新理论、新技术和新成果,吸收国内外现有优秀教材的成功之处,结合作者40多年的教学科研论文成果、省级教学成果和省级教改立项成果,有机融入唯物辩证法的对立统一规律,引入Multisim仿真技术在电子技术中的应用。

② 目标明确。力争培养学习者的科学思维能力与辩证思维能力,树立正确的系统观和方法论,提高分析和解决实际问题的能力。使学习者通过本书的学习,能够系统地掌握电子技术的基本理论、基本分析方法和基本设计方法,为学习后续课程奠定必要的基础。

③ 习题多样。每章章末附有选择题、填空题、计算题、电路分析题及电路设计题,利于不同层次、不同专业和不同程度的学习者进行练习和拓展。

④ 资源丰富。有配套的习题解答、微课视频以及PPT课件等教学资源,便于学习者参考、使用。

本书由任骏原、赵丽霞、王学艳、张健为主编,周丹、张欣欣、闫海龙、李佳星为副主编。具体编写分工为:第1~3章、第12章由张欣欣、任骏原编写,第4~7章由赵丽霞、张健、闫海龙编写,第8~11章由王学艳、周丹、李佳星编写。全书由任骏原负责策划、修改和定稿。

本书可作为高等学校理工科相关专业的教材,也可供高等学校教师、研究生及从事电子技术研究的科技人员参考。

由于编者的学识有限,书中疏漏和错误在所难免,敬请读者批评指正。

编 者

2022 年 2 月

目 录
CONTENTS

第1章 电路的基本概念及基本定律 1
  1.1 电路及其组成 1
    1.1.1 电路的作用与组成 1
    1.1.2 电路模型 1
  1.2 电路的基本物理量 2
    1.2.1 电流 2
    1.2.2 电压和电位 2
    1.2.3 关联、非关联参考方向及功率 4
  1.3 理想电路元件 5
    1.3.1 理想无源元件 5
    1.3.2 独立电源和受控电源 8
  1.4 基尔霍夫定律 10
    1.4.1 基尔霍夫电流定律 11
    1.4.2 基尔霍夫电压定律 12
  1.5 基尔霍夫定律 Multisim 仿真示例 12
  本章小结 13
  自测题 14
  习题 16

第2章 电路的基本分析方法 18
  2.1 等效变换分析法 18
    2.1.1 等效二端网络的概念 18
    2.1.2 无源二端网络的等效变换 19
    2.1.3 电源模型的等效变换 21
  2.2 电路的一般分析方法 24
    2.2.1 支路电流法 24
    2.2.2 结点电压法 26
  2.3 电路定理 27
    2.3.1 叠加定理 27

	2.3.2 戴维南定理	29
	2.3.3 诺顿定理	31
2.4	电路分析 Multisim 仿真示例	32
本章小结		34
自测题		35
习题		38

第3章 正弦稳态电路分析 … 41

- 3.1 正弦电路的基本概念 … 41
  - 3.1.1 正弦交流电的三要素 … 41
  - 3.1.2 正弦交流电的相位差 … 43
- 3.2 正弦量的相量表示 … 44
  - 3.2.1 复数及其运算 … 44
  - 3.2.2 正弦量的相量表示方法 … 45
- 3.3 两类约束的相量形式 … 46
  - 3.3.1 电路元件伏安关系的相量形式 … 46
  - 3.3.2 基尔霍夫定律的相量形式 … 48
- 3.4 正弦交流电路 Multisim 仿真示例 … 50
- 本章小结 … 52
- 自测题 … 52
- 习题 … 54

第4章 常用半导体器件 … 56

- 4.1 半导体基础知识 … 56
  - 4.1.1 本征半导体 … 56
  - 4.1.2 杂质半导体 … 57
  - 4.1.3 PN 结 … 58
- 4.2 半导体二极管 … 59
  - 4.2.1 二极管的结构与类型 … 59
  - 4.2.2 二极管的伏安特性 … 60
  - 4.2.3 二极管的主要参数 … 62
  - 4.2.4 二极管电路的分析方法 … 62
  - 4.2.5 特殊二极管 … 63
- 4.3 双极型晶体管 … 65
  - 4.3.1 晶体管的结构与类型 … 65
  - 4.3.2 晶体管的电流放大原理 … 65
  - 4.3.3 晶体管的共发射极特性曲线 … 67
  - 4.3.4 晶体管的主要参数 … 69
- 4.4 场效应管 … 70

  4.4.1 绝缘栅场效应管的基本结构和工作原理 ………………………………… 70
  4.4.2 绝缘栅场效应管的特性曲线 ……………………………………………… 71
  4.4.3 绝缘栅场效应管的主要参数 ……………………………………………… 72
 4.5 半导体器件 Multisim 仿真示例 …………………………………………………… 73
本章小结 …………………………………………………………………………………… 75
自测题 ……………………………………………………………………………………… 75
习题 ………………………………………………………………………………………… 77

第 5 章 放大电路基础 …………………………………………………………………… 80

 5.1 放大的基本概念和放大电路的主要技术指标 …………………………………… 80
  5.1.1 放大的基本概念 …………………………………………………………… 80
  5.1.2 放大电路的主要技术指标 ………………………………………………… 80
 5.2 基本放大电路的组成及工作原理 ………………………………………………… 82
  5.2.1 基本放大电路的组成 ……………………………………………………… 82
  5.2.2 基本放大电路的工作原理 ………………………………………………… 83
 5.3 放大电路的基本分析方法 ………………………………………………………… 84
  5.3.1 直流通路与交流通路 ……………………………………………………… 85
  5.3.2 放大电路的静态分析 ……………………………………………………… 85
  5.3.3 放大电路的动态分析 ……………………………………………………… 86
 5.4 放大电路静态工作点的稳定 ……………………………………………………… 93
  5.4.1 温度对静态工作点的影响 ………………………………………………… 93
  5.4.2 分压式静态工作点稳定电路 ……………………………………………… 93
 5.5 基本共集电极放大电路 …………………………………………………………… 96
  5.5.1 电路的组成 ………………………………………………………………… 96
  5.5.2 静态分析 …………………………………………………………………… 97
  5.5.3 动态分析 …………………………………………………………………… 97
 5.6 场效应管放大电路 ………………………………………………………………… 99
  5.6.1 电路的组成 ………………………………………………………………… 99
  5.6.2 静态分析 …………………………………………………………………… 99
  5.6.3 动态分析 ………………………………………………………………… 100
 5.7 多级放大电路 …………………………………………………………………… 100
  5.7.1 多级放大电路耦合方式 ………………………………………………… 100
  5.7.2 多级放大电路的动态分析 ……………………………………………… 102
 5.8 基本放大电路 Multisim 仿真示例 ……………………………………………… 102
本章小结 ………………………………………………………………………………… 107
自测题 …………………………………………………………………………………… 108
习题 ……………………………………………………………………………………… 110

第 6 章 集成运算放大器及其应用 …… 114

6.1 集成运放的基本组成 …… 114
- 6.1.1 偏置电路——电流源电路 …… 114
- 6.1.2 输入级——差分放大电路 …… 115
- 6.1.3 中间级——有源负载放大电路 …… 121
- 6.1.4 输出级——功率放大电路 …… 123

6.2 集成运放的典型电路与技术指标 …… 125
- 6.2.1 双极型集成运放 F007 简介 …… 126
- 6.2.2 集成运放的主要技术指标 …… 126
- 6.2.3 理想集成运放及其两种工作状态 …… 127

6.3 放大电路中的反馈 …… 128
- 6.3.1 反馈的基本概念 …… 128
- 6.3.2 反馈的分类与判别方法 …… 129
- 6.3.3 负反馈对放大电路性能的影响 …… 132
- 6.3.4 深度负反馈电压放大倍数的估算 …… 134

6.4 模拟信号运算电路 …… 136
- 6.4.1 比例运算电路 …… 136
- 6.4.2 求和运算电路 …… 139
- 6.4.3 积分和微分运算电路 …… 141
- 6.4.4 对数和指数运算电路 …… 143

6.5 信号处理电路和波形发生电路 …… 145
- 6.5.1 电压比较器 …… 145
- 6.5.2 波形发生电路 …… 147

6.6 集成运算放大器 Multisim 仿真示例 …… 151

本章小结 …… 155
自测题 …… 156
习题 …… 160

第 7 章 直流稳压电源 …… 167

7.1 整流电路 …… 167
- 7.1.1 单相半波整流电路 …… 167
- 7.1.2 单相桥式整流电路 …… 168

7.2 滤波电路 …… 170
- 7.2.1 电容滤波电路 …… 170
- 7.2.2 π 形滤波电路 …… 171

7.3 稳压电路 …… 172
- 7.3.1 稳压管稳压电路 …… 172
- 7.3.2 串联型直流稳压电路 …… 173

7.3.3 集成稳压电路 ··· 175
7.4 直流电源 Multisim 仿真示例 ·································· 177
本章小结 ··· 178
自测题 ··· 179
习题 ··· 181

第 8 章 数字逻辑基础 ·· 183

8.1 数制与编码 ··· 183
    8.1.1 数制 ··· 183
    8.1.2 编码 ··· 184
8.2 基本逻辑运算、复合逻辑运算及其描述 ·························· 185
    8.2.1 逻辑代数与逻辑变量 ····································· 185
    8.2.2 三种基本逻辑运算及其描述 ······························· 185
    8.2.3 复合逻辑运算及其描述 ··································· 187
8.3 逻辑代数中的公式和定理 ······································ 189
    8.3.1 基本公式 ·· 189
    8.3.2 常用公式 ·· 189
    8.3.3 基本定理 ·· 190
8.4 逻辑函数的表示方法及相互转换 ································ 191
    8.4.1 逻辑函数的真值表 ······································· 191
    8.4.2 逻辑函数的表达式 ······································· 191
    8.4.3 逻辑函数的逻辑图 ······································· 194
    8.4.4 逻辑函数的卡诺图 ······································· 194
    8.4.5 逻辑函数各种表示方法之间的转换 ························· 195
8.5 逻辑函数的化简 ··· 197
    8.5.1 逻辑函数的公式化简法 ··································· 197
    8.5.2 逻辑函数的卡诺图化简法 ································· 198
    8.5.3 具有无关项的逻辑函数化简 ······························· 200
8.6 数字逻辑 Multisim 仿真示例 ·································· 201
本章小结 ··· 203
自测题 ··· 203
习题 ··· 205

第 9 章 逻辑门电路和组合逻辑电路 ······························ 207

9.1 集成逻辑门电路 ··· 207
    9.1.1 TTL 集成逻辑门 ·· 207
    9.1.2 CMOS 集成逻辑门 ····································· 212
    9.1.3 TTL 逻辑门和 CMOS 逻辑门的主要特点及正确使用 ·········· 214
9.2 组合逻辑电路的分析和设计 ···································· 215

9.2.1 组合逻辑电路的分析 ············ 215
9.2.2 组合逻辑电路的设计 ············ 217
9.3 常用组合逻辑电路 ················ 220
9.3.1 加法器 ····················· 220
9.3.2 数值比较器 ················· 222
9.3.3 编码器 ····················· 223
9.3.4 译码器 ····················· 225
9.3.5 数据选择器 ················· 230
9.4 组合逻辑电路的竞争冒险 ········ 234
9.4.1 产生竞争冒险的原因 ········ 234
9.4.2 检查竞争冒险的方法 ········ 235
9.5 门电路和组合逻辑电路 Multisim 仿真示例 ··· 235
本章小结 ································ 240
自测题 ··································· 240
习题 ····································· 243

第 10 章 触发器和时序逻辑电路 ············ 247

10.1 触发器 ··························· 247
10.1.1 触发器的特点及逻辑功能描述方法 ··· 247
10.1.2 基本 RS 触发器 ··············· 247
10.1.3 同步触发器 ··················· 249
10.1.4 边沿触发器 ··················· 253
10.2 时序逻辑电路的分析和设计 ······ 257
10.2.1 时序逻辑电路的分析 ········· 258
10.2.2 时序逻辑电路的设计 ········· 263
10.3 常用时序逻辑电路 ················ 268
10.3.1 计数器 ······················· 268
10.3.2 寄存器 ······················· 274
10.4 脉冲产生与整形电路 ·············· 276
10.4.1 集成 555 定时器 ·············· 276
10.4.2 施密特触发器 ················ 277
10.4.3 单稳态触发器 ················ 279
10.4.4 多谐振荡器 ··················· 280
10.5 触发器和时序逻辑电路 Multisim 仿真示例 ··· 281
本章小结 ································ 286
自测题 ··································· 287
习题 ····································· 290

第 11 章 半导体存储器和可编程逻辑器件 ······ 297

11.1 半导体存储器和可编程逻辑器件概述 ······ 297
11.2 只读存储器 ······ 298
11.2.1 ROM 的分类 ······ 298
11.2.2 ROM 的结构及工作原理 ······ 299
11.2.3 ROM 实现组合逻辑函数的应用 ······ 301
11.3 随机存取存储器 ······ 303
11.3.1 RAM 的分类 ······ 303
11.3.2 RAM 的结构及工作原理 ······ 303
11.3.3 RAM 的存储容量扩展 ······ 305
11.4 可编程逻辑器件简介 ······ 307
11.5 存储器 Multisim 仿真示例 ······ 309
本章小结 ······ 311
自测题 ······ 311
习题 ······ 312

第 12 章 数模与模数转换电路 ······ 315

12.1 D/A 转换器 ······ 315
12.1.1 二进制权电阻网络 D/A 转换器 ······ 315
12.1.2 R-$2R$ 倒 T 形电阻网络 D/A 转换器 ······ 316
12.1.3 D/A 转换器的主要技术指标 ······ 317
12.1.4 集成 DAC ······ 318
12.2 A/D 转换器 ······ 320
12.2.1 A/D 转换的基本原理 ······ 320
12.2.2 并行比较 A/D 转换器 ······ 322
12.2.3 逐次逼近 A/D 转换器 ······ 324
12.2.4 双积分 A/D 转换器 ······ 326
12.2.5 A/D 转换器的主要技术指标 ······ 329
12.2.6 集成 ADC ······ 329
12.3 数模与模数转换电路 Multisim 仿真实例 ······ 330
本章小结 ······ 332
自测题 ······ 332
习题 ······ 333

参考文献 ······ 335

第1章 电路的基本概念及基本定律

CHAPTER 1

本章介绍了电路的基本概念、基本物理量和基本定律,并对电流、电压的参考方向这一重要概念进行讨论。虽然研究的对象是简单电路,但所涉及的电路基本定律、基本概念和基本分析方法也适合其他电路,是进行电路分析与计算的基础。

1.1 电路及其组成

1.1.1 电路的作用与组成

把一些电气元器件或设备以一定方式连接起来的整体称为电路(electric circuit)。它是电流流通的路径。

实际电路的类型多种多样,不同电路的作用各不相同。但是,从基本功能上分,电路包含两大类:一类是信号的产生和处理电路,另一类是功率能量的产生和处理电路。前者如物理量测量电路、信号放大电路和信息处理电路等,后者如交直流转换电路和直流变换电路等。

从组成上分,电路一般由电源(electric source)、负载(load)和中间环节三部分组成。其中,电源用来提供能源。负载用于能量形式的转换。中间环节是指将电源与负载连接成闭合电路的导线、开关等部件,也常接有测量仪表或测量设备。

1.1.2 电路模型

组成电路的元器件或设备种类繁多,工作时的物理过程也很复杂,其特性很难用一个数学表达式完整、精确地表示。为了简化分析,必须抓住其主要性质,忽略其次要性质,即将实际电路中的元器件抽象成只有一种主要电磁特性的理想化元器件,使之能用精确的数学定义和数学表达式描述。例如有以下三种基本理想元件:电阻元件(resistance)是实际电阻器的理想化模型,它只具有阻碍电流通过的性质;电容元件(capacitance)是实际电容器的理想化模型,它只具有存储电场能量的性质;电感元件(inductance)是实际电感器的理想化模型,它只具有存储磁场能量的性质。又如有以下两种理想化的电源元件:电压源(voltage source)是实际电源的理想化模型,它只具有提供恒定电压或给定函数电压的性质;电流源(current source)是实际电源的另一种理想化模型,它只具有提供恒定电流或给定函数电流的性质。

电路模型(circuit model)是实际电路的科学抽象,即理想化模型,它由理想化电路元器件组成,表征实际电路的主要电磁特性,可以用数学方法对整个电路进行分析研究。因此,电路模型是本课程的学科理论基础。

1.2 电路的基本物理量

电路的电磁特性是由电路的物理量描述的。从掌握概念、强化应用的角度而言,最主要的是电流、电压以及它们的参考方向的概念,还要明确电位和电功率的概念。

1.2.1 电流

电荷在电场力的作用下定向运动形成电流(current)。电流的大小用电流强度表示,其定义是单位时间内通过导体横截面的电荷量,或者说电流 i 是电荷 q 对时间 t 的变化率,即

$$i = \frac{\mathrm{d}q}{\mathrm{d}t} \tag{1.1}$$

电流强度简称电流,用字母 I 或 i 表示。I 表示不随时间变化的直流电流;i 表示随时间变化的交流电流和直流电流。在国际单位制中,电流的单位为 A(安培,简称安),常用的电流单位还有 mA(10^{-3} A)、μA(10^{-6} A)等。

电荷在电路中的流通是有方向的,历史上已经规定正电荷运动的方向为电流的真实方向。在进行电路分析时,电路中电流的真实方向往往难以预先确定,而且交流电流的真实方向又随时间变化。解决这一问题的方法是在电路分析前给电流任意设定一个方向,在电路中用箭头(→)表示,称之为电流的参考方向(reference direction)。设定电流的参考方向后,电流就是一个代数量,可能是正值或负值。正值或负值表示电流参考方向和真实方向的关系,若计算所得电流为正值,则表示电流的真实方向和所设定的参考方向一致;若计算所得电流为负值,则表示电流的真实方向和所设定的参考方向相反。

在电路分析中,没有规定参考方向的电流,其数值的含义是不完整、不确切的。以后,在电路分析中使用的都是电流的参考方向,分析电路也都以参考方向为依据。

例1.1 图1.1中的矩形框用来表示泛指元件,试分别指出图1.1(a)、图1.1(b)、图1.1(c)中电流的真实方向。

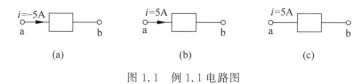

图 1.1 例 1.1 电路图

解: 图1.1中电流的真实方向如下。

图1.1(a): 由 b 至 a; 图1.1(b): 由 a 至 b; 图(c): 不能确定,因为没有给出电流的参考方向。

1.2.2 电压和电位

电荷在电场力的作用下定向运动形成电流,在这一过程中,电场力移动电荷而做功,做功的能力用电压(voltage)这一物理量表示。

电路中 a、b 两点之间的电压定义为把单位正电荷从 a 点经任意路径移动到 b 点时电场力所做的功,即

$$u_{ab}=\frac{\mathrm{d}w}{\mathrm{d}q} \tag{1.2}$$

u_{ab} 表示 a、b 两点之间的电压,$\mathrm{d}w$ 表示移动电荷 $\mathrm{d}q$ 时电场力所做的功。

电压用字母 u 或 U 表示。U 表示不随时间变化的直流电压;u 表示随时间变化的交流电压和直流电压。在国际单位制中,电压的单位为 V(伏特,简称伏),常用的电压单位还有 $kV(10^3 V)$、$mV(10^{-3} V)$、$\mu V(10^{-6} V)$ 等。如果电场力运动电荷所做的功为正值,单位正电荷失去能量或称该段电路吸收能量,u_{ab} 称为电压降;如果电场力运动电荷所做的功为负值,单位正电荷获得能量或称该段电路发出能量,u_{ab} 称为电压升。

在电路分析中,也经常用到电位(electric potential)这个概念。选择电路中的某一点作为参考点,也称接地点,用符号"⊥"表示,参考点的电位规定为 0。电路中其他各点与参考点之间的电压称为相应点的电位。可以看出,电位也是两点之间的电压,因此电位的单位与电压相同。

电位用带下标的字母 V 表示,下标表示电位所在的点,如 a 点的电位用 V_a 表示。电路中任意两点 a、b 之间的电压就等于这两点之间的电位差,即

$$u_{ab}=V_a-V_b \tag{1.3}$$

从习惯上,规定电压的真实极性或称方向是从高电位点指向低电位点的,即电位降低的方向。

与电流的参考方向类似,分析电路时需先设定电压的参考极性。在电路图中标示时,用"+"号表示高电位点或称"+"极,用"−"号表示低电位点或称"−"极;或用箭头(→)表示,由高电位点指向低电位点。在表达式中用双下标表示,如 u_{ab} 的下标 a 表示高电位点,下标 b 表示低电位点。按设定的参考极性进行电路分析计算,若计算所得电压为正值,则表示电压的真实极性和所设定的参考极性一致;若计算所得电压为负值,则表示电压的真实极性和所设定的参考极性相反。

在电路分析中,没有规定参考极性的电压,其数值的含义是不完整、不确切的。以后,在电路分析中使用的都是电压的参考极性,分析电路也都以参考方向为依据。

例 1.2 图 1.2 中的矩形框用来表示泛指元件,试分别指出图 1.2(a)、图 1.2(b)、图 1.2(c) 中电压的真实极性。

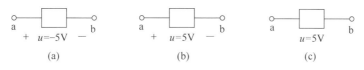

图 1.2 例 1.2 电路图

解:图 1.2 中电压的真实极性如下。

图 1.2(a):b 点为高电位端,即 b 正 a 负;图 1.2(b):a 点为高电位端,即 a 正 b 负;图 1.2(c):不能确定,因为没有给出电压的参考极性。

1.2.3 关联、非关联参考方向及功率

在进行电路分析时,一个元件的电压、电流的参考方向都可以独立地任意设定。如果指定流过元件的电流的参考方向是从标注电压"＋"极的一端流入,从标注电压"－"极的一端流出,即电流的参考方向与电压的参考方向一致,这种参考方向称为关联参考方向(associated reference direction),如图1.3(a)所示;当二者不一致时,称为非关联参考方向,如图1.3(b)所示。

(a) 关联参考方向　　　　　　(b) 非关联参考方向

图 1.3　关联和非关联参考方向

功率也是电路分析中一个重要的物理量。电功率与电压和电流密切相关。下面讨论图1.3所示二端元件的功率。

当电压 u 和电流 i 为关联参考方向时,如图1.3(a)所示,二端元件吸收的功率为

$$p = \frac{dw}{dt} = \frac{dw}{dq} \cdot \frac{dq}{dt} = ui \tag{1.4}$$

当电压 u 和电流 i 为非关联参考方向时,如图1.3(b)所示,二端元件吸收的功率为

$$p = -ui \tag{1.5}$$

对于式(1.4)和式(1.5),若 $p>0$,则为吸收正功率,表示吸收功率;若 $p<0$,则为吸收负功率,表示产生功率。这就是功率正、负的含义。

当电压的单位为 V(伏特)、电流的单位为 A(安培)时,功率的单位为 W(瓦特,简称瓦),常用单位有 $kW(10^3 W)$、$mW(10^{-3} W)$。

对于一个完整的电路,吸收功率之和等于产生功率之和,即能量守恒。

例 1.3　求图1.4中各二端元件吸收的功率,并指出功率的性质是吸收功率还是产生功率。

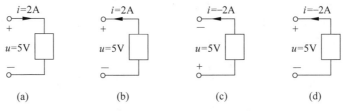

图 1.4　例 1.3 电路图

解: 如图1.4(a)所示,电压 u 和电流 i 为关联参考方向,所以

$$p = ui = (5 \times 2)W = 10W(吸收)$$

如图1.4(b)所示,电压 u 和电流 i 为非关联参考方向,所以

$$p = -ui = (-5 \times 2)W = -10W(产生)$$

如图1.4(c)所示,电压 u 和电流 i 为关联参考方向,所以

$$p = ui = [5 \times (-2)]W = -10W(产生)$$

如图1.4(d)所示,电压 u 和电流 i 为非关联参考方向,所以
$$p = -ui = [-5 \times (-2)]\text{W} = 10\text{W}(\text{吸收})$$

1.3 理想电路元件

从能量转换的角度来看,组成电路的元件有能量产生、能量消耗及电场能量存储和磁场能量存储之分。理想电路元件就是用来表征上述这些单一物理性质的元件,它主要有理想无源元件和理想有源元件两类。

1.3.1 理想无源元件

理想无源元件包括电阻元件、电容元件和电感元件三种,表征这三种元件电压、电流关系的物理量分别为电阻、电容和电感,它们又称为元件的参数(parameter)。习惯上也以这三种参数作为元件的名称。

1. 电阻元件

凡是对电流有阻碍作用并把电能不可逆地转换为其他形式能量的二端元件称为电阻元件。电阻有线性和非线性、时变和非时变之分,本教材主要研究线性电阻,其图形符号如图1.5(a)所示。

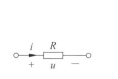
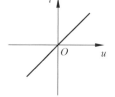

(a) 线性电阻的图形符号　　(b) 线性电阻的 u-i 伏安特性曲线

图1.5　电阻元件

线性电阻的特点是电阻值为常数,与通过它的电流和作用在它两端电压的大小无关。线性电阻两端的电压和通过它的电流之间的关系遵循欧姆定律(Ohm's law)。当电压 u 与电流 i 取关联参考方向时,有
$$u = Ri \tag{1.6}$$
即线性电阻上的电压与通过的电流成正比。u-i 伏安特性曲线如图1.5(b)所示。式(1.6)中,R 称为电阻元件的电阻值,简称电阻。在国际单位制中,电阻的单位为 Ω(欧姆,简称欧),常用的电阻单位还有 $\text{k}\Omega(10^3\Omega)$、$\text{M}\Omega(10^6\Omega)$ 等。

当电压 u 与电流 i 取非关联参考方向时,有
$$u = -Ri \tag{1.7}$$

电阻的倒数称为电导,用 G 表示,即 $G = 1/R$,单位是 S(西门子,简称西),$1\text{S} = 1/1\Omega$,符号与电阻相同。引入电导后,欧姆定律可表示为
$$i = \pm Gu \tag{1.8}$$

由式(1.6)和式(1.7)可知,电阻元件两端的电压与通过它的电流总是同时存在的,即电

阻元件中的电压(或电流)只由同一时刻的电流(或电压)决定,而与该时刻以前的电流(或电压)无关,所以说它是"无记忆"元件。

电阻元件对电流呈现阻碍作用就要消耗电功率。在关联参考方向下,电阻元件吸收的功率为

$$p = ui = Ri^2 = \frac{u^2}{R} \tag{1.9}$$

在非关联参考方向下,电阻元件吸收的功率为

$$p = -ui = -(-Ri) = Ri^2 = \frac{u^2}{R} \tag{1.10}$$

式(1.9)和式(1.10)表明,无论是关联参考方向还是非关联参考方向,电阻元件的功率始终大于零,因此电阻是耗能元件。

2. 电容元件

电容元件是实际电容器的理想化模型。如图 1.6(a)所示,它由用绝缘材料隔开的两个金属极板构成,加上电源后,两个极板上分别聚集起等量的异性电荷 $+q$ 与 $-q$,在介质中建立起电场,具有存储电场能量的功能。

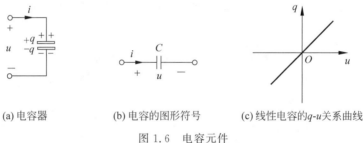

(a) 电容器　　　　　(b) 电容的图形符号　　　　(c) 线性电容的 q-u 关系曲线

图 1.6　电容元件

若电容元件上电压的参考方向规定由正极板指向负极板,那么任何时刻,电容元件极板上的电荷 q 与电压 u 成正比,即

$$q = Cu \tag{1.11}$$

这种电容称为线性电容,图形符号如图 1.6(b)所示,q-u 关系曲线如图 1.6(c)所示。式(1.11)中,C 为电容元件的电容量。当电荷的单位为 C(库伦)、电压的单位为 V(伏特)时,电容的单位为 F(法拉,简称法)。常用的电容单位还有 $\mu F(10^{-6} F)$、$pF(10^{-12} F)$等。

在电路分析中,人们感兴趣的是电容元件的伏安关系。如图 1.6(a),当电压 u 与电流 i 取关联参考方向时,则有

$$i = \frac{dq}{dt} = \frac{d(Cu)}{dt} = C\frac{du}{dt} \tag{1.12}$$

当电压 u 与电流 i 取非关联参考方向时,则有

$$i = -C\frac{du}{dt} \tag{1.13}$$

式(1.12)和式(1.13)表明,电容元件的电流和电压的变化率成正比,所以电容是一种动态元件。当电压不随时间变化时,电流为零。故在直流情况下,电容两端电压值恒定,相当于"开路",或者说电容有隔断直流(简称隔直)的作用。

将式(1.12)两边积分,有

$$u = \frac{1}{C}\int_{-\infty}^{t} i(\xi)\mathrm{d}\xi = \frac{1}{C}\int_{-\infty}^{0} i(\xi)\mathrm{d}\xi + \frac{1}{C}\int_{0}^{t} i(\xi)\mathrm{d}\xi = u(0) + \frac{1}{C}\int_{0}^{t} i(\xi)\mathrm{d}\xi \qquad (1.14)$$

$u(0)$为$t=0$时电容元件上的电压值,称为初始值。式(1.14)表明,任一时刻t,电容元件的电压取决于从$-\infty$到t的所有电流值,即与电容电流的全部历史有关。因此,电容电压具有记忆电流的性质,电容是一种"记忆"元件。

当电压u与电流i取关联参考方向时,电容元件吸收的瞬时功率为

$$p = ui = Cu\frac{\mathrm{d}u}{\mathrm{d}t} \qquad (1.15)$$

从$-\infty$到t时刻,电容元件吸收的电场能量为

$$w_\mathrm{C} = \int_{-\infty}^{t} p(\xi)\mathrm{d}\xi = \int_{-\infty}^{t} Cu(\xi)\mathrm{d}u(\xi) = \frac{1}{2}Cu^2(t) - \frac{1}{2}Cu^2(-\infty) \qquad (1.16)$$

一般认为$u(-\infty)=0$,则电容元件在任一时刻t存储的电场能量为

$$w_\mathrm{C} = \frac{1}{2}Cu^2(t) \qquad (1.17)$$

式(1.17)表明,电容元件在某一时刻的储能只取决于该时刻电容两端的电压值,而与通过电容的电流值无关。

在时间$t_1 \sim t_2$期间,电容元件能量的变化为

$$w_\mathrm{C} = w_\mathrm{C}(t_2) - w_\mathrm{C}(t_1) = \frac{1}{2}Cu^2(t_2) - \frac{1}{2}Cu^2(t_1) \qquad (1.18)$$

当$|u(t_2)|>|u(t_1)|$时,电容元件吸收能量,并全部转换为电场能;当$|u(t_2)|<|u(t_1)|$时,电容元件将存储的电场能释放出来并转换为电能。可见,电容元件并不消耗吸收的能量,而是以电场能量的形式存储起来,所以电容元件是一种储能元件,也是无源元件。

3. 电感元件

电感元件是实际电感线圈的理想化模型。如图1.7(a)所示,它由导线绕制而成,当线圈中有电流流过时,在其周围产生磁场,具有存储磁场能量的功能。

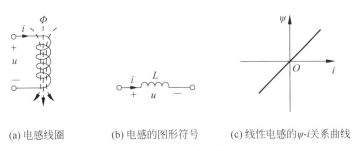

(a) 电感线圈　　(b) 电感的图形符号　　(c) 线性电感的ψ-i关系曲线

图1.7 电感元件

设线圈的匝数为N,电流i通过线圈时产生的磁通为Φ,则线圈的磁链$\psi=N\Phi$,Φ和Ψ都是由线圈本身的电流产生的,也称作自感磁通和自感磁链。若磁通的参考方向与电流的参考方向符合右手螺旋定则,则在任何时刻,电感中的磁链ψ与电流i成正比,即

$$\psi = Li \qquad (1.19)$$

这种电感称为线性电感,图形符号如图1.7(b)所示,ψ-i关系曲线如图1.7(c)所示。

式(1.19)中，L 称为电感元件的电感量。当磁通的单位为 Wb(韦伯)、电流的单位为 A(安培)时，电感的单位为 H(亨利)。常用的电感单位还有 $mH(10^{-3}H)$、$\mu H(10^{-6}H)$ 等。

在电路分析中，人们感兴趣的是电感元件的伏安关系。如图1.7(b)，当电压 u 与电流 i 取关联参考方向时，根据电磁感应定律，有

$$u = \frac{d\psi}{dt} = L\frac{di}{dt} \tag{1.20}$$

当电压 u 与电流 i 取非关联参考方向时，则有

$$u = -L\frac{di}{dt} \tag{1.21}$$

式(1.20)和式(1.21)表明，电感元件上的电压和电流的变化率成正比，所以电感是一种动态元件。当电流不随时间变化时，电压为零。故在直流情况下，电感相当于"短路"。因此电感具有通低频、阻高频的特性。

将式(1.20)两边积分，有

$$i = \frac{1}{L}\int_{-\infty}^{t}u(\xi)d\xi = \frac{1}{L}\int_{-\infty}^{0}u(\xi)d\xi + \frac{1}{L}\int_{0}^{t}u(\xi)d\xi = i(0) + \frac{1}{L}\int_{0}^{t}u(\xi)d\xi \tag{1.22}$$

$i(0)$ 为 $t=0$ 时电感元件中的电流值，称为初始值。式(1.22)表明，任一时刻 t，电感元件中的电流取决于从 $-\infty$ 到 t 所有电压值，即与电容电压的全部历史有关。因此，电感电流具有记忆电压的性质，电感是一种"记忆"元件。

当电压 u 与电流 i 取关联参考方向时，电感元件吸收的瞬时功率为

$$p = ui = Li\frac{di}{dt} \tag{1.23}$$

从 $-\infty$ 到 t 时刻，电感元件吸收的磁场能量为

$$w_L = \int_{-\infty}^{t}p(\xi)d\xi = \int_{-\infty}^{t}Li(\xi)di(\xi) = \frac{1}{2}Li^2(t) - \frac{1}{2}Li^2(-\infty) \tag{1.24}$$

一般认为 $i(-\infty)=0$，则电感元件在任一时刻 t 存储的磁场能量为

$$w_L = \frac{1}{2}Li^2(t) \tag{1.25}$$

式(1.25)表明，电感元件在某一时刻的储能只取决于该时刻的电感电流值，而与电感电压值无关。

在时间 $t_1 \sim t_2$ 期间，电感元件能量的变化为

$$w_L = w_L(t_2) - w_L(t_1) = \frac{1}{2}Li^2(t_2) - \frac{1}{2}Li^2(t_1) \tag{1.26}$$

当 $|i(t_2)| > |i(t_1)|$ 时，电感元件吸收能量，并全部转换为磁场能；当 $|i(t_2)| < |i(t_1)|$ 时，电感元件将存储的磁场能释放出来并转换为电能。可见，电感元件并不消耗吸收的能量，而是以磁场能量的形式存储起来，所以电感元件是一种储能元件，也是无源元件。

1.3.2 独立电源和受控电源

独立电源是理想有源元件，是产生电能量的理想化模型，可分为理想电压源和理想电流源；受控电源是具有受控特性的非独立电源。

1. 独立电源

1) 理想电压源

电压源(voltage source)是一种理想化的二端电源元件,其两端电压总能保持恒定值或时间函数值。

图 1.8(a)所示为一般电压源的图形符号,其中"＋""－"是参考极性,u_s 为电压源的电压,u 为端口输出电压,i 为端口电流,一般 u、i 常取非关联参考方向。当 $u_s=U_s$ 为常数时,这种电压源称为直流电压源,图形符号如图 1.8(b)所示,其中长横线表示电源的"＋"极。

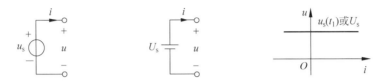

(a) 电压源的图形符号　　(b) 直流电压源的图形符号　　(c) 电压源u-i伏安特性曲线

图 1.8　理想电压源的图形符号及 u-i 伏安特性曲线

电压源有以下两个基本特性。

(1) 电压源两端电压为一恒定值或时间函数值,由电压源本身决定,与通过它的电流无关。

(2) 通过电压源的电流由电源及与之相连接的外电路共同决定。

由性质(1)、(2)可知,在任一时刻 t_1,电压源的端电压与端电流的 u-i 伏安特性曲线是一条平行于横轴、数值为 $u_s(t_1)$ 或 U_s 的直线,如图 1.8(c)所示。电流可以从不同的方向通过电压源,因此,电压源既可以作为电源向外电路提供能量,也可以从外电路吸收能量成为负载。

2) 理想电流源

电流源(current source)是一种理想化的二端电源元件,其输出电流总能保持恒定值或时间函数值。

图 1.9(a)所示为电流源的图形符号,i_s 为电流源的电流,箭头指向为 i_s 的参考方向,i 为端口输出电流,u 为端口电压,一般 u、i 常取非关联参考方向。当 $i_s=I_s$ 为常数时,这种电流源称为直流电流源。

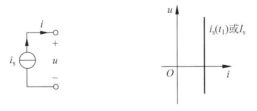

(a) 电流源的图形符号　　(b) 电流源u-i伏安特性曲线

图 1.9　理想电流源的图形符号及 u-i 伏安特性曲线

电流源有以下两个基本特性。

(1) 电流源输出的电流为一恒定值或时间函数值,由电流源本身决定,与两端的电压无关。

(2) 两端的电压由电源及与之相连接的外电路共同决定。

由性质(1)、(2)可知,在任一时刻 t_1,电流源的端电压与端电流的 u-i 伏安关系曲线是一条平行于纵轴、数值为 $i_s(t_1)$ 或 I_s 的直线,如图 1.9(b)所示。端电压的大小和极性都可以发生变化,因此,电流源既可以作为电源向外电路提供能量,也可以从外电路吸收能量成为负载。

2. 受控电源

除独立电源外,在电子电路中还有这样的一类电源,即电压源的输出电压和电流源的输出电流不是独立的,而是受电路中其他处的电压或电流控制,这种电源称为受控电源。

受控电源是四端元件,根据控制量是电压或电流可分为 4 种类型,即电压控制电压源(Voltage Controlled Voltage Source, VCVS)、电压控制电流源(Voltage Controlled Current Source, VCCS)、电流控制电压源(Current Controlled Voltage Source, CCVS)和电流控制电流源(Current Controlled Current Source, CCCS),它们的图形符号分别如图 1.10(a)、图 1.10(b)、图 1.10(c)和图 1.10(d)所示。为了与独立电源区别,用菱形符号表示其电源部分。

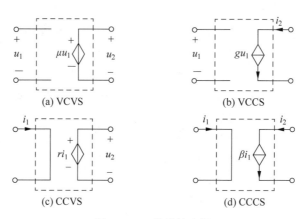

图 1.10 4 种受控电源

图 1.10 中,u_1、i_1 为控制量,u_2、i_2 为受控量,μ、g、r、β 为控制系数。其中,μ 和 β 无量纲,r 和 g 分别具有电阻和导电的量纲。

受控电源具有如下两个基本特性。

(1) 受控特性。受控电源反映电路中某处电压或电流能控制另一处电压或电流的现象。

(2) 电源特性。控制量确定时,受控的另一处电压或电流具有与独立电源相同的特性和作用。

1.4 基尔霍夫定律

电路分析方法的基本依据来源于两方面的规律:组成电路的各个元件方面的规律,即各个元件的电压、电流关系,这个规律只取决于元件本身的性质,与它们的连接状况无关;与元件的连接状态有关的规律,即基尔霍夫定律。元件性质和基尔霍夫定律构成了电路分析的基础。

基尔霍夫定律包括基尔霍夫电流定律(Kirchhoff's Current Law,KCL)和基尔霍夫电压定律(Kirchhoff's Voltage Law,KVL),分别反映了电路中交汇于同一结点各支路电流、闭环回路各部分电压所遵循的规律。

下面先以图1.11所示电路为例,介绍电路中4个相关的名词术语。

支路(branch):电路中流过同一电流的分支。例如,图1.11电路有3条支路,分别为acb、ab和adb。

结点(nodes):电路中3条或3条以上支路的连接点。例如,图1.11电路有2个结点,分别为a和b。

回路(loop):电路中的任一闭合的路径。例如,图1.11电路有3个回路,分别为abca、adba和adbca。

网孔(mesh):内部不含其他支路的回路。例如,图1.11电路有2个网孔,分别为abca和adba。

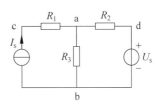

图1.11 基尔霍夫定律

1.4.1 基尔霍夫电流定律

基尔霍夫电流定律(KCL)指出,电路中任一结点上所有支路电流的代数和为0,即

$$\sum i = 0 \tag{1.27}$$

对于KCL,应明确和注意如下5点。

(1) 需要规定流入结点的电流为正,流出结点的电流为负,或反过来规定。

(2) 涉及两种正、负号:电流流入、流出结点的正、负号;电流参考方向和真实方向关系的正、负号。

(3) KCL是电流连续性(电荷守恒)原理的结果,与元件性质无关。

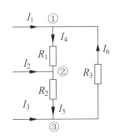

图1.12 例1.4电路图

(4) 可推广应用于包围部分电路的任意封闭面,也称为广义结点。

(5) 式(1.27)还可变形为 $\sum i_\text{入} = \sum i_\text{出}$,即流入结点电流之和等于流出结点电流之和。

例1.4 在图1.12所示部分电路中,已知电流 $I_1 = 2\text{A}$,$I_5 = -5\text{A}$,$I_6 = 10\text{A}$,试求电流 I_2、I_3 和 I_4。

解:规定流入结点的电流为正,流出结点的电流为负,对各结点列KCL方程求解:

结点①:
$$I_1 - I_4 + I_6 = 0$$
所以
$$I_4 = I_1 + I_6 = (2+10)\text{A} = 12\text{A}$$

结点②:
$$I_2 + I_4 - I_5 = 0$$
所以
$$I_2 = I_5 - I_4 = (-5-12)\text{A} = -17\text{A}$$

结点③:
$$I_3 + I_5 - I_6 = 0$$
所以
$$I_3 = I_6 - I_5 = [10-(-5)]\text{A} = 15\text{A}$$

或由广义结点:
$$I_1 + I_2 + I_3 = 0$$
所以
$$I_3 = -I_1 - I_2 = [-2-(-17)]\text{A} = 15\text{A}$$

1.4.2 基尔霍夫电压定律

基尔霍夫电压定律(KVL)指出,在电路的任何一个回路中,沿任一方向绕行一周时各部分电压的代数和为 0,即

$$\sum u = 0 \tag{1.28}$$

对于 KVL,应明确和注意如下 5 点。

(1) 需要选定绕行方向为顺时针绕行或逆时针绕行。规定与绕行方向一致的电压为正,与绕行方向相反的电压为负,或反过来规定。

(2) 涉及两种正、负号:电压极性与绕行方向关系的正、负号;电压参考极性与真实极性关系的正、负号。

(3) KVL 是电位单值性原理的结果,与元件性质无关。

(4) 可以推广应用于任何一段假想闭合的电路。

(5) 式(1.28)还可变形为 $\sum u_{降} = \sum u_{升}$,即电压降之和等于电压升之和。

例 1.5 在图 1.13 所示电路中,已知 $U_{s1}=20\text{V}, U_{s2}=10\text{V}, U_{ab}=4\text{V}, U_{bc}=-6\text{V}, U_{fa}=5\text{V}$,试求 U_{ed} 和 U_{ad}。

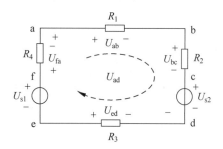

图 1.13 例 1.5 电路图

解:规定顺时针绕行,与绕行方向一致的电压为正,与绕行方向相反的电压为负。对回路列 KVL 方程求解:

回路 abcdefa:

$$U_{ab}+U_{bc}+U_{s2}-U_{ed}-U_{s1}+U_{fa}=0$$

求得

$$U_{ed}=U_{ab}+U_{bc}+U_{s2}-U_{s1}+U_{fa}$$
$$=[4+(-6)+10-20+5]\text{V}=-7\text{V}$$

假想的回路 abcda:

$$U_{ab}+U_{bc}+U_{s2}-U_{ad}=0$$

求得

$$U_{ad}=U_{ab}+U_{bc}+U_{s2}=[4+(-6)+10]\text{V}=8\text{V}$$

或假想的回路 adefa:

$$U_{ad}-U_{ed}-U_{s1}+U_{fa}=0$$

求得

$$U_{ad}=U_{ed}+U_{s1}-U_{fa}=(-7+20-5)\text{V}=8\text{V}$$

1.5 基尔霍夫定律 Multisim 仿真示例

在 Multisim 14 中构建基尔霍夫定律仿真测试电路,如图 1.14 所示。注意,由于本书中的仿真测试电路由软件生成,因此各元件符号由正体显示。其中,三个直流数字电流表分别用于测量三个支路电流 I_1、I_2 和 I_3;三个直流数字电压表分别用于测量三个电阻两端的电压 U_{R1}、U_{R2} 和 U_{R3}。仿真测量结果如表 1.1 所示。

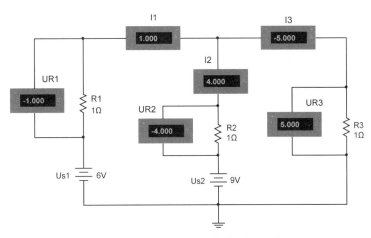

图 1.14 基尔霍夫定律仿真测试电路

表 1.1 基尔霍夫定律的仿真结果

	I_1/A	I_2/A	I_3/A	U_{R1}/V	U_{R2}/V	U_{R3}/V
测量值	1	4	-5	-1	-4	5

根据表 1.1 的测试数据,对基尔霍夫定律进行验证如下。

对图 1.14 中由电阻 R_1、R_2、R_3 构成的结点求各支路电流的代数和:
$$I_1 + I_2 + I_3 = (1 + 4 - 5)\text{A} = 0$$
符合 KCL 规律。

对图 1.14 中由电阻 R_1、R_2 及电压源 U_{s1}、U_{s2} 构成的回路求各部分电压的代数和:
$$-U_{s1} - U_{R1} + U_{R2} + U_{s2} = [-6 - (-1) - 4 + 9]\text{V} = 0$$
符合 KVL 规律。

对图 1.14 中由电阻 R_2、R_3 及电压源 U_{s2} 构成的回路求各部分电压的代数和:
$$-U_{s2} - U_{R2} + U_{R3} = [-9 - (-4) + 5]\text{V} = 0$$
符合 KVL 规律。

对图 1.14 中的由电阻 R_1、R_3 及电压源 U_{s1} 构成的回路求各部分电压的代数和:
$$-U_{s1} - U_{R1} + U_{R3} = [-6 - (-1) + 5]\text{V} = 0$$
符合 KVL 规律。

本章小结

本章介绍了电路与电路模型的概念、电路的基本物理量、电路元件和基尔霍夫定律,是电路分析最基本的内容。

(1) 实际电路元件用理想化模型来表征,每一种理想元件具有确定的电磁性质、精确的数学定义和数学表达式。一个实际的电路由一个或多个理想元件组成,即实际电路用电路模型来表征。电路的作用是信号的产生和处理及能量的产生和处理。

(2) 电路模型在结构上的特征是有支路、结点、回路及网孔,电路模型是电路分析计算的基础。

(3) 电路中的基本物理量有电流、电压、电位和功率等。从掌握概念、强化应用的角度而言,最重要的是:电流、电压及它们的参考方向;在关联参考方向或非关联参考方向下电路的功率计算及功率性质的确定;电路中任意两点之间的电压等于这两点的电位差。

(4) 电路中的无源元件有电阻、电容和电感,最重要的是这三种基本元件的伏安关系以及由此确定出来的主要特性。

(5) 电路中的独立电源有理想电压源和理想电流源。电压源两端电压为一恒定值或时间函数值,由电压源本身决定,与通过它的电流无关,通过电压源的电流由电源及与之相连接的外电路共同决定;电流源输出的电流为一恒定值或时间函数值,由电流源本身决定,与两端的电压无关,两端的电压由电源及与之相连接的外电路共同决定。

(6) 受控电源反映电路中某处电压或电流能控制另一处电压或电流的现象,电路控制量确定时,受控的另一处电压或电流具有与独立电源相同的特性和作用。

(7) 电路分析方法的基本依据为:组成电路的各个元件的电压、电流关系,这个规律只取决于元件本身的性质;与元件的连接状态有关的规律,即基尔霍夫定律。基尔霍夫电流定律(KCL)确定了电路中与结点相连的各支路电流之间的关系。基尔霍夫电压定律(KVL)确定了电路中任何一个回路中各部分电压之间的关系。

自测题

一、单项选择题

在各小题备选答案中选择出一个正确的答案,将正确答案前的字母填在题干后的括号内。

1. 如图 1.15 所示电路,元件 A 的功率为(　　)。
   A. 6W(产生)　　　B. $-$6W(产生)　　　C. 6W(吸收)　　　D. $-$6W(吸收)

2. 如图 1.16 所示电路,已知元件 A 产生功率 60W,则电流 $I=$(　　)。
   A. $+$12A　　　B. $-$12A　　　C. $+$5A　　　D. $-$5A

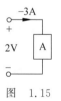
　　图 1.15

　　图 1.16

3. 如图 1.17 所示电路中,根据已知电压、电流的参考方向和大小,下列说法正确的是(　　)。
   A. I_s 为电源、U_s 为负载
   B. I_s 为负载、U_s 为电源
   C. I_s、U_s 均为电源
   D. I_s、U_s 均为负载

4. 如图 1.18 所示电路,电流 $I=$(　　)。
   A. 4A　　　B. 7A　　　C. 1A　　　D. 0A

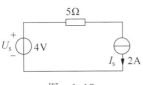

图 1.17

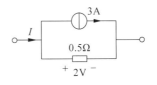

图 1.18

5. 如图 1.19 所示电路中,电流 $I=$( )。
   A. 4A　　　　　　B. −4A　　　　　　C. 8A　　　　　　D. −8A
6. 如图 1.20 所示电路中,电流 $I=$( )。
   A. 1A　　　　　　B. −1A　　　　　　C. 6A　　　　　　D. −6A

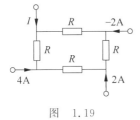

图 1.19

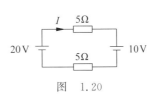

图 1.20

7. 如图 1.21 所示电路中,电压 $U_{ab}=$( )。
   A. 2V　　　　　　B. 10V　　　　　　C. −2V　　　　　　D. −10V
8. 如图 1.22 所示电路中,电压 $U=$( )。
   A. 3V　　　　　　B. −3V　　　　　　C. −13V　　　　　　D. 13V

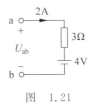

图 1.21

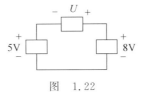

图 1.22

9. 如图 1.23 所示电路中,电压 $U=$( )。
   A. 5V　　　　　　B. −2V　　　　　　C. 12V　　　　　　D. 0V
10. 如图 1.24 所示电路中,端口的 U、I 关系为( )。
    A. $U=U_s-IR$　　　　　　　　B. $U=-U_s+IR$
    C. $U=-U_s-IR$　　　　　　　D. $U=U_s+IR$

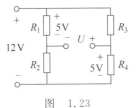

图 1.23

图 1.24

11. 如图 1.25 所示电路中,U、I 之间的关系式为(　　)。
    A. $U=5V-2I\Omega$　　　　　　　　　B. $U=5V-3I\Omega$
    C. $U=5V+2I\Omega$　　　　　　　　　D. $U=5V+3I\Omega$
12. 如图 1.26 所示电路中,$U=$(　　)。
    A. 10V　　　　B. 5V　　　　C. 2.5V　　　　D. $-10V$

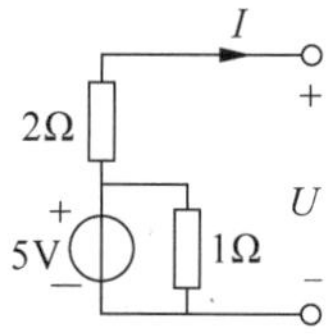

图 1.25 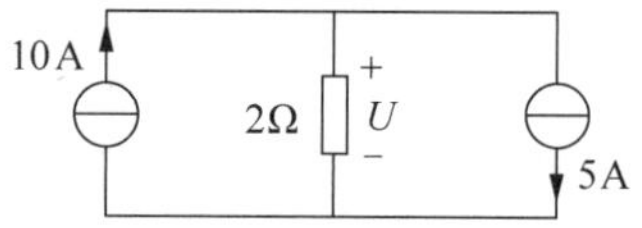　　　　　　　　　　图 1.26

二、填空题

1. 当电路中电流的参考方向与电流的真实方向相反时,该电流一定为_____值。
2. 一电压 $u=-10V$,"$-$"号表示_____。
3. 已知电路中 a、b 两点之间的电压 $U_{ab}=10V$,a 点的电位 $V_a=6V$,则 b 点的电位 $V_b=$_____V。
4. 如果设定流过元件电流的参考方向是从标以电压"$+$"极的一端流入,从标以电压"$-$"极的一端流出,这种参考方向称为_____参考方向。
5. 当电阻 R 上的电压 u、电流 i 参考方向为非关联时,欧姆定律的表达式为 $u=$_____。
6. 一个电阻 R 上的电压 u、电流 i 参考方向为非关联,已知 $u=-10V$,消耗功率 $p=1W$,则 $R=$_____Ω。
7. 电压源_____为一恒定值或时间函数值,由电压源本身决定;电流源_____为一恒定值或时间函数值,由电流源本身决定。
8. 电路中流过同一电流的分支称为_____,3 条或 3 条以上支路的连接点称为_____。
9. 电路中的任一闭合的路径称为_____,内部不含其他支路的回路称为_____。
10. _____反映了电路中交汇于同一结点各支路电流所遵循的规律,_____反映了电路中闭环回路各部分电压所遵循的规律。

习题

1. 求图 1.27 所示各电路中的 U、R、I,并指出电压、电流的真实方向与参考方向的关系。
2. 图 1.28 所示电路中,矩形框代表电源或电阻。各电压、电流的参考方向如图中所示,且已知 $I_1=2A$,$I_2=1A$,$I_3=1A$,$U_1=1V$,$U_2=-3V$,$U_3=8V$,$U_4=4V$,$U_5=7V$,$U_6=-3V$,试求:

(1) a 点与 c 点之间的电压 U_{ac} 以及 c 点与 e 点之间的电压 U_{ce},并指出这两个电压的

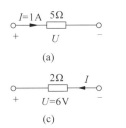
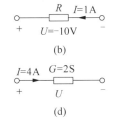

图 1.27

真实极性。

(2) 各矩形框的功率,并由此说明各矩形框是电源还是负载。

3. 图 1.29 所示电路中,已知 $R_1=10\text{k}\Omega, R_2=20\text{k}\Omega, I_1=4\text{mA}, I_2=2\text{mA}, U_3=50\text{V}$,试求 U_1、U_2 和 I_3,并说明元件 1、2、3 是负载还是电源。

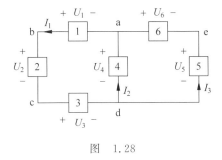
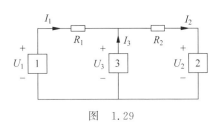

图 1.28　　　　　　　　　　图 1.29

4. 电路如图 1.30 所示,试求 U_{ab}、U_{ac}、U_{bc} 和 R_3。

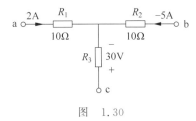

图 1.30

5. 电路如图 1.31 所示,分别求各电路中电流源、电压源的功率。

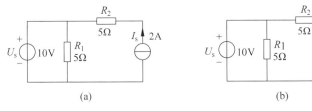

图 1.31

第 2 章 电路的基本分析方法

CHAPTER 2

本章介绍电路的基本分析方法,着重介绍等效变换的概念和方法、支路电流法、结点电压法、叠加定理及等效电源定理。

2.1 等效变换分析法

2.1.1 等效二端网络的概念

任何一个电路,无论其内部结构如何,若只有两个引出端子与外部相连,则称为二端网络。其中,内部含有电源的二端网络称为有源二端网络,内部不含有电源的二端网络称为无源二端网络。如图 2.1(a)所示为有源二端网络,如图 2.1(b)所示为无源二端网络。通常,用如图 2.1(c)所示的方框 N 来表示一个二端网络。

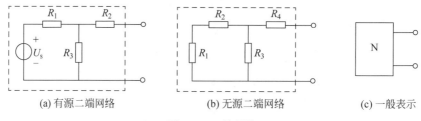

(a) 有源二端网络　　　　(b) 无源二端网络　　　　(c) 一般表示

图 2.1　二端网络

一个二端网络在电路中的作用或性质,是由它的端口上的电压、电流关系,即伏安关系(Volt-Ampere Relation,VAR)决定的。

对于两个结构不同的网络 N_1、N_2,若端口具有相同的伏安关系(VAR),则称它们对外是相互等效的,如图 2.2 所示。

图 2.2　二端网络的等效

注意,等效只针对二端网络的端口,即外电路,而不针对网络端口的内部。等效电路只能用来计算端口及端口以外部分电路的电压和电流。

2.1.2 无源二端网络的等效变换

对指定端口内部进行结构变形,将一个电路变换成为另一结构的电路,且新电路端口的 VAR 与原电路端口的 VAR 相同,这称为等效变换。一般是对指定端口等效变换,将一个复杂的电路变换成为一个结构简单的电路,目的是简化电路、方便计算。

1. 电阻串联等效变换和电阻并联等效变换

1) 电阻串联的等效变换

把多个电阻首尾顺序连接在一起,这种连接方式称为电阻串联(series connection of resistors),如图 2.3(a)所示。其中,$R_1,R_2,\cdots,R_k,\cdots,R_n$ 为 n 个相串联的电阻,u_1, $u_2,\cdots,u_k,\cdots,u_n$ 为各个电阻上的电压,u 为总电压,i 为通过电阻的电流。

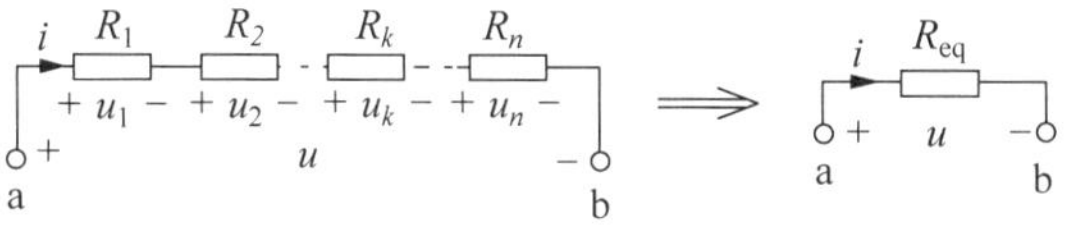

(a) 多个电阻串联电路　　　(b) 等效电路

图 2.3　电阻串联及其等效电路

根据 KCL 和 KVL,可确定电阻串联电路的特点:所有电阻流过同一电流;总电压等于各串联电阻的电压之和,即 $u=u_1+u_2+\cdots+u_k+\cdots+u_n$。

根据欧姆定律,有

$$u = R_1 i + R_2 i + \cdots + R_k i + \cdots + R_n i = (R_1 + R_2 + \cdots + R_k + \cdots + R_n)i = R_{eq} i \tag{2.1}$$

其中

$$R_{eq} = R_1 + R_2 + \cdots + R_k + \cdots + R_n = \sum_{k=1}^{n} R_k \tag{2.2}$$

R_{eq} 称为 $R_1,R_2,\cdots,R_k,\cdots,R_n$ 等 n 个相串联电阻的等效电阻,等于各串联电阻之和。图 2.3(a)可以等效成图 2.3(b)。

如果已知端口电压 u,就可求出每一电阻上的电压,电压与电流取关联参考方向时,有

$$u_k = R_k i = \frac{R_k}{R_{eq}} \cdot u \tag{2.3}$$

由式(2.3)可见,各串联电阻上的电压与其电阻值成正比。式(2.3)称为分压公式。

当只有两个电阻 R_1、R_2 串联,且电压与电流取关联参考方向时,分压公式为

$$\begin{cases} u_1 = \dfrac{R_1}{R_1+R_2} \cdot u \\ u_2 = \dfrac{R_2}{R_1+R_2} \cdot u \end{cases} \tag{2.4}$$

2) 电阻并联的等效变换

把多个电阻两端分别接在一起,这种连接方式称为电阻并联(parallel connection of resistors),如图 2.4(a)所示。其中,$R_1,R_2,\cdots,R_k,\cdots,R_n$ 为 n 个相并联的电阻,$i_1,i_2,\cdots$, $i_k,\cdots,i_n$ 为各个电阻中的电流,i 为总电流,u 为两端的电压。

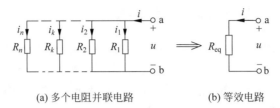

(a) 多个电阻并联电路　　　　(b) 等效电路

图 2.4　电阻并联及其等效电路

根据 KVL 和 KCL,可确定电阻并联电路的特点:所有电阻两端为同一电压;总电流等于各并联电阻的电流之和,即 $i=i_1+i_2+\cdots i_k+\cdots+i_n$。

根据欧姆定律,有

$$i=\frac{u}{R_1}+\frac{u}{R_2}+\cdots+\frac{u}{R_k}+\cdots+\frac{u}{R_n}=\left(\frac{1}{R_1}+\frac{1}{R_2}+\cdots+\frac{1}{R_k}+\cdots+\frac{1}{R_n}\right)u=\frac{1}{R_{eq}}\cdot u \tag{2.5}$$

其中

$$\frac{1}{R_{eq}}=\frac{1}{R_1}+\frac{1}{R_2}+\cdots+\frac{1}{R_k}+\cdots+\frac{1}{R_n}=\sum_{k=1}^{n}\frac{1}{R_k} \tag{2.6}$$

R_{eq} 称为 $R_1,R_2,\cdots,R_k,\cdots,R_n$ 等 n 个相并联电阻的等效电阻,等效电阻的倒数等于各并联电阻倒数之和。图 2.4(a)可等效成图 2.4(b)。

当用电导表示时,等效电导等于各并联电导之和,即

$$G_{eq}=G_1+G_2+\cdots+G_k+\cdots+G_n=\sum_{k=1}^{n}G_k \tag{2.7}$$

式(2.7)中,$G_{eq}=\frac{1}{R_{eq}}$,$G_1=\frac{1}{R_1}$,$G_2=\frac{1}{R_2}$,$\cdots$,$G_k=\frac{1}{R_k}$,$G_n=\frac{1}{R_n}$。

如果已知端口电流 i,就可求出每一电阻中的电流,电压与电流取关联参考方向时,有

$$i_k=\frac{1}{R_k}u=\frac{R_{eq}}{R_k}\cdot i \tag{2.8}$$

由式(2.8)可见,各并联电阻中的电流与其电阻值成反比。式(2.8)称为分流公式。

当只有两个电阻 R_1,R_2 并联,且电压与电流取关联参考方向时,分流公式为

$$\begin{cases}i_1=\dfrac{R_2}{R_1+R_2}\cdot i\\[6pt] i_2=\dfrac{R_1}{R_1+R_2}\cdot i\end{cases} \tag{2.9}$$

2. 电阻的Y形联结和△形联结的等效变换

电阻的Y形联结(又称星形联结)是把三个电阻的一端接在一起,从各自的另一端引出三条线,如图 2.5(a)所示;电阻的△形联结(又称三角形联结)是把三个电阻首尾相接,由三个连接点引出三条线,如图 2.5(b)所示。

电阻的Y形联结与△形联结电路都是无源三端网络。它们之间等效变换的条件是对应端口的电压、电流伏安关系(VAR)相同,即 $i_{1\triangle}=i_{1Y}$,$i_{2\triangle}=i_{2Y}$,$i_{3\triangle}=i_{3Y}$,$u_{12\triangle}=u_{12Y}$,$u_{23\triangle}=u_{23Y}$,$u_{31\triangle}=u_{31Y}$。应用 KCL、KVL 及欧姆定律可以推导出这两个网络之间的等效

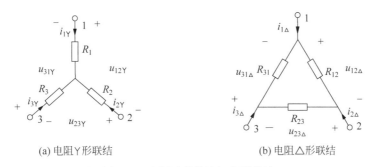

(a) 电阻Y形联结　　　　(b) 电阻△形联结

图 2.5　电阻Y形联结与△形联结

变换关系式。

Y形联结等效变换成△形联结时,变换关系式为

$$\begin{cases} R_{12} = \dfrac{R_1R_2 + R_2R_3 + R_3R_1}{R_3} \\ R_{23} = \dfrac{R_1R_2 + R_2R_3 + R_3R_1}{R_1} \\ R_{31} = \dfrac{R_1R_2 + R_2R_3 + R_3R_1}{R_2} \end{cases} \quad (2.10)$$

△形联结等效变换成Y形联结时,变换关系式为

$$\begin{cases} R_1 = \dfrac{R_{31}R_{12}}{R_{12} + R_{23} + R_{31}} \\ R_2 = \dfrac{R_{12}R_{23}}{R_{12} + R_{23} + R_{31}} \\ R_3 = \dfrac{R_{23}R_{31}}{R_{12} + R_{23} + R_{31}} \end{cases} \quad (2.11)$$

Y-△等效变换关系可归纳为

$$\triangle 形电阻 = \frac{Y形电阻两两乘积之和}{Y形不相邻电阻}$$

$$Y形电阻 = \frac{\triangle 形相邻电阻乘积}{\triangle 形电阻之和}$$

2.1.3　电源模型的等效变换

1. 理想电源的等效变换

1) 理想电压源的串联电路及其等效变换

多个理想电压源的串联电路如图 2.6(a)所示,对外可等效成一个理想电压源,如图 2.6(b)所示。根据 KVL,等效电压源的电压值等于各电压源电压值的代数和,即

$$u_S = u_{S1} + u_{S2} + \cdots + u_{Sk} + \cdots + u_{Sn} = \sum_{k=1}^{n} u_{Sk} \quad (2.12)$$

2) 理想电压源与其他电路并联的等效变换

理想电压源与其他电路并联,电路如图 2.7(a)所示。根据 KVL,对外等效为该理想电

视频讲解

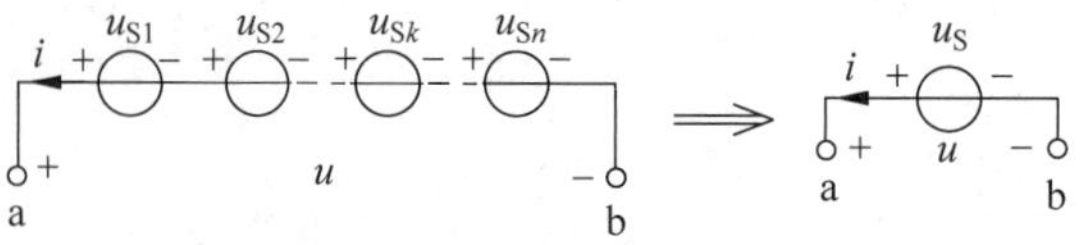

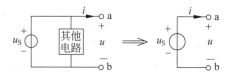

(a) 多个电压源串联电路　　　　(b) 等效电路

图 2.6　电压源的串联电路及其等效变换

压源,如图 2.7(b)所示。注意,这里的其他电路不包含与 U_S 不同的电压源,否则将违反 KVL。

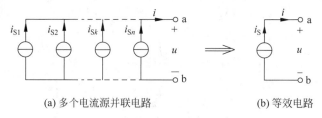

(a) 电压源与其他电路并联　　　(b) 等效电路

图 2.7　电压源与其他电路并联及其等效变换

3) 理想电流源的并联电路及其等效变换

多个理想电流源的并联电路如图 2.8(a)所示,对外可等效成一个理想电流源,如图 2.8(b)所示。

(a) 多个电流源并联电路　　　　(b) 等效电路

图 2.8　电流源的并联电路及其等效变换

根据 KCL,等效电流源的电流值等于各电流源电流值的代数和,即

$$i_S = i_{S1} + i_{S2} + \cdots + i_{Sk} + \cdots + i_{Sn} = \sum_{k=1}^{n} i_{Sk} \qquad (2.13)$$

4) 理想电流源与其他电路串联的等效变换

理想电流源与其他电路串联,电路如图 2.9(a)所示。根据 KCL,对外等效为该理想电流源,如图 2.9(b)所示。注意,这里的其他电路不包含与 I_S 不同的电流源,否则违反 KCL。

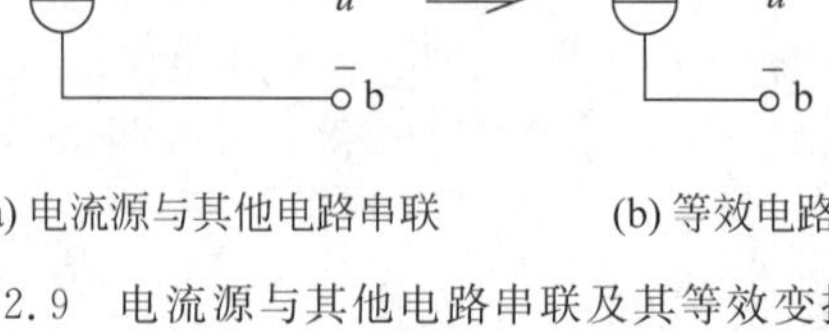

(a) 电流源与其他电路串联　　　(b) 等效电路

图 2.9　电流源与其他电路串联及其等效变换

2. 实际电源的两种模型及其相互等效变换

一个实际电源,其内部存在着一定的能量损耗,可用理想电源与电阻的组合建立模型,其中的电阻称为内阻。

图 2.10(a)所示为实际电压源的模型,它由一个理想电压源 u_S 和一个电阻 R_S 串联构成。实际电压源端口的伏安关系(VAR)为

$$u = u_S - R_S i \tag{2.14}$$

图 2.10(b)为伏安特性曲线。

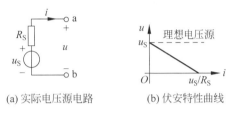

(a) 实际电压源电路　　(b) 伏安特性曲线

图 2.10　实际电压源及伏安特性曲线

图 2.11(a)所示为实际电流源的模型,它由一个理想电流源 i_S 和一个电阻 R_P 并联构成。实际电流源端口的伏安关系(VAR)为

$$i = i_S - \frac{u}{R_P} \tag{2.15}$$

图 2.11(b)为伏安特性曲线。

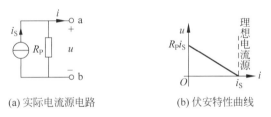

(a) 实际电流源电路　　(b) 伏安特性曲线

图 2.11　实际电流源及伏安特性曲线

由上述分析可知,一个实际的电源可以用两种不同的电源模型表示,它们之间可以相互转换。对比式(2.14)和式(2.15),并令端口的 VAR 相同,则有如图 2.12 所示的转换关系及转换过程。

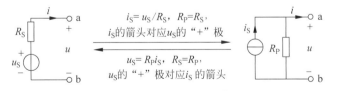

图 2.12　实际电压源与实际电流源的相互转换

两种实际电源的相互转换仅保证端口外部的电压 u 和电流 i 相同,即变换只对端口及外电路等效,对电源内部不等效。例如,端口开路的电压源中无电流流过电阻 R_S,端口开路的电流源中有电流流过电阻 R_P;电压源端口短路时,电阻 R_S 中有电流,电流源端口短路时,电阻 R_P 中无电流;理想电压源与理想电流源不能相互转换,因为它们端口的 VAR 没

有等效条件。

例 2.1 求图 2.13(a)所示电路的含电流源等效电路和图 2.13(b)所示电路的含电压源等效电路。

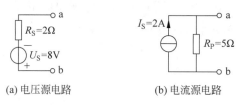

(a) 电压源电路　　　　(b) 电流源电路

图 2.13　例 2.1 的电路

解：将图 2.13(a)所示的电路变换成含电流源的等效电路，其电流源的电流为

$$I_S = \frac{U_S}{R_S} = \frac{8}{2} \text{A} = 4\text{A}$$

与电流源并联的电阻为

$$R_P = R_S = 2\Omega$$

根据图 2.13(a)所示的电压源 U_S 的极性可知，电流源 I_S 的方向是向下的。等效变换后的电路如图 2.14(a)所示。

将图 2.13(b)所示的电路变换成含电压源的等效电路，其电压源的电压为

$$U_S = R_P I_S = (5 \times 2)\text{V} = 10\text{V}$$

与电压源串联的电阻为

$$R_S = R_P = 5\Omega$$

根据图 2.13(b)所示电路中电流源 I_S 的方向可知，电压源 U_S 的极性是上正下负。等效变换后的电路如图 2.14(b)所示。

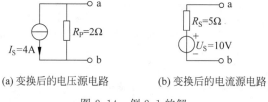

(a) 变换后的电压源电路　　　　(b) 变换后的电流源电路

图 2.14　例 2.1 的解

2.2　电路的一般分析方法

电路分析是指已知电路结构和元件参数，分析计算电路中各处的电流、电压及功率等电量。

常用的电路分析方法有两类：直接运用基尔霍夫定律列写电流、电压关系式，解联立方程求出结果，这种方法为电路分析的一般方法，本节要介绍的支路电流法和结点电压法即属于此类方法；采用等效变换的方法进行分析，本教材将在后面章节进行介绍。

2.2.1　支路电流法

支路电流法(branch current method)是以各支路电流为未知量列写电路方程分析电路

视频讲解

的方法。一个具有 n 个结点、b 条支路的电路,在所有支路电流为未知量的情况下,只要列出 b 个相互独立的基尔霍夫方程式,便可以求解这 b 个变量。这 b 个相互独立的方程式为 $(n-1)$ 个结点的 KCL 方程式和 $(b-n+1)$ 个回路的 KVL 方程式。

支路电流法的一般步骤如下。

(1) 确定电路的结点数和支路数。

(2) 选定 $(n-1)$ 个结点,设定各支路电流的参考方向,对其列写 KCL 方程式。

(3) 选定 $(b-n+1)$ 个回路,设定回路的绕行方向,对其列写 KVL 方程式,利用元件的 VAR 将 KVL 方程中各元件电压用支路电流表示。

(4) 联立求解 b 个方程式构成的方程组,解出 b 个支路电流。

(5) 进一步计算支路电压和进行其他分析。

例 2.2 在图 2.15 所示电路中,已知 $U_{S1}=5\text{V}$,$U_{S2}=10\text{V}$,$U_{S3}=15\text{V}$,$R_1=2\Omega$,$R_2=5\Omega$,$R_3=10\Omega$,用支路电流法求支路电流 I_1、I_2 和 I_3。

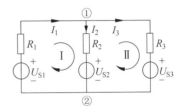

图 2.15 例 2.2 的电路

解: 电路有 2 个结点和 3 条支路。求解 3 个未知的支路电流,需列写 1 个 KCL 方程式和 2 个 KVL 方程式。

对结点①列写 KCL 方程式为

$$I_1 - I_2 - I_3 = 0$$

设定顺时针方向为回路的绕行方向,对回路 Ⅰ 和回路 Ⅱ 分别列写 KVL 方程式为

$$R_1 I_1 + R_2 I_2 - U_{S1} + U_{S2} = 0$$
$$-R_2 I_2 + R_3 I_3 - U_{S2} + U_{S3} = 0$$

将已知数据代入以上方程式,联立求解,可得

$$I_1 = -1.25\text{A}, \quad I_2 = -0.5\text{A}, \quad I_3 = -0.75\text{A}$$

例 2.2 还可以选择结点②列写 KCL 方程式;选择回路 Ⅰ 和外回路或回路 Ⅱ 和外回路列写 KVL 方程式。

例 2.3 在图 2.16 所示电路中,已知 $U_{S1}=10\text{V}$,$U_{S2}=15\text{V}$,$I_S=5\text{A}$,$R_1=10\Omega$,$R_2=10\Omega$,用支路电流法求支路电流 I_1 和 I_2。

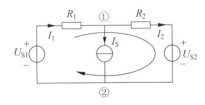

图 2.16 例 2.3 的电路

解: 电路有 2 个结点和 3 条支路。中间支路含有电流源,其电流是已知的,还有 2 个未知支路电流,需列写 1 个 KCL 方程式和 1 个 KVL 方程式。

对结点 1 列写 KCL 方程式为

$$I_1 - I_2 - I_S = 0$$

设定顺时针方向为回路的绕行方向,对外回路列写 KVL 方程式为

$$R_1 I_1 + R_2 I_2 - U_{S1} + U_{S2} = 0$$

将已知数据代入以上方程式,联立求解,可得

$$I_1 = 2.25\text{A}, \quad I_2 = -2.75\text{A}$$

此题如果选择左、右回路列写 KVL 方程式,由于回路中包含两端电压未知的电流源,需先设定电流源两端的电压,这样就增加了 1 个未知量,需列写 2 个 KVL 方程式,使求解过程变得烦琐。因此,对含有电流源的电路,选取列写 KVL 方程式的回路时应尽量避开电

流源支路,这样可以减少方程式的数量。

支路电流法是电路分析的最基本方法。但是,对于支路数较多的电路,求解方程式的个数也较多,使计算过程烦琐。因此,在电路的支路数较多而结点数较少时,常用下面将介绍的结点电压法。

视频讲解

2.2.2 结点电压法

结点电压法(node voltage method)是以结点电压为未知量列写电路方程分析电路的方法,适用于结点个数较少的电路。本教材只介绍电路中仅有两个结点的结点电压法。

两个结点的电路中,任选一个结点作为电位为零的参考结点(简称参考点),则另一结点与参考点的电压降称为该结点的结点电压。以结点电压为未知量,用结点电压表示支路电流,列写非参考结点的 KCL 方程式(结点电压方程式),即可求解结点电压,还可进一步计算支路电流以及进行其他分析。

下面以图 2.17 所示的两个结点电路为例,介绍结点电压的求解关系式。

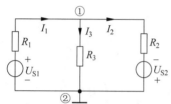

图 2.17 结点电压法的分析电路

电路中有两个结点,选结点②为参考点,结点①的结点电压表示为 V,设各支路电流及参考方向如图中所示。对结点①列写 KCL 方程,得

$$I_1 - I_2 - I_3 = 0 \tag{2.16}$$

根据 KVL 及欧姆定律,将各支路电流用结点电压表示为

$$I_1 = \frac{U_{S1} - V}{R_1}, \quad I_2 = \frac{V - (-U_{S2})}{R_2}, \quad I_3 = \frac{V}{R_3}$$

将以上各电流表达式代入式(2.16),得 $\dfrac{U_{S1}-V}{R_1} - \dfrac{V-(-U_{S2})}{R_2} - \dfrac{V}{R_3} = 0$,整理后可得

$$V = \frac{\dfrac{U_{S1}}{R_1} - \dfrac{U_{S2}}{R_2}}{\dfrac{1}{R_1} + \dfrac{1}{R_2} + \dfrac{1}{R_3}} \tag{2.17}$$

式中,分子为各支路电压源与本支路电阻相除后的代数和,即电压源转换成电流源后流入结点的电流代数和,当电压源与结点电压的参考方向一致时取正号,相反时取负号;分母为各支路电阻倒数之和。这样,两结点电路的结点电压公式的一般形式可写成

$$V = \frac{\sum \dfrac{U_S}{R}}{\sum \dfrac{1}{R}} \tag{2.18}$$

两结点电路的结点电压公式也称为弥尔曼定理(Milman's theorem)。如果两结点之间有电流源支路或电流源与一电阻元件串联,则两结点之间的电压公式的一般形式为

$$V = \frac{\sum \dfrac{U_S}{R} + \sum I_S}{\sum \dfrac{1}{R}} \tag{2.19}$$

式中,分子增加了电流源的代数和。当电流源流向结点时取正号,相反时取负号;在分母中,不应计及与电流源串联的电阻,因为理想电流源支路不论串入任何元件都不影响电流值。

例 2.4　在图 2.18 所示电路中,已知 $U_{S1}=5\text{V}$,$U_{S2}=10\text{V}$,$I_S=2\text{A}$,$R_1=5\Omega$,$R_2=5\Omega$,$R_3=10\Omega$,$R_4=10\Omega$,用结点电压法求支路电流 I_1、I_2 和 I_3。

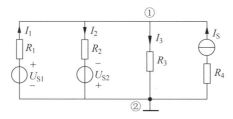

图 2.18　例 2.4 的电路

解:在电路中取结点②为参考点,用 V 表示结点①的结点电压。由式(2.19)可求得结点电压为

$$V = \frac{\dfrac{U_{S1}}{R_1} - \dfrac{U_{S2}}{R_2} + I_S}{\dfrac{1}{R_1} + \dfrac{1}{R_2} + \dfrac{1}{R_3}} = \left(\frac{\dfrac{5}{5} - \dfrac{10}{5} + 2}{\dfrac{1}{5} + \dfrac{1}{5} + \dfrac{1}{10}}\right)\text{V} = 2\text{V}$$

由 KVL 及欧姆定律,有

$$I_1 = \frac{U_{S1} - V}{R_1} = \left(\frac{5-2}{5}\right)\text{A} = 0.6\text{A}$$

$$I_2 = \frac{V + U_{S2}}{R_2} = \left(\frac{2+10}{5}\right)\text{A} = 2.4\text{A}$$

$$I_3 = \frac{V}{R_2} = \frac{2}{10}\text{A} = 0.2\text{A}$$

2.3　电路定理

在电路分析中,采用分解、叠加或等效电源变换的方法求解往往更为简单。本节将介绍这样分析电路的 3 个重要定理:叠加定理、戴维南定理和诺顿定理。

2.3.1　叠加定理

由独立电源和线性电路元件组成的电路称为线性电路。线性电路元件包括线性电阻、线性电感、线性电容和线性受控电源等。线性电路的重要性质之一是叠加性。

叠加定理(superposition theorem)是线性电路的一条重要定理。叠加定理的内容为:有多个独立电源共同作用的线性电路中,任一支路的电流或电压等于电路中每一个独立电源单独作用于电路时在该支路产生的电流或电压的代数和。

叠加定理的正确性毋庸置疑,本教材不做证明。应用叠加定理分析电路的步骤如下。

(1) 假设所求支路电流、电压的参考方向,并标示于电路图中。

视频讲解

（2）分别画出每一个独立电源单独作用时的电路。这时，其余独立电源应全部置零，即不起作用：理想电压源置零，即 $u_S=0$，将其两端短路处理；理想电流源置零，即 $i_S=0$，将其两端开路处理。

（3）分别计算每一个独立电源单独作用时，待求支路的电流或电压分量。支路的电流或电压分量，其参考方向可以设定成与总电流或总电压的参考方向一致或不一致。求支路的电流或电压分量时，应根据电路构成情况选择合适的求解方法。

（4）进行叠加求代数和，即求出待求支路在所有电源共同作用时的电流或电压，等于各个独立电源分别单独作用时在该支路产生的电流或电压分量的代数和。要注意各分量的参考方向与总量参考方向的关系，即分量的参考方向与总量的参考方向一致时取"+"号，不一致时取"一"号。

例 2.5 电路如图 2.19(a)所示，已知 $U_S=10\text{V}$，$I_S=2\text{A}$，$R_1=6\Omega$，$R_2=4\Omega$，$R_3=2\Omega$，$R_4=3\Omega$，试用叠加定理求通过电压源的电流 I 和电流源两端的电压 U。

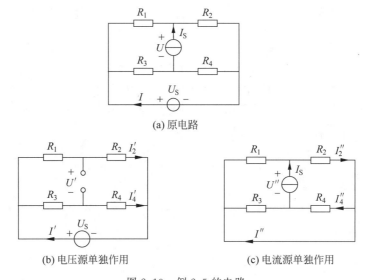

图 2.19 例 2.5 的电路

解：电压源单独作用时，电路如图 2.19(b)所示。
由 KCL，有

$$I' = I'_2 + I'_4 = \frac{U_S}{R_1+R_2} + \frac{U_S}{R_3+R_4} = \left(\frac{10}{6+4} + \frac{10}{2+3}\right)\text{A} = 3\text{A}$$

由 KVL，有

$$U' = R_2 I'_2 - R_4 I'_4 = R_2 \cdot \frac{U_S}{R_1+R_2} - R_4 \cdot \frac{U_S}{R_3+R_4} = \left(4 \times \frac{10}{6+4} - 3 \times \frac{10}{2+3}\right)\text{V} = -2\text{V}$$

电流源单独作用时，电路如图 2.19(c)所示。
由 KCL 及分流关系，有

$$I'' = I''_2 - I''_4 = \frac{R_1}{R_1+R_2} I_S - \frac{R_3}{R_3+R_4} I_S = \left(\frac{6}{6+4} \times 2 - \frac{2}{2+3} \times 2\right)\text{A} = 0.4\text{A}$$

由 KVL，有

$$U'' = R_2 I_2'' + R_4 I_4'' = R_2 \cdot \frac{R_1}{R_1 + R_2} I_S + R_4 \cdot \frac{R_3}{R_3 + R_4} I_S$$

$$= \left(4 \times \frac{6}{6+4} \times 2 + 3 \times \frac{2}{2+3} \times 2\right) \text{V} = 7.2 \text{V}$$

图 2.19(b)和图 2.19(c)规定的 I'、I'' 及 U'、U'' 的参考方向与图 2.19(a)中 I、U 的参考方向相同,则有

$$I = I' + I'' = (3 + 0.4) \text{A} = 3.4 \text{A}$$
$$U = U' + U'' = (-2 + 7.2) \text{V} = 5.2 \text{V}$$

应用叠加定理,应注意以下 4 点。

(1) 叠加定理只适用于线性电路,不适用于非线性电路。

(2) 叠加方式是任意的,可以一次一个独立源单独作用,也可以一次几个独立源同时作用,取决于如何使分析计算简便。

(3) 含受控源(线性)电路也可用叠加,但叠加只适用于独立源,受控源应始终保留。

(4) 支路电流和支路电压均为各电源的一次函数,均可看成各独立电源单独作用时所产生响应的叠加。功率为电压和电流的乘积,是电源的二次函数,功率不能叠加。

2.3.2 戴维南定理

在电路分析中,当只需研究某一支路的电压、电流时,电路的其余部分就成为一个有源二端网络,若将其等效变换为简单的含源支路,原电路就变成一个简单的电路,可简化电路的分析计算。将有源二端网络等效变换成实际电压源就是戴维南定理(Thevenin's theorem)。

戴维南定理的内容为:任何一个线性有源二端网络 N,对外电路而言,可以用一个理想电压源和电阻串联的等效电路代替,如图 2.20(a)所示。其中,电压源的电压等于有源二端网络 N 的端口开路电压 U_{OC},如图 2.20(b)所示。而等效电阻为将有源二端网络内部独立电源全部置零,即电压源短路、电流源开路后,所得无源二端口网络 N_0 的端口输入电阻,如图 2.20(c)所示。

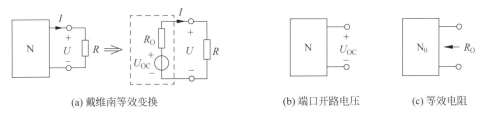

(a) 戴维南等效变换　　　　　　　(b) 端口开路电压　　　(c) 等效电阻

图 2.20　应用戴维南定理的电路

戴维南定理可用叠加定理加以证明,此处从略。利用戴维南定理解题的一般步骤如下。

(1) 断开并去除待求支路,使剩下的电路成为有源二端网络。

(2) 求出有源二端网络的端口开路电压 U_{OC}。根据电路形式选择求解方法,使之易于计算。

(3) 求出有源二端网络的等效电阻 R_O。常用以下三种方法计算,根据电路形式选择求解方法:

- 当有源二端网络内部不含受控源时,则在将内部独立电源全部置零得到无源二端网络后,采用电阻串并联和 Y-△ 变换的方法计算等效电阻 R_O,如图 2.20(c)所示。
- 外加电源法。将有源二端网络内部独立电源全部置零且保留受控源,在端口处外加一个电压源 U,求出流入端口的电流 I,则等效电阻 $R_O=U/I$,如图 2.21 所示。或在端口处外加一个电流源 I,求出端口出的电压 U,则等效电阻 $R_O=U/I$。
- 开路电压、短路电流法。在步骤(2)求出有源二端网络的端口开路电压 U_{OC} 后,再将有源二端网络的端口短路,求出端口短路电流 I_{SC},则等效电阻 $R_O=U_{OC}/I_{SC}$,如图 2.22 所示。

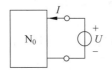
图 2.21 外加电源法

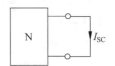
图 2.22 求短路电流 I_{SC}

(4) 画出戴维南等效电路,并接上待求支路。戴维南等效电路中理想电压源的极性与所求端口开路电压 U_{OC} 的参考极性有关,两者的极性要一致。

(5) 求解待求支路的电流或电压。

例 2.6 电路如图 2.23(a)所示,已知 $U_S=8\text{V}, I_S=2\text{A}, R_1=5\Omega, R_2=1\Omega, R_3=6\Omega, R_4=2\Omega$,试用戴维南定理求电阻 R_4 中的电流 I。

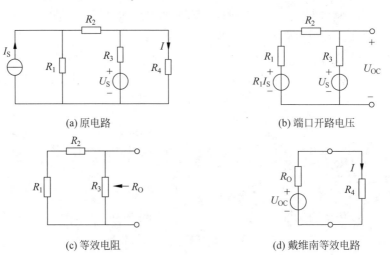

图 2.23 例 2.6 的电路

解:(1) 断开并去除原电路中 R_4 待求支路,并将电流源 I_S 与电阻 R_1 并联部分用电压源 R_1I_S 与电阻 R_1 串联的形式代换,求出有源二端网络如图 2.23(b)所示。

(2) 由弥尔曼定理,求出有源二端网络的端口开路电压为

$$U_{OC} = \frac{\frac{R_1 I_S}{R_1+R_2} + \frac{U_S}{R_3}}{\frac{1}{R_1+R_2} + \frac{1}{R_3}} = \left(\frac{\frac{5\times 2}{5+1} + \frac{8}{6}}{\frac{1}{5+1} + \frac{1}{6}}\right)V = 9V$$

（3）将有源二端网络内部独立电源全部置零得无源二端口网络，如图2.23(c)所示。则等效电阻为

$$R_O = (R_1+R_2) \mathbin{/\mkern-5mu/} R_3 = \frac{(R_1+R_2)R_3}{R_1+R_2+R_3} = \left[\frac{(5+1)\times 6}{5+1+6}\right]\Omega = 3\Omega$$

（4）画出戴维南等效电路并接上待求支路，如图2.23(d)所示。则

$$I = \frac{U_{OC}}{R_O+R_4} = \left(\frac{9}{3+2}\right)A = 1.8A$$

2.3.3 诺顿定理

在电路分析中，当只需研究某一支路的电压、电流时，电路的其余部分就成为一个有源二端网络，若将其等效变换为简单的含源支路，原电路就变成一个简单的电路，可简化电路分析计算。将有源二端网络等效变换成实际电流源就是诺顿定理(Norton's theorem)。

诺顿定理的内容为：任何一个线性有源二端网络N，对外电路而言，可以用一个理想电流源和电阻并联的等效电路代替，如图2.24(a)所示。其中，电流源的电流等于有源二端网络N的端口短路电流I_{SC}，如图2.24(b)所示。而等效电阻为将有源二端网络内部独立电源全部置零，即电压源短路、电流源开路后，所得无源二端口网络N_0的端口输入电阻，如图2.24(c)所示。

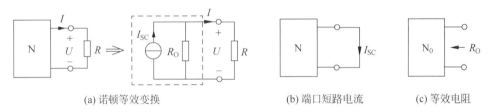

(a) 诺顿等效变换　　　　　　　(b) 端口短路电流　　　(c) 等效电阻

图2.24　应用诺顿定理的电路

诺顿定理的证明也从略。很显然，应用实际电压源与实际电流源之间的等效互换，可以从戴维南定理推导诺顿定理。利用诺顿定理的解题过程与戴维南定理的解题过程类似。

例2.7　电路如图2.25(a)所示，已知$U_S=10V$，$I_S=3A$，$R_1=2\Omega$，$R_2=2\Omega$，$R_3=3\Omega$，试用诺顿定理求电阻R_3中的电流I。

解：（1）断开并去除原电路中R_3待求支路，求出有源二端网络并将端口短路，如图2.25(b)所示。

（2）求出有源二端网络的端口电路电流为

$$I_{SC} = \frac{U_S}{R_1} + I_S = \left(\frac{10}{2} + 3\right)A = 8A$$

（3）将有源二端网络内部独立电源全部置零得无源二端口网络，如图2.25(c)所示。则等效电阻为

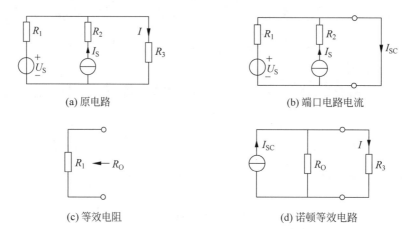

(a) 原电路　　　　　　　　　　　(b) 端口电路电流

(c) 等效电阻　　　　　　　　　　(d) 诺顿等效电路

图 2.25　例 2.7 的电路

$$R_O = R_1 = 2\Omega$$

（4）画出诺顿等效电路并接上待求支路，如图 2.25(d)所示，则

$$I = \frac{R_O}{R_O + R_3} \cdot I_{SC} = \left(\frac{2}{2+3} \times 8\right) \text{A} = 3.2\text{A}$$

2.4　电路分析 Multisim 仿真示例

视频讲解

1. 叠加定理的 Multisim 仿真

在 Multisim 14 中构建叠加定理仿真测试电路如图 2.26 所示。其中，图 2.26(a)为原电路及电量测量，用于测量通过电压源的电流 I 和电流源两端的电压 U。图 2.26(b)为电压源单独作用时的测量电路，用于测量 I' 和 U'。图 2.26(c)为电流源单独作用时的测量电路，用于测量 I'' 和 U''。仿真测量结果及理论计算结果如表 2.1 所示。其中，理论计算值为例 2.5 的结果。由表 2.1 可知，仿真测量结果与例 2.5 中的理论计算结果相同。

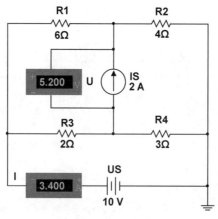

(a) 原电路及电量测量

图 2.26　叠加定理的仿真测试电路

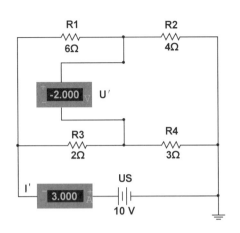
(b) 电压源单独作用时的测量

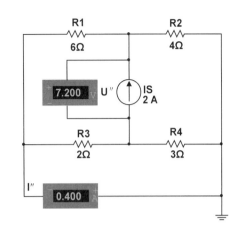
(c) 电流源单独作用时的测量

图 2.26 （续）

表 2.1 叠加定理的仿真结果

	I/A	I'/A	I''/A	$I=(I'+I'')$/A	U/V	U'/V	U''/V	$U=(U'+U'')$/V
理论计算值	3.4	3	0.4	3.4	5.2	-2	7.2	5.2
测量值	3.4	3	0.4	3.4	5.2	-2	7.2	5.2

2. 戴维南定理的 Multisim 仿真

在 Multisim 14 中构建叠加定理仿真测试电路如图 2.27 所示。其中，图 2.27(a)为原电路及电量测量，用于测量通过电阻 R_4 中的电流 I。图 2.27(b)为有源二端网络端口开路电压 U_{OC} 的测量电路。图 2.27(c)为有源二端网络端口短路电流 I_{SC} 的测量电路。仿真测量结果及理论计算结果如表 2.2 所示。其中，理论计算值为例 2.6 的结果。由表 2.2 可知，仿真测量结果与例 2.6 中的理论计算结果相同。

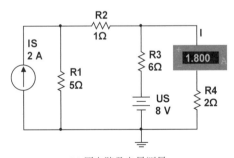
(a) 原电路及电量测量

图 2.27 戴维南定理的仿真测试电路

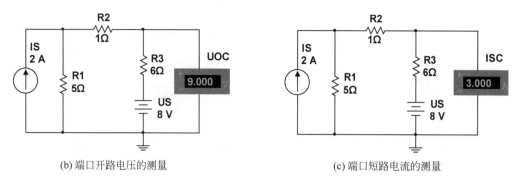

(b) 端口开路电压的测量　　　　　　(c) 端口短路电流的测量

图 2.27 （续）

表 2.2　戴维南定理的仿真结果

	I/A	U_{OC}/V	I_{SC}/A	$R_O=\dfrac{U_{OC}}{I_{SC}}/\Omega$	$I=\dfrac{U_{OC}}{R_O+R_3}/\Omega$
理论计算值	1.8	9	3	3	1.8
测量值	1.8	9	3	3	1.8

本章小结

本章介绍了电路等效变换的概念和方法、支路电流法、结点电压法、叠加定理及等效电源定理。

（1）对指定端口内部进行结构变形，将一个电路变换成为另一结构的电路，新电路端口的 VAR 与原电路端口的 VAR 相同，这称为等效变换。一般是将一个复杂的电路对指定端口等效变换为一个结构简单的电路，目的是简化电路、方便计算。

（2）等效变换和化简电路主要有：电阻串联的等效电阻及分压关系、电阻并联的等效电阻及分流关系、三个电阻丫形联结与△形联结的相互等效变换、理想电压源的串联及其等效变换、理想电压源与其他电路并联的等效变换、理想电流源的并联及其等效变换、理想电流源与其他电路串联的等效变换、实际电压源与实际电流源的相互等效变换。

（3）电路分析方法中主要介绍了支路电流法和结点电压法。两结点电路的结点电压公式也称为弥尔曼定理。支路电流法以各支路电流为未知量列写电路方程进行求解。n 个结点、b 条支路的电路需联立 $(n-1)$ 个结点的 KCL 方程式和 $(b-n+1)$ 个回路的 KVL 方程式。结点电压法以结点电压为未知量列写电路方程进行求解。两结点电路的弥尔曼定理实质是 KCL 方程的结果。

（4）电路的基本定理中主要介绍了叠加定理、戴维南定理和诺顿定理。叠加定理是采用分解计算再叠加求和的方法分析电路，戴维南定理和诺顿定理是采用等效电源的方法简化电路再进行求解。

自测题

一、单项选择题

在各小题备选答案中选择出一个正确的答案,将正确答案前的字母填在题干后的括号内。

1. 如图 2.28 所示的电路中,a、b 间的等效电阻 R_{ab} 为( )。
   A. 5Ω   B. 4Ω   C. 8Ω   D. 9Ω

2. 如图 2.29 所示电路的等效电导为( )。
   A. 3/4S   B. 7S   C. 1/7S   D. 40/3S

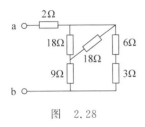

图 2.28

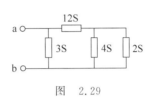

图 2.29

3. 如图 2.30 所示的电路中,$U_1/U_2 =$ ( )。
   A. $R_1/(R_1+R_2)$ B. $-R_1/(R_1+R_2)$
   C. $-R_1/R_2$ D. R_1/R_2

4. 如图 2.31 所示的电路中,电流 $I_2/I =$ ( )。
   A. $-R_1/(R_1+R_2)$ B. $R_1/(R_1+R_2)$
   C. $-R_2/(R_1+R_2)$ D. $R_2/(R_1+R_2)$

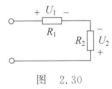

图 2.30

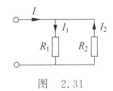

图 2.31

5. 如图 2.32 所示的电路中,电流 $I =$ ( )。
   A. -2A   B. -4A   C. -1A   D. -3A

6. 如图 2.33 所示的电路中,a、b 两端可等效为( )。
   A. 恒压源   B. 恒流源
   C. 恒压源和恒流源串联   D. 恒压源和恒流源并联

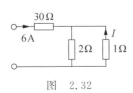

图 2.32

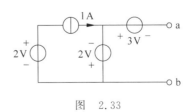

图 2.33

7. 如图 2.34 所示的电路中，U、I 之间的关系为（　　）。
   A. $U=5V-2I\Omega$　　　　　　　　B. $U=5V-3I\Omega$
   C. $U=5V+2I\Omega$　　　　　　　　D. $U=5V+3I\Omega$

8. 如图 2.35 所示的电路中，I、U 之间的关系为（　　）。
   A. $I=2A-\dfrac{U}{5\Omega}$　　　　　　　　B. $I=-2A+\dfrac{U}{5\Omega}$
   C. $I=2A-\dfrac{U}{3\Omega}$　　　　　　　　D. $I=2A-\dfrac{8}{15\Omega}U$

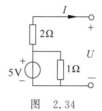
图 2.34

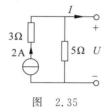
图 2.35

9. 如图 2.36 所示的电路中，电流 $I=$（　　）。
   A. 15A　　　　B. $-15A$　　　　C. 6A　　　　D. $-6A$

10. 如图 2.37 所示的电路中，A、B 两点之间的电位关系为（　　）。
    A. $V_A>V_B$　　B. $V_A=V_B$　　C. $V_A<V_B$　　D. $V_A=2V_B$

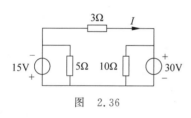
图 2.36

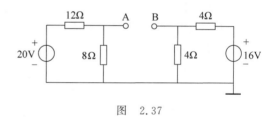
图 2.37

11. 如图 2.38 所示的电路中，A、B 两点间的电压 $U_{AB}=$（　　）。
    A. $-18V$　　　B. $+18V$　　　C. $+72V$　　　D. $+20V$

12. 如图 2.39 所示的电路中，当 R_1 的阻值增大，而其他参数不变时，电压 U 将（　　）。
    A. 增大　　　B. 减小　　　C. 不变　　　D. 不能确定

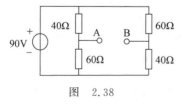
图 2.38

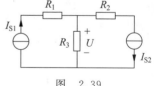
图 2.39

13. 如图 2.40 所示的电路中，当 R_1 的阻值增大，而其他参数不变时，电流 I 将（　　）。
    A. 增大　　　B. 减小　　　C. 不变　　　D. 不能确定

14. 用结点电压法求如图 2.41 所示电路中的 V_a，表达式正确的是（　　）。

A. $V_a = \dfrac{\dfrac{U_S}{R_1} + I_S}{\dfrac{1}{R_1} + \dfrac{1}{R_3}}$ B. $V_a = \dfrac{\dfrac{U_S}{R_1} - I_S}{\dfrac{1}{R_1} + \dfrac{1}{R_2} + \dfrac{1}{R_3}}$

C. $V_a = \dfrac{\dfrac{U_S}{R_1} + I_S}{\dfrac{1}{R_1} + \dfrac{1}{R_2} + \dfrac{1}{R_3}}$ D. $V_a = \dfrac{\dfrac{U_S}{R_1} - I_S}{\dfrac{1}{R_1} + \dfrac{1}{R_3}}$

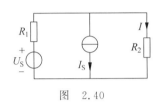

图 2.40

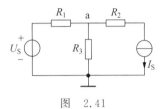

图 2.41

15. 如图 2.42 所示的电路中,电压 $U = $(   )。
    A. 7V   B. 3V   C. 4V   D. 1V

16. 如图 2.43 所示的电路中,电流 $I = $(   )。
    A. -5A   B. -1A   C. 1A   D. 5A

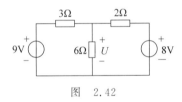

图 2.42

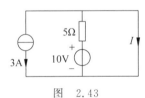

图 2.43

17. 如图 2.44 所示的含源二端网络,其等效电阻 $R_O = $(   )。
    A. 2Ω   B. 4Ω   C. 1Ω   D. 0Ω

18. 如图 2.45 所示的电路中,独立电压源和独立电流源单独作用时,引起的电压 U 分别等于(   )。
    A. 6V,6V   B. 8V,12V   C. 8V,8V   D. 6V,8V

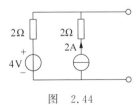

图 2.44

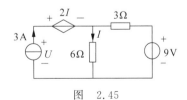

图 2.45

19. 电路如图 2.46(a)所示,则如图 2.46(b)所示的诺顿等效电路的参数为(   )。
    A. $I_{SC} = 6$A,$R_O = 2$Ω   B. $I_{SC} = 9$A,$R_O = 8$Ω
    C. $I_{SC} = -9$A,$R_O = 4$Ω   D. $I_{SC} = -6$A,$R_O = 2$Ω

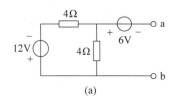 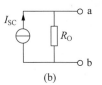

图 2.46

20. 电路如图 2.47(a)所示,则如图 2.47(b)所示的戴维南等效电路的参数为( )。
　　A. $U_{OC}=6V, R_O=2\Omega$　　　　B. $U_{OC}=-6V, R_O=2\Omega$
　　C. $U_{OC}=10V, R_O=2\Omega$　　　D. $U_{OC}=6V, R_O=1\Omega$

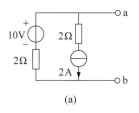 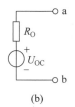

图 2.47

二、填空题

1. 两个二端网络 N_1、N_2 结构不同,但端口具有相同的 VAR,则称它们对外可相互_____。

2. 一个理想电压源与其他电路并联,对外等效为_____;一个理想电流源与其他电路串联,对外等效为_____。

3. 实际电压源和实际电流源对外可相互转换,而理想电压源与理想电流源不能相互转换,因为它们_____没有等效的条件。

4. 一个具有 n 个结点、b 条支路的电路,在所有支路电流为未知量的情况下,用支路电流法求解时需列写_____个结点 KCL 方程式和_____个回路 KVL 方程式。

5. 测得一含源二端网络的端口开路电压 $U_{OC}=10V$,端口短路电流 $I_{SC}=0.5A$,则其戴维南或诺顿等效电路中的等效电阻 R_O 为_____。

习题

1. 电路如图 2.48 所示。已知 $U_{S1}=24V, U_{S2}=24V, I_S=2A, R_1=6\Omega, R_2=12\Omega, R_3=1\Omega, R_4=10\Omega$。用电源等效变换的方法求电流 I。

2. 电路如图 2.49 所示。已知 $U_{S1}=1V, U_{S2}=5V, R_1=R_2=R_3=1\Omega$。用支路电流法求图中各支路电流 I_1、I_2 和 I_3。

3. 电路如图 2.50 所示。已知 $U_{S1}=5V, U_{S2}=12V, I_S=2A, R_1=4\Omega, R_2=2\Omega$。用支路电流法求图中的支路电流 I_1、I_2。

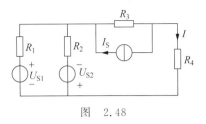
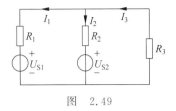

图 2.48　　　　　　　　　　　图 2.49

4. 电路如图 2.51 所示。已知 $U_{S1}=U_{S2}=12\text{V}, I_S=1\text{A}, R_1=2\Omega, R_2=3\Omega, R_3=6\Omega$。用结点电压法求图中的电压 U 及电流 I。

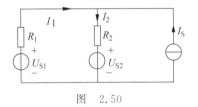
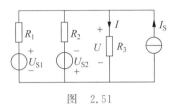

图 2.50　　　　　　　　　　　图 2.51

5. 电路如图 2.52 所示。已知 $U_{S1}=10\text{V}, U_{S2}=20\text{V}, I_S=1\text{A}, R_1=5\Omega, R_2=10\Omega, R_3=2\Omega, R_4=5\Omega$。用结点电压法求图中的支路电流 I_1、I_2 和 I_3。

6. 电路如图 2.53 所示。已知 $U_S=10\text{V}, I_S=1\text{A}, R_1=10\Omega, R_2=R_3=5\Omega$。用叠加定理求流过 R_2 的电流 I。

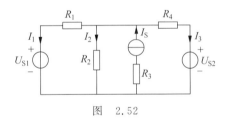
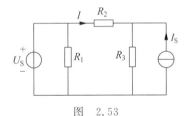

图 2.52　　　　　　　　　　　图 2.53

7. 电路如图 2.54 所示。已知 $U_S=5\text{V}, I_S=5\text{A}, R_1=6\Omega, R_2=2\Omega, R_3=1\Omega, R_4=3\Omega$。用叠加定理求电流 I_1、I_2。

8. 电路如图 2.55 所示。已知 $U_{S1}=4\text{V}, U_{S2}=5\text{V}, I_S=9\text{A}, R_1=2\Omega, R_2=2\Omega, R_3=2\Omega$。用叠加定理求电流 I。

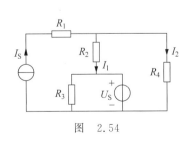
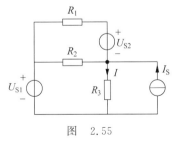

图 2.54　　　　　　　　　　　图 2.55

9. 电路如图 2.56 所示。已知 $U_S=12\text{V}, I_S=6\text{A}, R_1=1\Omega, R_2=3\Omega$。用叠加定理求电

压 U。

10. 电路如图 2.57 所示。已知 $U_S=10\text{V}$，$I_S=5\text{A}$，$R_1=2\Omega$，$R_2=3\Omega$。用戴维南定理求电流 I。

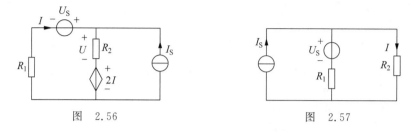

图 2.56　　　　　　　图 2.57

11. 电路如图 2.58 所示。已知 $U_S=12\text{V}$，$I_S=1\text{A}$，$R_1=8\Omega$，$R_2=4\Omega$，$R_3=20\Omega$，$R_4=3\Omega$，$R_5=7\Omega$。用戴维南定理求电流 I。

12. 电路如图 2.59 所示。用戴维南定理求电压 U 的表达式。

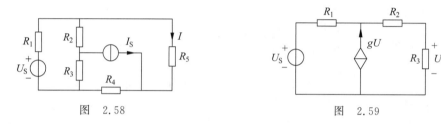

图 2.58　　　　　　　图 2.59

13. 电路如图 2.60 所示。已知 $U_{S1}=12\text{V}$，$U_{S2}=15\text{V}$，$R_1=3\Omega$，$R_2=1.5\Omega$，$R_3=9\Omega$。用诺顿定理求电路中的电流 I_3。

14. 电路如图 2.61 所示。已知 $U_S=10\text{V}$，$I_S=3\text{A}$，$R_1=2\Omega$，$R_2=2\Omega$，$R_3=3\Omega$。用诺顿定理求电路中的电流 I_3。

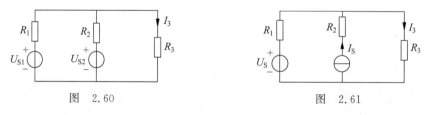

图 2.60　　　　　　　图 2.61

15. 电路如图 2.62 所示。已知 $U_S=10\text{V}$，$R_1=10\Omega$，$R_2=5\Omega$，$R_3=10\Omega$。用诺顿定理求电路中的电压 U。

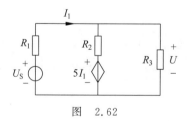

图 2.62

第 3 章 正弦稳态电路分析

CHAPTER 3

电路中的电流和电压都按一定频率的正弦规律变化,处于这种稳定状态的电路称为正弦稳态电路,也称为正弦交流电路。本章介绍正弦量的概念、相量表示形式、相量分析法的基础和正弦交流电路的分析计算。

3.1 正弦电路的基本概念

视频讲解

3.1.1 正弦交流电的三要素

电路中,随时间按正弦规律变化的电流、电压称为正弦交流电,简称正弦量。以电流为例,其数学表达式为

$$i = I_{\mathrm{m}} \sin(\omega t + \psi) \tag{3.1}$$

式中,i 表示正弦交流电流,I_{m}、ω、ψ 分别称为最大值(maximum value)、角频率(angular frequency)和初相位(initial phase angle)。这三个量一旦确定,正弦交流电也随之确定。因此,这三个量称为正弦量的三要素。下面结合图 3.1 所示的正弦电流的波形,分别介绍这三个要素。

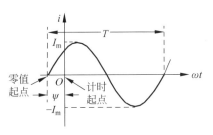

图 3.1 正弦波形及参数

1. 角频率与频率、周期

正弦交流电量是周期函数,变化一周所需的时间称为周期(period)T,其单位是 s(秒)。单位时间内(每秒变化)的周期数称为频率(frequency)f,其单位是 Hz(赫兹)。周期 T 与频率 f 互为倒数,即

$$f = \frac{1}{T} \tag{3.2}$$

交流电每交变一次变化 2π 个弧度,即 $\omega T = 2\pi$。角频率与周期、频率的关系为

$$\omega = \frac{2\pi}{T} = 2\pi f \tag{3.3}$$

式中,ω 的电位是 rad/s(弧度/秒)。

2. 最大值与有效值

正弦量是一个等幅振荡的、正负交替变化的周期函数。I_{m} 是正弦量在整个交变过程中到达的最大值,也就是 $\sin(\omega t + \psi) = 1$ 时的正弦电量值。$-I_{\mathrm{m}} \sim I_{\mathrm{m}}$ 是正弦交流电流 i 的幅

值变化范围,称为峰-峰值。

周期性变化的正弦交流电,其瞬时值随时间而变,为了衡量其平均效果,工程上采用有效值(effective value)表示。它的定义为:如果周期电流 i 通过电阻 R 在一个周期 T 内所做的功与直流电流 I 在相同时间内通过相同电阻所做的功相等,则直流量就是正弦交流量的有效值,即 $\int_0^T Ri^2 \mathrm{d}t = RI^2 T$,则正弦交流电流的有效值为

$$I = \sqrt{\frac{1}{T}\int_0^T i^2 \mathrm{d}t} = \frac{I_\mathrm{m}}{\sqrt{2}} \tag{3.4}$$

同理,正弦电压 u 的有效值为

$$U = \sqrt{\frac{1}{T}\int_0^T u^2 \mathrm{d}t} = \frac{U_\mathrm{m}}{\sqrt{2}} \tag{3.5}$$

引入有效值的概念后,式(3.1)也可写为

$$i = \sqrt{2}\, I \sin(\omega t + \psi) \tag{3.6}$$

3. 初相位

式(3.1)和式(3.6)中,随时间变化的角度 $(\omega t + \psi)$ 称为正弦量的相位或相位角,单位为 rad(弧度)或 deg(度)。正弦量在不同时刻的相位是不同的,瞬时值也不同。因此,相位反映了正弦量的变化过程。

ψ 是正弦量在 $t=0$ 时刻的相位,称为初相位或初相角,简称初相。ψ 的单位为 rad(弧度)或 deg(度),两者的对应关系为 $\pi(\mathrm{rad}) = 180°(\mathrm{deg})$。通常,初相位在 $-\pi \sim \pi$ 或 $-180° \sim 180°$ 的范围内取值。

正弦量的初相位 ψ 的大小和正负与计时起点有关。在图 3.1 所示的波形上,$(\omega t + \psi) = 0$ 且正弦量瞬时值由负变正时的零值点称为零值起点。计时起点就是 $\omega t = 0$ 的点,即坐标原点。初相位 ψ 是计时起点对零值起点(以零值起点为参考)的电角度。

图 3.2 为 4 种不同计时起点时的正弦波形。其中,图 3.2(a)中,零值起点与计时起点重合,$\psi = 0°$,这时正弦电流的表达式为 $i = I_\mathrm{m} \sin \omega t$;图 3.2(b)中,零值起点先于计时起点,$\psi > 0°$,这时正弦电流的表达式为 $i = I_\mathrm{m} \sin(\omega t + \psi)$;图 3.2(c)中,零值起点后于计时起点,$\psi < 0°$,这时正弦电流的表达式为 $i = I_\mathrm{m} \sin(\omega t - \psi)$;图 3.2(d)中,零值起点后于计时起点,$\psi = -180°$,这时正弦电流的表达式为 $i = I_\mathrm{m} \sin(\omega t - 180°)$。

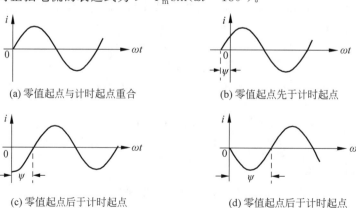

(a) 零值起点与计时起点重合 (b) 零值起点先于计时起点

(c) 零值起点后于计时起点 (d) 零值起点后于计时起点

图 3.2 4 种不同计时起点时的正弦波形

3.1.2 正弦交流电的相位差

相位差为两个同频率正弦电量的相位之差。相位差用 φ 表示,取值范围为 $-\pi \sim \pi$ 或 $-180° \sim 180°$。正弦稳态交流电路中,任何两个同频率正弦量之间的相位关系可以通过它们的相位差来描述,并用"超前""滞后""同相""反相"等术语说明。例如,设两个同频率的正弦电压和正弦电流分别为

$$u = \sqrt{2}U\sin(\omega t + \psi_u) \tag{3.7}$$

$$i = \sqrt{2}I\sin(\omega t + \psi_i) \tag{3.8}$$

如果选取电流 i 为参考量,则电压 u 与电流 i 之间的相位差为

$$\varphi = (\omega t + \psi_u) - (\omega t + \psi_i) = \psi_u - \psi_i \tag{3.9}$$

式(3.9)表明,两个同频率正弦电量的相位之差等于初相位之差。

对于式(3.7)和式(3.8),如果选取电压 u 为参考量,则电流 i 与电压 u 之间的相位差表示为

$$\varphi = (\omega t + \psi_i) - (\omega t + \psi_u) = \psi_i - \psi_u \tag{3.10}$$

式(3.9)和式(3.10)表明,两个同频率正弦量的相位关系是相对的。

下面分析4种典型的相位关系。

(1) $\varphi = \psi_u - \psi_i > 0$,表示电压 u 超前电流 i 的相位角为 φ,或者说电流 i 滞后电压 u 的相位角为 φ,波形如图 3.3(a)所示。电压 u 比电流 i 先到达最大值。

(2) $\varphi = \psi_u - \psi_i < 0$,表示电压 u 滞后电流 i 的相位角为 φ,或者说电流 i 超前电压 u 的相位角为 φ,波形如图 3.3(b)所示。电流 i 比电压 u 先到达最大值。

(3) $\varphi = \psi_u - \psi_i = 0$,表示电压 u 与电流 i 相位相同,简称同相,波形如图 3.3(c)所示。电压 u 与电流 i 同时到达最大值。

(4) $\varphi = \psi_u - \psi_i = \pm 180°$,表示电压 u 与电流 i 的相位相反,简称反相,波形如图 3.3(d)所示。电压 u 到达最大值时,电流 i 到达最小值。

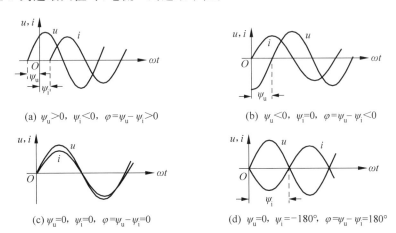

图 3.3 同频率正弦量的相位关系

3.2 正弦量的相量表示

正弦量是由最大值、角频率、初相位三要素决定的。但在线性电路中,若所有的电源均为频率相同的正弦电源,那么电路各部分的电流、电压都是与电源频率相同的正弦量。所以在分析此类电路时,只要计算出电流和电压的最大值/有效值和初相位就可以了,这样可以简化分析计算过程。一个正弦量的最大值/有效值和初相位可以用一个复数表示,这就是正弦量的相量(phasor)表示法。

3.2.1 复数及其运算

1. 复数的表示形式

一个复数有多种表示形式。复数的代数形式为

$$A = a + jb \tag{3.11}$$

A 表示复数,a 为复数的实部,记作 $a = \text{Re}[A] = \text{Re}[a + jb]$,$b$ 为复数的虚部,记作 $b = \text{Im}[A] = \text{Im}[a + jb]$,$j = \sqrt{-1}$ 称为虚数单位。

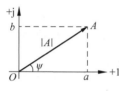

图 3.4 复数的表示

复数 A 在复平面上可以用一个从原点 O 指向 A 对应坐标点的有向线段(矢量)表示,如图 3.4 所示。矢量的长度计作 $|A|$,称为复数 A 的模。矢量与正实数轴之间的夹角 ψ 称为复数的辐角。根据这一表示方式,复数的三角函数形式为

$$A = |A|\cos\psi + j|A|\sin\psi \tag{3.12}$$

其中,$|A|$、ψ 与 a 和 b 的关系为

$$\begin{cases} a = |A|\cos\psi \\ b = |A|\sin\psi \end{cases} \quad \text{或} \quad \begin{cases} |A| = \sqrt{a^2 + b^2} \\ \psi = \arctan\dfrac{b}{a} \end{cases}$$

根据欧拉公式,有

$$e^{j\psi} = \cos\psi + j\sin\psi$$

将复数的三角函数表示形式变换为指数形式,即

$$A = |A|e^{j\psi} \tag{3.13}$$

式(3.13)可以简写为极坐标形式,即

$$A = |A|\underline{/\psi} \tag{3.14}$$

2. 复数的代数运算

复数加减运算采用代数形式。设复数 $A_1 = a_1 + jb_1$,$A_2 = a_2 + jb_2$,则

$$A_1 \pm A_2 = (a_1 + jb_1) \pm (a_2 + jb_2) = (a_1 \pm a_2) + j(b_1 \pm b_2)$$

即复数的加、减运算就是把它们的实部、虚部分别相加、减。

复数乘除运算采用极坐标形式。设复数 $A_1 = |A_1|\underline{/\psi_1}$,$A_2 = |A_2|\underline{/\psi_2}$,则

$$A_1 A_2 = |A_1|\underline{/\psi_1} |A_2|\underline{/\psi_2} = |A_1|e^{j\psi_1} |A_2|e^{j\psi_2} = |A_1||A_2|e^{j(\psi_1+\psi_2)}$$
$$= |A_1||A_2|\underline{/\psi_1 + \psi_2}$$

$$\frac{A_1}{A_2} = \frac{|A_1|\underline{/\psi_1}}{|A_2|\underline{/\psi_2}} = \frac{|A_1|e^{j\psi_1}}{|A_2|e^{j\psi_2}} = \frac{|A_1|}{|A_2|}e^{j(\psi_1-\psi_2)} = \frac{|A_1|}{|A_2|}\underline{/\psi_1-\psi_2}$$

即复数相乘时,其模相乘,辐角相加;复数相除时,其模相除,辐角相减。

3.2.2 正弦量的相量表示方法

视频讲解

下面介绍如何用复数表示正弦量。设正弦电流为
$$i = \sqrt{2}I\sin(\omega t + \psi_i)$$
构造一个复指数函数 $\sqrt{2}Ie^{j(\omega t+\psi_i)}$。由欧拉公式,有
$$\sqrt{2}Ie^{j(\omega t+\psi_i)} = \sqrt{2}I\cos(\omega t+\psi_i) + j\sqrt{2}I\sin(\omega t+\psi_i)$$
从上式可看出,复指数函数的虚部恰好是正弦电流 i 的表示式,即
$$i = \sqrt{2}I\sin(\omega t+\psi_i) = \text{Im}[\sqrt{2}Ie^{j(\omega t+\psi_i)}] \tag{3.15}$$
通过这种数学方法,得到一个实数域的正弦函数与一个复数域的复指数函数的一一对应关系。将式(3.15)进一步整理,可以得到
$$i = \text{Im}[\sqrt{2}Ie^{j(\omega t+\psi_i)}] = \text{Im}[\sqrt{2}Ie^{j\psi_i} \cdot e^{j\omega t}] = \text{Im}[\sqrt{2}\dot{I} \cdot e^{j\omega t}]$$
其中,$Ie^{j\psi_i}$ 是一个复常数,这个复常数定义为正弦电流 i 的有效值相量(effective value phasor),简写为
$$\dot{I} = I\underline{/\psi_i} \tag{3.16}$$
字母上的"·"(点)号用来表示相量,并区别相量与一般复数。相量的模表示正弦量的有效值,相量的幅角表示正弦量的初相位。

同理,最大值相量(maximum value phasor)记作
$$\dot{I}_m = I_m\underline{/\psi_i} = \sqrt{2}\dot{I} \tag{3.17}$$
由此可见,一个正弦量的相量就是在给定角频率 ω 的条件下,用它的有效值/最大值及初相位两个要素的表征量。

正弦电流量、正弦电压量和相量有确定的对应变换关系,如
$$\sqrt{2}I\sin(\omega t+\psi_i) \Longleftrightarrow I\underline{/\psi_i}$$
$$I_m\sin(\omega t+\psi_i) \Longleftrightarrow I_m\underline{/\psi_i}$$
$$\sqrt{2}U\sin(\omega t+\psi_u) \Longleftrightarrow U\underline{/\psi_u}$$
$$U_m\sin(\omega t+\psi_u) \Longleftrightarrow U_m\underline{/\psi_u}$$

由于相量是复数,因此在复平面上可以用矢量表示,称为相量图。

例 3.1 已知正弦电流 $i_1 = 6\sqrt{2}\sin(\omega t+30°)\text{A}$,$i_2 = 4\sqrt{2}\sin(\omega t+60°)\text{A}$,两者相加的总电流为 i,即 $i = i_1 + i_2$。求出 i 的数学表达式,画出相量图,并说明 i 的有效值是否等于 i_1 和 i_2 的有效值之和。

解:采用有效值相量运算,先将 i_1、i_2 用有效值相量表示,即
$$\dot{I}_1 = 6\underline{/30°} = 6(\cos30°+j\sin30°) = 5.196+j3$$
$$\dot{I}_2 = 4\underline{/60°} = 4(\cos60°+j\sin60°) = 2+j3.46$$

由此求得

$$\dot{I} = \dot{I}_1 + \dot{I}_2 = (6.96 + j3 + 2 + j3.46)\text{A} = (7.196 + j6.46)\text{A} = 9.67\underline{/41.9°}\text{A}$$

$$i = 9.67\sqrt{2}\sin(\omega t + 41.9°)\text{A}$$

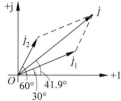

图 3.5 例 3.1 的相量图

相量图如图 3.5 所示。由于 i_1 的初相位 $\psi_{i1} = 30°$，故 $\dot{I}_1$ 位于正实轴逆时针方向转 30°的位置。i_2 的初相位 $\psi_{i2} = 60°$，故 $\dot{I}_2$ 位于正实轴逆时针方向转 60°的位置。长度分别等于有效值 I_1、I_2。i 的相量 $\dot{I}$ 位于 $\dot{I}_1$、$\dot{I}_2$ 组成的平行四边形的对角线上。

由于 i_1、i_2 及 i 的有效值 I_1、I_2、I 分别为 6A、4A、9.67A，显然 $I \ne I_1 + I_2$。这是因为 i_1、i_2 的初相位不同，它们的最大值不是在同一时刻出现的，故有效值之间不能进行代数求和。

3.3 两类约束的相量形式

在正弦交流电路中，各处的电压、电流的频率总是相同的。对正弦交流电路的分析，就是用相量确定电路中电压与电流的相位和大小关系。下面用有效值相量分析两类约束的相量形式，所得结论也适合最大值相量。

3.3.1 电路元件伏安关系的相量形式

1. 电阻元件

设通过图 3.6(a)所示电阻元件 R 的电流为

$$i_R = \sqrt{2} I_R \sin(\omega t + \psi_i) = \text{Im}[\sqrt{2} I_R e^{j\psi_i} \cdot e^{j\omega t}] = \text{Im}[\sqrt{2} \dot{I}_R \cdot e^{j\omega t}]$$

则在关联参考方向下电阻两端的电压为

$$u_R = Ri_R = R \cdot \text{Im}[\sqrt{2} \dot{I}_R \cdot e^{j\omega t}] = \text{Im}[\sqrt{2} R\dot{I}_R \cdot e^{j\omega t}] = \text{Im}[\sqrt{2} \dot{U}_R \cdot e^{j\omega t}]$$

因此，有

$$\dot{U}_R = R\dot{I}_R \tag{3.18}$$

式(3.18)就是电阻元件的伏安关系，即欧姆定律的相量形式，按照该式画出的电阻元件的相量模型如图 3.6(b)所示。

式(3.18)可改写为

$$U_R\underline{/\psi_u} = RI_R\underline{/\psi_i}$$

从而有

$$U_R = RI_R, \quad \psi_u = \psi_i$$

表明电阻元件的电压有效值和电流有效值之间符合欧姆定律，且电压和电流的相位同相。图 3.6(c)和图 3.6(d)分别为电阻元件上电压、电流的相量图与波形图。

2. 电容元件

设通过图 3.7(a)所示电容元件 C 的电流为

$$i_C = \sqrt{2} I_C \sin(\omega t + \psi_i) = \text{Im}[\sqrt{2} I_C e^{j\psi_i} \cdot e^{j\omega t}] = \text{Im}[\sqrt{2} \dot{I}_C \cdot e^{j\omega t}]$$

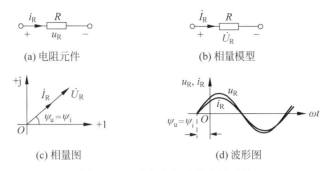

图 3.6 正弦交流电路的电阻元件

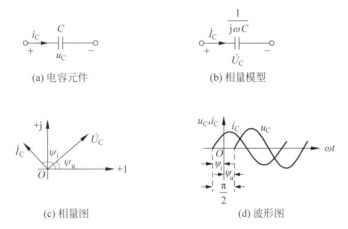

图 3.7 正弦交流电路的电容元件

则在关联参考方向下电容两端的电压为

$$u_C = \frac{1}{C}\int i_C \, dt = \frac{1}{C}\int \mathrm{Im}[\sqrt{2}\dot{I}_C e^{j\omega t}] dt = \frac{1}{C}\mathrm{Im}\left[\int \sqrt{2}\dot{I}_C e^{j\omega t} dt\right]$$

$$= \mathrm{Im}\left[\sqrt{2}\left(\frac{\dot{I}_C}{j\omega C}\right)e^{j\omega t}\right] = \mathrm{Im}[\sqrt{2}\dot{U}_C e^{j\omega t}]$$

因此,有

$$\dot{U}_C = \frac{1}{j\omega C} \cdot \dot{I}_C = -j\frac{1}{\omega C} \cdot \dot{I}_C \tag{3.19}$$

式(3.19)就是电容元件的伏安关系的相量形式,按照该式画出的电容元件的相量模型如图 3.7(b)所示。

式(3.19)可改写为

$$U_C \underline{/\psi_u} = \frac{1}{\omega C} \cdot I_C \underline{/\psi_i - \frac{\pi}{2}}$$

从而有

$$U_C = \frac{1}{\omega C} I_C, \quad \psi_u = \psi_i - \frac{\pi}{2}$$

式中,$\frac{1}{\omega C}$ 称为电容的电抗,简称容抗,用符号 X_C 表示,它具有与电阻相同的量纲,单位为 Ω

(欧姆)。它表明电容元件的电压有效值和电流有效值之间符合欧姆定律,且电压滞后电流 $\frac{\pi}{2}$。图 3.7(c)和图 3.7(d)分别为电容元件上电压、电流的相量图与波形图。

3. 电感元件

设通过图 3.8(a)所示电感元件 L 的电流为

$$i_L = \sqrt{2}\,I_L \sin(\omega t + \psi_i) = \mathrm{Im}[\sqrt{2}\,I_L \mathrm{e}^{\mathrm{j}\psi_i} \cdot \mathrm{e}^{\mathrm{j}\omega t}] = \mathrm{Im}[\sqrt{2}\,\dot{I}_L \cdot \mathrm{e}^{\mathrm{j}\omega t}]$$

则在关联参考方向下电感两端的电压为

$$u_L = L\frac{\mathrm{d}i_L}{\mathrm{d}t} = L\frac{\mathrm{d}}{\mathrm{d}t}\mathrm{Im}[\sqrt{2}\,\dot{I}_L \cdot \mathrm{e}^{\mathrm{j}\omega t}] = L\,\mathrm{Im}\left[\frac{\mathrm{d}}{\mathrm{d}t}(\sqrt{2}\,\dot{I}_L \cdot \mathrm{e}^{\mathrm{j}\omega t})\right]$$

$$= \mathrm{Im}[\sqrt{2}\,(\mathrm{j}\omega L)\dot{I}_L \cdot \mathrm{e}^{\mathrm{j}\omega t}] = \mathrm{Im}[\sqrt{2}\,\dot{U}_L \cdot \mathrm{e}^{\mathrm{j}\omega t}]$$

因此,有

$$\dot{U}_L = \mathrm{j}\omega L \dot{I}_L \tag{3.20}$$

式(3.20)就是电感元件的伏安关系的相量形式,按照该式画出的电感元件的相量模型如图 3.8(b)所示。

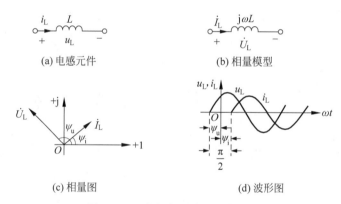

图 3.8 正弦交流电路的电感元件

式(3.20)可改写为

$$U_L \underline{/\psi_u} = \omega L I_L \underline{/\psi_i + \frac{\pi}{2}}$$

从而有

$$U_L = \omega L I_L, \quad \psi_u = \psi_i + \frac{\pi}{2}$$

式中,ωL 称为电感的电抗,简称感抗,用符号 X_L 表示,它具有与电阻相同的量纲,单位为 Ω(欧姆)。这表明电感元件的电压有效值和电流有效值之间符合欧姆定律,且电压超前电流 $\frac{\pi}{2}$。图 3.8(c)和图 3.8(d)分别为电感元件上电压、电流的相量图与波形图。

3.3.2 基尔霍夫定律的相量形式

基尔霍夫电流定律(KCL)指出:电路中任一结点上所有支路电流的代数和为 0。当电路处于正弦稳态时,各支路电流都是同频率的正弦量,因此,对任一结点,KCL 可以表示为

$$\sum i = \sum \mathrm{Im}[\sqrt{2}\,\dot{I}\mathrm{e}^{\mathrm{j}\omega t}] = \mathrm{Im}[\sqrt{2}\sum \dot{I}\mathrm{e}^{\mathrm{j}\omega t}] = 0$$

因为上式对任何时间 t 都成立,因此有

$$\sum \dot{I} = 0 \qquad (3.21)$$

式(3.21)就是 KCL 的相量形式。它表明在正弦稳态电路中,任一结点上所有支路电流相量的代数和为 0。

基尔霍夫电压定律(KVL)指出:在电路的任何一个回路中,沿某一方向绕行一周时各部分电压的代数和为 0。当电路处于正弦稳态时,一个回路中各部分电压都是同频率的正弦量,因此,对任一回路 KVL 可以表示为

$$\sum u = \sum \mathrm{Im}[\sqrt{2}\,\dot{U}\mathrm{e}^{\mathrm{j}\omega t}] = \mathrm{Im}[\sqrt{2}\sum \dot{U}\mathrm{e}^{\mathrm{j}\omega t}] = 0$$

因为上式对任何时间 t 都成立,因此有

$$\sum \dot{U} = 0 \qquad (3.22)$$

式(3.22)就是 KVL 的相量形式。它表明在正弦稳态电路中,任何一个回路沿某一方向绕行一周时各部分电压相量的代数和为 0。

例 3.2 正弦稳态电路如图 3.9(a)所示。已知 $u_S = 120\sqrt{2}\sin(100t)\mathrm{V}$,$R = 10\Omega$,$L = 0.1\mathrm{H}$,$C = 2000\mu\mathrm{F}$,试求电流 i。

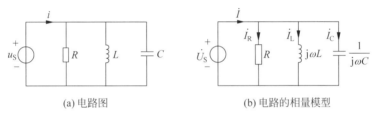

(a) 电路图 (b) 电路的相量模型

图 3.9 例 3.2 的电路

解:画出电路的相量模型,如图 3.9(b)所示。其中,$\dot{U}_S = 120\underline{/0°}\mathrm{V}$,$\mathrm{j}\omega L = (\mathrm{j}100\times0.1)\Omega = \mathrm{j}10\Omega$,$\dfrac{1}{\mathrm{j}\omega C} = \left(-\mathrm{j}\dfrac{1}{100\times 2000\times 10^{-6}}\right)\Omega = -\mathrm{j}5\Omega$。

由元件 VAR,求得各支路电流相量为

$$\dot{I}_R = \frac{\dot{U}_S}{R} = \frac{120}{10}\mathrm{A} = 12\mathrm{A}$$

$$\dot{I}_L = \frac{\dot{U}_S}{\mathrm{j}\omega L} = \frac{120}{\mathrm{j}10}\mathrm{A} = -\mathrm{j}12\mathrm{A} = 12\underline{/-90°}\mathrm{A}$$

$$\dot{I}_C = \frac{\dot{U}_S}{\dfrac{1}{\mathrm{j}\omega C}} = \frac{120}{-\mathrm{j}5}\mathrm{A} = \mathrm{j}24\mathrm{A} = 24\underline{/90°}\mathrm{A}$$

由 KCL 的相量形式,有

$$\dot{I} = \dot{I}_R + \dot{I}_L + \dot{I}_C = (12 - \mathrm{j}12 + \mathrm{j}24)\mathrm{A} = 16.97\underline{/45°}\mathrm{A}$$

将相量形式的结果转换成正弦量,得

$$i = 16.97\sqrt{2}\sin(100t + 45°)\mathrm{A}$$

例 3.3 正弦稳态电路如图 3.10(a)所示。已知 $u_S = 220\sqrt{2}\sin(314t + 30°)$ V, $R = 30\,\Omega$, $L = 254$ mH, $C = 80\,\mu$F。试求电流 i 的表达式及各部分电压 u_R、u_L、u_C 的表达式。

解：画出电路的相量模型，如图 3.10(b)所示。其中，$\dot{U}_S = 220\underline{/30°}$ V, $j\omega L = (j314 \times 254 \times 10^{-3})\,\Omega \approx j80\,\Omega$, $\dfrac{1}{j\omega C} = \left(-j\dfrac{1}{314 \times 80 \times 10^{-6}}\right)\Omega \approx -j40\,\Omega$。

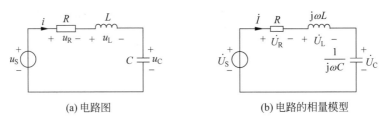

(a) 电路图　　　　　　　　(b) 电路的相量模型

图 3.10　例 3.3 的电路

由 KVL 的相量形式，有

$$\dot{I} = \dfrac{\dot{U}_S}{R + j\omega L + \dfrac{1}{j\omega C}} = \left(\dfrac{220\underline{/30°}}{30 + j80 - j40}\right)\text{A} = 4.4\underline{/-23°}\,\text{A}$$

将相量形式的结果转换成正弦量，得

$$i = 4.4\sqrt{2}\sin(314t - 23°)\,\text{A}$$

由元件 VAR，求得各部分电压相量为

$$\dot{U}_R = R\dot{I} = (30 \times 4.4\underline{/-23°})\,\text{V} = 132\underline{/-23°}\,\text{V}$$

$$\dot{U}_L = j\omega L\dot{I} = (80 \times 4.4\underline{/90° - 23°})\,\text{V} = 352\underline{/67°}\,\text{V}$$

$$\dot{U}_C = \dfrac{1}{j\omega C}\dot{I} = (40 \times 4.4\underline{/-90° - 23°})\,\text{V} = 176\underline{/-113°}\,\text{V}$$

将相量形式的结果转换成正弦量，得

$$u_R = 132\sqrt{2}\sin(314t - 23°)\,\text{V}$$

$$u_L = 352\sqrt{2}\sin(314t + 67°)\,\text{V}$$

$$u_C = 176\sqrt{2}\sin(314t - 113°)\,\text{V}$$

3.4　正弦交流电路 Multisim 仿真示例

视频讲解

1. 相量形式 KCL 的 Multisim 仿真

在 Multisim 14 中构建相量形式 KCL 仿真测试电路如图 3.11 所示，电路参数与例 3.2 相同。其中，4 个数字电流表设置成交流模式，分别用于测量总电流 I 及三个支路电流 I_R、I_L 和 I_C 的有效值，电压源的频率 $f = \dfrac{\omega}{2\pi} = \dfrac{100}{6.28}$ Hz ≈ 15.9235 Hz。仿真测量结果及理论计算结果如表 3.1 所示。

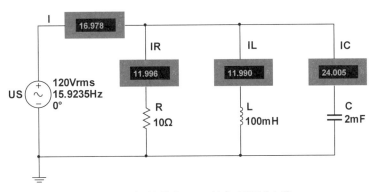

图 3.11 相量形式 KCL 的仿真测试电路

表 3.1 相量形式 KCL 的仿真结果

	I_R/A	I_L/A	I_C/A	I/A
理论计算值	12	12	24	16.97
测量值	11.996	11.990	24.005	16.978

2. 相量形式 KVL 的 Multisim 仿真

在 Multisim 14 中构建相量形式 KVL 仿真测试电路如图 3.12 所示,电路参数与例 3.3 相同。其中,4 个数字电流表设置成交流模式,分别用于测量电源电压 U_S 及三个元件上的电压 U_R、U_L 和 U_C 的有效值,电压源的频率 $f=\dfrac{\omega}{2\pi}=\dfrac{314}{6.28}\text{Hz}\approx 50\text{Hz}$。

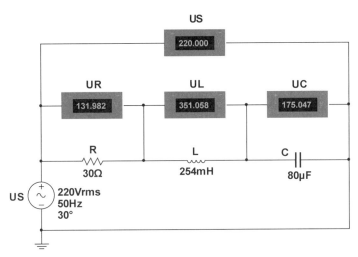

图 3.12 相量形式 KVL 的仿真测试电路

仿真测量结果及理论计算结果如表 3.2 所示。其中,理论计算值为例 3.3 的结果。由表 3.2 可知,仿真测量结果与例 3.3 中的理论计算结果基本相同,略有误差是电压源的频率和角频率转换有误差所致。

表 3.2 相量形式 KVL 的仿真结果

	U_R/V	U_L/V	U_C/V	U_S/V
理论计算值	132	352	176	220
测量值	131.982	351.058	175.047	220

本章小结

本章介绍了正弦稳态电路中正弦量的概念、正弦量的相量表示形式和相量分析法的基础。

(1) 正弦电流 $i = I_m \sin(\omega t + \psi)$ 的最大值为 I_m，角频率为 ω，初相位为 ψ。I_m、ω 和 ψ 三个量称为正弦量的三要素。周期 $T = \dfrac{\omega}{2\pi}$，频率 $f = \dfrac{1}{T}$，有效值 $I = \dfrac{I_m}{\sqrt{2}}$。

(2) 设两个同频率的正弦量 $i_1 = \sqrt{2} I_1 \sin(\omega t + \psi_{i1})$，$i_2 = \sqrt{2} I_2 \sin(\omega t + \psi_{i2})$，它们的相位差 $\varphi = \psi_{i1} - \psi_{i2}$，规定 $|\varphi| \leqslant 180°$（或 $\leqslant \pi$）。若 $\varphi > 0$，则称 i_1 超前 i_2；若 $\varphi < 0$，则称 i_1 滞后 i_2；若 $\varphi = 0$，则称 i_1、i_2 同相。

(3) 正弦电流 $i = \sqrt{2} I \sin(\omega t + \psi_i)$ 可写成 $i = \text{Im}[\sqrt{2} I e^{j(\omega t + \psi_i)}] = \text{Im}[\sqrt{2} \dot{I} \cdot e^{j\omega t}]$，其中 $\dot{I} = I \underline{/\psi_i}$ 称为电流 i 的有效值相量。同理，还可导出电流 i 的最大值相量及电压的有效值相量、最大值相量。

(4) 正弦电流量、正弦电压量和相量有确定的对应变换关系：

$$\sqrt{2} I \sin(\omega t + \psi_i) \Longleftrightarrow I \underline{/\psi_i}$$

$$I_m \sin(\omega t + \psi_i) \Longleftrightarrow I_m \underline{/\psi_i}$$

$$\sqrt{2} U \sin(\omega t + \psi_u) \Longleftrightarrow U \underline{/\psi_u}$$

$$U_m \sin(\omega t + \psi_u) \Longleftrightarrow U_m \underline{/\psi_u}$$

(5) 若以 ψ_u、ψ_i 表示元件电压、电流的初相位，则当元件为电阻时，$\psi_u = \psi_i$；当元件为电容时，$\psi_u = \psi_i - \dfrac{\pi}{2}$，电压滞后电流 $\dfrac{\pi}{2}$；当元件为电感时，$\psi_u = \psi_i + \dfrac{\pi}{2}$，电压超前电流 $\dfrac{\pi}{2}$。

(6) 在关联参考方向下，电阻元件相量形式的 VAR 关系式为 $\dot{U}_R = R \dot{I}_R$，电容元件相量形式的 VAR 关系式为 $\dot{U}_C = \dfrac{1}{j\omega C} \dot{I}_C = -j \dfrac{1}{\omega C} \dot{I}_C$，电感元件相量形式的 VAR 关系式为 $\dot{U}_L = j\omega L \dot{I}_L$。

(7) 基尔霍夫定律的相量形式为 $\sum \dot{I} = 0$，$\sum \dot{U} = 0$。

自测题

一、单项选择题

在各小题备选答案中选择出一个正确的答案，将正确答案前的字母填在题干后的括号内。

1. 已知正弦电压 $t=0$ 时 220V,其初相位为 45°,则其有效值为(　　)。
   A. $220\sqrt{2}$ V   B. 220V   C. 380V   D. $110\sqrt{2}$ V

2. 两个正弦电压 $u_1=110\sqrt{2}\sin(314t-30°)$V,$u_2=220\sqrt{2}\sin(314t-45°)$V,在相位上(　　)。
   A. u_1 超前 u_2 的角度为 75°   B. u_1 滞后 u_2 的角度为 75°
   C. u_1 超前 u_2 的角度为 15°   D. u_1 滞后 u_2 的角度为 15°

3. 两个同频率的正弦电流 $i_1=I_{m1}\sin\left(\omega t+\dfrac{\pi}{4}\right)$A,$i_2=I_{m2}\sin\left(\omega t-\dfrac{\pi}{2}\right)$A,在相位上(　　)。
   A. i_1 滞后 i_2 的相位为 $\dfrac{3}{4}\pi$ B. i_1 超前 i_2 的相位为 $\dfrac{3}{4}\pi$
   C. i_1 滞后 i_2 的相位为 $\dfrac{5}{4}\pi$ D. i_1 超前 i_2 的相位为 $\dfrac{5}{4}\pi$

4. 正弦电流 $i=5\sqrt{2}\sin(314t+90°)$A 的相量形式为 $\dot{I}=$(　　)。
   A. j5A   B. −j5A   C. 5A   D. −5A

5. 已知一个正弦量的相量为 $\dot{U}=-30\underline{/-30°}$V,$\omega=200$rad/s,则对应的正弦量为(　　)。
   A. $u=-30\sqrt{2}\sin(200t-30°)$V   B. $u=30\sqrt{2}\sin(200t-30°)$V
   C. $u=-30\sin(200t-30°)$V   D. $u=30\sin(200t-30°)$V

6. 在正弦交流电路中,电阻元件伏安关系表示错误的是(　　)。
   A. $u=iR$ B. $U=IR$ C. $\dot{U}_m=R\dot{I}$ D. $\dot{U}=R\dot{I}$

7. 已知电容两端电压 $u=10\sin(\omega t+30°)$V,则通过电容的电流为 $i=$(　　)。
   A. $j\omega C\sin(\omega t+30°)$A   B. $\omega C\sin(\omega t+30°)$A
   C. $10\omega C\sin(\omega t+120°)$A   D. $10\omega C\sin(\omega t-60°)$A

8. 已知通过 0.5F 电容的电流 $i=\sqrt{2}\sin(100t-30°)$A,则电容两端电压为(　　)。
   A. $u=0.02\sin(100t-120°)$V   B. $u=0.02\sqrt{2}\sin(100t-120°)$V
   C. $u=0.707\sin(100t-30°)$V   D. $u=0.5\sin(100t-90°)$V

9. 在纯电感正弦交流电路中,以下关系式正确的是(　　)。
   A. $\dot{U}_L=jX_L\dot{I}_L$ B. $X_L=\dfrac{\dot{U}_L}{\dot{I}_L}$ C. $X_L=\dfrac{U_L}{i_L}$ D. $X_L=\dfrac{u_L}{i_L}$

10. 已知电感两端的电压 $u_L=80\sin(1000t+105°)$V,若电感 $L=0.02$H,则通过电感中的电流为(　　)。
    A. $i_L=4\sqrt{2}\sin(1000t+15°)$A   B. $i_L=4\sin(1000t+15°)$A
    C. $i_L=4000\sin(1000t+105°)$A   D. $i_L=4000\sqrt{2}\sin(1000t+105°)$A

11. 某正弦交流电路中的一部分如图 3.13 所示,已知 $i_1=10\sin\omega t$A,$i_2=10\sin(\omega t+90°)$A,则 i_3 的有效值为(　　)。
    A. 10A   B. 20A   C. $\dfrac{10}{\sqrt{2}}$A   D. $20\sqrt{2}$ A

12. RC 串联电路如图 3.14 所示，u、i 的相位关系为（　　）。
   A. i 超前 u 的相位角为 90°　　　　　　　B. i 滞后 u 的相位角为 90°
   C. i 超前 u 的相位角小于 90°　　　　　　D. i 滞后 u 的相位角小于 90°

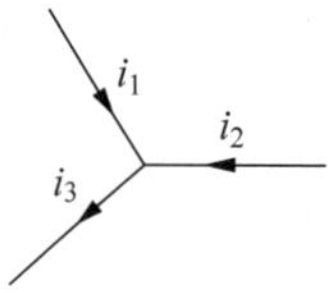

图 3.13 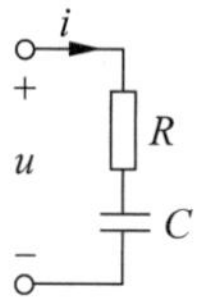　　　　　　图 3.14

13. 图 3.15 所示的电路中，已知 $U=20\text{V}$，$U_L=16\text{V}$，则 $U_R=$（　　）。
   A. 10V　　　　　B. 12V　　　　　C. 24V　　　　　D. 36V

14. 图 3.16 所示的电路中，已知 $\dot{U}=220\underline{/0°}\text{V}$，电流 I 的值是（　　）。
   A. 110/7A　　　B. 22A　　　　　C. 22.5A　　　　D. $22\sqrt{2}$ A

15. 图 3.17 所示的正弦交流电路中，$i_2(t)$ 和 $i_1(t)$ 的相位关系是（　　）。
   A. $i_2(t)$ 滞后 $i_1(t)$ 的相位角为 90°
   B. $i_2(t)$ 超前 $i_1(t)$ 的相位角为 90°
   C. $i_2(t)$ 和 $i_1(t)$ 相位差为 180°
   D. $i_2(t)$ 和 $i_1(t)$ 相位差为 0°

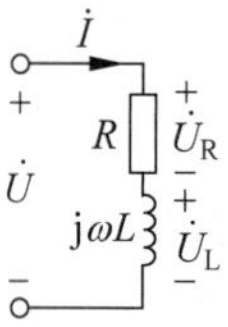

图 3.15 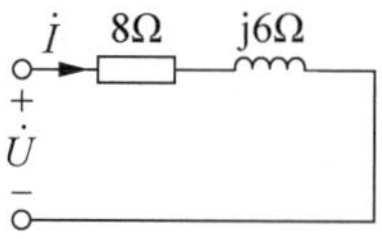　　　　　　图 3.16 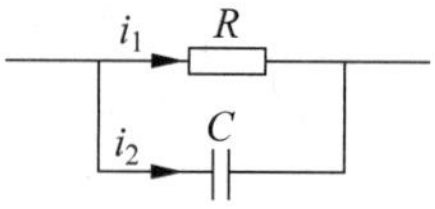　　　　　　图 3.17

二、填空题

1. 正弦交流电的三要素是_____、_____和_____。
2. 一个正弦电流的表达式为 $i=6\sin(5t-30°)\text{A}$，其有效值 $I=$ _____ A，角频率 $\omega=$ _____ rad/s，周期 $T=$ _____ s，初相位 $\psi=$ _____。
3. 有一正弦交流电压 $u_C=100\sqrt{2}\sin(314t+30°)\text{V}$ 加在一容抗 $X_C=50\Omega$ 的理想电容元件两端，电容中的电流 $i_C=$ _____。
4. 已知两个正弦交流电流为 $i_1=5\sqrt{2}\sin(314t+30°)\text{A}$，$i_2=8\sqrt{2}\sin(314t-45°)\text{A}$，$i_1$、$i_2$ 之间的相位差 $\varphi=$ _____。
5. 已知一正弦交流电压 $u=220\sqrt{2}\sin(314t+60°)\text{V}$，它的相量式为 $\dot{U}=$ _____。

习题

1. 试计算下列正弦量的相位差，并说明相位关系。
   (1) $u=10\sin(\omega t+45°)\text{V}$，$i=20\sin(\omega t-20°)\text{A}$

(2) $u_1 = 10\sin(\omega t + 10°)$V，$u_2 = -20\sin(\omega t + 95°)$V

(3) $u = 10\sin(\omega t + 10°)$V，$i = 5\cos(\omega t - 15°)$A

(4) $i_1 = -10\sin\omega t$ A，$i_2 = -10\cos(\omega t + 30°)$A

2. 一个正弦电流 i 的有效值为 $I = 5$A，角频率 $\omega = 314$rad/s，初相位 $\psi = 30°$，试写出该电流的瞬时值表达式及有效值相量表达式。

3. 已知电流 $i_1 = \sqrt{2}I\sin 314t$ A，$i_2 = -\sqrt{2}\sin(314t + 120°)$A，求 $i_3 = i_1 + i_2$。

4. 已知电感两端的电压 $u_L = 80\sin(1000t + 105°)$V，电感 $L = 0.02$H，求电感中的电流 i_L。

5. 电路如图 3.18 所示。已知 $u_S = 10\sqrt{2}\sin 2t$ V，$R = 2\Omega$，$L = 2$H，$C = 0.25$F，试求电流 i 的表达式及各部分电压 u_R、u_L、u_C 的表达式。

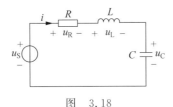

图 3.18

第 4 章 常用半导体器件

CHAPTER 4

半导体器件是组成各种电子电路的基础元件。本章首先介绍半导体基础知识,包括半导体材料的特性、半导体中载流子的运动和PN结的单向导电特性等,然后介绍半导体二极管、特殊二极管、双极型晶体管以及场效应管的结构、工作原理、特性曲线和主要参数。

4.1 半导体基础知识

按导电能力的不同,自然界的物质可分为导体、绝缘体和半导体。半导体的导电能力介于导体和绝缘体之间。硅(Si)和锗(Ge)是两种最常用的半导体材料。

硅和锗原子的最外层都有4个价电子,因此它们均为4价元素。最外层电子的特点是:外层电子没排满,还可接收电子;外层电子受原子核的引力小,容易挣脱核的引力束缚成为自由电子,在外电场作用下定向移动形成电流,自由电子影响导电性能。

图 4.1 4价元素简化的原子模型

从决定导电能力的角度,简化表示硅和锗原子,即将内层电子与原子核等效合并成一个带+4价电荷的正离子以及它周围的4个带负电荷的价电子表示,如图4.1所示。

4.1.1 本征半导体

纯净的晶体结构的半导体,称为本征半导体。

由于晶体结构中原子排列的有序性,价电子为相邻的原子所共有,形成如图4.2所示的共价键结构。共价键中的价电子不仅受本身原子核的束缚,同时也受相邻原子核的吸引,即受共价键的束缚。

常温下,由于本征激发(热激发),使少数具有足够能量的价电子挣脱共价键的束缚而成为能运动的自由电子,同时共价键中留有一个空位置,称为空穴。本征激发产生的自由电子和空穴是成对出现的。

由于电子带负电荷,空穴表示原子缺少了一个负电荷,因此可以等效地看成是空穴带一个正电荷。空穴很容易吸引邻近共价键中的价电子去填补,使空穴

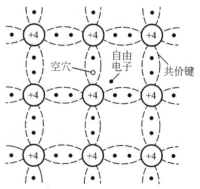

图 4.2 本征半导体的结构及本征激发示意图

发生转移,这种价电子填补空位的运动等效成空穴在运动。

自由电子和空穴在运动中相遇会重新结合而成对消失,这种现象称为复合。温度一定时,自由电子和空穴的产生与复合将达到动态平衡,这时,自由电子和空穴的浓度是一定的。

在外电场的作用下,带负电荷的自由电子逆电场方向定向运动形成电子电流,带正电荷的空穴顺电场方向定向运动形成空穴电流。把能够运动的、可以参与导电的带电粒子称为载流子,半导体中有自由电子和空穴两种载流子。

本征半导体载流子的数量很少且与温度有关,导电能力弱。半导体材料的这种特性称为热敏性,此外还有光敏性和掺杂性。

4.1.2 杂质半导体

在常温下,本征半导体载流子的浓度很低,因此导电能力很差。在本征半导体中掺入少量合适的杂质元素形成杂质半导体,可改善半导体的导电性能,并使其具有可控性。根据掺入杂质元素的不同,可分为 N 型半导体和 P 型半导体。

1. N 型半导体

在本征半导体 Si 或 Ge 晶体中掺入少量的 5 价元素(如磷、锑、砷等),杂质原子代替晶格中某些 4 价元素的位置。杂质原子与周围的 4 价元素原子结合成共价键时,多出一个价电子,这个多余的价电子不受共价键的束缚,只受自身原子核的吸引,这种束缚力比较弱,在常温下即可成为自由电子,如图 4.3 所示。失去自由电子的杂质原子固定在晶格中不能移动,且带有正电荷,它称为正离子(用 ⊕ 表示)。由杂质原子提供的自由电子,其数量与掺入杂质原子的数量相同,与温度无关。

与此同时,本征激发又产生自由电子和空穴对,数量与温度有关,但远小于因掺入杂质而产生的自由电子数,所以这种杂质半导体中,有以下两种数量不等的载流子:

自由电子的数量＝掺杂形成的数量＋本征激发形成的数量≈掺杂形成的数量

空穴的数量＝本征激发形成的数量

因此它是以电子导电为主的杂质半导体。因为电子带负电(negative electricity),所以称为 N 型半导体。N 型半导体中,自由电子为多数载流子,空穴为少数载流子。

2. P 型半导体

在本征半导体 Si 或 Ge 晶体中掺入少量的 3 价元素(如硼、镓、铟等),杂质原子代替晶格中某些 4 价元素的位置。杂质原子与周围的 4 价元素原子结合成共价键时,因缺少一个价电子而产生一个空位,在常温下,这个空位能吸引邻近的价电子填充而形成空穴,如图 4.4 所示。获得一个价电子的杂质原子固定在晶格中不能移动,并带有负电荷,它称为负离子(用 ⊖ 表示)。由杂质原子提供的空穴,其数量与掺入杂质原子的数量相同,与温度无关。

与此同时,本征激发又产生自由电子和空穴对,数量与温度有关,但远小于因掺入杂质而产生的空穴数,所以这种杂质半导体中,有以下两种数量不等的载流子:

空穴的数量＝掺杂形成的数量＋本征激发形成的数量≈掺杂形成的数量

自由电子的数量＝本征激发形成的数量

因此它是以空穴导电为主的杂质半导体。因为空穴带正电(positive electricity),所以称为 P 型半导体。P 型半导体中,自由电子为少数载流子,空穴为多数载流子。

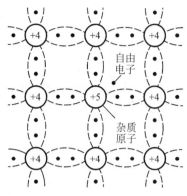
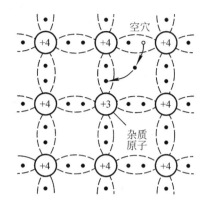

图 4.3 N 型半导体的结构示意图　　　　图 4.4 P 型半导体的结构示意图

注意,杂质离子虽然带电荷,但不能移动,因此它不是载流子。杂质半导体中虽然有一种载流子占多数,但这个半导体仍然呈电中性。杂质半导体的导电性能主要取决于多数载流子的浓度,即取决于掺杂的程度,从而实现导电性可控。少数载流子的浓度与本征激发有关,因此对温度敏感,随温度变化。

视频讲解

4.1.3 PN 结

采用不同的掺杂工艺,在本征半导体的一侧形成 P 型半导体,在另一侧形成 N 型半导体,则在二者的交界处将形成 PN 结。

1. PN 结的形成

P 型半导体和 N 型半导体结合时,由于两个区的同一类型载流子的浓度不同,将产生多数载流子的扩散运动,即 P 区的空穴向 N 区扩散,N 区的自由电子向 P 区扩散,从而在 P 区、N 区交界处形成由正、负离子构成的空间电荷区及内电场,扩散运动的进行使空间电荷区变宽、内电场增大;在内电场的作用下又产生两个区少数载流子的漂移运动,即 P 区的自由电子向 N 区漂移,N 区的空穴向 P 区漂移,漂移运动的进行又使空间电荷区变窄、内电场减弱。

当扩散运动和漂移运动的规模相同达到动态平衡时,在 P 区、N 区交界处形成稳定的空间电荷区,即 PN 结。PN 结的形成过程如图 4.5 所示。

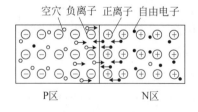
(a) 多数载流子扩散运动

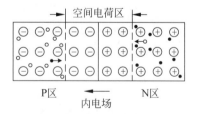
(b) 空间电荷区的形成及少数载流子漂移运动

图 4.5 PN 结的形成

无外加电压作用时,PN 结中载流子的扩散运动和漂移运动达到动态平衡,所产生的扩散电流和漂移电流大小相等、方向相反、相互抵消,PN 结中的电流为 0。

2. PN 结的单向导电性

当在 PN 结的两端外加电压时,将破坏动态平衡状态,使扩散电流和漂移电流不再相等,PN 结中将有电流流过。外加电压的极性不同时,PN 结呈现两种不同的导电性能,即单向导电性。

1) PN 结外加正向电压

外加正向电压,也称为正向偏置,简称正偏。接法是将电源的正极接 P 区,负极接 N 区,如图 4.6 所示。其中,R 为限流电阻。

可见,外电场的方向与内电场的方向相反,削弱了内电场,使空间电荷区变窄,有利于多数载流子扩散运动,而不利于少数载流子漂移运动。多数载流子扩散运动形成较大的正向电流 I_F,PN 处于导通状态。正向电流的大小与外加的正向电压成比例,方向由外部流入 P 区。

2) PN 结外加反向电压

外加反向电压,也称为反向偏置,简称反偏。接法是将电源的正极接 N 区,负极接 P 区,如图 4.7 所示。

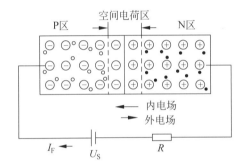

图 4.6 PN 结外加正向电压

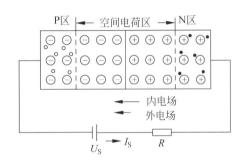

图 4.7 PN 结外加反向电压

可见,外电场的方向与内电场的方向相同,加强了内电场,使空间电荷区变宽,阻止多数载流子扩散运动,而利于少数载流子漂移运动。少子漂移运动形成反向饱和电流 $I_S(\approx 0)$,PN 结处于截止状态。反向电流的大小与温度有关,与外加反向电压的大小基本无关,方向由外部流入 N 区。

PN 结正偏时导通,形成较大的正向电流;反偏时截止,电流近似为零。这种特性称为 PN 结的单向导电性。

此外,PN 结在一定条件下还具有电容效应,根据产生原因的不同,分为扩散电容和势垒电容。当 PN 结正偏时,在 PN 结的扩散区内,电荷的积累和释放过程与电容充放电的过程相同,这种电容效应称为扩散电容;当 PN 结反偏时,空间电荷区的宽度随外加反压的变化而增宽或变窄,这种现象与电容充放电的过程相同,空间电荷区宽窄变化等效的电容称为势垒电容。

4.2 半导体二极管

4.2.1 二极管的结构与类型

从 PN 结的 P 区和 N 区各引出电极引线,再用外壳封装构成二极管(diode),如图 4.8(a)

所示,其图形符号如图 4.8(b)所示。

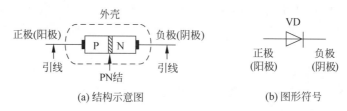

图 4.8 半导体二极管的结构和图形符号

二极管的种类很多,分类方法也不相同。按材料可分为硅二极管(硅管)和锗二极管(锗管);按用途可分为普通二极管、稳压二极管、整流二极管和发光二极管等;按结构可分为点接触型二极管、面接触型二极管和平面型二极管等。

4.2.2 二极管的伏安特性

二极管的两端电压 u 和流过电流 i 之间的关系称为伏安特性。伏安特性方程和伏安特性曲线是它的两种描述方法。

1. 二极管的伏安特性方程

二极管的伏安特性方程的表达式为

$$i = I_S(e^{\frac{u}{U_T}} - 1) \tag{4.1}$$

式中,i 为通过二极管的电流,u 为加在二极管两端的电压,U_T 为温度的电压当量,常温时为 26mV,I_S 为反向饱和电流。

伏安特性方程描述了二极管的单向导电性:当 $u>0$,且 $u \gg U_T$,则 $e^{\frac{u}{U_T}} \gg 1$,$i \approx I_S e^{\frac{u}{U_T}}$,二极管导通;当 $u<0$,且 $|u| \gg U_T$,则 $i \approx -I_S$,二极管截止。

2. 二极管的伏安特性曲线

典型的实际二极管的伏安特性曲线如图 4.9 所示。曲线分为正向特性、反向特性和击穿特性三个区域。

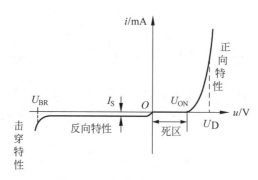

图 4.9 二极管伏安特性曲线

1) 正向特性

当加在二极管上的正向电压很小,还不足以克服 PN 结内电场对多数载流子运动的阻挡作用,基本维持动态平衡,这一段二极管的正向电流 I_F 很小,近似为零,称为死区。只有当正向电压超过某一数值 U_{ON} 时,才开始有正向电流,通常称 U_{ON} 为死区电压或开启电压。开启电压 U_{ON} 的数值与二极管的材料及温度等因素有关,一般硅管约为 0.5V,锗管约为 0.1V。

当正向电压超过 U_{ON} 后,内电场被明显削弱,正向电流 I_F 将随正向电压的增大,按指数及近似线性规律增大,二极管处于导通状态。通常二极管正向导通后工作在曲线的线性段,忽略曲线线性段各处电压的微小差别,可认为二极管的导通电压 U_D 近似为常数,一般硅管约为 0.7V,锗管约为 0.2V。

2) 反向特性

当给二极管加反向电压时,PN 结中外电场与内电场方向一致,仅有少数载流子的漂移运动,形成不随外加电压变化、数值极小的反向饱和电流 I_S,二极管处于截止状态。一般硅管的 I_S 为 10^{-9}A 数量级,锗管的 I_S 为 10^{-6}A 数量级,近似为 0。反向饱和电流 I_S 越小,二极管的单向导电性越好。

3) 击穿特性

当反向电压增大到某一数值时,在外部强电场的作用下,少数载流子的数量会急剧增加,使得反向电流急剧增大,这种现象称为反向击穿。击穿时对应的电压称为反向击穿电压 U_{BR}。各类二极管的反向击穿电压大小不同,从几十伏到几千伏。普通二极管发生反向击穿后,造成二极管损坏,失去单向导电性。

4) 二极管伏安特性曲线的折线化及等效电路

二极管的伏安特性曲线是非线性的,这在实际电路的分析计算中很不方便。因此,在工程上常常将其分段线性化,以简化电路的分析计算。通常有以下两种线性化折线处理方法,可根据不同情况进行选择。

(1) 将二极管理想化处理。理想二极管的伏安特性曲线及其等效电路如图 4.10 所示。伏安特性曲线中,忽略其正向导通压降 U_D 和反向饱和电流 I_S,反向击穿电压 $U_{BR}=\infty$。理想二极管的导通条件为 $u>0$,截止条件为 $u\leqslant 0$。二极管正偏导通时用短路的形式等效,反偏截止时用开路的形式等效。

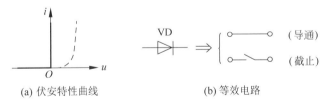

(a) 伏安特性曲线 (b) 等效电路

图 4.10 理想化的二极管

(2) 考虑二极管的正向导通压降。二极管的伏安特性曲线及其等效电路如图 4.11 所示。伏安特性曲线中,二极管导通后压降恒定,且 $U_{ON}=U_D$,忽略反向饱和电流 I_S,反向击穿电压 $U_{BR}=\infty$。考虑正向导通压降时二极管的导通条件为 $u>U_D$,截止条件为 $u\leqslant U_D$。二极管正偏导通时用数值为 U_D 的电压源等效,反偏截止时用开路的形式等效。

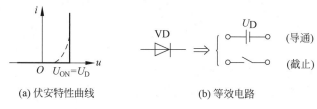

(a) 伏安特性曲线　　　　(b) 等效电路

图 4.11　考虑正向压降的二极管

4.2.3　二极管的主要参数

电子器件的参数是其特性的定量描述，也是实际工作中选用器件的依据。二极管的主要参数如下。

1. 最大整流电流 I_F

I_F 是指二极管长期运行时允许通过的最大正向平均电流。I_F 的数值由二极管允许的温度限定。使用时实际通过二极管的平均电流不得超过此值，否则可能使二极管过热而损坏。

2. 最高反向工作电压 U_R

工作时加在二极管两端的反向电压不能超过此值，否则二极管可能被击穿。为了留有余地，通常 U_R 为击穿电压 U_{BR} 的一半。

3. 反向电流 I_R

I_R 是指二极管加反向电压未击穿时的反向电流。I_R 越小，二极管的单向导电性越好。I_R 的大小受温度的影响。I_R 是如前所述的 I_S。

4. 最高工作频率 f_M

f_M 是二极管工作的上限频率，其数值主要取决于 PN 结电容的大小。超过最高工作频率时，由于等效电容的作用，二极管失去单向导电性。

视频讲解

4.2.4　二极管电路的分析方法

对二极管电路进行分析，一般方法如下。
(1) 根据偏置情况及二极管的导通、截止条件确定二极管的工作状态。
(2) 用等效电路替代二极管。
(3) 分析求解电量。

例 4.1　由理想二极管组成的电路如图 4.12(a)所示，试判断二极管是导通还是截止，并求输出电压 u_o。

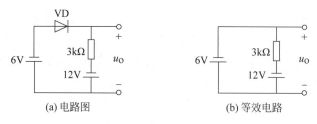

(a) 电路图　　　　　　　　(b) 等效电路

图 4.12　例 4.1 的电路

解：图 4.12(a)所示电路中，加在二极管两端的电压为 $u_D=(-6+12)\text{V}=6\text{V}>0$，二极管正偏，处于导通状态。电路可等效成图 4.12(b)所示的形式，所以输出电压 $u_o=-6\text{V}$。

例 4.2 二极管电路如图 4.13(a)所示，试判断二极管是导通还是截止，并求输出电压 u_o。设二极管的导通电压 $U_D=0.7\text{V}$。

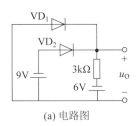
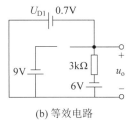

(a) 电路图　　　　　　　　　(b) 等效电路

图 4.13　例 4.2 的电路

解：图 4.13(a)所示电路中，加在二极管 VD_1 两端的电压为 $u_{D1}=6\text{V}>0$，VD_1 正偏，处于导通状态；加在二极管 VD_2 两端的电压为 $u_{D2}=(-9+6)\text{V}=-3\text{V}<0$，$VD_2$ 反偏，处于截止状态。电路可等效成图 4.13(b)所示的形式，所以输出电压 $u_o=-0.7\text{V}$。

例 4.3 由理想二极管组成的电路如图 4.14(a)所示，已知输入电压 $u_i=10\sin\omega t\ \text{V}$，试对应 u_i 的波形画出输出电压 u_o 的波形。

解：图 4.14(a)所示电路中，需根据输入电压 u_i 的大小和极性变化的情况，确定二极管的工作状态。

当 $u_i>+5\text{V}$ 时，VD_1 的正极电位高于负极电位，处于正偏导通状态；VD_2 的正极电位低于负极电位，处于反偏截止状态，输出电压 $u_o=+5\text{V}$。

当 $u_i<-5\text{V}$ 时，VD_1 的正极电位低于负极电位，处于反偏截止状态；VD_2 的正极电位高于负极电位，处于正偏导通状态，输出电压 $u_o=-5\text{V}$。

当 $+5\text{V}\geqslant u_i\geqslant -5\text{V}$ 时，VD_1、VD_2 均处于反偏截止状态，输出电压 $u_o=u_i$。

由以上分析，画出 u_i、u_o 的波形如图 4.14(b)所示。

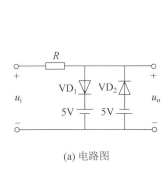
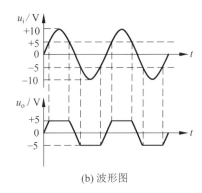

(a) 电路图　　　　　　　　　(b) 波形图

图 4.14　例 4.3 的电路和波形

4.2.5　特殊二极管

二极管的种类很多，除前面介绍的普通二极管外，常用的还有稳压二极管、发光二极管和光电二极管,简要介绍如下。

1. 稳压二极管

稳压二极管,简称稳压管,是硅材料制成的反向击穿特性陡直的二极管,其图形符号及伏安特性曲线如图 4.15 所示。

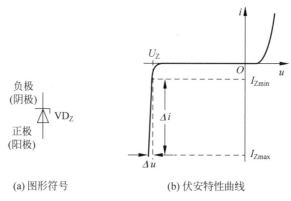

(a) 图形符号　　　　(b) 伏安特性曲线

图 4.15　稳压二极管的符号及伏安特性曲线

从图 4.15(b)可以看出,稳压管击穿后的曲线陡直,几乎与纵轴平行,这表明电流大范围变化时两端电压基本不变,具有稳定电压的特性。稳压管就是利用反向击穿特性进行稳压的特殊二极管,因此稳压管工作在反向击穿状态。稳压管的主要参数如下。

(1) 稳定电压 U_Z:U_Z 指在规定的电流下稳压管的反向击穿电压值。不同稳压管的 U_Z 不同,同一型号的稳压管 U_Z 也存在差别。

(2) 稳定电流 I_Z:I_Z 指保证稳压管有稳压作用时数值最小的工作电流 I_{Zmin},电流低于此值时失去稳压作用。

(3) 动态电阻 r_Z:r_Z 是稳压管工作在稳压区时,端电压变化量与其电流变化量之比,即 $r_Z=\Delta U_Z/\Delta I_Z$。$r_Z$ 反映了稳压管的稳压性能,r_Z 越小,稳压性能越好。

(4) 额定功耗 P_{ZM}:P_{ZM} 通常用稳压值 U_Z 与最大稳定电流 I_{Zmax} 的乘积表示,即 $P_{ZM}=U_Z I_{Zmax}$。

(5) 温度系数 α:α 指温度每变化 1℃时引起稳定电压 U_Z 的变化值。

稳压管正常工作时需满足:外加反压,工作在反向击穿状态,在电路中加入限流电阻以保证工作电流不超过 I_{Zmax}。还需说明,稳压管的正向特性也有稳压作用,只是稳压值很小,仅为零点几伏。

2. 发光二极管

发光二极管(Light Emitting Diode,LED)是一种将电能转换成光能的半导体器件。它的基本结构是一个 PN 结,采用砷化镓、磷化镓等半导体材料。它的伏安特性与普通二极管类似,但由于材料特殊,其正向导通电压较大,为 1～2V。当管子正向导通时,将会发出一定波长与颜色的光束,颜色有红、黄、绿等。图 4.16(a)所示为发光二极管的图形符号。

(a) 发光二极管　　　　(b) 光电二极管

图 4.16　发光二极管与光电二极管的图形符号

3. 光电二极管

光电二极管也称光敏二极管，是一种能将光信号转换为电信号的器件。它的基本结构是一个 PN 结，但管壳上有一个窗口，使光线可以照射到 PN 结上。光电二极管工作在反偏状态下，当无光照时，反向电流很小，称为暗电流；当有光照时，其反向电流随光照强度的增加而增加，称为光电流。图 4.16(b) 所示为光电二极管的图形符号。

4.3 双极型晶体管

双极型晶体管(Bipolar Junction Transistor，BJT)，简称晶体管，又称作三极管、晶体三极管，具有电流放大作用，是构成各种电子电路的基本器件。

4.3.1 晶体管的结构与类型

晶体管的基本构成方式是用不同的掺杂方式在本征半导体上形成三个掺杂区域和两个 PN 结，并引出三个电极，如图 4.17 所示。

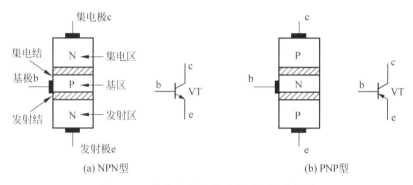

图 4.17 晶体管的结构示意图和图形符号

中间的区域称为基区，另外两个区域分别称为发射区和集电区。从三个区各引出一个电极，分别称为基极(base)、发射极(emitter)和集电极(collector)。集电区和基区之间的 PN 结称为集电结，发射区和基区之间的 PN 结称为发射结。

按导电类型晶体管可分为 NPN 管和 PNP 管，分别用两种不同的符号表示。两种符号的区别在于发射极的箭头方向不同，它表示发射极电流的实际方向。按所用材料晶体管可分为硅管和锗管。按功率晶体管可分为小功率管、中功率管和大功率管。

为保证晶体管具有电流放大作用，其内部结构在制作工艺上还具有以下两个特点。

(1) 基区的掺杂程度最低且很薄，用于传输载流子。

(2) 发射区和集电区是同一种杂质半导体，但掺杂程度不同。发射区高掺杂，用于向基区发射载流子；集电区低掺杂，用于收集载流子。因此发射区和集电区不能互换使用，相应的发射极和集电极也不能互换使用。

4.3.2 晶体管的电流放大原理

晶体管在满足发射结正向偏置和集电结反向偏置的外部偏置条件下，内部结构决定的载流子运动方式可实现电流控制，即电流放大。

1. 晶体管内部载流子的运动

下面以 NPN 型晶体管为例,讨论内部载流子的运动过程及电流分配关系。

晶体管发射结正偏、集电结反偏的共发射极接法电路如图 4.18 所示。其中,V_{BB} 为基极电压源,R_B 为基极电阻,V_{CC} 为集电极电压源,R_C 为集电极电阻。晶体管的基极和发射极、V_{BB} 及 R_B 构成输入回路,晶体管的集电极和发射极、V_{CC} 及 R_C 构成输出回路。发射极为输入回路、输出回路的公共电极,故称共发射极接法。基极电压源 V_{BB} 给发射结加正偏压,使发射结正偏;集电极电压源 V_{CC} 通过导通的发射结给集电结加反偏压,使集电结反偏。

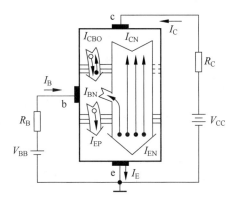

图 4.18 晶体管内部载流子的运动与电流分配

图 4.18 中载流子的运动过程可分为以下三个过程。

(1) 发射区向基区发射电子。由于发射结正偏,使发射区的多数载流子(自由电子)通过发射结扩散到基区,形成电流 I_{EN}。与此同时,基区的多数载流子(空穴)也扩散到发射区,形成电流 I_{EP}。由于两者掺杂程度上的差别,$I_{EP} \ll I_{EN}$。

(2) 电子在基区的扩散与复合。由于基区的掺杂程度最低且很薄,因此扩散到基区的电子极少部分与空穴复合,同时基极电压源 V_{BB} 向基区补充被复合掉的空穴形成电流 I_{BN},绝大部分电子在基区中继续扩散到达集电结边缘。

(3) 集电区收集电子。由于集电结反偏、集电区面积大,使基区扩散到集电结边缘的电子在集电结电场的作用下漂移到集电区,形成电流 I_{CN}。与此同时,基区的少数载流子(自由电子)、集电区的少数载流子(空穴)在集电结电场的作用下漂移运动形成电流 I_{CBO}。I_{CBO} 的数值很小且受温度影响,$I_{CBO} \ll I_{CN}$。

晶体管内部有两种极性的载流子参与导电,故称为双极型晶体管。

2. 晶体管的电流分配关系

晶体管的掺杂程度和基区宽度确定后,发射区发射的载流子在基区漂移的数量和复合的数量所占的比例就确定了,也就是说,I_{CN} 与 I_{BN} 的比是确定的,这个比称为共发射极直流电流放大系数 $\bar{\beta}$,即 $\bar{\beta} = \dfrac{I_{CN}}{I_{BN}}$。由于 $I_{CN} \gg I_{BN}$,因此 $\bar{\beta} \gg 1$,为几十至上百的常数。

内部载流子运动形成晶体管外部三个电极的电流,即基极电流 I_B、集电极电流 I_C 和发射极电流 I_E。由图 4.18 有如下电流关系:

$$I_B = I_{BN} + I_{EP} - I_{CBO} \approx I_{BN} - I_{CBO}$$

$$I_C = I_{CN} + I_{CBO} = \bar{\beta} I_{BN} + I_{CBO} = \bar{\beta}(I_B + I_{CBO}) + I_{CBO} = \bar{\beta} I_B + (1+\bar{\beta}) I_{CBO} \approx \bar{\beta} I_B$$

$$I_\mathrm{E} = I_\mathrm{EN} + I_\mathrm{EP} = I_\mathrm{CN} + I_\mathrm{BN} + I_\mathrm{EP} = I_\mathrm{C} - I_\mathrm{CBO} + I_\mathrm{B} - I_\mathrm{EP} + I_\mathrm{CBO} + I_\mathrm{EP} = I_\mathrm{C} + I_\mathrm{B}$$

由于 $I_\mathrm{BN} \approx I_\mathrm{B}$，$I_\mathrm{CN} \approx I_\mathrm{C}$，因此共发射直流电流放大系数可近似表示为 $\bar{\beta} = \dfrac{I_\mathrm{CN}}{I_\mathrm{BN}} \approx \dfrac{I_\mathrm{C}}{I_\mathrm{B}}$。

实际电路中，晶体管主要用于放大动态信号，将集电极电流与基极电流的变化量之比定义为共发射极交流电流放大系数，用 β 表示，即 $\beta = \dfrac{\Delta I_\mathrm{C}}{\Delta I_\mathrm{B}}$。晶体管的特性较好时，$\Delta I_\mathrm{C} \approx I_\mathrm{C}$，$\Delta I_\mathrm{B} \approx I_\mathrm{B}$，所以有 $\beta \approx \bar{\beta}$。因此，晶体管三个电极的电流关系可完整地表示为

$$I_\mathrm{C} = \beta I_\mathrm{B} + (1+\beta) I_\mathrm{CBO} \approx \beta I_\mathrm{B} \tag{4.2}$$

式(4.2)表示集电极电流 I_C 和基极电流 I_B 之间的关系。它表明晶体管有电流控制作用，即电流放大作用，较小的基极电流控制较大的集电极电流。β 表示电流放大的能力。

$$I_\mathrm{E} = I_\mathrm{C} + I_\mathrm{B} \tag{4.3}$$

式(4.3)表示发射极电流 I_E、集电极电流 I_C 和基极电流 I_B 之间的关系。

$$I_\mathrm{E} \approx (1+\beta) I_\mathrm{B} \tag{4.4}$$

式(4.4)表示发射极电流 I_E 和基极电流 I_B 之间的关系。

$$I_\mathrm{CEO} = (1+\beta) I_\mathrm{CBO} \tag{4.5}$$

式中，I_CBO 称为反向饱和电流。I_CEO 称为穿透电流，是等效电流。

由式(4.2)和式(4.4)可知，$I_\mathrm{E} \approx I_\mathrm{C}$，$I_\mathrm{E} \gg I_\mathrm{B}$，$I_\mathrm{C} \gg I_\mathrm{B}$。由图 4.18 可确定 NPN 型晶体管各电极电流的实际方向为：集电极电流 I_C 和基极电流 I_B 流入晶体管，发射极电流 I_E 流出晶体管。

对于 PNP 型晶体管，各电极电流的数值关系与 NPN 型晶体管相同，但方向与 NPN 型晶体管相反。

4.3.3 晶体管的共发射极特性曲线

晶体管共发射极接法构成的电路如图 4.19 所示。电路分为输入回路（控制电量 i_B 所在的回路）和输出回路（受控制电量 i_C 所在的回路）。输入回路的各电极电压和电流为 u_BE 和 i_B，输出回路各电极电压和电流为 u_CE 和 i_C。各电极电压、电流关系用输入特性曲线和输出特性曲线描述。它们是晶体管内部载流子运动规律在管子外部的表现，用于分析估算晶体管的性能、参数和电路。

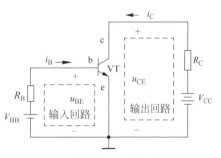

图 4.19　晶体管共发射极接法电路

1. 输入特性曲线

输入特性曲线是描述 u_CE 一定时，i_B 与 u_BE 之间关系的曲线，即 $i_\mathrm{B} = f(u_\mathrm{BE})|_{u_\mathrm{CE}=常数}$，如图 4.20 所示。其特点如下。

(1) $u_\mathrm{CE} = 0\mathrm{V}$ 时，集电极与发射极短路，发射结与集电结并联，输入特性曲线和 PN 结的正向特性相似。u_CE 增大时，曲线右移，当 $u_\mathrm{CE} \geq 1\mathrm{V}$ 时，输入特性曲线基本重合。这是因为 u_CE 从 0V 开始增大时，集电结电场对发射区向基区发射的电子吸引力也逐渐增强，使基区内和空穴复合的电子数减少，表现为在相同的 u_BE 下，对应的 i_B 减小，所以曲线右移。当 $u_\mathrm{CE} \geq 1\mathrm{V}$ 后，集电结电场已足以将发射区发射到基区的电子基本上都收集到集电区，因此

即使再增大 u_{CE}，对 i_B 也不再有明显的影响，所以曲线基本重合。

（2）实际应用中使用 $u_{CE} \geqslant 1\mathrm{V}$ 时的输入特性曲线，因此通常只画出这条输入特性曲线，曲线上可确定两个常数电压：开启电压 U_{ON}，硅管约为 0.5V，锗管约为 0.1V；导通电压 U_{BE}，硅管约为 0.7V，锗管约为 0.2V。

2. 输出特性曲线

输出特性曲线是描述 i_B 一定时，i_C 与 u_{CE} 之间关系的曲线，即 $i_C = f(u_{CE})|_{i_B=常数}$。输出特性曲线如图 4.21 所示。输出特性是一族曲线，每一个确定的 i_B 都有一条曲线，且每条曲线都是按照上升、弯曲、平直的规律变化。输出特性曲线分三个工作区域：截止区、放大区和饱和区。

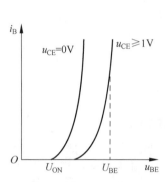

图 4.20　晶体管输入特性曲线

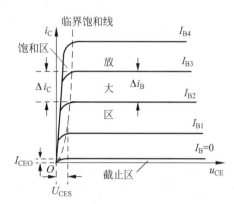

图 4.21　晶体管输出特性曲线

1）截止区

$i_B = 0$ 对应的特性曲线以下的区域称为截止区。在截止区，集电极电流 $i_C = I_{CEO} \approx 0$，晶体管无电流放大作用。晶体管工作在截止区，也称为处于截止状态，外部偏置条件是发射结反偏，集电结反偏。

2）放大区

输出特性曲线中，各条曲线均与横轴平行且等间距的区域为放大区。在放大区，i_B 一定时，i_C 基本不随 u_{CE} 变化，但当基极电流有一个微小的变化量 Δi_B 时，相应的集电极电流将产生一个较大的变化量 Δi_C，这表明 i_B 对 i_C 有控制作用，即有电流放大作用，$i_C = \beta i_B$ 的关系成立。晶体管工作在放大区，也称为处于放大状态，外部偏置条件是发射结正偏，集电结反偏。

3）饱和区

输出特性曲线中，各条曲线上升部分的区域为饱和区。在饱和区，i_B 失去对 i_C 的控制作用，$i_C \neq \beta i_B$，i_C 随 u_{CE} 变化更明显。晶体管工作在饱和区，也称为处于饱和状态。饱和状态的外部偏置条件分析为：由于 $i_B > 0$，发射结应正偏。晶体管集电结上的电压 $U_{CB} = U_{CE} - U_{BE}$，其中，发射结正偏时，U_{BE} 为常数，因此当 U_{CE} 变化时，将使集电结上电压的数值和极性发生变化；当 $U_{CE} = U_{BE}$ 时，$U_{CB} = 0$，集电结上无偏压，处于临界饱和状态；当 $U_{CE} < U_{BE}$ 时，$U_{CB} < 0$，集电结正偏，处于饱和状态。因此，饱和状态的外部偏置条件是发射结正偏，集电结正偏。晶体管工作在饱和状态时，集电极与发射极之间的电压称为饱和压降，用 U_{CES} 表示。硅管约为 0.3V，锗管约为 0.1V。

3. 晶体管三种工作状态时的电极电位、电压关系

下面根据截止、放大和饱和三种工作状态的偏置条件，对 NPN 型和 PNP 型晶体管的电极电位、电压关系进行分析,在晶体管的图形符号上标注各电极电位如图 4.22 所示。

1) 截止状态

由发射结反偏、集电结反偏的偏置条件,有电位关系如下。

(1) NPN 管:$V_B < V_E$,$V_C > V_B$。

(2) PNP 管:$V_B > V_E$,$V_C < V_B$。

2) 放大状态

由发射结正偏、集电结反偏的偏置条件,有电位、电压关系如下。

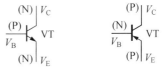

图 4.22 晶体管各电极电位

(1) NPN 管。

三个电极的电位关系为

$$V_C > V_B > V_E$$

可见,集电极电位最高,发射极电位最低,基极电位居中。

发射结电压为常数,即

$$U_{BE} = V_B - V_E = \begin{cases} 0.7\text{V}(\text{Si 管}) \\ 0.2\text{V}(\text{Ge 管}) \end{cases}$$

(2) PNP 管。

三个电极的电位关系为

$$V_C < V_B < V_E$$

可见,集电极电位最低,发射极电位最高,基极电位居中。

发射结电压为常数,即

$$|U_{BE}| = |V_B - V_E| = \begin{cases} 0.7\text{V}(\text{Si 管}) \\ 0.2\text{V}(\text{Ge 管}) \end{cases}$$

3) 饱和状态

由发射结正偏、集电结正偏的偏置条件,有电位、电压关系如下。

(1) NPN 管:$V_B > V_E$,$V_C < V_B$。

(2) PNP 管:$V_B < V_E$,$V_C > V_B$。

例 4.4 处于放大状态的晶体管,三个电极的电位分别为 $V_1 = 9\text{V}$,$V_2 = 6\text{V}$,$V_3 = 6.7\text{V}$,试分析该管是 NPN 型还是 PNP 型管,是硅管还是锗管,并指出集电极、基极和发射极。

解:由给定的电位值可知,发射结电压 $U_{BE} = V_3 - V_2 = (6.7 - 6)\text{V} = 0.7\text{V}$,表明为硅管。9V 电位的电极 1 为集电极,集电极的电位最高,为 NPN 型管。6V 电位最低,电极 2 为发射极。电极 3 为基极。

例 4.5 测得一个 NPN 型晶体管三个电极的电位分别为 $V_B = -3\text{V}$,$V_E = -2.8\text{V}$,$V_C = 0\text{V}$,试判断晶体管的工作状态。

解:由给定的电位值可知,因 $V_B < V_E$,所以发射结反偏;因 $V_C > V_B$,所以集电结反偏。因此,晶体管处于截止状态。

4.3.4 晶体管的主要参数

1. 共发射极电流放大系数 $\bar{\beta}$ 和 β

晶体管的电流放大系数是表征电流放大能力的参数。有共发射极直流电流放大系数

$\overline{\beta} = \dfrac{I_C}{I_B}$ 和共射交流电流放大系数 $\beta = \dfrac{\Delta I_C}{\Delta I_B}$。$\overline{\beta}$ 和 β 的含义虽然不同,但对性能较好的晶体管,两者的数值差异很小,即 $\beta \approx \overline{\beta}$。通常不加以区分,直接相互替代使用。

2. 极间反向饱和电流 I_{CBO} 和 I_{CEO}

集电极-基极反向饱和电流 I_{CBO} 是指发射极开路时,集电结加反向电压时测得的集电极电流。集电极-发射极穿透电流 I_{CEO} 是指基极开路时,集电极与发射极之间的反向电流,即穿透电流,$I_{CEO} = (1+\beta)I_{CBO}$。$I_{CBO}$ 和 I_{CEO} 都是少数载流子运动形成的,所以对温度敏感。I_{CBO} 和 I_{CEO} 越小,表明晶体管的质量越好。

3. 极限参数

晶体管的极限参数是指使用时不得超过的限度,主要有以下三项。

(1) 集电极最大允许电流 I_{CM}。当集电极电流 i_C 过大且超过一定值时,晶体管的 β 值将减小,该电流值即为 I_{CM}。

(2) 集电极最大允许耗散功率 P_{CM}。晶体管的功率损耗大部分消耗在反偏的集电结上,并表现为结温升高,P_{CM} 是指在管子温升允许的条件下集电极所消耗的最大功率。

(3) 极间反向击穿电压 $U_{(BR)CBO}$ 和 $U_{(BR)CEO}$。$U_{(BR)CBO}$ 是指发射极开路时,集电极和基极之间的反向击穿电压。$U_{(BR)CEO}$ 是指基极开路时,集电极和发射极之间的反向击穿电压。

4.4 场效应管

场效应管(Field-Effect Transistor,FET)是利用电场效应控制电流的半导体器件,由于它仅靠半导体中的多数载流子导电,因此又称为单极型晶体管。场效应管按其结构可分为结型和绝缘栅型两大类。本教材仅介绍应用广泛的绝缘栅场效应管(Insulated Gate FET,IGFET)。

绝缘栅场效应管的栅极与源极、漏极之间采用 SiO_2 绝缘层隔离。按其所用金属-氧化物-半导体的材料构成,又称其为 MOS(Metal-Oxide-Semiconductor)管。

4.4.1 绝缘栅场效应管的基本结构和工作原理

MOS 管按其导电沟道中载流子的极性可分为 N 沟道 MOS 管(简称 NMOS 管)和 P 沟道 MOS 管(简称 PMOS 管)。按照形成导电沟道的机理,NMOS 管和 PMOS 管又各有增强型和耗尽型两类。

NMOS 管的结构如图 4.23 所示。以低掺杂的 P 型 Si 半导体为衬底(衬底引线用 B 表示),在上面扩散出两个高掺杂的 N^+ 型区,然后在这两个 N^+ 型区之间的 P 型半导体表面生成一层 SiO_2 绝缘层。再在两个 N^+ 型区及绝缘层的表面上分别制作一层金属铝并引出三个电极,分别称为源极(s)、栅极(g)和漏极(d)。

图 4.23(a)所示的增强型 NMOS 管,在栅极与源极之间不外加电压,即 $u_{GS}=0$ 时,在每个 P 型区和 N 型区交界处形成了 PN 结。源极到漏极之间的两个 PN 结是反向串联,不论在源极与漏极之间所加电压的极性如何,总有一个 PN 结是反向偏置。漏极和源极之间没有导电沟道,即 $u_{GS}=0$ 时,NMOS 管不能导电。当在栅极与源极之间外加正向电压 u_{GS} 后,在栅极经绝缘层到 P 型衬底之间形成由栅极指向衬底的电场,该电场使 P 区中的多数

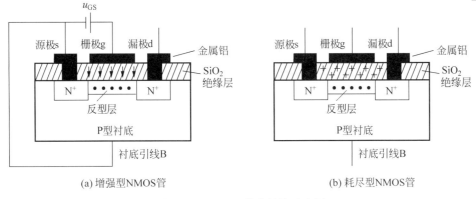

(a) 增强型NMOS管 (b) 耗尽型NMOS管

图 4.23 NMOS管的结构示意图

载流子(空穴)向下移动,少数载流子(电子)向上移动,当这些电子达到一定的数量后,栅极下的 P 区表层由 P 型变为 N 型,将两个 N^+ 区(漏极和源极)沟通。这个 N 型薄层称为 N 型导电沟道,因为是 P 型衬底中的 N 型层而又称为反型层。如果在漏极和源极加上电源电压,将有漏极电流 i_D 产生。这种在 $u_{GS}=0$ 时没有导电沟道,只有当 u_{GS} 增大到一定程度才形成导电沟道的场效应管称为增强型场效应管。并把开始出现导电沟道所需加入的 u_{GS} 称为开启电压,用 $U_{GS(th)}$ 表示。只有在 $u_{GS}>U_{GS(th)}$ 后,管子才开始导电,通过控制 u_{GS} 控制导电沟道的宽度,从而控制电流 i_D。

图 4.23(b)所示的耗尽型 NMOS 管,制作时在 SiO_2 绝缘层中掺入大量正离子,这些正离子产生的电场在栅极下的 P 区表层形成原始的反型层,即 N 型导电沟道。当 $u_{GS}>0$ 时,导电沟道变宽,漏极电流 i_D 随 u_{GS} 增大而增大;当 $u_{GS}<0$ 时,导电沟道变窄,i_D 随 u_{GS} 的负值增大而减小。当 u_{GS} 为一定负值时,导电沟道被夹断,$i_D=0$,将此电压称为夹断电压,用 $U_{GS(off)}$ 表示。

PMOS 管因在 N 型衬底中生成 P 型反型层,即 P 型导电沟道而得名。其结构和工作原理与 NMOS 管相似,只是栅极与源极之间、漏极与源极之间电源电压的极性与 NMOS 管相反。

各类 MOS 管的图形符号如图 4.24 所示。衬底引线的箭头方向,表示由 P 型指向 N 型。在增强型 MOS 管的符号中,漏极(d)和源极(s)之间的连线是断开的,这表示 $u_{GS}=0$ 时,导电沟道尚未形成。

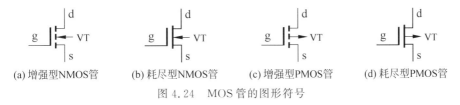

(a) 增强型NMOS管 (b) 耗尽型NMOS管 (c) 增强型PMOS管 (d) 耗尽型PMOS管

图 4.24 MOS管的图形符号

4.4.2 绝缘栅场效应管的特性曲线

MOS 管的特性曲线分为转移特性曲线和输出特性曲线。转移特性曲线是指当 u_{DS} 为定值时 i_D 与 u_{GS} 的关系,即 $i_D=f(u_{GS})|_{u_{DS}=常数}$,反映 u_{GS} 对 i_D 的控制作用;输出特性曲线是指当 u_{GS} 为定值时 i_D 与 u_{DS} 的关系,即 $i_D=f(u_{DS})|_{u_{GS}=常数}$。下面简要介绍增强型 NMOS 管和耗尽型 NMOS 管的特性曲线。

增强型 NMOS 管的特性曲线如图 4.25 所示。当 $0 \leqslant u_{GS} \leqslant U_{GS(th)}$ 时，漏极电流 $i_D = 0$；当 $u_{GS} > U_{GS(th)}$ 时才有漏极电流 i_D。输出特性曲线的恒流区是放大工作区，漏极电流 i_D 与 u_{GS} 之间的关系可用下式近似计算：

$$i_D = I_{DO}\left(\frac{u_{GS}}{U_{GS(th)}} - 1\right)^2 \tag{4.6}$$

式中，I_{DO} 是 $u_{GS} = 2U_{GS(th)}$ 时的 i_D 值。

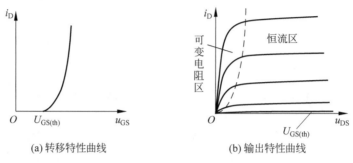

(a) 转移特性曲线　　(b) 输出特性曲线

图 4.25　增强型 NMOS 管的特性曲线

耗尽型 NMOS 管的特性曲线如图 4.26 所示。当 u_{GS} 减小（即向负值方向增大）到 $U_{GS(off)}$ 时，漏极电流 $i_D = 0$。不论 u_{GS} 是正、负或零，都能控制漏极电流 i_D，这个特点使其应用具有更大的灵活性。输出特性曲线的恒流区是放大工作区。

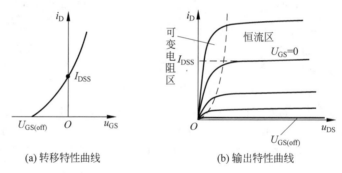

(a) 转移特性曲线　　(b) 输出特性曲线

图 4.26　耗尽型 NMOS 管的特性曲线

4.4.3　绝缘栅场效应管的主要参数

(1) 开启电压 $U_{GS(th)}$。它是增强型 MOS 管的参数，指在 u_{DS} 为定值时，使漏极-源极之间形成导电沟道所需的栅极-源极电压。增强型 NMOS 管的 $U_{GS(th)}$ 为正值，增强型 PMOS 管的 $U_{GS(th)}$ 为负值。

(2) 夹断电压 $U_{GS(off)}$。它是耗尽型 MOS 管的参数，指在 u_{DS} 为定值时，使漏极-源极之间的导电沟道消失时所需的栅极-源极电压。耗尽型 NMOS 管的 $U_{GS(off)}$ 为负值，耗尽型 PMOS 管的 $U_{GS(off)}$ 为正值。

(3) 跨导 g_m。它是表征栅极-源极电压 u_{GS} 对漏极电流 i_D 控制能力的参数，定义为

$$g_m = \frac{di_D}{du_{GS}}\bigg|_{u_{DS}=常数} \tag{4.7}$$

（4）输入电阻 R_{GS}。它是栅极-源极电压与栅极电流的比值。因为栅极与导电沟道是绝缘的，因此 R_{GS} 很大，一般大于 $10^9\Omega$。

（5）极限参数。MOS管的极限参数主要包括最大漏极电流 I_{DM}、漏极-源极击穿电压 $U_{(BR)DS}$、栅极-源极击穿电压 $U_{(BR)GS}$ 和漏极最大耗散功率 P_{DM} 等。MOS管正常工作时不允许超过这些值。

4.5 半导体器件 Multisim 仿真示例

视频讲解

1. 二极管单向导电性的 Multisim 仿真

在 Multisim 14 中构建二极管仿真测试电路如图 4.27(a) 所示。其中，VD 为虚拟二极管，输入端加入有效值为 5V、频率为 1000Hz 的正弦波电压，虚拟双踪示波器 XSC1 用于观察测试输入电压 u_i 和输出电压 u_o 的波形。

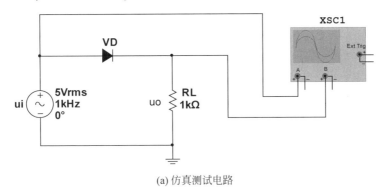

(a) 仿真测试电路

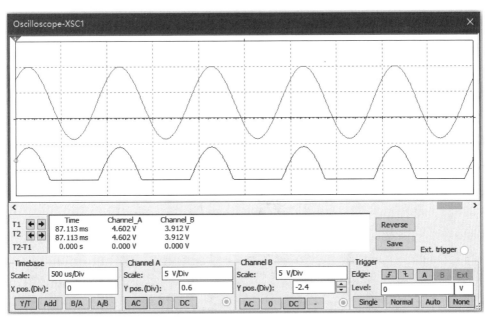

(b) 示波器显示的输入、输出波形

图 4.27 二极管仿真测试电路

电路仿真后,可从示波器观察 u_i 和 u_o 的波形如图 4.27(b)所示。输入为一个双向的正弦波电压,经过二极管后,在输出端得到一个单向的脉动电压,可见二极管具有单向导电性。

2. 稳压二极管稳压作用的 Multisim 仿真

在 Multisim 14 中构建稳压二极管仿真测试电路如图 4.28 所示。其中,R 为限流保护电阻。虚拟数字万用表 XMM1 设定为直流电流表,用于测量稳压二极管中的电流 I_Z。虚拟数字万用表 XMM2 设定为直流电压表,用于测量稳压二极管两端的电压 U_Z。

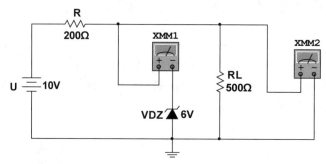

图 4.28 稳压二极管仿真测试电路

将直流输入电压 U 分别设置为 10V 和 12V,负载电阻 R_L 分别设置为 500Ω 和 400Ω,测量结果如表 4.1 所示。由表 4.1 中的数据可看出,当直流输入电压 U 或负载电阻 R_L 发生变化时,稳压二极管中的电流 I_Z 产生了较大的变化,但稳压二极管两端的电压基本保持不变,说明具有稳压作用。

表 4.1 稳压二极管电路仿真测试结果

U/V	R_L/Ω	U_Z/V	I_Z/mA
10	500	5.982	8.126
12	500	5.998	18.015
12	400	5.994	15.042

3. 晶体管电流放大作用的 Multisim 仿真

在 Multisim 14 中构建晶体管仿真测试电路如图 4.29 所示。其中,虚拟数字万用表 XMM1、XMM2 均设定为直流电流表,分别用于测量基极电流 I_B 和集电极电流 I_C。

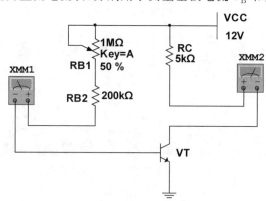

图 4.29 晶体管电流放大仿真测试电路

改变基极可变电阻 R_{B1} 为几个不同阻值，测试相应的基极电流 I_B 和集电极电流 I_C，测量结果及电流放大系数 β 的计算结果如表 4.2 所示。由表 4.2 中的数据可看出，晶体管的集电极电流 I_C 随基极电流 I_B 变化，I_C 近似为 I_B 的 50 倍，即电流放大系数 $\beta \approx 50$，说明晶体管具有电流放大作用。

表 4.2 晶体管电流放大作用仿真测试结果

$I_B/\mu A$	I_C/mA	$\beta \approx I_C/I_B$
20.539	1.026	49.954
25.091	1.254	49.978
30.642	1.535	50.095

本章小结

本章介绍了半导体基础知识和常用半导体器件，这属于电子技术中器件基础的内容，也是其后各章的基础。

(1) 半导体中有两种载流子：自由电子和空穴。纯净的半导体称为本征半导体，它的导电能力很差且受温度影响。掺入少量其他元素的半导体称为杂质半导体，有两种杂质半导体：多数载流子是自由电子的 N 型半导体和多数载流子是空穴的 P 型半导体。杂质半导体的导电能力取决于掺杂的程度。

(2) PN 结具有单向导电性：正偏导通，有较大的正向电流；反偏截止，只有近似为零的反向饱和电流。PN 结是构成半导体器件的基础元件。

(3) 二极管由一个 PN 结构成，并引出两个电极：正极和负极。伏安特性曲线直观地描述了单向导电性和击穿特性。普通二极管工作在正偏导通、反偏截止状态，稳压二极管工作在反向击穿状态。

(4) 晶体管有 NPN 型和 PNP 型两种类型。它的内部有两个 PN 结：发射结和集电结，有三个区：发射区、基区和集电区，并引出三个电极：发射极、基极和集电极。在放大状态，晶体管具有基极电流对集电极电流的控制作用，即电流放大作用。实现电流放大的内部结构条件是：发射区掺杂浓度很高，基区掺杂浓度很低且很薄。实现电流放大的外部条件是：发射结正偏，集电结反偏。描述晶体管电流放大的重要参数是共射电流放大系数 $\beta = \Delta i_C / \Delta i_B$。输入、输出特性曲线直观地描述了晶体管的特性。输出特性曲线可划分为截止区、放大区和饱和区，对应晶体管的三种可能的工作状态，每种状态对应不同的外部偏置条件。

(5) 场效应管利用栅极和源极之间电压的电场效应控制漏极电流，是一种电压控制器件。绝缘栅场效应管按工作方式可分为增强型和耗尽型，按导电沟道类型可分为 NMOS 和 PMOS。

自测题

一、单项选择题

在各小题备选答案中选择出一个正确的答案，将正确答案前的字母填在题干后的括号内。

1. 决定半导体中多数载流子数量的主要因素是（　　）。
   A. 温度　　　　　　　　　　　　B. 掺杂程度
   C. 外加正向电压的大小　　　　　　D. 外加反向电压的大小
2. P 型半导体中的少数载流子是（　　）。
   A. 空穴　　　　B. 自由电子　　　　C. 正离子　　　　D. 负离子
3. PN 结处于动态平衡状态时（　　）。
   A. 漂移电流大于扩散电流　　　　　B. 漂移电流小于扩散电流
   C. 漂移电流等于扩散电流　　　　　D. 以上均不对
4. PN 结的 P 区接电源的正极，N 区接电源的负极为正向偏置，此时 PN 结中主要是（　　）。
   A. 少数载流子漂移运动　　　　　　B. 多数载流子扩散运动
   C. 无载流子运动　　　　　　　　　D. 两种载流子的运动规模相等
5. 二极管的特点是（　　）。
   A. 单向导电　　B. 稳压　　　　　　C. 电流放大　　　D. 电压放大
6. 可以工作在击穿状态的半导体器件是（　　）。
   A. 二极管　　　B. 晶体管　　　　　C. 稳压管　　　　D. MOS 管
7. 如图 4.30 所示的电路，二极管的导通电压 $U_D=0.7\text{V}$，其输出电压 U_O 为（　　）。
   A. 12V　　　　B. 0.7V　　　　　　C. 0V　　　　　　D. 6.7V
8. 电路如图 4.31 所示，已知稳压二极管 VD_{Z1} 的稳压值 $U_{Z1}=9\text{V}$，VD_{Z2} 的稳压值 $U_{Z2}=6\text{V}$，其输出电压 $U_O=$（　　）。
   A. 3V　　　　　B. 6V　　　　　　C. 9V　　　　　　D. 15V

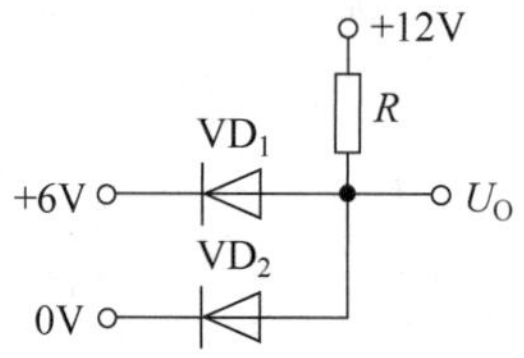

图 4.30 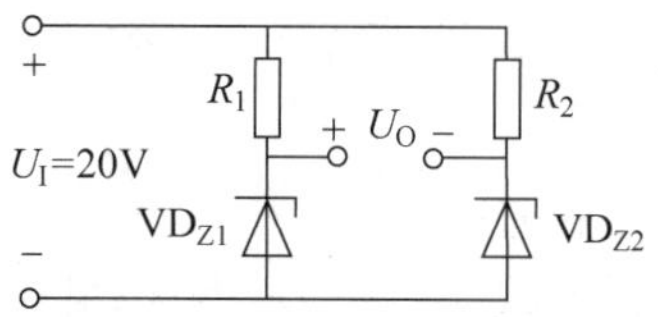　　　　　　　　　　　　　　图 4.31

9. 晶体管是一种（　　）。
   A. 电压控制电流器件　　　　　　　B. 电流控制电压器件
   C. 电流控制电流器件　　　　　　　D. 电压控制电压器件
10. 晶体管处于放大状态的偏置条件是（　　）。
    A. 发射结正偏，集电结反偏　　　　B. 发射结正偏，集电结正偏
    C. 发射结反偏，集电结正偏　　　　D. 发射结反偏，集电结反偏
11. 晶体管各电极对地电位如图 4.32 所示，从而判断出工作状态为（　　）。
    A. 放大　　　　B. 饱和　　　　　　C. 截止　　　　　D. 倒置
12. 测得工作在放大电路中的某晶体管三个电极的电位分别是 $V_1=3.5\text{V}$，$V_2=2.8\text{V}$，$V_3=11\text{V}$，判断该管为（　　）。

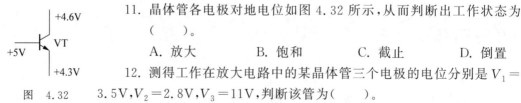

图 4.32

A. PNP 型锗管　　B. PNP 型硅管　　C. NPN 型硅管　　D. NPN 型锗管

13. 测得共发射极晶体管 $I_B=6\mu A$ 时，$I_C=0.4mA$，$I_B=18\mu A$ 时，$I_C=1.2mA$，该晶体管的交流电流放大系数 β 约为（　　）。

A. 67　　　　　　B. 33　　　　　　C. 150　　　　　　D. 96

14. 在场效应管的导电过程中（　　）。

A. 仅有一种极性多数载流子的扩散运动

B. 仅有一种极性多数载流子的漂移运动

C. 仅有一种极性少数载流子的漂移运动

D. 仅有一种极性少数载流子的扩散运动

15. 场效应管的工作特点是（　　）。

A. 输入电流控制输出电流　　　　　B. 输入电流控制输出电压

C. 输入电压控制输出电流　　　　　D. 输入电压控制输出电压

二、填空题

1. 半导体中有两种载流子参与导电，它们是＿＿＿＿和＿＿＿＿。
2. 和开路 PN 结的结区宽度相比，当 PN 结加上正偏压时，其结区宽度＿＿＿＿。
3. 二极管外加正向电压时的接法是：二极管的正极接电源的＿＿＿＿极，二极管的负极接电源的＿＿＿＿极；二极管外加反向电压时的接法是：二极管的正极接电源的＿＿＿＿极，二极管的负极接电源的＿＿＿＿极。
4. 二极管的主要参数之一反向饱和电流 I_S 越小，说明二极管的＿＿＿＿性能越好。
5. 稳压管的主要参数之一动态电阻 r_Z 越小，说明稳压管的＿＿＿＿性能越好。
6. 处于放大状态的晶体管，三个电极的电位分别是：$V_1=-9V$，$V_2=-6V$，$V_3=-6.2V$，该管为＿＿＿＿型晶体管，是由＿＿＿＿材料做成的，电极 1 是＿＿＿＿极，电极 2 是＿＿＿＿极，电极 3 是＿＿＿＿极。
7. 测得一个 NPN 型晶体管的极间电压 $U_{BE}=0.7V$，$U_{CE}=6V$，该管工作在＿＿＿＿状态。
8. NPN 型晶体管处于放大状态时，电位最高的电极是＿＿＿＿，电位最低的电极是＿＿＿＿。
9. 场效应管中，表示栅源极电压 u_{GS} 对漏极电流 i_D 控制能力的参数是＿＿＿＿。
10. 增强型 MOS 管在 u_{DS} 为定值时，使漏极-源极之间形成导电沟道所需的栅极-源极电压称为＿＿＿＿；耗尽型 MOS 管在 u_{DS} 为定值时，使漏极-源极之间的导电沟道消失时所需的栅极-源极电压称为＿＿＿＿。

习题

1. 二极管电路如图 4.33 所示，判断图中的二极管是导通还是截止，并求输出电压 u_o。设二极管导通电压 $U_D=0.7V$。
2. 电路如图 4.34 所示，已知 $u_i=5\sin\omega t\ V$，试画出 u_i 与 u_o 的波形。设二极管正向导通电压可忽略不计。
3. 电路如图 4.35 所示，已知 $u_i=10\sin\omega t\ V$，试画出 u_i 与 u_o 的波形。设二极管正向导通电压可忽略不计。

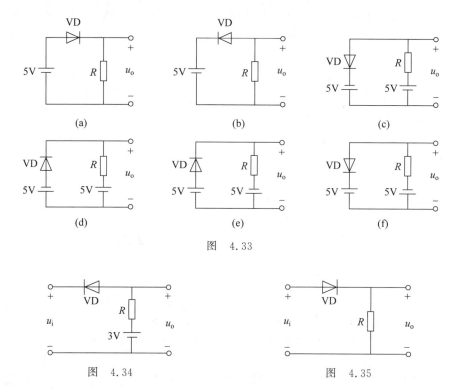

图 4.33

图 4.34　　　　　　　　图 4.35

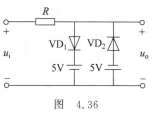

图 4.36

4. 电路如图 4.36 所示,已知 $u_i=10\sin\omega t\,\text{V}$,二极管导通电压 $U_D=0.7\text{V}$。试画出 u_i 与 u_o 的波形,并标出幅值。

5. 电路如图 4.37(a)所示,其输入电压 u_{i1} 和 u_{i2} 的波形如图 4.37(b)所示,二极管导通电压 $U_D=0.7\text{V}$。试对应 u_{i1}、u_{i2} 的波形画出输出电压 u_o 的波形,并标出幅值。

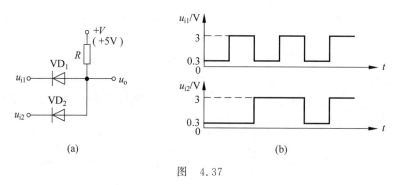

图 4.37

6. 有两只稳压管,它们的稳定电压分别为 $U_{Z1}=6\text{V}$ 和 $U_{Z2}=8\text{V}$,正向导通电压 $U_D=0.7\text{V}$。试问:

(1) 若将它们串联相接,则可得到几种稳压值?各为多少?

(2) 若将它们并联相接,则又可得到几种稳压值?各为多少?

7. 电路如图 4.38 所示,已知 $u_i=15\sin\omega t\,\text{V}$,稳压管的稳压值 $U_Z=8\text{V}$,正向导通电压可忽略不计,试画出 u_i 与 u_o 的波形。

8. 测得放大电路中两只晶体管的两个电极的电流如图 4.39 所示。分别求另一电极的电流，标出其实际方向，并在圆圈中画出管子，分别求每只晶体管的电流放大系数 β。

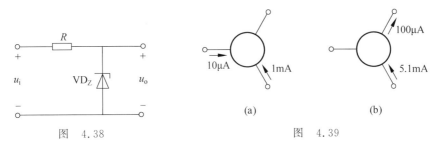

图 4.38　　　　　　　图 4.39

9. 测得放大电路中各晶体管的直流电位如图 4.40 所示。试判断它们分别是 NPN 管还是 PNP 管，是硅管还是锗管，并在圆圈中画出管子的符号。

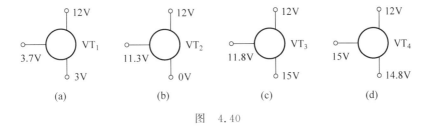

图 4.40

10. 判断图 4.41 电路中晶体管的工作状态，并求出输出电压 U_O。晶体管为硅管。

11. 晶体管构成的电路如图 4.42 所示，已知晶体管为硅管，$\beta = 50$，求使晶体管截止时输入低电平的最大值 U_{ILmax} 和使晶体管饱和时输入高电平的最小值 U_{IHmin}。

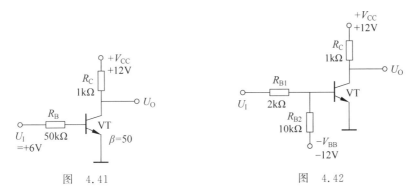

图 4.41　　　　　　　图 4.42

第 5 章 放大电路基础

CHAPTER 5

本章在介绍放大的概念和放大电路主要技术指标的基础上,以单管共发射极基本放大电路为例,介绍放大电路的组成原则及实现放大的基本原理,然后介绍用微变等效电路法求解放大电路主要技术指标和用图解法分析放大电路的非线性失真情况及最大输出幅度。

温度变化将使半导体器件的参数发生变化,从而引起放大电路的静态工作点的不稳定,进而导致放大电路的动态性能受到影响。因此,本章将介绍一种常用的分压式工作点稳定的放大电路,还着重介绍了共集电极组态放大电路。

接着,在晶体管放大电路的基础上,简要地介绍了场效应管放大电路的特点和分析方法。最后扼要地介绍多级放大电路的耦合方式、电压放大倍数、输入电阻和输出电阻。

5.1 放大的基本概念和放大电路的主要技术指标

5.1.1 放大的基本概念

人们在生产和技术工作中,需要通过放大电路放大微弱的信号,以便进行有效的观察、测量和利用。例如,自动控制设备把通过传感器获取的反映压力、温度、湿度、机械位移或转速等的微弱的电信号放大后,才能驱动继电器、控制电动机、显示仪表或其他执行机构动作。

放大电路的作用,就是将微弱的电信号不失真地放大成较大的信号。放大的本质是能量的控制过程,即在输入信号的作用下,将直流电源的能量转换成负载获得的能量,因此放大电路中必须有能够控制能量的器件,如晶体管和场效应管等。不失真是放大的基本要求。正弦信号是放大电路的分析、测试信号。

5.1.2 放大电路的主要技术指标

视频讲解

放大电路的技术指标用于定量地描述电路的有关技术性能。测试时,通常在放大电路的输入端加上一个正弦测试电压,然后测量电路中其他有关电量。图 5.1 是测试技术指标的示意图。

1. 放大倍数

放大倍数是衡量放大电路放大能力的技术指标。

1) 电压放大倍数 $\dot{A}_u$

电压放大倍数 $\dot{A}_u$ 定义为输出电压 $\dot{U}_o$ 与输入电压 $\dot{U}_i$ 之比,即

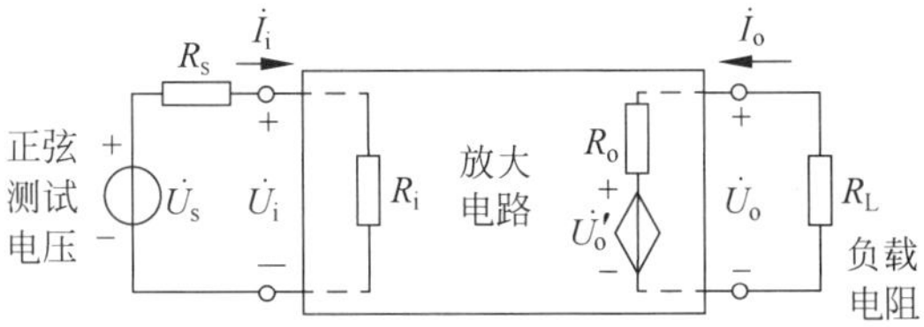

图 5.1 放大电路技术指标测试的示意图

$$\dot{A}_u = \frac{\dot{U}_o}{\dot{U}_i} \tag{5.1}$$

2) 电流放大倍数 $\dot{A}_i$

电流放大倍数 $\dot{A}_i$ 定义为输出电流 $\dot{I}_o$ 与输入电流 $\dot{I}_i$ 之比,即

$$\dot{A}_i = \frac{\dot{I}_o}{\dot{I}_i} \tag{5.2}$$

2. 输入电阻 R_i

从放大电路输入端看进去的等效电阻称为放大电路的输入电阻 R_i。输入电阻 R_i 等于输入电压 $\dot{U}_i$ 与输入电流 $\dot{I}_i$ 之比,即

$$R_i = \frac{\dot{U}_i}{\dot{I}_i} \tag{5.3}$$

式(5.3)表明,输入电阻 R_i 越大,放大电路对信号源索取的电流就越小。输入电阻是衡量放大电路对信号源影响程度的技术指标。

3. 输出电阻 R_o

从放大电路输出端看进去的等效电阻称为放大电路的输出电阻 R_o。输出电阻 R_o 的定义是当输入端信号短路(即 $\dot{U}_s = 0$,但保留 R_s)、输出端负载开路(即 $R_L = \infty$)时,外加一个正弦输出电压 $\dot{U}_o$,得到相应的输出电流 $\dot{I}_o$,二者之比为输出电阻 R_o,即

$$R_o = \left. \frac{\dot{U}_o}{\dot{I}_o} \right|_{\substack{\dot{U}_s = 0 \\ R_L = \infty}} \tag{5.4}$$

式(5.4)通常用作分析放大电路时,推导输出电阻。根据图 5.1 的输出回路可得

$$R_o = \frac{\dot{U}_o' - \dot{U}_o}{\dfrac{\dot{U}_o}{R_L}} = \left(\frac{\dot{U}_o'}{\dot{U}_o} - 1 \right) R_L \tag{5.5}$$

实际工作中测试输出电阻时,通常按式(5.5)间接完成,在输入端加上一个正弦信号 $\dot{U}_i$,分别测得负载 R_L 开路时的输出电压 $\dot{U}_o'$ 及接上负载 R_L 时的输出电压 $\dot{U}_o$,再按式(5.5)计算出 R_o。

将式(5.5)变形为

$$\dot{U}_\text{o} = \frac{R_\text{L}}{R_\text{o}+R_\text{L}}\dot{U}'_\text{o} \qquad (5.6)$$

可以看出,输出电阻 R_o 越小,负载电阻 R_L 变化时输出电压 $\dot{U}_\text{o}$ 的变化量越小。

输出电阻是衡量放大电路带负载能力的技术指标。

4. 通频带 BW

由于电容、电感及半导体器件 PN 结的电容效应,放大电路的电压放大倍数随着信号频率的变化而变化。一般情况下,在信号频率较低的低频段和信号频率较高的高频段,电压放大倍数的数值都将减小,而在中间频率范围内的中频段(通频带),因各种电抗性作用可以忽略,故电压放大倍数基本不变。放大电路的频率特性曲线如图 5.2 所示。

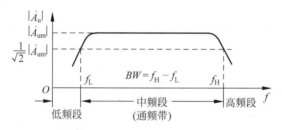

图 5.2 放大电路的频率特性曲线

当信号频率上升或下降,使放大倍数等于 $1/\sqrt{2}$ 倍中频放大倍数 $|\dot{A}_\text{um}|$ 时所对应的频率分别称为上限截止频率 f_H 和下限截止频率 f_L。上、下限截止频率之间的频率范围定义为放大电路的通频带 BW,即

$$BW = f_\text{H} - f_\text{L} \qquad (5.7)$$

通频带是衡量放大电路对不同频率信号放大能力的技术指标。

5. 最大输出幅度 U_om

最大输出幅度表示输出信号波形在没有明显失真的情况下,放大电路能够提供给负载的最大输出电压。一般用最大值 U_om 表示,也可用有效值和峰-峰值表示。

放大电路的技术指标还有最大输出功率与效率和非线性失真系数等。

5.2 基本放大电路的组成及工作原理

电流放大作用是晶体管的重要特性,利用这一特性,可以组成各种放大电路。其中,最基本的单管共发射极放大电路和共集电极放大电路是构成多级放大电路的基础。

5.2.1 基本放大电路的组成

晶体管是电流放大元件,发射结具有单向导电性且存在死区,对交流输入电压信号进行放大时,放大电路在组成上需要考虑以下两个进行电压放大的条件转化问题及实现方法。

(1) 信号形式的转换。在输入端,将输入的交流电压信号加到晶体管的发射结上,转换成(产生)基极电流;晶体管进行电流放大得到集电极电流,在输出端通过电阻将集电极电流转换成交流输出电压信号。

(2) 交、直流量叠加。外加直流量,直流电源的接法使晶体管的发射结正偏、集电结反偏,满足放大的偏置条件,将交流信号叠加在直流量上转换成脉动直流量。

以上所述也是放大电路组成的基本原则。图 5.3 就是按照以上原则组成的共发射极基本放大电路。

图 5.3 中,u_i 为输入交流信号电压,u_o 为输出交流信号电压。u_i、C_1、晶体管的基极 b 和发射极 e 组成输入回路,u_o、C_2、晶体管的集电极 C 和发射极 E 组成输出回路。因发射极是输入回路和输出回路的公共端,所以称这种电路为共发射极电路。晶体管 VT 作为电流放大器件,是放大电路的核心。基极电源 V_{BB} 使晶体管的发射结正偏。基极电阻 R_B 决定着当输入信号为 0 时的基极电流,该电流称为静态基极电流,在以后的分析中将会看到静态基极电流的大小对晶体管能否工作在放大区以及电路的其他性能具有重要影响。集电极电源 V_{CC} 使晶体管的集电结反偏,产生集电极电流。集电极电阻 R_C 将放大后的集电极电流转换成放大的电压输出。电容 C_1、C_2 具有通交流的作用。交流信号在输入端与放大电路、放大电路与输出端之间的传输称为耦合,电容 C_1、C_2 正是起到这种作用,所以称为耦合电容。电容 C_1 位于输入端,称为输入耦合电容;电容 C_2 位于输出端,称为输出耦合电容。电容的另一个作用是隔直流,从而使放大电路的直流电量不会受到信号源和输出负载的影响,因此也称为隔直电容。图 5.3 的电路使用了两个直流电源,实际应用中可以将 V_{BB} 省去,改接 R_B 至 V_{CC} 的正极,调整 R_B 的阻值,同样可以产生合适的静态基极电流。采用只标出 V_{CC} 正端的简化方式表示,电路如图 5.4 所示。

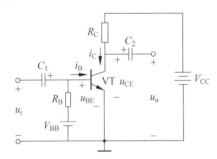
图 5.3 共发射极基本放大电路

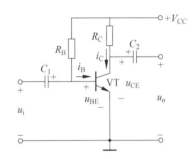
图 5.4 单电源的共发射极基本放大电路

5.2.2 基本放大电路的工作原理

放大电路中,交、直流量并存。交流量是放大的目的,直流量是实现放大的基础。交、直流量既有联系又有区别。

当输入信号 $u_i=0$ 时,仅直流电源作用,电路中的电压和电流只有直流成分,此时放大电路的工作状态称为静态,也称作直流工作状态。当输入信号 $u_i \neq 0$ 时,电路中的电压和电流既有直流成分又有交流成分。在只考虑纯交流电量情况时,放大电路的工作状态称为动态,也称作交流工作状态。

直流量、交流量(变化量)及交、直流叠加的总电量的约定表示符号如表 5.1 所示。

表 5.1　电量的表示符号

电量名称	直流量	交流量(变化量)	总电量
发射结电压	U_{BEQ}	u_{be}、Δu_{BE}	$u_{BE}=U_{BEQ}+u_{be}$
集电极-发射极电压	U_{CEQ}	u_{ce}、Δu_{CE}	$u_{CE}=U_{CEQ}+u_{ce}$
基极电流	I_{BQ}	i_b、Δi_B	$i_B=I_{BQ}+i_b$
集电极电流	I_{CQ}	i_c、Δi_C	$i_C=I_{CQ}+i_c$

静态时,发射结电压 U_{BEQ} 与基极电流 I_{BQ}、集电极-发射极电压 U_{CEQ} 与集电极电流 I_{CQ},可分别在晶体管的输入特性曲线和输出特性曲线上确定下一个固定的点,该点称为放大电路的静态工作点 Q。

图 5.3 和图 5.4 所示的基本放大电路的工作原理表述如下:

$$u_i \xrightarrow{\text{加至发射结}} \Delta u_{BE} \xrightarrow{\text{产生基极电流}} \Delta i_B \xrightarrow{\text{晶体管电流放大}} \Delta i_C \xrightarrow{\text{经 } R_C \text{ 转换成电压}} \Delta u_{CE}(u_o)=-\Delta i_C R_C$$

共发射极基本放大电路的工作波形如图 5.5 所示。共发射极放大电路的输出信号 u_o 与输入信号 u_i 相位相反。只要电路器件参数选取合适,u_o 的数值就会比 u_i 的数值大得多,从而达到电压放大的目的。

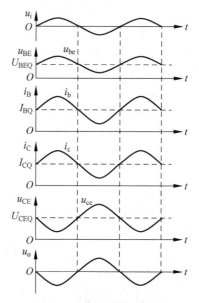

图 5.5　共发射极基本放大电路的工作波形

5.3　放大电路的基本分析方法

为了深入、具体地评价一个放大电路的质量,需要对放大电路进行定量分析,得出放大电路的各项主要技术指标。定量分析放大电路的工作,一般包括两方面的内容:静态分析,即确定不加输入信号时放大电路的工作状态,求解静态工作点;动态分析,即求解出加上输入信号后放大电路的各项主要技术指标,如电压放大倍数 $\dot{A}_u$、输入电阻 R_i 和输出电阻 R_o 等。分析的一般步骤是先分析静态,后分析动态。

5.3.1 直流通路与交流通路

由于放大电路中存在电抗性元件,因此并存的交、直流两种成分的电量在放大电路中的流通路径不同,分析时需分别处理。

1. 直流通路

静态时,直流电流流通的路径称为**直流通路**。直流通路用于对放大电路进行静态分析,即求解静态工作点处的电量。

直流通路的画法为:

将放大电路中的信号源 $u_S=0$、保留内阻 R_S、电容开路后,剩下的与晶体管连接的部分电路即为直流通路。

2. 交流通路

动态时,交流电流流通的路径称为**交流通路**。交流通路用于对放大电路进行动态分析,即求解各项主要技术指标。

交流通路的画法为:

将放大电路中的大容量电容短路和直流电压源短路(内阻为 0)后,剩下的与晶体管连接的部分电路即为交流通路。

图 5.6(a)所示为接有负载电阻 R_L 的共发射极基本放大电路,其直流通路和交流通路分别如图 5.6(b)和图 5.6(c)所示。

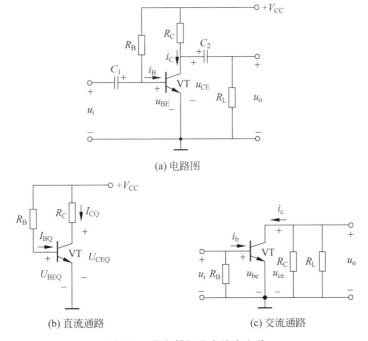

图 5.6 共发射极基本放大电路

5.3.2 放大电路的静态分析

静态工作点的 4 个直流电量为 U_{BEQ}、I_{BQ}、I_{CQ} 和 U_{CEQ}。其中,发射结正偏时,U_{BEQ}

为已知常数。

$$|U_{BEQ}| \approx \begin{cases} 0.7\text{V}(硅管) \\ 0.2\text{V}(锗管) \end{cases} \quad (5.8)$$

静态分析通常有近似估算法（公式法）和图解法两种。此处重点介绍近似估算法（公式法）。

1. 近似估算法（公式法）求静态工作点

在放大电路的直流通路中，用电路分析的方法求解 I_{BQ}、I_{CQ} 和 U_{CEQ}。

图5.6(b)所示的共发射极基本放大电路的直流通路中，各直流电量及参考方向已标示，由图可得到 I_{BQ}、I_{CQ} 和 U_{CEQ} 的计算公式为

$$I_{BQ} = \frac{V_{CC} - U_{BEQ}}{R_B} \quad (5.9)$$

$$I_{CQ} \approx \beta I_{BQ} \quad (5.10)$$

$$U_{CEQ} = V_{CC} - I_{CQ} R_C \quad (5.11)$$

例 5.1 在图5.6(a)所示的共发射极基本放大电路中，已知晶体管为硅管，$\beta=50$，$R_B=280\text{k}\Omega$，$R_C=3\text{k}\Omega$，$R_L=3\text{k}\Omega$，$V_{CC}=12\text{V}$，试估算放大电路的静态工作点。

解：根据式(5.9)、式(5.10)和式(5.11)可得

$$I_{BQ} = \frac{V_{CC}-U_{BEQ}}{R_B} = \left(\frac{12-0.7}{280}\right)\text{mA} = 0.04\text{mA} = 40\mu\text{A}$$

$$I_{CQ} \approx \beta I_{BQ} = (50 \times 0.04)\text{mA} = 2\text{mA}$$

$$U_{CBQ} = V_{CC} - I_{CQ}R_C = (12 - 2 \times 3)\text{V} = 6\text{V}$$

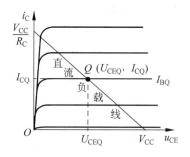

图 5.7 输出特性曲线上求静态工作点

2. 图解法求静态工作点

在晶体管输出特性曲线上，用作图的方法求解 I_{CQ} 和 U_{CEQ}，方法如下。

用公式法，由放大电路的直流通路计算静态基极电流 I_{BQ}，由直流通路的输出回路列写直流负载线方程 $u_{CE}=V_{CC}-i_C R_C$，并由此方程在输出特性曲线上确定点 $(V_{CC},0)$ 和 $(0,V_{CC}/R_C)$，画出直流负载线，再确定 $i_B=I_{BQ}$ 的输出特性曲线与直流负载线的交点 $Q(U_{CEQ},I_{CQ})$。

图5.7所示为晶体管输出特性曲线上求解静态工作点的图解法。

5.3.3 放大电路的动态分析

视频讲解

动态分析的目的是求解放大电路的各项主要技术指标。动态分析有微变等效电路分析法和图解法。此处介绍用微变等效电路分析法求解放大电路的各项主要技术指标和用图解法分析非线性失真情况、确定最大输出幅度。

1. 微变等效电路分析法

微变等效电路分析法是解决放大元件晶体管非线性特性问题的一种常用方法。这种方法的实质是：在信号变化范围很小（微变）的前提下，可认为晶体管电压、电流之间的关系基

本是线性的,即在一个很小的变化范围内,可以将晶体管的输入、输出特性曲线近似地看作直线。这样,就可以用一个线性等效电路代替非线性的晶体管,将非线性问题转换为线性问题,从而使复杂的电路分析计算得以简化。

1) 晶体管简化的 h 参数微变等效电路

晶体管特性曲线的局部线性化如图 5.8 所示。

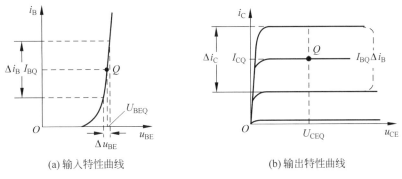

(a) 输入特性曲线　　　　　　(b) 输出特性曲线

图 5.8　晶体管特性曲线的局部线性化

图 5.8(a) 所示的输入特性曲线表明,在小信号输入的情况下,静态工作点 Q 附近的一段曲线近似为一条直线,可以认为基极电流的变化量 Δi_B 与发射结电压的变化量 Δu_{BE} 成正比,因此晶体管的基极 b 与发射极 e 之间可用一个线性等效电阻 r_{be} 表示 Δu_{BE} 与 Δi_B 之间的关系,即

$$r_{be} = \frac{\Delta u_{BE}}{\Delta i_B} \tag{5.12}$$

r_{be} 为晶体管的输入电阻。对于低频小功率晶体管,r_{be} 为

$$r_{be} = r_{bb'} + (1+\beta)\frac{26(\mathrm{mV})}{I_{EQ}} \tag{5.13}$$

式中,$r_{bb'}$ 是晶体管的基区体电阻,对于低频小功率管,$r_{bb'} \approx 300\Omega$。$I_{EQ}$ 是发射极静态电流,可用 I_{CQ} 近似代替。

图 5.8(b) 所示的输出特性曲线表明,在静态工作点 Q 附近的小范围内,各条输出特性曲线基本上是水平的,而且互相之间平行等距,集电极电流的变化量 Δi_C 与集电极电压的变化量 Δu_{CE} 无关,仅决定于基极电流的变化量 Δi_B,即满足 $\Delta i_C = \beta \Delta i_B$。因此晶体管的集电极 c 与发射极 e 之间可以等效成一个受基极电流 Δi_B 控制的线性受控电流源,其电流大小为 $\beta \Delta i_B$。

根据以上分析,可以得到晶体管的简化 h 参数微变等效电路如图 5.9 所示。

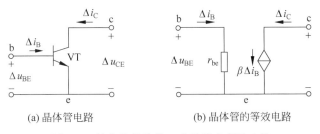

(a) 晶体管电路　　　　　　(b) 晶体管的等效电路

图 5.9　晶体管的简化 h 参数微变等效电路

说明如下。

(1) 微变等效电路中的受控电流源 $\beta\Delta i_B$ 的大小和方向受基极电流 Δi_B 控制。

(2) 微变等效电路是对交流量而言的，所以 NPN 型、PNP 型晶体管的微变等效电路是相同的。

2) 用微变等效电路法分析放大电路

用微变等效电路法分析放大电路时，首先需要画出放大电路的微变等效电路，然后再依据技术指标的定义，用电路分析的方法求解主要技术指标。

画出放大电路的微变等效电路的步骤和方法如下。

(1) 画出晶体管的微变等效电路。

(2) 在交流状态下再连接其他元器件。

(3) 用正弦量的相量形式表示电压量和电流量。

图 5.6 的共发射极基本放大电路的微变等效电路如图 5.10 所示。

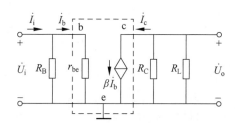

图 5.10 共发射极基本放大电路的微变等效电路

(1) 电压放大倍数 $\dot{A}_u$。

由输入回路，有

$$\dot{U}_i = \dot{I}_b r_{be}$$

由输出回路，有

$$\dot{U}_o = -\dot{I}_c (R_C /\!/ R_L) = -\beta \dot{I}_b R'_L$$

由此得电压放大倍数为

$$\dot{A}_u = \frac{\dot{U}_o}{\dot{U}_i} = -\frac{\beta R'_L}{r_{be}} \tag{5.14}$$

其中

$$R'_L = R_C /\!/ R_L$$

式(5.14)中的"一"号表示输出电压与输入电压反相。

下面对共发射极基本放大电路的电压放大倍数做两点讨论。

• 直流静态工作点变化，使 $|\dot{A}_u|$ 变化。

$$I_{BQ} = \frac{V_{CC} - U_{BEQ}}{R_B} \uparrow \to I_{EQ} [= (1+\beta) I_{BQ}] \uparrow \to r_{be} \left[= r_{bb'} + (1+\beta) \frac{26(\text{mV})}{I_{EQ}} \right] \downarrow \to |\dot{A}_u| \uparrow$$

因此，调整静态工作点的位置，适当地增大 I_{CQ}，可使 $|\dot{A}_u|$ 增大。但 I_{CQ} 过大将使 U_{CEQ} 过小，使静态工作点靠近饱和区，可能产生饱和失真。

- 电流放大系数 β 变化，使 $|\dot{A}_u|$ 变化。

$$r_{be} = r_{bb'} + (1+\beta)\frac{26(\text{mV})}{I_{EQ}} = r_{bb'} + \frac{26(\text{mV})}{I_{BQ}}，不随 \beta 变化，\beta \uparrow \rightarrow |\dot{A}_u| \uparrow$$

因此，选用 β 值较大的晶体管，可使 $|\dot{A}_u|$ 增大。但需注意，β 值变化也会引起静态工作点 I_{CQ} 和 U_{CEQ} 发生变化。

(2) 输入电阻 R_i。

由输入回路，有

$$\dot{U}_i = \dot{I}_i(R_B /\!/ r_{be})$$

由此得输入电阻为

$$R_i = \frac{\dot{U}_i}{\dot{I}_i} = R_B /\!/ r_{be} \tag{5.15}$$

分析式(5.15)可知，由于 R_i 的表达式中含有 r_{be}，因此输入电阻 R_i 受直流静态工作点影响。

(3) 输出电阻 R_o。

输出电阻 R_o，是当输入信号电压为 0、输出端开路(R_L 为无穷大)时，从放大电路输出端看进去的等效电阻。因此，由图 5.10 可见

$$R_o = R_C \tag{5.16}$$

例 5.2 在图 5.11 所示的共发射极基本放大电路中，已知晶体管为硅管，$\beta = 50$，$r_{bb'} = 300\Omega$。

(1) 试估算放大电路的静态工作点 Q。

(2) 试估算晶体管的 r_{be} 以及放大电路的电压放大倍数 $\dot{A}_u$、输入电阻 R_i 及输出电阻 R_o。

(3) 如果换上 $\beta = 80$ 的晶体管，电路的其他参数不变，分析静态工作点 Q 将如何变化，并求电压放大倍数 $\dot{A}_u$。

(4) 如果仍用 $\beta = 50$ 的晶体管，但调整基极电阻 R_B，使 I_{CQ} 为原来的 1.5 倍，求 $\dot{A}_u$。

解：估算放大电路的静态工作点 Q。

$$I_{BQ} = \frac{V_{CC} - U_{BEQ}}{R_B} = \left(\frac{12 - 0.7}{560}\right)\text{mA} \approx 0.02\text{mA}$$

$$I_{CQ} \approx \beta I_{BQ} = (50 \times 0.02)\text{mA} = 1\text{mA}$$

$$U_{CEQ} = V_{CC} - I_{CQ}R_C = (12 - 1 \times 5)\text{V} = 7\text{V}$$

估算 r_{be}、$\dot{A}_u$、R_i 及 R_o。

$$r_{be} = r_{bb'} + (1+\beta)\frac{26(\text{mV})}{I_{EQ}}$$

$$\approx \left[300 + (1+50) \times \frac{26}{1}\right]\Omega$$

$$= 1626\Omega = 1.626\text{k}\Omega$$

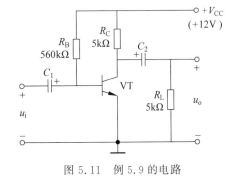

图 5.11 例 5.9 的电路

$$\dot{A}_u = -\frac{\beta R'_L}{r_{be}} = -\frac{50 \times (5 /\!/ 5)}{1.626} \approx -76.9$$

$$R_i = R_B /\!/ r_{be} \approx 1.626 \text{k}\Omega$$

$$R_o = R_C = 5\text{k}\Omega$$

当 $\beta=80$ 时,如果电路的其他参数不变,则 I_{BQ} 不变,即

$$I_{BQ} \approx 0.02\text{mA}$$

但 I_{CQ}、U_{CEQ} 将发生变化,此时

$$I_{CQ} \approx \beta I_{BQ} = (80 \times 0.02)\text{mA} = 1.6\text{mA}$$

$$U_{CEQ} = V_{CC} - I_{CQ}R_C = (12 - 1.6 \times 5)\text{V} = 4\text{V}$$

$$\dot{A}_u = -\frac{\beta R'_L}{r_{be}} = -\frac{80 \times (5 /\!/ 5)}{1.626} \approx -123$$

当 $\beta=50$, $I_{CQ}=1.5\text{mA}$ 时

$$r_{be} = \left[300 + (1+50)\frac{26}{1.5}\right]\Omega = 1184\Omega = 1.184\text{k}\Omega$$

$$\dot{A}_u = -\frac{\beta R'_L}{r_{be}} = -\frac{50 \times (5 /\!/ 5)}{1.184} \approx -105.6$$

2. 非线性失真及最大输出幅度的图解分析法

通过在晶体管的特性曲线上作图,可以直观地看到晶体管的工作情况。因此,常用图解法分析放大电路输出波形的非线性失真、最大输出幅度以及电路参数变化对静态工作点的影响等。

1) 交流负载线及最大输出幅度的确定

由图 5.6(a)和图 5.6(c)所示的共发射极基本放大电路及交流通路,有如下关系式:

$$u_{ce} = -i_c(R_C /\!/ R_L) = -i_c R'_L \tag{5.17}$$

$$i_C = I_{CQ} + i_c \tag{5.18}$$

$$u_{CE} = U_{CEQ} + u_{ce} \tag{5.19}$$

由式(5.17)、式(5.18)和式(5.19),有

$$u_{CE} = U_{CEQ} - (i_C - I_{CQ})R'_L \tag{5.20}$$

式(5.20)反映了交、直流并存状态下,共发射极基本放大电路输出端电压、电流之间的关系称为交流负载线方程。依据式(5.20),在晶体管输出特性曲线上画出的直线称为交流负载线。当 $i_C = I_{CQ}$ 时,$u_{CE} = U_{CEQ}$,交流负载线经过静态工作点 Q。当 $i_C = 0$ 时,确定出交流负载线在输出特性曲线上横轴上的交点为 $u_{CE} = U_{CEQ} + I_{CQ}R'_L$。交流负载线的斜率为 $-1/R'_L$。图 5.12 所示为共发射极基本放大电路的交流负载线。

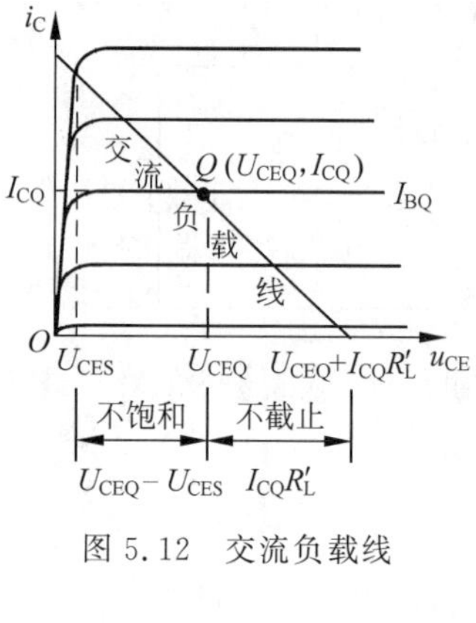

当电路参数确定后,由图 5.12 可确定不饱和失真的最大输出幅度为 $U_{CEQ} - U_{CES}$,不截止失真的最大输出幅度为 $I_{CQ}R'_L$,取二者中数值小者作为放大电路的最大不失真输出幅度 U_{om}。显然,最大不失真输出幅度的值最大时,应将 Q 点设置在交流负载线的中点,即应满足如下条件:

图 5.12 交流负载线

$$U_{CEQ} - U_{CES} = I_{CQ}R'_L \tag{5.21}$$

将式(5.21)与直流通路中输出回路的 I_{CQ}、U_{CEQ} 关系式联立,可求出不失真输出幅度的值最大时 Q 点处的数值。

2) 非线性失真

当放大电路的静态工作点 Q 设置不合理,不能适应输出幅度要求时,就会产生饱和失真或截止失真。

(1) 饱和失真。

对于 NPN 管构成的共射基本放大电路,I_{BQ}、R_C 的数值选取使 I_{CQ} 偏大、U_{CEQ} 偏小时,即静态工作点 Q 设置偏高,靠近饱和区,分析式(5.20)所示的交流负载线方程,在输入正弦波信号的正半周,有如下过程

$$u_i \text{ 正向} \uparrow \to i_B \text{ 正向} \uparrow \to i_C \text{ 正向} \uparrow \to u_{ce} \text{ 负向} \uparrow \to u_{CE} \downarrow$$

致使 u_{ce} 的波形负半周的一部分落入饱和区,产生饱和失真。

对于 PNP 管构成的共发射极基本放大电路,电压极性、电流方向与 NPN 管相反,u_{ce} 的波形正半周产生饱和失真。

饱和失真的图解分析如图 5.13 所示。

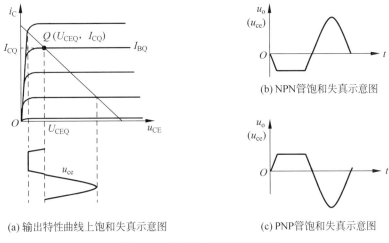

图 5.13 饱和失真的图解分析

其中,图 5.13(a)为输出特性曲线上饱和失真的示意图。以 U_{CEQ} 为交流分量的零点,NPN 管的 u_{ce} 波形中在 U_{CEQ} 右侧部分为高电位的半周,即正半周,PNP 管的 u_{ce} 波形中在 U_{CEQ} 左侧部分为高电位的半周,即正半周。将 u_{ce} 按时间变化方式画出,图 5.13(b)为 NPN 管饱和失真示意图,图 5.13(c)为 PNP 管饱和失真示意图。

(2) 截止失真。

对于 NPN 管构成的共射基本放大电路,I_{BQ}、R_C 的数值选取使 I_{CQ} 偏小、U_{CEQ} 偏大时,即静态工作点 Q 设置偏低,靠近截止区,分析式(5.20)所示的交流负载线方程,在输入正弦波信号的负半周,有如下过程

$$u_i \text{ 负向} \uparrow \to i_B \text{ 负向} \uparrow \to i_C \text{ 负向} \uparrow \to u_{ce} \text{ 正向} \uparrow \to u_{CE} \uparrow$$

致使 u_{ce} 的波形正半周的一部分落入截止区,产生截止失真。

对于 PNP 管构成的共发射极基本放大电路，电压极性、电流方向与 NPN 管相反，u_{ce} 的波形负半周产生截止失真。

截止失真的图解分析如图 5.14 所示。

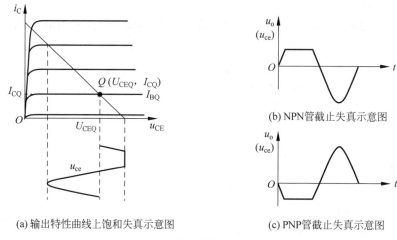

(a) 输出特性曲线上饱和失真示意图

(b) NPN 管截止失真示意图

(c) PNP 管截止失真示意图

图 5.14　截止失真的图解分析

其中，图 5.14(a)为输出特性曲线上截止失真的示意图。以 U_{CEQ} 为交流分量的零点，NPN 管的 u_{ce} 波形中在 U_{CEQ} 右侧部分为高电位的半周，即正半周，PNP 管的 u_{ce} 波形中在 U_{CEQ} 左侧部分为高电位的半周，即正半周。将 u_{ce} 按时间变化方式画出，图 5.14(b)为 NPN 管截止失真示意图，图 5.14(c)为 PNP 管截止失真示意图。

消除饱和失真应降低静态工作点 Q，即减小 I_{CQ}、增大 U_{CQ}；消除截止失真应提高静态工作点 Q，即增大 I_{CQ}、减小 U_{CQ}。所以，放大电路不出现失真现象，必须要设置合适的静态工作点 Q，以使其动态范围尽可能大。

例 5.3　基本放大电路如图 5.6(a)所示，$R_B=280\text{k}\Omega$，$R_C=3\text{k}\Omega$，$R_L=3\text{k}\Omega$，$V_{CC}=12\text{V}$，晶体管为硅管，$\beta=50$，$U_{CES}=0.3\text{V}$。试估算放大电路的最大不失真输出幅度 U_{om}，并分析逐渐增大输入信号 u_i 的幅度时，先出现截止失真还是饱和失真。

解：估算最大不失真输出幅度 U_{om}。

$$I_{BQ}=\frac{V_{CC}-U_{BEQ}}{R_B}=\left(\frac{12-0.7}{280}\right)\text{mA}\approx 0.04\text{mA}$$

$$I_{CQ}\approx\beta I_{BQ}=(50\times 0.04)\text{mA}=2\text{mA}$$

$$U_{CEQ}=V_{CC}-I_{CQ}R_C=(12-2\times 3)\text{V}=6\text{V}$$

不饱和失真的最大输出幅度为

$$U_{CEQ}-U_{CES}=(6-0.3)\text{V}=5.7\text{V}$$

不截止失真的最大输出幅度为

$$I_{CQ}R'_L=[2\times(3/\!/3)]\text{V}=3\text{V}$$

取 $U_{CEQ}-U_{CES}$ 和 $I_{CQ}R'_L$ 中数值小者作为最大不失真输出幅度，即

$$U_{om}=3\text{V}$$

由于不截止失真的最大输出幅度小于不饱和失真的最大输出幅度，故逐渐增大输入信

号 u_i 的幅度时，先出现截止失真。

5.4 放大电路静态工作点的稳定

放大电路的多项重要技术指标与静态工作点的位置密切相关。如果静态工作点不稳定，放大电路的某些性能也将发生变化。因此，如何使放大电路的静态工作点保持稳定是一个十分重要的问题。

在实际工作中，电路元件的老化、电源的波动及温度的变化都会引起静态工作点的不稳定，尤其是温度的影响。

5.4.1 温度对静态工作点的影响

晶体管是一种对温度十分敏感的元件。温度变化影响晶体管参数，从而导致静态工作点发生变化主要表现在以下三方面。

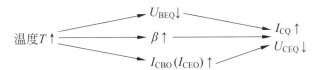

稳定静态工作点 Q 的方法主要有利用对直流电量的负反馈抑制 I_{CQ} 和 U_{CEQ} 变化的反馈法以及利用晶体管进行补偿的补偿法。此处主要介绍反馈法。

5.4.2 分压式静态工作点稳定电路

1. 电路组成和工作点稳定原理

分压式静态工作点稳定电路如图 5.15(a) 所示。直流电源 V_{CC} 经基极电阻 R_{B1}、R_{B2} 分压后接到晶体管的基极。R_E 为发射极电阻，C_E 为发射极旁路电容。

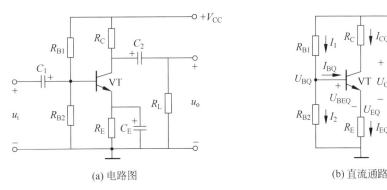

图 5.15 分压式静态工作点稳定电路

分压式静态工作点稳定电路的直流通路如图 5.15(b) 所示。

稳定静态工作点的条件是，流过基极电阻 R_{B1} 的电流 I_1、流过基极电阻 R_{B2} 的电流 I_2 和基极电流 I_{BQ} 满足 $I_1 \gg I_{BQ}$ 和 $I_2 \gg I_{BQ}$ 的关系，从而使基极电位 $U_{BQ} \approx \dfrac{R_{B2}}{R_{B1}+R_{B2}} V_{CC}$ 基

本不随温度变化,即对温度是稳定的。稳定静态工作点的原理是,利用发射极电流 I_{EQ} 在电阻 R_E 上的电压,即发射极电位 U_{EQ} 影响基极电流 I_{BQ} 和集电极电流 I_{CQ},即通过发射极电流的负反馈稳定静态工作点 Q。

静态工作点稳定的过程可表述如下。

$$温度T(℃)\uparrow \longrightarrow I_{CQ}\uparrow(I_{EQ})\uparrow \longrightarrow U_{EQ}\uparrow(=I_{EQ}R_E) \longrightarrow U_{BEQ}\downarrow(\underset{\text{不变}}{=U_{BQ}}-U_{EQ}) \longrightarrow I_{BQ}\downarrow$$
$$I_{CQ}\downarrow \longleftarrow$$

显然,R_E 的阻值越大,发射极电位 U_{EQ} 越高,对集电极电流 I_{CQ} 变化的抑制作用越强,静态工作点的稳定性就越好。但 R_E 增大后,U_{CEQ} 随之减小,为了不减小输出电压的幅度,必须增大电源电压 V_{CC},需要兼顾考虑。

2. 静态分析

由如图 5.15(b)所示的直流通路进行静态工作点的估算步骤如下。

$$U_{BQ} \approx \frac{R_{B2}}{R_{B1}+R_{B2}}V_{CC} \tag{5.22}$$

$$I_{CQ} \approx I_{EQ} = \frac{U_{BQ}-U_{BEQ}}{R_E} \tag{5.23}$$

$$U_{CEQ} \approx V_{CC} - I_{CQ}(R_C+R_E) \tag{5.24}$$

$$I_{BQ} = \frac{I_{CQ}}{\beta} \tag{5.25}$$

3. 动态分析

图 5.15(a)所示电路的微变等效电路如图 5.16 所示。

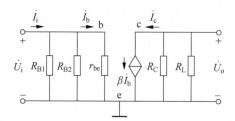

图 5.16 分压式静态工作点稳定电路的微变等效电路

由此,可求出动态技术指标估算公式。

$$\dot{A}_u = -\frac{\beta R'_L}{r_{be}} \tag{5.26}$$

其中

$$R'_L = R_C \mathbin{/\mkern-5mu/} R_L$$
$$R_i = R_{B1} \mathbin{/\mkern-5mu/} R_{B2} \mathbin{/\mkern-5mu/} r_{be} \tag{5.27}$$
$$R_o = R_C \tag{5.28}$$

对于图 5.15(a)所示的分压式静态工作点稳定电路,当去掉发射极旁路电容 C_E 时,直流通路及静态工作点的估算公式不变。此时,其微变等效电路如图 5.17 所示。

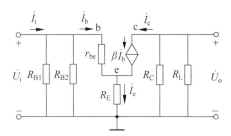

图 5.17 无发射极旁路电容的工作点稳定电路的微变等效电路

因为
$$\dot{U}_i = \dot{I}_b r_{be} + \dot{I}_e R_E = \dot{I}_b [r_{be} + (1+\beta)R_E]$$
$$\dot{U}_o = -\dot{I}_c (R_C /\!/ R_L) = -\beta \dot{I}_b R'_L$$

其中
$$R'_L = R_C /\!/ R_L$$

所以
$$\dot{A}_u = \frac{\dot{U}_o}{\dot{U}_i} = -\frac{\beta R'_L}{r_{be} + (1+\beta)R_E} \tag{5.29}$$

因为
$$\dot{I}_i = \frac{\dot{U}_i}{R_{B1}} + \frac{\dot{U}_i}{R_{B2}} + \frac{\dot{U}_i}{r_{be} + (1+\beta)R_E}$$

所以
$$R_i = \frac{\dot{U}_i}{\dot{I}_i} = \frac{1}{\dfrac{1}{R_{B1}} + \dfrac{1}{R_{B2}} + \dfrac{1}{r_{be} + (1+\beta)R_E}}$$

即
$$R_i = R_{B1} /\!/ R_{B2} /\!/ [r_{be} + (1+\beta)R_E] \tag{5.30}$$
$$R_o = R_C \tag{5.31}$$

下面对没有发射极旁路电容 C_E 的分压式静态工作点稳定电路的电压放大倍数做两点讨论。

(1) 直流静态工作点变化,使 $|\dot{A}_u|$ 变化。

由于
$$I_{CQ} \approx I_{EQ} = \frac{U_{BQ} - U_{BEQ}}{R_E} \uparrow \rightarrow r_{be} \left[= r_{bb'} + (1+\beta)\frac{26(\mathrm{mV})}{I_{EQ}} \right] \downarrow \rightarrow |\dot{A}_u| \uparrow$$

因此,调整静态工作点的位置,适当地增大 $I_{CQ}(I_{EQ})$,可使 $|\dot{A}_u|$ 增大。

(2) 电流放大系数 β 变化，$|\dot{A}_u|$ 基本不变。

一般电路参数满足 $(1+\beta)R_E \gg r_{be}$ 和 $\beta \gg 1$ 的条件，则式(5.29)可简化成

$$\dot{A}_u = -\frac{\beta R'_L}{r_{be}+(1+\beta)R_E} \approx -\frac{R'_L}{R_E}$$

因此，电流放大系数 β 变化，$|\dot{A}_u|$ 基本不变。

5.5 基本共集电极放大电路

组成放大电路时，晶体管的三个电极均可作为输入回路和输出回路的公共端。前面介绍的共发射极放大电路是以发射极作为公共端，如果以基极或集电极作为公共端，则称共基极放大电路或共集电极放大电路。这三种接法的放大电路也称作放大电路的三种组态，它们在电路结构和性能上有各自的特点，但基本的分析方法一样。本节仅介绍基本共集电极放大电路。

视频讲解

5.5.1 电路的组成

基本共集电极放大电路如图 5.18(a)所示。图 5.18(b)是直流通路。图 5.18(c)是微变等效电路。由图 5.18(c)可以看出，输入信号与输出信号的公共端是集电极，所以属于共集电极组态。由图 5.18(a)可以看出，输出信号从发射极引出，因此这种电路也称为射极输出器。

(a) 电路图

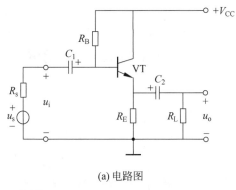

(b) 直流通路

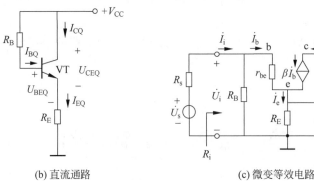

(c) 微变等效电路

图 5.18 基本共集电极放大电路

5.5.2 静态分析

由图 5.18(b)所示的直流通路,可求得

$$I_{BQ} = \frac{V_{CC} - U_{BEQ}}{R_B + (1+\beta)R_E} \tag{5.32}$$

$$I_{CQ} \approx \beta I_{BQ} \tag{5.33}$$

$$U_{CEQ} \approx V_{CC} - I_{CQ}R_E \tag{5.34}$$

5.5.3 动态分析

1. 电压放大倍数 $\dot{A}_u$

视频讲解

由图 5.18(c)所示的微变等效电路,可求得

$$\dot{U}_i = \dot{I}_b r_{be} + (1+\beta)\dot{I}_b(R_E /\!/ R_L) = \dot{I}_b r_{be} + (1+\beta)\dot{I}_b R'_L$$

$$\dot{U}_o = \dot{I}_e(R_E /\!/ R_L) = (1+\beta)\dot{I}_b(R_E /\!/ R_L) = (1+\beta)\dot{I}_b R'_L$$

因此

$$\dot{A}_u = \frac{\dot{U}_o}{\dot{U}_i} = \frac{(1+\beta)R'_L}{r_{be} + (1+\beta)R'_L} \tag{5.35}$$

其中

$$R'_L = R_E /\!/ R_L$$

分析式(5.35),电路参数一般满足 $(1+\beta)R'_L \gg r_{be}$ 条件,使 $\dot{A}_u = \dfrac{\dot{U}_o}{\dot{U}_i} \approx 1$,即 $\dot{U}_o \approx \dot{U}_i$。这表明输出电压与输入电压的大小近似相等且相位相同,输出电压随输入电压变化,所以共集电极放大电路又称为射极跟随器。

2. 输入电阻 R_i

由图 5.18(c)所示的微变等效电路,可求得

$$\dot{I}_i = \frac{\dot{U}_i}{R_B} + \frac{\dot{U}_i}{r_{be} + (1+\beta)R'_L}$$

所以

$$R_i = \frac{\dot{U}_i}{\dot{I}_i} = \frac{1}{\dfrac{1}{R_B} + \dfrac{1}{r_{be} + (1+\beta)R'_L}} = R_B /\!/ [r_{be} + (1+\beta)R'_L] \tag{5.36}$$

由式(5.36)可见,共集电极放大电路的输入电阻远大于共发射极放大电路的输入电阻。

3. 输出电阻 R_o

在图 5.18(c)中,按 $R_o = \dfrac{\dot{U}_o}{\dot{I}_o}\bigg|_{\substack{\dot{U}_s=0 \\ R_L=\infty}}$ 求输出电阻的定义,所得的等效电路如图 5.19 所示。

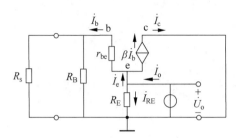

图 5.19 共集电极放大电路求输出电阻的等效电路

由图 5.19,有

$$\dot{I}_\text{o} = \dot{I}_{R_\text{E}} + \dot{I}_\text{e} = \dot{I}_{R_\text{E}} + (1+\beta)\dot{I}_\text{b} = \frac{\dot{U}_\text{o}}{R_\text{E}} + (1+\beta)\frac{\dot{U}_\text{o}}{r_\text{be} + R_\text{s} /\!/ R_\text{B}}$$

所以

$$R_\text{o} = \frac{\dot{U}_\text{o}}{\dot{I}_\text{o}}\bigg|_{\substack{\dot{U}_\text{s}=0 \\ R_\text{L}=\infty}} = \frac{\dot{U}_\text{o}}{\dfrac{\dot{U}_\text{o}}{R_\text{E}} + (1+\beta)\dfrac{\dot{U}_\text{o}}{r_\text{be} + R_\text{s} /\!/ R_\text{B}}}$$

即

$$R_\text{o} = R_\text{E} /\!/ \frac{r_\text{be} + R_\text{s} /\!/ R_\text{B}}{1+\beta} = R_\text{E} /\!/ \frac{r_\text{be} + R'_\text{s}}{1+\beta} \tag{5.37}$$

其中

$$R'_\text{s} = R_\text{s} /\!/ R_\text{B}$$

共集电极放大电路具有输入电阻大、输出电阻小的特点,常用于多级放大电路的输入级和输出级,以减小从信号源索取的电流,即减小对信号源的影响,提高带负载的能力。也常用于中间级,以减小电路之间的相互影响,起缓冲作用。

下面对共集电极放大电路的电路构成形式进行分析。由于电路参数一般满足$(1+\beta)R'_\text{L} \gg r_\text{be}$条件,从而有

$$\dot{A}_\text{u} = \frac{\dot{U}_\text{o}}{\dot{U}_\text{i}} = \frac{(1+\beta)R'_\text{L}}{r_\text{be} + (1+\beta)R'_\text{L}} \approx 1$$

$$R_\text{i} = R_\text{B} /\!/ [r_\text{be} + (1+\beta)R'_\text{L}] \approx R_\text{B} /\!/ (1+\beta)R'_\text{L}$$

可以看出,电压放大倍数和输入电阻与静态工作点的直流电量和稳定性近似无关。

虽然式(5.37)表示的输出电阻R_o与静态工作点的电量有关,但由于R_o很小,共集电极放大电路的带负载的能力受静态工作点变化的影响很小,可以忽略。

以上分析表明,共集电极放大电路的动态性能对静态工作点的稳定性要求很低。因此,为简化电路,在电路构成上,晶体管的基极只用一个电阻R_B,用于引入发射结的正偏压;晶体管的发射极接有电阻R_E,用于将发射极交流电流i_e经电阻转换成交流电压从发射极输出,同时R_E又对直流有负反馈作用,有一定稳定静态工作点的作用,但由于基极直流电位不恒定,因此使静态工作点的稳定性变差。

5.6 场效应管放大电路

场效应管放大电路与晶体管放大电路类似,也有三种组态,即共源极、共栅极和共漏极的放大电路。场效应管放大电路的分析也包括静态分析和动态分析两方面,只是放大元件的特性和电路模型不同。本节以增强型 NMOS 管为例,分析场效应管放大电路。

5.6.1 电路的组成

增强型 NMOS 管共源极放大电路的组成如图 5.20(a)所示。栅极电阻 R_{G1}、R_{G2} 为分压偏置电阻,对电源 V_{DD} 分压后给栅极加固定正电压。R_S 为源极电阻,作用是稳定静态工作点。电阻 R_G 与静态工作点无关,作用是提高放大电路的输入电阻。C_1 为输入耦合电容,C_2 为输出耦合电容,C_S 为源极旁路电容。

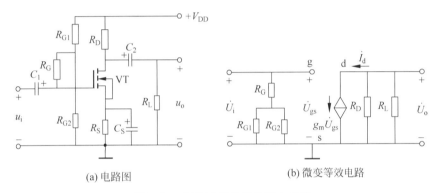

图 5.20 场效应管共源极放大电路

5.6.2 静态分析

场效应管是压控器件,静态工作点 Q 的电量为 U_{GSQ}、I_{DQ} 和 U_{DSQ}。

静态时,由于场效应管的栅极电流 $I_G=0$,所以电阻 R_G 上无压降,因此,栅极电位为 $U_{GQ} = \dfrac{R_{G2}}{R_{G1}+R_{G2}} V_{DD}$,栅源电压为 $U_{GSQ} = U_{GQ} - U_{SQ} = \dfrac{R_{G2}}{R_{G1}+R_{G2}} V_{DD} - I_{DQ} R_S$。

所以静态工作点的求解关系式为

$$\begin{cases} U_{GSQ} = \dfrac{R_{G2}}{R_{G1}+R_{G2}} V_{DD} - I_{DD} R_S \\ I_{DQ} = I_{DO} \left(\dfrac{U_{GSQ}}{U_{GS(th)}} - 1 \right)^2 \end{cases} \tag{5.38}$$

联立可解出 U_{GSQ}、I_{DQ}。

而

$$U_{DSQ} = V_{DD} - I_{DQ}(R_D + R_S) \tag{5.39}$$

5.6.3 动态分析

用微变等效电路法进行动态分析。场效应管共源极放大电路的微变等效电路如图 5.20(b)所示。

1. 电压放大倍数 $\dot{A}_u$

由图 5.20(b)所示的微变等效电路,可求得

$$\dot{U}_i = \dot{U}_{gs}$$

$$\dot{U}_o = -\dot{I}_d(R_D \mathbin{/\mkern-5mu/} R_L) = -g_m \dot{U}_{gs}(R_D \mathbin{/\mkern-5mu/} R_L)$$

所以

$$\dot{A}_u = \frac{\dot{U}_o}{\dot{U}_i} = \frac{-g_m \dot{U}_{gs}(R_D \mathbin{/\mkern-5mu/} R_L)}{\dot{U}_{gs}} = -g_m(R_D \mathbin{/\mkern-5mu/} R_L) = -g_m R_L' \tag{5.40}$$

其中

$$R_L' = R_D \mathbin{/\mkern-5mu/} R_L$$

2. 输入电阻 R_i

由图 5.20(b)所示的微变等效电路,可求得

$$R_i = \frac{\dot{U}_i}{\dot{I}_i} = R_G + R_{G1} \mathbin{/\mkern-5mu/} R_{G2} \tag{5.41}$$

3. 输出电阻 R_o

根据输出电阻的定义 $R_o = \left.\dfrac{\dot{U}_o}{\dot{I}_o}\right|_{\substack{\dot{U}_s=0 \\ R_L=\infty}}$,有

$$R_o = R_D \tag{5.42}$$

5.7 多级放大电路

对于一个基本放大电路,电路参数、静态工作点、输出幅度和非线性失真等因素制约和影响着电压放大倍数,使放大倍数有限。当需要很大放大倍数的放大电路时,需将多个基本放大电路合理连接组成多级放大电路。组成多级放大电路的每一个基本放大电路称为一级。

5.7.1 多级放大电路耦合方式

视频讲解

多级放大电路的级间连接方式称为级间耦合方式。常用的级间耦合方式有阻容耦合、直接耦合和变压器耦合。耦合电路的任务是有效地传输信号,减小衰减,避免失真,尽量不影响各级静态工作点的设置。

1. 阻容耦合

将放大电路的前级的输出端通过电容接到后级的输入端,称为阻容耦合方式。阻容耦

合方式充分地利用了电容"隔直流、通交流"的作用。主要优点是,各级的静态工作点相互独立,分析或设计、调试方便。主要缺点是,低频特性差,只能放大交流信号,不能放大变化缓慢的直流信号,不适用于集成电路。

图 5.21 所示为一个两级阻容耦合放大电路,第一级为共发射极放大电路,第二级为共集电极放大电路,C_2 为级间耦合电容。

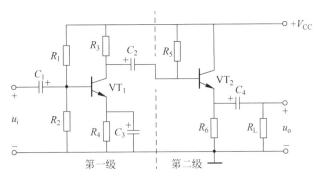

图 5.21 两级阻容耦合放大电路

2. 直接耦合

将放大电路前一级的输出端直接或经非电抗性元件连接到后一级的输入端,称为直接耦合方式。

图 5.22(a)和图 5.22(b)为两个两级直接耦合放大电路示例。图 5.22(a)电路中,通过在第二级加发射极电阻的方式提高第一级的集电极电位,使两级均有合适的静态工作点,但发射极电阻对第二级的电压放大倍数影响大。图 5.22(b)电路中,NPN 型管和 PNP 型管混合使用,使各级的集电极电位升或降,而不会逐级提高,从而使各级都有合适的静态工作点。这种组合方式被广泛应用于分立器件以及集成的直接耦合放大电路。

直接耦合方式的主要优点是,低频特性好,既能放大交流信号,又能放大直流信号,所用元件少,适用于集成电路。主要缺点是,各级静态工作点相互影响,分析或设计、调试不方便;有零点漂移现象(当输入信号 $u_i=0$ 时,在输出端仍有无规则缓慢变化的信号输出的现象称为零点漂移)。

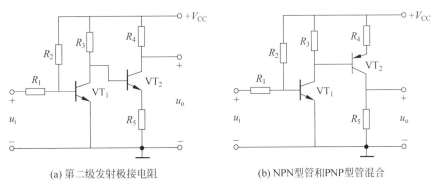

(a) 第二级发射极接电阻　　　　　　(b) NPN型管和PNP型管混合

图 5.22 两级直接耦合放大电路

3. 变压器耦合

将放大电路前一级的输出端通过变压器连接到后一级的输入端，称为变压器耦合方式。由于变压器体积大、成本较高、频率特性较差，因此很少使用。在这里不做更多介绍。

5.7.2 多级放大电路的动态分析

一个有 n 级的多级放大电路的方框图如图 5.23 所示。

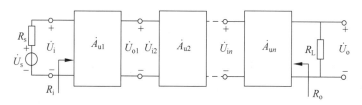

图 5.23 多级放大电路框图

多级放大电路的主要动态技术指标仍为电压放大倍数、输入电阻和输出电阻。分析交流性能时，要考虑各级之间的相互联系和相互影响，即前级的输出电压是后级的输入电压，前级的输出电阻视为后级的信号源内阻，后级的输入电阻为前级的负载电阻。

电压放大倍数
$$\dot{A}_u = \frac{\dot{U}_o}{\dot{U}_i} = \frac{\dot{U}_{o1}}{\dot{U}_{i1}} \cdot \frac{\dot{U}_{o2}}{\dot{U}_{i2}} \cdot \cdots \cdot \frac{\dot{U}_{on}}{\dot{U}_{in}} = \dot{A}_{u1} \cdot \dot{A}_{u2} \cdot \cdots \cdot \dot{A}_{un} \tag{5.43}$$

式(5.43)表明，多级放大电路的电压放大倍数等于各单级放大电路电压放大倍数的乘积。计算多级放大电路电压放大倍数方法是将多级的计算转换为单级的计算，且可直接引用单级放大电路的计算公式，计算单级电压放大倍数时要将后级的输入电阻作为前级的负载电阻。

输入电阻
$$R_i = R_{i1} \tag{5.44}$$

式(5.44)表明，多级放大电路的输入电阻等于第一级(即输入级)放大电路的输入电阻。

输出电阻
$$R_o = R_{on} \tag{5.45}$$

式(5.45)表明，多级放大电路的输出电阻等于最后一级(即输出级)放大电路的输出电阻。

应当指出，当用共集电极放大电路作为输入级时，R_i 与第二级的输入电阻(为输入级的负载电阻)有关；当用共集电极放大电路作为输出级时，R_o 与相邻前一级的输出电阻(为输出级的信号源内阻)有关；当多级放大电路的输出波形产生失真时，应首先确定是在哪一级出现的失真，然后再判断是饱和失真还是截止失真。

5.8 基本放大电路 Multisim 仿真示例

视频讲解

1. 共发射极基本放大电路的 Multisim 仿真

在 Multisim 14 中构建共发射极基本放大电路仿真测试电路如图 5.24 所示。其中，晶体管的参数设置为 $\beta=50$, $r_{bb'}=300\Omega$，电路及参数与例 5.2 相同。此处，电阻 R 用来测量放大电路的输入电阻 R_i。

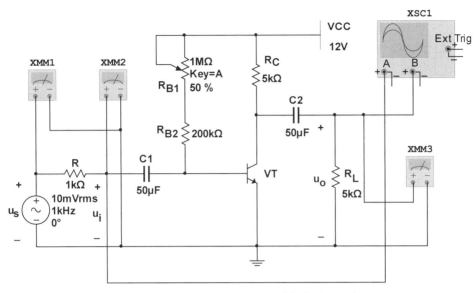

图 5.24　共发射极基本放大电路仿真测试电路

1）静态仿真分析

图 5.25 所示为直流分析选项对话框和直流电位分析结果图。

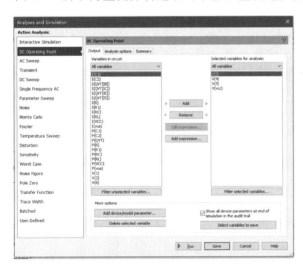

(a) 直流分析选项对话框　　　　　　(b) 直流电位分析结果图

图 5.25　静态直流电位仿真分析

根据分析结果，有

$$I_{BQ} = \frac{V_{CC} - V_3}{R_{B1} + R_{B2}} = \left(\frac{12 - 0.78}{360 + 200}\right) \text{mA} \approx 0.02 \text{mA}$$

$$I_{CQ} = \frac{V_{CC} - V_5}{R_C} = \left(\frac{12 - 6.99}{5}\right) \text{mA} \approx 1 \text{mA}$$

$$U_{CEQ} = V_5 = 6.99 \text{V}$$

与例 5.2 的结果基本相同。

2) 动态仿真分析

图 5.24 的电路仿真后,可从示波器观察到 u_i、u_o 的波形如图 5.26(a)所示。由图可见,u_o 的波形没有明显的非线性失真,而且 u_i、u_o 的相位相反。

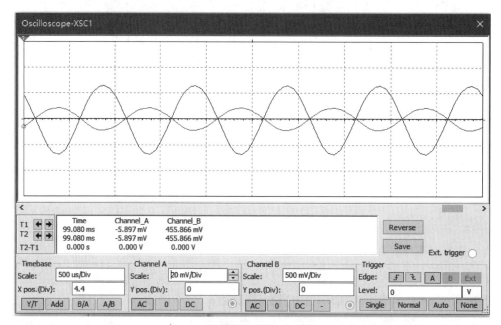

(a) 示波器显示的 u_i、u_o 波形

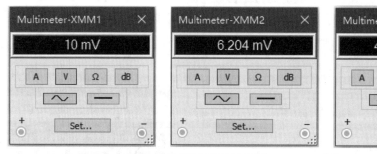

(b) 使用数字万用表测试的 U_s、U_i、U_o 数值

图 5.26　动态仿真分析

图 5.26(b)所示为三个数字万用表测试的 U_s、U_i、U_o 数值。依测试结果,有

$$\dot{A}_u = -\frac{U_o}{U_i} = -\frac{473.485}{6.204} \approx -76.32$$

$$R_i = \frac{U_i}{U_s - U_i} \cdot R = \left(\frac{6.204}{10 - 6.204} \times 1\right) \text{k}\Omega \approx 1.634 \text{k}\Omega$$

为了测量输出电阻 R_o,可将图 5.24 电路中的负载电阻 R_L 开路,此时从数字万用表测得 $U_o' = 946.986 \text{mV}$,则

$$R_o = \left(\frac{U_o'}{U_o} - 1\right) \cdot R_L = \left[\left(\frac{946.986}{473.485} - 1\right) \times 5\right] \text{k}\Omega \approx 5.00 \text{k}\Omega$$

电压放大倍数 $\dot{A}_u$,输入电阻 R_i 和输出电阻 R_o 与例 5.9 的结果基本相同。

电路其他参数不变,将晶体管的电流放大系数 β 设置成为 80 时,示波器观察 u_o 的波形没有明显的非线性失真,用数字万用表测试出此时 $U_i=6.202\mathrm{mV}, U_o=758.025\mathrm{mV}$,则

$$\dot{A}_u = -\frac{U_o}{U_i} = -\frac{758.025}{6.202} \approx -122.2$$

与例 5.2 的结果基本相同。

调节图 5.24 电路中的可调电阻 R_{B1},使 $U_{CEQ}=4.5\mathrm{V}$,从而使 $I_{CQ}=1.5\mathrm{mA}$。示波器观察 u_o 的波形没有明显的非线性失真,用数字万用表测试出此时 $U_i=5.456\mathrm{mV}, U_o=566.409\mathrm{mV}$,则

$$\dot{A}_u = -\frac{U_o}{U_i} = -\frac{566.409}{5.656} \approx -100.15$$

与例 5.2 的结果基本相同。

3) 非线性失真仿真分析

调节图 5.24 电路中的基极可调电阻 R_{B1},使 $U_{CEQ}=2\mathrm{V}, I_{CQ}=2\mathrm{mA}$,让静态工作点 Q 设置偏高,靠近饱和区。逐渐增大输入信号幅度,输出信号 u_o 的底部出现如图 5.27 所示的饱和失真。

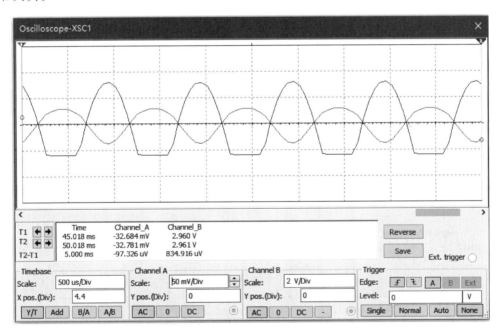

图 5.27 饱和失真仿真分析

调节图 5.24 电路中的基极可调电阻 R_{B1},使 $U_{CEQ}=10\mathrm{V}, I_{CQ}=0.4\mathrm{mA}$,让静态工作点 Q 设置偏低,靠近截止区。逐渐增大输入信号幅度,输出信号 u_o 的顶部出现如图 5.28 所示的截止失真。

2. 分压式静态工作点稳定电路的 Multisim 仿真

在 Multisim 14 中构建分压式静态工作点稳定电路仿真测试电路如图 5.29 所示。其中,晶体管的参数设置为 $\beta=100, r_{bb'}=300\Omega$,电路及参数与本章习题 7 相同。此处,电阻 R

用来测量放大电路的输入电阻 R_i。

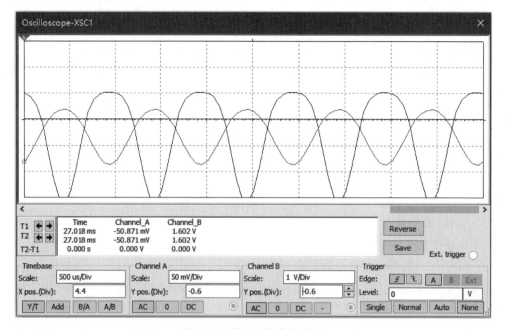

图 5.28　截止失真仿真分析

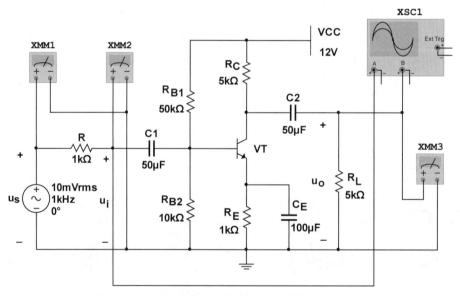

图 5.29　分压式静态工作点稳定电路仿真测试电路

1) 静态仿真分析

在 Multisim 14 中进行直流仿真分析，静态直流电位分别为 $V_1=1.90687\text{V}, V_2=6.4125\text{V}, V_3=1.12868\text{V}$。

根据分析结果，有

$$U_{BQ} \approx 1.9068\text{V}$$

$$I_{CQ} = \frac{V_3}{R_E} = \left(\frac{1.12868}{1}\right) \text{mA} \approx 1.12868 \text{mA}$$

$$U_{CEQ} = V_2 - V_3 = (6.4125 - 1.12868)\text{V} = 5.28382\text{V}$$

$$I_{BQ} \approx \frac{I_{CQ}}{\beta} = \left(\frac{1.12868}{100}\right)\text{mA} = 0.0112868\text{mA} = 11.2868\mu\text{A}$$

2) 动态仿真分析

仿真后,可从示波器观察到 u_o 的波形没有明显的非线性失真,u_i、u_o 的相位相反。

根据三个数字万用表测试的 U_s、U_i、U_o 数值,有

$$\dot{A}_u = -\frac{U_o}{U_i} = -\frac{666.744}{6.557} \approx -101.68$$

$$R_i = \frac{U_i}{U_s - U_i} \cdot R = \left(\frac{6.557}{10 - 6.557} \times 1\right) \text{k}\Omega \approx 1.9 \text{k}\Omega$$

将图 5.29 电路中的负载电阻 R_L 开路,此时从数字万用表测得 $U_o' = 1.333\text{V}$,则

$$R_o = \left(\frac{U_o'}{U_o} - 1\right) \cdot R_L = \left[\left(\frac{1333}{666.744} - 1\right) \times 5\right] \text{k}\Omega \approx 5 \text{k}\Omega$$

将电容 C_E 开路,仿真后,可从示波器观察到 u_o 的波形没有明显的非线性失真,u_i、u_o 的相位相反。

根据三个数字万用表测试的 U_s、U_i、U_o 数值,有

$$\dot{A}_u = -\frac{U_o}{U_i} = -\frac{20.868}{8.779} \approx -2.377$$

$$R_i = \frac{U_i}{U_s - U_i} \cdot R = \left(\frac{8.779}{10 - 8.779} \times 1\right) \text{k}\Omega \approx 7.19 \text{k}\Omega$$

将负载电阻 R_L 开路,此时从数字万用表测得 $U_o' = 41.736\text{V}$,则

$$R_o = \left(\frac{U_o'}{U_o} - 1\right) \cdot R_L = \left[\left(\frac{41.736}{20.868} - 1\right) \times 5\right] \text{k}\Omega \approx 5 \text{k}\Omega$$

可将仿真结果与本章习题 7 解题结果进行比较。

本章小结

本章介绍了放大电路的基本原理和基本分析方法,属于电子技术中最基本的内容,也是其后各章的基础。

(1) 基本共发射极放大电路、分压式静态工作点稳定放大电路和基本共集电极放大电路是常用的单管放大电路。组成放大电路的基本原则是:外加直流电源的极性必须使晶体管的发射结正偏、集电结反偏,保证晶体管工作在放大状态;输入回路的接法应使输入信号 u_i 能够作用于晶体管的发射结上产生基极电流 i_b,输出回路的接法应使集电极电流 i_c 或发射极电流 i_e 经电阻转换成电压量并传送到输出端。

(2) 放大电路中交、直流量并存。对放大电路进行定量分析的任务是:进行静态分析,确定静态工作点;进行动态分析,计算电压放大倍数、输入电阻和输出电阻等动态技术指标。一般分析放大电路的方法是先静态、后动态。

(3) 静态分析根据直流通路进行。动态分析时,用微变等效电路法求解电压放大倍数、输入电阻和输出电阻,用图解法分析非线性失真情况及最大输出幅度。

(4) 微变等效电路法实际上是在信号变化比较小的条件下,近似地用一个线性的等效电路代替非线性的放大元件,将非线性转化为线性,使放大电路的分析过程得以简化。该方法只能分析动态,不能分析静态,也不能分析非线性失真及动态范围。场效应管放大电路的分析方法与晶体管放大电路类似。

(5) 多级放大电路有阻容耦合、直接耦合和变压器耦合三种耦合方式。多级放大电路的电压放大倍数等于各单级放大电路电压放大倍数的乘积,但在计算单级电压放大倍数时,要注意:后级的输入电阻将作为前级的负载电阻;输入电阻等于第一级放大电路的输入电阻;输出电阻等于最后一级放大电路的输出电阻。

自测题

一、单项选择题

在各小题备选答案中选择出一个正确的答案,将正确答案前的字母填在题干后的括号内。

1. 对放大电路中静态工作点 Q 的下列说法中,正确的是( )。
   A. 静态工作点是实现对交流放大的基础　　B. 静态工作点的数值要合适
   C. 静态工作点要稳定　　　　　　　　　　D. 以上均对

2. 在放大电路中,表示对信号源影响程度的指标是( )。
   A. 输入电阻 R_i 　　　　　　　　　　　B. 输入电压 u_i
   C. 电压放大倍数 $\dot{A}_u$ 　　　　　　　D. 输出电阻 R_o

3. 对于某放大电路,当输出端开路时,输出电压为 5V,接上 2kΩ 负载电阻后的输出电压为 2.5V,则输出电阻 R_o 为( )。
   A. 0.5kΩ　　　　B. 2kΩ　　　　C. 10kΩ　　　　D. 2.5kΩ

4. 阻容耦合放大电路中,电压放大倍数在低频段下降的原因是( )。
   A. 晶体管特性的非线性　　　　　　B. 晶体管极间电容的影响
   C. 耦合电容的影响　　　　　　　　D. 分布电容的影响

5. 为消除如图 5.30 所示放大电路输出信号 u_O 波形的非线性失真,应采取的措施为( )。
   A. 减小 R_B,增大 R_C 　　　　　　B. 增大 R_B,减小 R_C
   C. 减小 R_B,减小 V_{CC} 　　　　　D. 增大 R_C,减小 V_{CC}

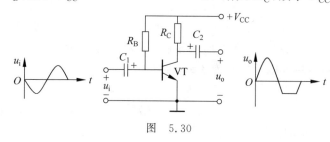

图 5.30

6. 如图 5.31 所示放大电路中,为使输出波形不失真,可采用的方法为( )。
   A. 增大 R_C
   B. 减小 R_B
   C. 减小输入信号
   D. 增大 R_B

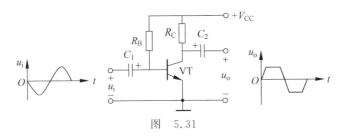

图 5.31

7. 放大电路如图 5.32 所示,为使静态工作点由 Q_1 变为 Q_2,应该( )。
   A. 增大 R_B
   B. 减小 R_B
   C. 增大 R_C
   D. 减小 R_C

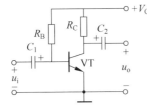 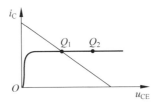

图 5.32

8. 如图 5.33 所示的放大电路,其输入电阻为( )。
   A. $R_i = R_B // r_{be}$
   B. $R_i = R_B // r_{be} // R_E$
   C. $R_i = R_B // [r_{be} + R_E]$
   D. $R_i = R_B // [r_{be} + (1+\beta)R_E]$

9. 如图 5.34 所示的放大电路,晶体管的电流放大系数为 β,若换上一个 $\beta' = 2\beta$ 的晶体管,则 $|\dot{A}_u|$( )。
   A. 增大 2 倍
   B. 减小 2 倍
   C. 基本不变
   D. 以上均不对

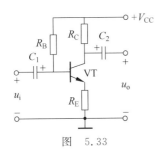 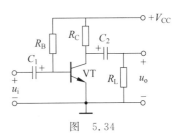

图 5.33 图 5.34

10. 射极输出器的主要特点是( )。
    A. 电压放大倍数大于 1,输入电阻大,输出电阻小
    B. 电压放大倍数大于 1,输入电阻小,输出电阻大

C. 电压放大倍数小于1,输入电阻大,输出电阻小
D. 电压放大倍数小于1,输入电阻小,输出电阻大

11. 设计一个输入电阻高、输出电阻低且有大于1的电压放大倍数的多级放大电路,符合要求的电路框图为(   )。

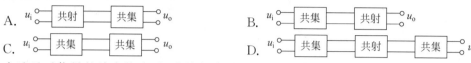

12. 在论及对信号的放大能力时,直接耦合放大电路(   )。
 A. 只能放大交流信号 B. 只能放大直流信号
 C. 交、直流两种信号都能放大 D. 交、直流两种信号都不能放大

二、填空题

1. 交流放大电路的放大倍数是一个复数,它反映了输出电压与输入电压之间的_____和_____关系。

2. 放大电路的输入电阻 R_i 越大,则向信号源索取的电流_____;输出电阻 R_o 越小,则带负载能力_____。

3. 放大电路的_____越宽,表示对信号频率变化的适应能力越强。

4. 一个放大电路的上限截止频率 $f_H=5\text{MHz}$,中频段的电压放大倍数 $|\dot{A}_{um}|=100$,当输入信号的频率 $f=5\text{MHz}$ 时的电压放大倍数为 $|\dot{A}_u|$_____。

5. 在阻容耦合基本共发射极放大电路中,电压放大倍数在低频段下降主要与_____有关,在高频段下降主要与_____有关。

6. 共集电极放大电路的输出电压与输入电压的相位_____,输入电阻较共射极放大电路_____,而输出电阻则_____。

7. 在基本共发射极放大电路中,如果静态工作点设置过高,则容易出现_____失真,对于NPN型晶体管,此时输出波形的_____将出现失真,对于PNP型晶体管,此时输出波形的_____将出现失真。

8. 已知图5.34电路中,$V_{CC}=12\text{V}$,$R_C=3\text{k}\Omega$,$R_L=3\text{k}\Omega$,静态管压降 $U_{CEQ}=6\text{V}$,该电路的最大不失真输出电压 $U_{om}=$_____ V。

9. 已知图5.34电路中,当 R_B 减小时,输入电阻 R_i 将_____;R_C 增大时,输出电阻 R_o 将_____;去掉负载电阻 R_L 后,电压放大倍数 $|\dot{A}_u|$ 将_____。

10. 放大交流信号应采用_____耦合或_____耦合方式,放大直流或变化缓慢的信号应采用_____耦合方式。

11. 直接耦合放大电路,当输入信号 $u_i=0$ 时,在输出端仍有无关则缓慢变化的信号输出,这种现象称为_____。

12. 一个两级放大电路,第一级的电压放大倍数 $\dot{A}_{u1}=-50$,第二级的电压放大倍数 $|\dot{A}_{u2}|=-60$,则总的电压放大倍数 $\dot{A}_u=$_____。

习题

1. 改正图5.35所示各电路中的错误,使它们对正弦波信号能够正常放大。要求保留

电路原来的共发射极接法和耦合方式。

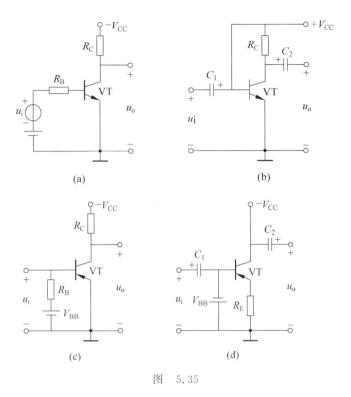

图 5.35

2. 放大电路如图 5.36 所示,已知 $V_{CC}=12V$,晶体管的 $\beta=50$,$U_{BEQ}=0.7V$,饱和压降 $U_{CES}=0.3V$,在下列情况下,用直流电压表测晶体管的集电极电位,应分别为多少?

(1) 正常情况 (2) R_{B1} 短路 (3) R_{B1} 开路 (4) R_{B2} 开路 (5) R_C 短路

3. 已知图 5.37 所示放大电路中,晶体管的 $\beta=100$,$U_{BEQ}=0.7V$,$r_{be}=1k\Omega$,$R_C=3k\Omega$。

(1) 现已测得静态管压降 $U_{CEQ}=6V$,试估算基极电阻 R_B。

(2) 若测得 $\dot{U}_i$ 和 $\dot{U}_o$ 的有效值分别为 1mV 和 100mV,则试求负载电阻 R_L。

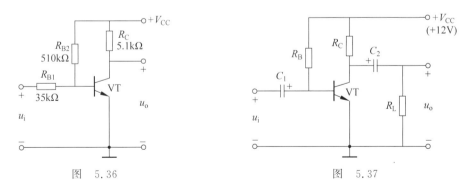

图 5.36　　　　　　　　图 5.37

4. 已知图 5.37 所示放大电路中,晶体管的 $\beta=50$,$U_{BEQ}=0.7V$,$U_{CES}=0.3V$,$R_C=3k\Omega$,$R_L=3K$。求输出电压幅度最大时的静态工作点 I_{BQ}、I_{CQ}、U_{CEQ} 及基极电阻 R_B。

5. 已知图 5.38 所示放大电路中,晶体管的 $\beta=50$,$U_{BEQ}=0.7V$。

(1) 试估算 r_{be} 以及放大电路的电压放大倍数 $\dot{A}_u$、输入电阻 R_i 和输出电阻 R_o。

(2) 如欲提高 $|\dot{A}_u|$,分析可采取什么措施,应调整放大电路中的哪些参数。

6. 已知图 5.38 所示放大电路中,晶体管的 $\beta=50$,$U_{BEQ}=0.7V$,饱和管压降 $U_{CES}=0.3V$。试求当负载电阻 $R_L=\infty$ 和 $R_L=3k\Omega$ 时电路的最大不失真输出电压 U_{om}。

7. 已知图 5.39 所示分压式工作点稳定电路中,晶体管的 $\beta=100$,$U_{BEQ}=0.7V$,$r_{bb'}=300\Omega$。

(1) 试估算放大电路的静态工作点 Q。

(2) 估算放大电路的电压放大倍数 $\dot{A}_u$、输入电阻 R_i 和输出电阻 R_o。

(3) 若电容 C_E 开路,分析 $\dot{A}_u$、R_i 和 R_o 将如何变化。

(4) 若使 $U_{CEQ}=6V$,求基极电阻 R_{B1}。

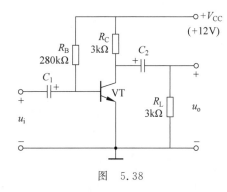

图 5.38

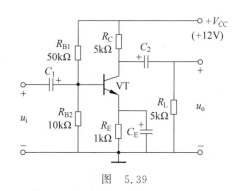

图 5.39

8. 放大电路如图 5.40 所示,晶体管的 $\beta=100$,$r_{bb'}=300\Omega$。

(1) 求放大电路的静态工作点 Q、电压放大倍数 $\dot{A}_u$、输入电阻 R_i 和输出电阻 R_o。

(2) 若电容 C_E 开路,分析将引起电路的哪些动态参数发生变化以及如何变化。

9. 放大电路如图 5.41 所示,晶体管的 $\beta=60$,$U_{BEQ}=0.7V$,$r_{bb'}=300\Omega$。

(1) 求解静态工作点 Q、电压放大倍数 $\dot{A}_u$、输入电阻 R_i 和输出电阻 R_o。

(2) 设 $U_s=10mV$(有效值),求 U_i 和 U_o。若 C_E 开路,求 U_i 和 U_o。

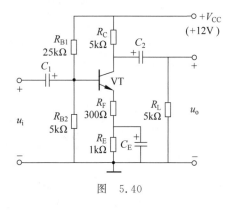

图 5.40

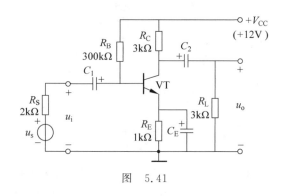

图 5.41

10. 放大电路如图 5.42 所示,晶体管的 $\beta=80$,$r_{be}=1\text{k}\Omega$。

(1) 求静态工作点 Q。

(2) 分别求 $R_L=\infty$ 和 $R_L=3\text{k}\Omega$ 时电路的电压放大倍数 $\dot{A}_u$ 和输入电阻 R_i。

(3) 求 $R_L=3\text{k}\Omega$ 时电路的源电压放大倍数 $\dot{A}_{us}=\dfrac{\dot{U}_o}{\dot{U}_s}$。

(4) 求 R_o。

11. 放大电路如图 5.43 所示,设 $R_C=R_E$,晶体管的 $\beta\gg1$,静态工作点合适。

(1) 分析从晶体管的集电极输出与从发射极输出有何不同。试求 $\dot{A}_{u1}=\dfrac{\dot{U}_{o1}}{\dot{U}_i}$ 和 $\dot{A}_{u2}=\dfrac{\dot{U}_{o2}}{\dot{U}_i}$。

(2) 若输入 u_i 为正弦电压,试画出输入电压和输出电压 u_i、u_{o1}、u_{o2} 的波形。

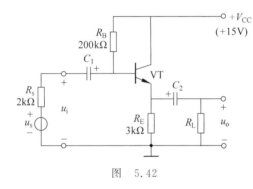

图 5.42

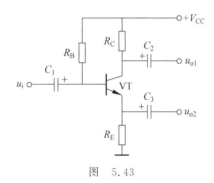

图 5.43

12. 两级放大电路如图 5.44 所示。

(1) 写出估算总电压放大倍数 $\dot{A}_u$ 的表达式。

(2) 写出估算输入电阻 R_i 和输出电阻 R_o 的表达式。

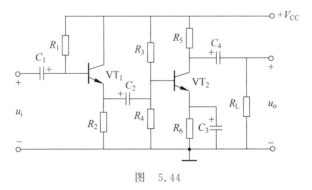

图 5.44

第 6 章 集成运算放大器及其应用

CHAPTER 6

本章首先介绍集成运算放大器的基本组成电路的原理、特点以及集成运算放大器的主要技术指标。反馈技术在电子电路中广泛应用,运算放大器的各种应用电路也都与反馈系统的特性相联系,因此,本章还介绍了反馈的概念、分类、判断方法及对放大电路性能的影响。最后在此基础上,介绍集成运放的各种线性应用电路和非线性应用电路的原理、分析设计方法。

6.1 集成运放的基本组成

集成电路是将整个电路的各个元器件以及相互之间的连线制作在一块半导体芯片上,形成一个整体电路。集成运算放大器(integrated operational amplifier),简称集成运放,是一种集成化的高电压增益、高输入电阻和低输出电阻的多级直接耦合放大电路,由于最早应用于模拟信号的运算处理,因此得名。

集成运放由输入级、中间级、输出级和偏置电路 4 部分组成,如图 6.1 所示。

图 6.1 集成运放的基本组成框图

输入级的作用是提供与输出端有相位相同及相反关系的两个输入端,一般采用差分放大电路,对其要求是输入电阻大并能有效抑制零点漂移。中间级主要进行电压放大,要求其电压放大倍数高,通常采用有源负载共发射极放大电路。输出级主要向负载提供足够的功率,同时要求其输出电阻低且具有较强的带负载能力,通常采用互补对称功率放大电路。偏置电路的任务是给各级提供合适的静态工作点,通常采用镜像恒流源电路。下面分别进行介绍。

6.1.1 偏置电路——电流源电路

在模拟集成电路中,广泛使用各种类型的电流源,给各级提供合适的偏置电流以及作为放大电路的有源负载。下面介绍两种常用的电流源电路。

1. 镜像电流源

镜像电流源也称为电流镜（current mirror）。图 6.2 所示为镜像电流源的电路结构，其中 VT_1、VT_2 具有完全相同的特性和参数。

电源 V_{CC} 通过电阻 R 和 VT_1 产生一个基准电流 I_{REF}，由图 6.2 可得

$$I_{REF} = \frac{V_{CC} - U_{BEQ}}{R} \tag{6.1}$$

由 KCL，有

$$I_{REF} = I_{C1} + 2I_B = I_{C1}\left(1 + \frac{2}{\beta}\right) \tag{6.2}$$

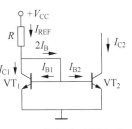

图 6.2 镜像电流源电路

所以输出电流为

$$I_{C2} = I_{C1} = I_{REF} \frac{1}{1 + \frac{2}{\beta}} \tag{6.3}$$

当 $\beta \gg 2$ 时，有

$$I_{C2} = I_{C1} \approx I_{REF} = \frac{V_{CC} - U_{BEQ}}{R} \tag{6.4}$$

式(6.4)表明，I_{C2} 与基准电流 I_{REF} 近似相等，二者为"镜像"关系。电源电压 V_{CC} 与电阻 R 确定后，I_{C2} 的数值随之确定，这就是恒流特性。

镜像电流源的优点是结构简单、有一定温度补偿作用。其缺点是 I_{REF} 受电源电压及晶体管参数影响，故对电源的稳定性要求较高；当需要微安级的 I_{C2} 电流时，因电阻 R 无法做得太大而难以实现。

2. 微电流源

图 6.3 为微电流源的电路结构。与镜像电流源相比，它在 VT_2 的发射极接入了一个电阻 R_E，使 $U_{BEQ2} < U_{BEQ1}$，从而使 $I_{C2} < I_{REF}$，可在同样的基准电流 I_{REF} 下获得较小的输出电流 I_{C2}。

因为

$$U_{BEQ1} - U_{BEQ2} = \Delta U_{BE} = I_{E2} R_E \tag{6.5}$$

图 6.3 微电流源电路　所以有

$$I_{C2} \approx I_{E2} = \frac{\Delta U_{BE}}{R_E} \tag{6.6}$$

式(6.6)表明，利用两个晶体管发射结的电压差 ΔU_{BE} 可以控制输出电流 I_{C2}。由于 ΔU_{BE} 的数值通常很小，因此用不太大的电阻就能获得微小的输出电流。另外，发射极电阻 R_E 引入电流负反馈，使输出电流十分稳定。

6.1.2 输入级——差分放大电路

1. 差分放大电路的基本结构及特点

图 6.4 为差分放大电路（differential amplifier circuit）的基本结构形式。

视频讲解

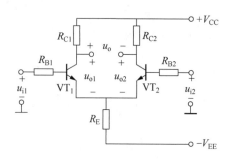

图 6.4 差分放大电路的基本形式

1) 电路的结构具有对称性

电路由两个结构相同的共发射极放大电路组成,具有对称性且对称元件的参数相同,即 $R_{B1}=R_{B2}=R_B$,$R_{C1}=R_{C2}=R_C$,$\beta_1=\beta_2=\beta$,$r_{be1}=r_{be2}=r_{be}$。其中,R_{B1},R_{B2} 可以不用。R_E 为两个晶体管的发射极公共电阻。由于这个电阻的存在,因此称这种电路为长尾式差分放大电路(long tailed pair)。该电路采用双电源供电,$+V_{CC}$ 使晶体管的集电结反偏,$-V_{EE}$ 使晶体管的发射结正偏。使用正、负电源主要用来补偿发射极电阻 R_E 上的直流压降,扩大输出电压范围。

2) 电路有两个输入端和两个输出端

可以有双端输入双端输出、双端输入单端输出、单端输入双端输出和单端输入单端输出 4 种工作方式。

2. 输入信号的类型及输入方式

差分放大电路的输入信号可分为共模输入信号和差模输入信号两种类型。

1) 共模信号、共模输入方式及电路的抑制作用

若两个输入信号大小相等、极性相同,即 $u_{i1}=u_{i2}$,这种输入方式称为共模输入,这种信号称为共模输入信号(common-mode input signal),用 u_{ic} 表示,即

$$u_{ic}=u_{i1}=u_{i2} \tag{6.7}$$

共模输入方式下,两个输入端相连接到同一个信号源上,如图 6.5 所示。随着有效信号一起进入放大电路的干扰信号为共模输入信号。

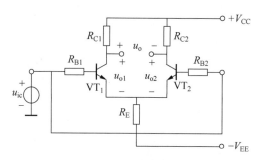

图 6.5 共模输入方式

差分放大电路对共模信号有抑制作用。共模输入方式下,两管基极电流、集电极电流和集电极电压变化相同,即 $\Delta i_{B1}=\Delta i_{B2}$,$\Delta i_{C1}=\Delta i_{C2}$,$\Delta u_{C1}=\Delta u_{C2}$,双端输出时 $u_{oc}=u_{C1}-u_{C2}=(u_{CQ1}+\Delta u_{C1})-(u_{CQ2}+\Delta u_{C2})=0$,在电路参数完全对称的情况下,利用补偿作用使共模输出电压为零。

实际上,发射极电阻 R_E 还可减小每边晶体管的共模输出。共模输入时,由于两个晶体管的发射极电流变化相同,即 $\Delta i_{E1}=\Delta i_{E2}$,因而流过 R_E 的电流变化量为 $2\Delta i_{E1}$ 或 $2\Delta i_{E2}$,在 R_E 上引起电压的变化量为 $\Delta u_E=2\Delta i_{E1}R_E=2\Delta i_{E2}R_E$,从而使 Δu_{BE} 减小,导致 Δi_{B1}、Δi_{B2}、Δi_{C1}、Δi_{C2}、$\Delta u_{C1}(u_{oc1})$ 和 $\Delta u_{C2}(u_{oc2})$ 减小。

温度变化引起的零点漂移相当于共模输入信号,差分放大电路抑制零点漂移的过程

如下。

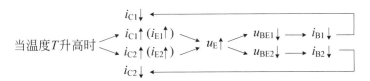

差分放大电路对共模输入信号的放大倍数称为共模电压放大倍数。单端输出时,共模电压放大倍数为

$$A_{uc1} = \frac{u_{oc1}}{u_{ic}} \quad (6.8)$$

$$A_{uc2} = \frac{u_{oc2}}{u_{ic}} \quad (6.9)$$

双端输出时,共模电压放大倍数为

$$A_{uc} = \frac{u_{oc}}{u_{ic}} = \frac{u_{oc1} - u_{oc2}}{u_{ic}} \approx 0 \quad (6.10)$$

2) 差模信号、差模输入方式及电路的放大作用

若两个输入信号大小相等、极性相反,即 $u_{i1} = -u_{i2}$,这种输入方式称为差模输入,差模输入方式下,两个输入端之间的信号称为差模输入信号(difference-mode input signal),用 u_{id} 表示,即

$$u_{id} = u_{i1} - u_{i2} \quad (6.11)$$

此时

$$u_{i1} = -u_{i2} = \frac{u_{id}}{2} \quad (6.12)$$

通常情况下,可以认为差模输入信号反映了有效的信号。差模输入方式下,将输入信号加到两个输入端之间,即双端输入,如图 6.6 所示。

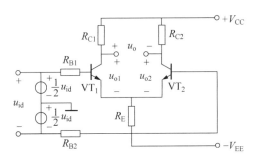

图 6.6 双端差模输入方式

差模输入方式下,两管基极电流、集电极电流、集电极电压变化相反,即 $\Delta i_{B1} = -\Delta i_{B2}$,$\Delta i_{C1} = -\Delta i_{C2}$,$\Delta u_{C1} = -\Delta u_{C2}$,$\Delta i_{E1} = -\Delta i_{E2}$,因而流过发射极电阻 R_E 的电流变化量为 $\Delta i_{E1} + \Delta i_{E2} = 0$,在 R_E 上引起电压的变化量 $\Delta u_E = 0$,表明发射极电阻 R_E 相当于短路,对差模信号没有抑制作用。

差分放大电路对差模输入信号的放大倍数称为差模电压放大倍数。单端输出时,差模

电压放大倍数为

$$A_{ud1} = \frac{u_{od1}}{u_{id}} = \frac{u_{o1}}{2u_{i1}} = \frac{1}{2} \cdot A_{u1} \tag{6.13}$$

$$A_{ud2} = \frac{u_{od2}}{u_{id}} = \frac{u_{o2}}{2u_{i2}} = \frac{1}{2} \cdot A_{u2} \tag{6.14}$$

即单端输出时差模电压放大倍数为一边电路电压放大倍数的一半。因电路对称,每边的电压放大倍数 $A_{u1} = A_{u2} = A_u$。

双端输出时,差模电压放大倍数为

$$A_{ud} = \frac{u_{od}}{u_{id}} = \frac{2u_{o1}}{2u_{i1}} = A_{u1} = A_u \tag{6.15}$$

即双端输出时差模电压放大倍数为一边电路的电压放大倍数。

差模电压放大倍数越大越好,而共模电压放大倍数越小越好,用共模抑制比 K_{CMR} 描述这一性能。双端输出时,共模抑制比为

$$K_{CMR} = 20\lg\left|\frac{A_{ud}}{A_{uc}}\right| \tag{6.16}$$

3)两个输入端输入任意信号的等效分解变换

图 6.4 的基本差分放大电路中,两个输入端输入任意信号 u_{i1} 和 u_{i2} 时,可分解成共模输入信号与差模输入信号的叠加。其中,等效的共模输入信号和差模输入信号分别为

$$u_{ic} = \frac{1}{2}(u_{i1} + u_{i2}) \tag{6.17}$$

$$u_{id} = u_{i1} - u_{i2} \tag{6.18}$$

单端输入方式如图 6.7(a)所示,$u_{i1} = u_i$,$u_{i2} = 0$,是任意输入方式的特例,等效的共模输入信号和差模输入信号分别为

$$u_{ic} = \frac{1}{2}u_i \tag{6.19}$$

$$u_{id} = u_i \tag{6.20}$$

图 6.7(b)为单端输入方式下输入信号的等效变换。

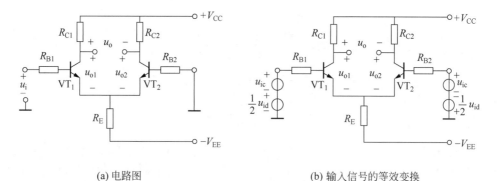

(a) 电路图　　　　　　　　　　　(b) 输入信号的等效变换

图 6.7　单端输入方式的等效变换

两个输入端任意输入时,分解的差模信号与双端输入情况相同,共模信号与共模输入情况相同,其输出电压等于差模信号和共模信号分别作用后的叠加。因此,只要分析清楚差分

放大电路对差模输入信号和共模输入信号的响应,利用叠加定理即可完整地描述差分放大电路对所有输入信号的响应。

3. 差分放大电路的静态分析和动态分析

下面以图 6.8 的双端输出接负载电阻 R_L 的差分放大电路为例,进行静态分析和动态分析。

1) 静态分析

静态分析的要点:电路对称,由一边的直流通路进行静态分析;发射极电阻 R_E 中的电流为 $2I_{EQ}$;R_L 两端的直流电位相同,通过的直流电流为 0,将 R_L 开路处理。一边的直流通路如图 6.9 所示。

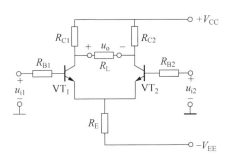

图 6.8 双端输出接 R_L 的差分放大电路

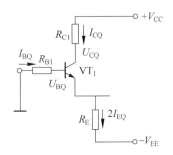

图 6.9 图 6.8 一边的直流通路

由晶体管的输入回路,有

$$I_{BQ}R_B + U_{BEQ} + 2I_{EQ}R_E - V_{EE} = 0$$

则静态基极电流为

$$I_{BQ} = \frac{V_{EE} - U_{BEQ}}{R_B + 2(1+\beta)R_E} \tag{6.21}$$

静态集电极电流和电位为

$$I_{CQ} \approx \beta I_{BQ} \tag{6.22}$$

$$U_{CQ} = V_{CC} - I_{CQ}R_C \tag{6.23}$$

静态基极电位为

$$U_{BQ} = -I_{BQ}R_B \tag{6.24}$$

2) 动态分析

差模输入分析的要点:发射极电阻 R_E 短路处理;R_L 两端的电位的变化量相同,变化方向相反,R_L 中点处的电位为零相当于交流接地,因此每边接 $R_L/2$。交流通路如图 6.10 所示。

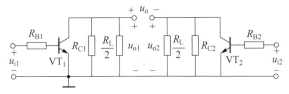

图 6.10 图 6.8 的交流通路

(1) 差模电压放大倍数 A_{ud}。

由图 6.10、式(6.15)以及第 5 章所述的方法,可求得双端输出时的差模电压放大倍数为

$$A_{ud} = -\frac{\beta\left(R_C // \frac{R_L}{2}\right)}{R_B + r_{be}} \tag{6.25}$$

(2) 差模输入电阻 R_{id}。

差模输入电阻是输入差模信号时从两个输入端看进去的等效电阻。由图 6.10,可求得差模输入电阻为

$$R_{id} = 2(R_B + r_{be}) \tag{6.26}$$

(3) 差模输出电阻 R_{od}。

差模输出电阻是输入差模信号时从两个输出端看进去的等效电阻。由图 6.10,可求得差模输出电阻为

$$R_{od} = 2R_C \tag{6.27}$$

例 6.1 图 6.11 为接有调零电位器的长尾式差分放大电路。已知晶体管的 $U_{BEQ}=0.7\text{V}$,$\beta_1=\beta_2=\beta=50$,设 R_W 的滑动端在中点位置。说明调零电位器 R_W 的作用,估算放大电路的静态工作点 Q、差模电压放大倍数 A_{ud}、差模输入电阻 R_{id} 和差模输出电阻 R_{od}。

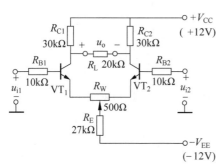

图 6.11 例 6.1 的电路

解:实际电路中参数不能理想对称,调整 R_W 的滑动端位置可使静态时 $u_o=0$。静态时若 $u_o>0$,R_W 的滑动端应左调,减小 VT_1 输入回路的电阻,增大 VT_2 输入回路的电阻,使 I_{BQ1} 增大,I_{BQ2} 减小,从而使 $u_o=0$;同理,静态时若 $u_o<0$,R_W 的滑动端应右调。

由晶体管的基极输入回路,可求得

$$I_{BQ} = \frac{V_{EE} - U_{BEQ}}{R_B + (1+\beta)(2R_E + 0.5R_W)} = \left[\frac{12 - 0.7}{10 + 51 \times (2 \times 27 + 0.5 \times 0.5)}\right]\text{mA} = 0.004\text{mA} = 4\mu\text{A}$$

则有

$$I_{CQ} = \beta I_{BQ} = (50 \times 0.004)\text{mA} = 0.2\text{mA}$$

$$U_{CQ} = V_{CC} - I_{CQ}R_C = (12 - 0.2 \times 30)\text{V} = 6\text{V}$$

$$U_{BQ} = -I_{BQ}R_B = (-0.004 \times 10)\text{V} = -0.04\text{V} = -40\text{mV}$$

因为

$$r_{be} = r_{bb'} + (1+\beta)\frac{26(\text{mV})}{I_{EQ}(\text{mA})} = \left(300 + 51 \times \frac{26}{0.2}\right)\Omega = 6930\Omega = 6.93\text{k}\Omega$$

所以

$$A_{ud} = -\frac{\beta\left(R_C // \frac{R_L}{2}\right)}{R_B + r_{be} + (1+\beta)\frac{R_W}{2}} = -\frac{50 \times (30 // 10)}{10 + 6.93 + 51 \times 0.25} = -12.6$$

$$R_{id} = 2\left[R_B + r_{be} + (1+\beta)\frac{R_W}{2}\right] \approx 59.4\text{k}\Omega$$

$$R_{od} = 2R_C = (2 \times 30)\Omega = 60\text{k}\Omega$$

4. 恒流源式差分放大电路

对于长尾式差分放大电路,若减小共模放大倍数 A_c,提高共模抑制比 K_{CMR},则需增大发射极电阻 R_E。为使静态电流不变,增大 R_E 需要同时增大 V_{EE},以至于 R_E、V_{EE} 过大,这是不合理的。因此需在低电源条件下得到趋于无穷大的 R_E。解决的方法是采用两端直流电压降很小、等效电阻很大的恒流源电路代替 R_E,这种方法在集成运放中被广泛采用。

晶体管工作在放大区且静态工作点稳定的放大电路为恒流源电路。当集电极与发射极之间的电压有一个较大变化量 Δu_{CE} 时,集电极电流的变化量 Δi_C 近似为 0,集电极电流具有恒流特性,此时晶体管集电极与发射极之间的等效电阻 $r_{ce} = \Delta u_{CE}/\Delta i_C$ 很大。

恒流源式差分放大电路如图 6.12(a)所示,其中,晶体管 VT_3 及电阻 R_1、R_2、R_E 构成恒流源电路。图 6.12(b)为简化画法。

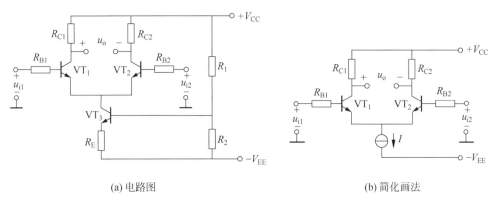

(a) 电路图　　　　　　　　　　　　　(b) 简化画法

图 6.12　恒流源式差分放大电路

5. 差分放大电路的 4 种接法

差分放大电路有双端输入双端输出、双端输入单端输出、单端输入双端输出和单端输入单端输出 4 种工作方式,即 4 种接法。根据前面对差分放大电路双端输入双端输出的分析,读者可自行分析其他 3 种接法的差分放大电路。差分放大电路 4 种接法及性能比较如表 6.1 所示。

6.1.3　中间级——有源负载放大电路

中间级的主要任务是提供足够大的电压放大倍数,同时为了减小对前级的影响,还应有较高的输入电阻。因此,中间级一般为共发射极放大电路,并且放大管采用可提高电流放大系数 β 的复合管,有源负载采用由晶体管构成的电流源以代替 R_C。

1. 复合管

复合管可由两个或两个以上的晶体管按一定方式组合而成。组成复合管时,应将前级晶体管的集电极电流或发射极电流作为后级晶体管的基极电流,并保证前级晶体管的输出电流与后级晶体管的输入电流的实际方向一致,以便形成合适的电流通路。图 6.13 给出了 4 种复合管的常用接法及等效类型。

表 6.1 差分放大电路 4 种接法及其性能比较

连接方式	双端输出		单端输出	
	双端输入	单端输入	双端输入	单端输入
典型电路	(电路图)	(电路图)	(电路图)	(电路图)
差模电压放大倍数	$A_{ud} = \dfrac{u_o}{u_i} = -\dfrac{\beta(R_C // \dfrac{R_L}{2})}{R_B + r_{be}}$		$A_{ud} = \dfrac{u_o}{u_i} = -\dfrac{1}{2} \times \dfrac{\beta(R_C // R_L)}{R_B + r_{be}}$	
共模放大倍数及共模抑制比	$A_{uc} = \dfrac{u_{oc}}{u_{ic}} \to 0$ $K_{CMR} = \left\|\dfrac{A_{ud}}{A_{uc}}\right\| \to \infty$		$A_{uc} = \dfrac{u_{oc1}}{u_{ic}}$ 很小 $K_{CMR} = \left\|\dfrac{A_{ud}}{A_{uc}}\right\|$ 高	
差模输出电阻	$R_{od} = 2R_C$		$R_{od} = R_C$	
差模输入电阻	$R_{id} = 2(R_B + r_{be})$			
用途	适用于输入、输出都不需要接地，对称输入、对称输出的场合	适用于单端输入转换为双端输出的场合	适用于双端输入转换为单端输出的场合	适用于输入、输出电路中都需要有公共接地的场合

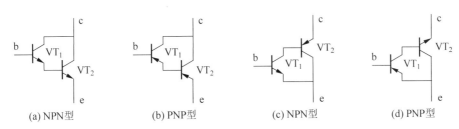

(a) NPN型　　(b) PNP型　　(c) NPN型　　(d) PNP型

图 6.13　复合管的 4 种常用接法

分析图 6.13 中各种复合连接方式的电路,可得出如下结论。

(1) 由两个晶体管组成的复合管,其类型与前级晶体管的类型相同。

(2) 由两个相同类型的晶体管组成的复合管,复合管的 $\beta \approx \beta_1 \beta_2$,复合管的 $r_{be} = r_{be1} + (1+\beta_1)r_{be2}$;由两个不同类型的晶体管组成的复合管,复合管的 $\beta = \beta_1(1+\beta_2) \approx \beta_1\beta_2$,复合管的 $r_{be} = r_{be1}$。

2. 采用复合管的有源负载共发射极放大电路

图 6.14 为采用复合管的有源负载共发射极放大电路。其中,VT_1、VT_2 组成的复合管为放大晶体管,VT_3 为复合管的有源负载。VT_3 与 VT_4 组成镜像电流源,作为偏置电路,基准电流 I_{REF} 由 V_{CC}、VT_4 和 R 支路产生,其计算式为

$$I_{REF} = \frac{V_{CC} - U_{BE4}}{R}$$

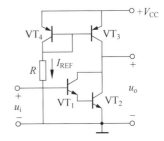

图 6.14　采用复合管的有源负载共发射极放大电路

根据基准电流 I_{REF},即可确定复合放大管的静态集电极工作电流 I_{CQ}。

6.1.4　输出级——功率放大电路

功率放大电路是集成运放的输出级,其任务是向负载提供足够的输出功率,一般采用互补对称功率放大电路。

1. 功率放大电路的特点

(1) 为实现在电源电压一定的情况下有尽可能大的输出功率,要求输出电压和输出电流要有足够大的幅度,晶体管一般工作在尽限运用状态。

(2) 功放管工作在大信号尽限状态下,不可避免会产生非线性失真,需要根据负载的要求确定允许的失真范围,电路的分析采用图解法。

(3) 功率放大电路在输入信号的作用下向负载提供的功率是由直流电源转换而来的,要求静态时功放管的集电极电流、电路损耗的直流功率尽可能小,能量转换效率要尽可能高。

2. 功率放大电路中晶体管的工作状态

功率放大电路中,按静态工作点位置的不同,将晶体管的工作状态分为甲类状态、乙类状态和甲乙类状态。

(1) 甲类状态。晶体管在信号的整个周期内均处于导通状态,这种状态的能量转换效

率较低,主要用于电压放大,在功率放大电路中较少使用。

(2) 乙类状态。晶体管仅在信号的半个周期处于导通状态。

(3) 甲乙类状态。晶体管在信号的多半个周期处于导通状态。

3. OCL(Output CapacitorLess)互补对称功率放大电路

1) OCL 乙类互补对称功率放大电路

图 6.15 为 OCL 乙类互补对称功率放大电路,电路由两个不同类型晶体管构成的射极输出器组合而成。电路结构具有对称性,VT_1 为 NPN 管,VT_2 为 PNP 管,两管的参数相同,基极连接在一起做输入端,发射极连接在一起做输出端。R_L 为负载电阻。采用正、负对称的双电源,输入信号 u_i 是要放大的信号,它还给晶体管的发射结提供偏置电压。

静态时,输入 $u_i=0$,$U_{BQ}=U_{EQ}=0$,VT_1、VT_2 均截止,$I_{BQ}=I_{CQ}=I_{EQ}=0$,负载 R_L 中无电流通过,输出电压 $u_o=0$。

动态时,当输入信号 u_i 为正半周时,VT_1 导通、VT_2 截止,电流 i_{C1} 的流通路径为

$$+V_{CC} \rightarrow VT_1 \rightarrow R_L \rightarrow 地$$

在负载 R_L 上形成 $u_o>0$ 的正半周输出电压;当输入信号 u_i 为负半周时,VT_2 导通、VT_1 截止,电流 i_{C2} 的流通路径为

$$地 \rightarrow R_L \rightarrow VT_2 \rightarrow -V_{CC}$$

在负载 R_L 上形成 $u_o<0$ 的负半周输出电压。

在输入信号 u_i 的一个周期内,VT_1、VT_2 两只管子交替导通工作在乙类状态,相互补充放大对方缺少的另一个半周信号,实现双向跟随,故称为互补对称功率放大电路。这种电路又称为无输出电容的功率放大电路,即 OCL 功率放大电路。

乙类状态的功率放大电路,由于静态时电流为零,因此效率较高。但由于晶体管的发射结存在死区,发射结静态正偏压为零,小于开启电压 $|U_{on}|$ 时,输出电压波形会产生严重的失真。当 $|u_i|<|U_{on}|$ 时,VT_1、VT_2 均截止,输出电压 $u_o=0$;当 $|u_i|>|U_{on}|$ 时,VT_1 或 VT_2 导通,输出电压 $u_o \neq 0$。输出电压 u_o 在正、负半周交越处产生失真,这种失真称作交越失真,如图 6.16 所示。

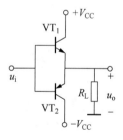

图 6.15 OCL 乙类互补对称功率放大电路

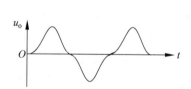

图 6.16 交越失真波形

2) OCL 甲乙类互补对称功率放大电路

OCL 甲乙类互补对称功率放大电路如图 6.17 所示。

静态时,路径为

$$+V_{CC} \rightarrow R_1 \rightarrow R \rightarrow VD_1 \rightarrow VD_2 \rightarrow R_2 \rightarrow -V_{CC}$$

有直流电流,在 VT_1、VT_2 的基极之间产生的电压为

$$U_{B1B2} = U_R + U_{D1} + U_{D2}$$

U_{B1B2} 略大于 VT_1、VT_2 发射结开启电压绝对值之和,使晶体管处于微导通状态,工作在甲乙类状态,从而消除了交越失真。

3) OCL 互补对称功率放大电路的主要参数

下面估算图 6.17 所示的 OCL 甲乙类互补对称功率放大电路的主要参数。

(1) 最大输出功率 P_{om}。

当输入信号足够大时,其最大输出电压的幅值为 $U_{OM} = V_{CC} - U_{CES}$,所以最大输出功率为

$$P_{om} = \frac{(U_{OM}/\sqrt{2})^2}{R_L} = \frac{(V_{CC} - U_{CES})^2}{2R_L} \quad (6.28)$$

若忽略饱和压降 U_{CES},则最大输出功率为

$$P_{om} = \frac{V_{CC}^2}{2R_L} \quad (6.29)$$

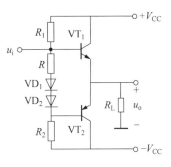

图 6.17 OCL 甲乙类互补对称功率放大电路

(2) 效率 η。

直流电源的电压为 V_{CC},电流为晶体管的集电极电流 i_C,所以在一个周期内,两个电源提供的最大平均功率为

$$P_{Vm} = 2 \times \frac{1}{2\pi} \int_0^\pi V_{CC} \cdot \frac{V_{CC} - U_{CES}}{R_L} \cdot \sin\omega t \, d(\omega t) = \frac{2}{\pi} \cdot \frac{V_{CC}(V_{CC} - U_{CES})}{R_L} \quad (6.30)$$

所以最大效率为

$$\eta_m = \frac{P_{om}}{P_{Vm}} = \frac{\pi}{4} \cdot \frac{V_{CC} - U_{CES}}{V_{CC}} \quad (6.31)$$

若忽略饱和压降 U_{CES},最大效率为 $\eta_m = \frac{\pi}{4} \times 100\% = 78.5\%$。

(3) 功率晶体管的极限参数。

晶体管集电极的最大电流及限制条件为

$$i_{Cmax} = \frac{V_{CC} - U_{CES}}{R_L} \approx \frac{V_{CC}}{R_L} < I_{CM} \quad (6.32)$$

晶体管集电极的最大反向电压及限制条件为

$$u_{CEmax} = 2V_{CC} - U_{CES} \approx 2V_{CC} < U_{CEO(BR)} \quad (6.33)$$

直流电源提供的功率与输出功率之差就是消耗在晶体管上的功率,即管耗 P_T。可求得,当 $U_{OM} = \frac{2}{\pi} V_{CC} \approx 0.636 V_{CC}$ 时,晶体管的管耗最大,每只晶体管的最大管耗及限制条件为

$$P_{Tmax} \approx 0.2 P_{om} < P_{CM} \quad (6.34)$$

因此,选择晶体管时,可按式(6.32)、式(6.33)和式(6.34)确定其极限参数。

6.2 集成运放的典型电路与技术指标

在了解集成运放的基本组成的基础上,本节将简要介绍典型的集成运放电路、集成运放

的主要性能指标、集成运放的两种工作状态及理想运放的特点。

6.2.1 双极型集成运放 F007 简介

F007 是通用型集成运放产品，它是第二代集成运放的典型代表。将原电路中的偏置电流源和有源负载电路分别用单独的电流源符号代替后的简化电路如图 6.18 所示。

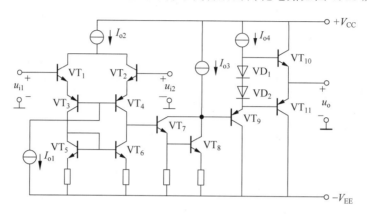

图 6.18 通用型集成运放 F007 的简化电路

图 6.18 中，VT_1、VT_2 和 VT_3、VT_4 组成共集-共基组合差分放大电路，VT_5、VT_6 组成有源负载，构成双端变单端电路。VT_7、VT_8 组成复合管共发射极放大电路中间级，由于采用有源负载，该级可获得很高的电压放大倍数。输出级由 VD_1、VD_2 和 VT_9、VT_{10}、VT_{11} 组成典型的甲乙类互补对称功率放大电路，VT_9 构成推动级，VT_{10}、VT_{11} 构成互补对称输出级。

6.2.2 集成运放的主要技术指标

性能指标是正确选择和使用集成运放的依据，下面介绍 5 个主要的技术指标。

1. 开环电压放大倍数 A_{od}

A_{od} 是集成运放无外接反馈时的差模电压放大倍数，即 $A_{od}=u_{od}/u_{id}$，通常用 $20\lg A_{od}$ 表示，单位为分贝(dB)。一般运放为 60～120dB，高精度运放可达到 140dB。它是频率的函数，也是影响运算精度的重要参数。

2. 共模抑制比 K_{CMR}

共模抑制比是集成运放的差模电压放大倍数与共模电压放大倍数之比的绝对值，即 $K_{CMR}=|A_{od}/A_{oc}|$ 或 $K_{CMR}=20\lg|A_{od}/A_{oc}|$(dB)，一般运放的 K_{CMR} 为 80～160dB。共模抑制比反映了运放抑制零点漂移的能力。

3. 差模输入电阻 R_{id} 和输出电阻 R_o

差模输入电阻是集成运放在无外接反馈情况下，输入差模信号时的输入电阻。R_{id} 用于衡量集成运放从信号源索取电流的大小，其值越大越好。一般运放的 R_{id} 为 10kΩ～3MΩ。

输出电阻反映集成运放带负载的能力，其值越小越好。一般运放的 R_o 为几十欧到几百欧。

4. 输入失调电压 U_{io}

输入失调电压是为了使集成运放在输入为 0 时输出也为 0，而在输入端所加的补偿电压，其大小反映了运放电路的对称程度，越小越好。一般运放的 U_{io} 为 $\pm(0.1 \sim 10)\mathrm{mV}$。

5. 最大差模输入电压 U_{idm}

最大差模输入电压是集成运放反相输入端与同相输入端之间能够承受的最大电压。如果超过这个限度，输入级差分对管中有一个管子的发射结可能被反向击穿。若输入级由 NPN 管构成，则其 U_{idm} 约为 $\pm 5\mathrm{V}$；若输入级含有横向 PNP 管，则 U_{idm} 可达 $\pm 30\mathrm{V}$ 以上。

除上述性能指标外，还有最大共模输入电压 U_{icm}、最大输出电压 U_{omax}、输入失调电流 I_{io} 等，这里不再一一介绍。

6.2.3 理想集成运放及其两种工作状态

将集成运放的性能指标进行理想化处理后，利用理想化的特性结论，可以简化运放应用电路的分析过程。

1. 理想集成运放

在分析集成运放的各种应用电路时，常将集成运放的技术指标进行理想化处理。由于实际集成运放的技术指标与理想运放比较接近，因此将运放理想化处理所引起的误差并不大，在工程计算中是允许的，而且还可以简化运放应用电路的分析过程。因此，若无特殊说明，后面均将集成运放作为理想运放进行讨论。理想化的技术指标为开环差模电压放大倍数 $A_{od} = \infty$、差模输入电阻 $R_{id} = \infty$、输出电阻 $R_o = 0$、共模抑制比 $K_{CMR} = \infty$ 等。

2. 集成运放的两种工作状态

集成运放的电路符号如图 6.19 所示。运放有两个输入端和一个输出端。"−"为反相输入端，"+"为同相输入端，分别对应内部差分输入级的两个输入端。u_- 为反相输入端的电压，u_+ 为同相输入端的电压，输出电压 u_o 与 u_- 具有反相关系，与 u_+ 具有同相关系。

集成运放输出电压 u_o 与同相输入端、反相输入端之间差值电压的关系曲线称为电压传输特性，即 $u_o = f(u_+ - u_-)$，如图 6.20 所示。集成运放有线性状态和非线性状态两种工作状态：线性状态对应传输特性曲线上的线性区；非线性状态对应传输特性曲线上的非线性区。运放工作在不同区域表现出来的特性也不同，下面分别讨论。

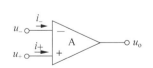

图 6.19 集成运放的电路符号

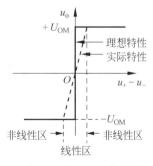

图 6.20 集成运放的电压传输特性曲线

1) 理想集成运放工作在线性区的特点

集成运放工作在线性区时，输出电压与两个输入端之间电压存在线性关系，即有

$$u_o = A_{od}(u_+ - u_-)$$

曲线的斜率为电压放大倍数。

因理想集成运放 $A_{od} = \infty$,而 u_o 为有限值,所以有 $(u_+ - u_-) = 0$,即

$$u_+ = u_- \tag{6.35}$$

式(6.35)称为"虚短",即理想运放线性应用时,同相输入端与反相输入端的电位相等,如同将这两个输入端短路,但又不是真正被短路。

因为理想集成运放的差模输入电阻 $R_{id} = \infty$,所以两个输入端的电流均为 0,即

$$i_+ = i_- = 0 \tag{6.36}$$

式(6.36)称为"虚断",即理想运放线性应用时,同相输入端、反相输入端如同断开,但又不是真实被断开。

"虚短"和"虚断"是理想运放在线性区工作的两个重要的特点,也是分析运放线性应用电路的基本依据。

2) 理想集成运放工作在非线性区的特点

非线性状态对应传输特性曲线上的非线性区,输出电压 u_o 与两个输入端之间电压 $(u_+ - u_-)$ 不再是线性关系。

由于差模放大倍数 $A_{od} = \infty$,所以只要同相输入端与反相输入端之间有无穷小的差值电压,输出电压就达到 $+U_{OM}$ 或 $-U_{OM}$,即

$$u_+ \begin{cases} > u_-, & u_o = +U_{OM} \\ < u_-, & u_o = -U_{OM} \end{cases} \tag{6.37}$$

由于理想集成运放的差模输入电阻 $R_{id} = \infty$,所以"虚断"结论仍成立,即 $i_+ = i_- = 0$。

综上所述,理想运放在不同的工作状态下,其表现出的特点也不同,因此在分析各种应用电路时,首先要判断运放的工作状态。

6.3 放大电路中的反馈

反馈技术在电子技术中应用十分广泛。在放大电路中引入负反馈,可以改善放大电路的性能。静态工作点稳定电路就是采用电流负反馈的形式使放大电路的静态工作点得以稳定。运算放大器构成的各种应用电路也都与反馈系统的特性相联系。因此,研究反馈是非常重要的。

6.3.1 反馈的基本概念

将放大电路输出电量(电压量或电流量)的全部或一部分通过一定的电路形式作用到输入回路,用来影响其输入电量(输入电压或输入电流)的措施称为反馈。

反馈放大电路的结构框图如图 6.21 所示。其中,基本放大电路实现放大信号,使信号由输入端向输出端单向传输,$\dot{A}$ 为放大倍数;反馈网络传递反馈信号,使信号由输出端向输入端单向传输,$\dot{F}$ 为反馈系数;⊕为比较环节,输入信号 $\dot{X}_i$ 与反馈信号 $\dot{X}_f$ 经过比较叠加得到净输入信号 $\dot{X}_i'$。

图 6.21 反馈放大电路的结构框图

通常将引入了反馈的放大电路称为闭环放大电路,去除反馈的放大电路称为开环放大电路。

由图 6.21 可知,净输入信号、输入信号和反馈信号的关系为 $\dot{X}'_i = \dot{X}_i - \dot{X}_f$,基本放大电路的放大倍数,即放大电路的开环放大倍数为 $\dot{A} = \dot{X}_o / \dot{X}'_i$,反馈网络的反馈系数为 $\dot{F} = \dot{X}_f / \dot{X}_o$,可求得闭环放大倍数为

$$\dot{A}_f = \frac{\dot{X}_o}{\dot{X}_i} = \frac{\dot{X}_o}{\dot{X}'_i + \dot{X}_f} = \frac{\dot{X}_o / \dot{X}'_i}{1 + \frac{\dot{X}_f}{\dot{X}_o} \cdot \frac{\dot{X}_o}{\dot{X}'_i}} = \frac{\dot{A}}{1 + \dot{A}\dot{F}} \tag{6.38}$$

式(6.38)反映了反馈放大电路的基本关系。其中,$(1+\dot{A}\dot{F})$ 称为反馈深度,是描述反馈程度的物理量。

6.3.2 反馈的分类与判别方法

视频讲解

对反馈的分类进行分析判别,首先要判断电路中是否引入了反馈。判断的方法是看放大电路中有无连接输出回路与输入回路的元件,即是否有反馈网络。

例如,图 6.22(a)所示的电路中,输出端与同相输入端、反相输入端之间均无连接的元件,即无反馈网络,因此该电路没有引入反馈。图 6.22(b)所示的电路中,电阻 R_2 连接在集成运放的输出端与反相输入端之间,此时运放净输入信号不仅取决于输入信号,还与反馈信号有关,所以该电路引入了反馈。图 6.22(c)所示的电路中,虽然电阻 R 连接在集成运放的输出端与同相输入端之间,但由于同相输入端接地,电阻 R 实际上是运放的负载,输出信号不会反馈到输入回路,因此该电路没有引入反馈。

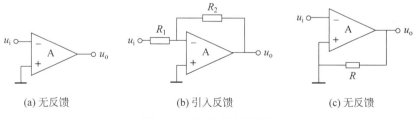

(a) 无反馈　　　　(b) 引入反馈　　　　(c) 无反馈

图 6.22 有无反馈的判断

下面介绍反馈的各种分类及判断方法。

1. 直流反馈与交流反馈

按反馈信号的交、直流性质的不同,分为直流反馈和交流反馈。如果反馈信号只含有直流成分,即仅在直流通路中存在反馈,则称为直流反馈。如果反馈信号只含有交流成分,即仅在交流通路中存在反馈,则称为交流反馈。既有交流反馈又有直流反馈时为交直流反馈。直流反馈的作用是稳定静态工作点,交流反馈的作用是改善放大电路的动态性能。判断直流反馈与交流反馈的方法:由直流通路判断是否存在直流反馈;由交流通路判断是否存在交流反馈。

2. 正反馈与负反馈

按反馈的效果(极性)分类,分为正反馈和负反馈。使净输入信号增大的反馈为正反馈,即 $\dot{X}_i' = \dot{X}_i + \dot{X}_f$。使净输入信号减小的反馈为负反馈,即 $\dot{X}_i' = \dot{X}_i - \dot{X}_f$。式(6.38)是按负反馈导出的关系式。

一般采用瞬时极性法判断正、负反馈,具体过程如下。

(1) 在放大电路的输入端,假设输入信号某一时刻对地的瞬时极性,用 ⊕ 号和 ⊖ 号表示。

(2) 从输入端开始,按信号传输方向依次判断相关点电位的瞬时极性及电流的瞬时方向(用箭头表示),直至判断出反馈信号的瞬时极性。

(3) 分析净输入信号的变化,如果反馈信号的瞬时极性使净输入信号减小,则为负反馈,反之为正反馈。

例如,图 6.23(a)所示的电路,电阻 R_2、R_3 组成反馈网络。假设输入信号 u_i 的瞬时极性对地为 ⊕,则 u_i' 的瞬时极性为上 ⊕ 下 ⊖,输出电压 u_o 的瞬时极性对地为 ⊖,R_3 两端的反馈电压 u_f 的瞬时极性对地为 ⊖,运放输入端的净输入电压 $u_i' = u_i + u_f$,电路引入了正反馈。

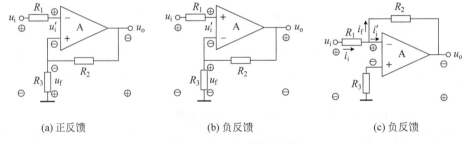

(a) 正反馈　　　　(b) 负反馈　　　　(c) 负反馈

图 6.23　正负反馈的判断

图 6.23(b)所示的电路,电阻 R_2、R_3 组成反馈网络。假设输入信号 u_i 的瞬时极性对地为 ⊕,则 u_i' 的瞬时极性为上 ⊕ 下 ⊖,输出电压 u_o 的瞬时极性对地为 ⊕,R_3 两端的反馈电压 u_f 的瞬时极性对地为 ⊕,运放输入端的净输入电压 $u_i' = u_i - u_f$,电路引入了负反馈。

图 6.23(c)所示的电路,电阻 R_1、R_2 组成反馈网络。假设输入信号 u_i 的瞬时极性对地为 ⊕,则输入电流 i_i 的瞬时方向为流入输入端,运放输入端电压的瞬时极性是上 ⊕ 下 ⊖,i_i' 的瞬时方向是流入运放的反相输入端,输出电压 u_o 的瞬时极性对地为 ⊖,R_2 中的反馈电流 i_f 的瞬时瞬时方向是从反相输入端流向输出端,所以净输入电流 $i_i' = i_i - i_f$,电路引入了负反馈。

3. 串联反馈与并联反馈

按反馈信号与输入信号在放大电路输入回路中叠加求和形式的不同,分为串联反馈和并联反馈。

在输入端,如果反馈网络与基本放大电路串联连接,反馈信号、输入信号在输入回路中以电压形式叠加求和,即为串联反馈。图6.24为串联反馈框图。

在输入端,如果反馈网络与基本放大电路并联连接,反馈信号、输入信号在输入回路中以电流形式叠加求和,即为并联反馈。图6.25为并联反馈框图。

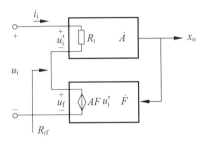 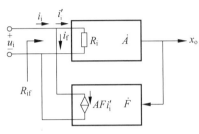

图6.24 串联反馈框图　　　　　　　图6.25 并联反馈框图

一般采用输入端短路法判断串联反馈和并联反馈,具体过程为:将反馈网络与基本放大电路输入端的连接点对地短路,若输入电压仍能加至放大器件的输入端,则为串联反馈,否则为并联反馈。按该方法可以判断出,图6.23(a)和图6.23(b)为串联反馈,图6.23(c)为并联反馈。

4. 电压反馈与电流反馈

按反馈信号与输出信号的关系分类,分为电压反馈和电流反馈。

在输出端,如果反馈网络与基本放大电路并联连接,反馈信号取至输出电压 u_o,与输出电压 u_o 成比例,则为电压反馈,图6.26为电压反馈框图。

在输出端,如果反馈网络与基本放大电路串联连接,反馈信号取至输出电流 i_o,与输出电流 i_o 成比例,则为电流反馈,图6.27为电流反馈的框图。

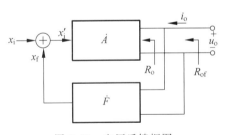 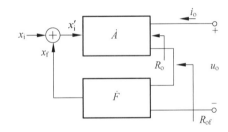

图6.26 电压反馈框图　　　　　　　图6.27 电流反馈框图

一般采用输出端短路法判断电压反馈和电流反馈,具体过程为将放大电路的输出端短路,即令输出电压 $u_o=0$,若反馈信号为0,则为电压反馈;若反馈信号仍然存在,则为电流反馈。按该方法可以判断出,图6.23(a)、图6.23(b)和图6.23(c)为电压反馈。

综上所述,实际放大电路中的反馈形式是多种多样的,本章重点分析各种形式的交流反馈。对于交流反馈,根据反馈信号与输出信号的关系、反馈信号与输入信号的连接关系的不同,分为4种基本组态,分别是电压串联反馈、电压并联反馈、电流串联反馈和电流并联反馈。

6.3.3 负反馈对放大电路性能的影响

放大电路引入负反馈虽然降低了放大倍数,但能改善其他方面的性能,下面分别加以说明。

1. 提高放大倍数的稳定性

在中频段时,反馈放大电路的基本关系式(6.38)可表示为

$$A_f = \frac{A}{1+AF} \quad (6.39)$$

对式(6.39)微分并变形,有

$$\frac{dA_f}{A_f} = \frac{1}{1+AF} \cdot \frac{dA}{A} \quad (6.40)$$

式(6.40)表明,闭环放大倍数 A_f 的相对变化量 $\dfrac{dA_f}{A_f}$ 是开环放大倍数 A 的相对变化量 $\dfrac{dA}{A}$ 的 $1/(1+AF)$,即 A_f 的稳定性是 A 的 $(1+AF)$ 倍。

2. 减小非线性失真

由于放大电路中存在非线性器件,因此必然会产生一定程度的非线性失真,引入负反馈将会减小非线性失真。

例如,设无反馈放大电路的输出、输入信号相位相同,放大电路对输入信号的正半周放大倍数大,对输入信号的负半周放大倍数小。当输入标准正弦波信号时,经放大后输出信号 x_o 波形的正半周大、负半周小,产生了非线性失真,如图 6.28(a)所示。

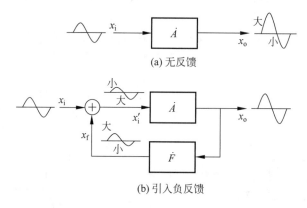

图 6.28 负反馈减小非线性失真

引入负反馈后,因反馈信号 $x_f \propto x_o$,从而使反馈信号 x_f 的正半周大、负半周小。又因 $x_i' = x_i - x_f$,所以使净输入信号 x_i' 波形的正半周小、负半周大,经放大后得到不失真的输出波形,如图 6.28(b)所示。

可以证明,在输入信号不变的情况下,引入负反馈后放大电路的非线性失真减小到原来的 $1/(1+AF)$。

3. 展宽通频带

展宽通频带的原理为:当输入等幅不同频率的信号时,高频段和低频段的输出信号比

中频段的小,因此反馈信号也小,对净输入信号的削弱作用小,所以高、低频段的放大倍数减小程度比中频段的小,使上、下限截止频率分别向两侧扩展,从而展宽了通频带。

可以证明,引入负反馈后的通频带 BW_f 与无反馈时的通频带 BW 之间的关系为 $BW_f = (1+AF)BW$。

4. 改变输入、输出电阻

1) 对输入电阻的影响

负反馈对输入电阻的影响决定于输入端的连接方式。在图 6.24 和图 6.25 所示的串联反馈和并联反馈框图中,R_i 为无反馈时基本放大电路的输入电阻,又称开环输入电阻,R_{if} 为有反馈时的输入电阻,又称闭环输入电阻。

由图 6.24 所示的串联反馈框图,可求得串联负反馈放大电路的输入电阻为

$$R_{if} = \frac{u_i}{i_i} = \frac{u_i' + u_f}{i_i} = \frac{u_i' + AFu_i'}{i_i} = (1+AF)\frac{u_i'}{i_i}$$

由于 $R_i = \frac{u_i'}{i_i}$,因此

$$R_{if} = (1+AF)R_i \tag{6.41}$$

式(6.41)表明,串联负反馈增大了输入电阻。

由图 6.25 所示的并联反馈框图,可求得并联负反馈放大电路的输入电阻为

$$R_{if} = \frac{u_i}{i_i} = \frac{u_i}{i_i' + i_f} = \frac{u_i}{i_i' + AFi_i'} = \frac{1}{1+AF} \cdot \frac{u_i}{i_i'}$$

由于 $R_i = \frac{u_i'}{i_i}$,因此

$$R_{if} = \frac{R_i}{1+AF} \tag{6.42}$$

式(6.42)表明,并联负反馈减小了输入电阻。

2) 对输出电阻的影响

负反馈对输出电阻的影响决定于输出端的取样方式。图 6.26 和图 6.27 所示的电压反馈和电流反馈框图中,R_o 为无反馈时基本放大电路的输出电阻,又称开环输出电阻,R_{of} 为有反馈时的输出电阻,又称闭环输出电阻。

由图 6.26 可见,电压负反馈放大电路中,反馈网络与基本放大电路并联,所以 R_{of} 必小于 R_o,即电压负反馈使放大电路的输出电阻减小。可以证明

$$R_{of} = \frac{R_o}{1+A_oF} \tag{6.43}$$

式中,A_o 是放大电路输出端开路时基本放大电路的放大倍数。

电压负反馈使输出电阻减小,从而稳定了输出电压。

由图 6.27 可见,电流负反馈放大电路中,反馈网络与基本放大电路串联,所以 R_{of} 必大于 R_o,即电流负反馈使放大电路的输出电阻增大。可以证明

$$R_{of} = (1+A_oF)R_o \tag{6.44}$$

式中,A_o 是放大电路输出端短路时基本放大电路的放大倍数。

电流负反馈使输出电阻增大,从而稳定了输出电流。

6.3.4 深度负反馈电压放大倍数的估算

深度负反馈条件下,放大电路输入端的信号有特殊的关系,利用这样的关系可以方便地求解电压放大倍数。

1. 深度负反馈放大电路的特点

$(1+\dot{A}\dot{F})\gg 1$ 时的负反馈放大电路称为深度负反馈放大电路。由于 $(1+\dot{A}\dot{F})\gg 1$,所以负反馈基本关系式(6.38)可简化、变换为

$$\dot{A}_f = \frac{\dot{X}_o}{\dot{X}_i} = \frac{\dot{A}}{1+\dot{A}\dot{F}} \approx \frac{\dot{A}}{\dot{A}\dot{F}} = \frac{1}{\dot{F}} = \frac{\dot{X}_o}{\dot{X}_f} \tag{6.45}$$

所以,深度负反馈放大电路中有

$$\dot{X}_i \approx \dot{X}_f \tag{6.46}$$

由式(6.45)和式(6.46)及反映负反馈对放大电路输入电阻、输出电阻影响的关系式(6.41)~式(6.44),可知深度负反馈放大电路的特点包括:闭环放大倍数由反馈网络决定;输入信号 $\dot{X}_i$ 近似等于反馈信号 $\dot{X}_f$,因而净输入信号 $\dot{X}_i'$ 近似为 0;常把深度负反馈时的输入电阻、输出电阻理想化,即串联负反馈输入电阻非常大 $R_{if}\rightarrow\infty$,并联负反馈输入电阻非常小 $R_{if}\rightarrow 0$,电压负反馈输出电阻非常小 $R_{of}\rightarrow 0$,电流负反馈输出电阻非常大 $R_{of}\rightarrow\infty$。

2. 深度负反馈放大电路电压放大倍数的估算

求解深度负反馈电压放大倍数的一般步骤如下。

(1) 判断反馈组态和极性。

(2) 依 $\dot{X}_i \approx \dot{X}_f$ 关系,求解电压放大倍数。

串联反馈的求解过程:

对于电压反馈,由反馈网络确定 $\dot{U}_f = f(\dot{U}_o)$ 的关系,再由 $\dot{U}_i \approx \dot{U}_f$ 的关系解出 $\dot{A}_{uf} = \frac{\dot{U}_o}{\dot{U}_i}$。

对于电流反馈,由反馈网络确定 $\dot{U}_f = f(\dot{I}_o)$ 的关系,由输出回路确定 $\dot{I}_o = f(\dot{U}_o)$ 的关系,再由 $\dot{U}_i \approx \dot{U}_f$ 的关系解出 $\dot{A}_{uf} = \frac{\dot{U}_o}{\dot{U}_i}$。

并联反馈的求解过程:

对于电压反馈,由输入回路确定 $\dot{I}_i = f(\dot{U}_i)$ 的关系,由反馈网络确定 $\dot{I}_f = f(\dot{U}_o)$ 的关系,再由 $\dot{I}_i \approx \dot{I}_f$ 的关系解出 $\dot{A}_{uf} = \frac{\dot{U}_o}{\dot{U}_i}$。

对于电流反馈,由输入回路确定 $\dot{I}_i = f(\dot{U}_i)$ 的关系,由反馈网络确定 $\dot{I}_f = f(\dot{I}_o)$ 的关系,由输出回路确定 $\dot{I}_o = f(\dot{U}_o)$ 的关系,再由 $\dot{I}_i \approx \dot{I}_f$ 的关系解出 $\dot{A}_{uf} = \frac{\dot{U}_o}{\dot{U}_i}$。

例 6.2 假设图 6.29 的放大电路满足深度负反馈条件，试估算闭环电压放大倍数。

解：电阻 R_2、R_3 组成反馈网络，引入电压串联反馈，由瞬时极性法，有 $\dot{U}_i' = \dot{U}_i - \dot{U}_f$，为负反馈。

由 $\dot{U}_i \approx \dot{U}_f$，又 $\dot{U}_f = \dfrac{R_3}{R_2 + R_3} \dot{U}_o$，有

$$\dot{U}_i \approx \dfrac{R_3}{R_2 + R_3} \dot{U}_o$$

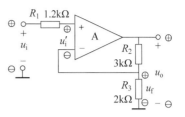

图 6.29　例 6.2 的电路

所以

$$\dot{A}_{uf} = \dfrac{\dot{U}_o}{\dot{U}_i} \approx 1 + \dfrac{R_2}{R_3} = 1 + \dfrac{3}{2} = 2.5$$

例 6.3 假设图 6.30 的放大电路满足深度负反馈条件，试估算闭环电压放大倍数。

解：电阻 R_F、R_3 组成反馈网络，引入电流并联反馈，由瞬时极性法有 $\dot{I}_i' = \dot{I}_i - \dot{I}_f$，为负反馈。

由 $\dot{I}_i \approx \dot{I}_f$，$\dot{I}_i = \dfrac{\dot{U}_i}{R_1}$，$\dot{I}_f = \dfrac{R_3}{R_3 + R_F} \dot{I}_o = \dfrac{R_3}{R_3 + R_F}\left(-\dfrac{\dot{U}_o}{R_L}\right)$，有

$$\dfrac{\dot{U}_i}{R_1} \approx \dfrac{R_3}{R_3 + R_F}\left(-\dfrac{\dot{U}_o}{R_L}\right)$$

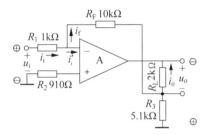

图 6.30　例 6.3 的电路

所以

$$\dot{A}_{uf} = \dfrac{\dot{U}_o}{\dot{U}_i} \approx -\dfrac{R_L(R_3 + R_F)}{R_1 R_3} = -\dfrac{2 \times (5.1 + 10)}{1 \times 5.1} = -5.92$$

例 6.4 假设图 6.31 的放大电路满足深度负反馈条件，试估算闭环电压放大倍数。

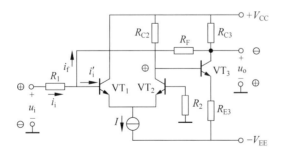

图 6.31　例 6.4 的电路

解：电阻 R_F 组成反馈网络，引入电压并联反馈，由瞬时极性法有 $\dot{I}_i' = \dot{I}_i - \dot{I}_f$，为负反馈。

由 $\dot{I}_i \approx \dot{I}_f$，$\dot{I}_i = \dfrac{\dot{U}_i}{R_1}$，$\dot{I}_f = -\dfrac{\dot{U}_o}{R_F}$，有

$$\dfrac{\dot{U}_i}{R_1} \approx -\dfrac{\dot{U}_o}{R_F}$$

所以

$$\dot{A}_{uf} = \dfrac{\dot{U}_o}{\dot{U}_i} \approx -\dfrac{R_F}{R_1}$$

6.4 模拟信号运算电路

集成运算放大器工作在线性区时，可构成各种进行信号运算处理的线性应用电路，主要有比例运算、加减法运算和微积分运算等。

运算放大器工作在线性区，需在输出端和反相输入端之间接入反馈网络引入电压负反馈。由于集成运放的电压放大倍数非常大，所构成的各种运算电路均为深度负反馈电路，运放两个输入端之间具有 $u_+ = u_-$（虚短）和 $i_+ = i_- = 0$（虚断）的特点，根据这两个特点对各种运算电路进行分析，一般分析过程如图 6.32 所示。

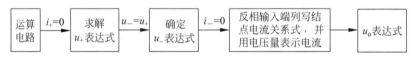

图 6.32 运算电路一般分析过程

视频讲解

6.4.1 比例运算电路

比例运算电路是将输入信号按比例输出的电路，它是最基本的运算电路，也是组成其他各种运算电路的基础。

1. 反相比例运算电路

1）电路构成

反相比例运算电路如图 6.33 所示。对地输入电压 u_1 经电阻 R_1 加至集成运放的反相输入端，u_O 为对地输出电压，R_F 为反馈电阻，R_2 为平衡电阻。

2）运算关系分析

由 $i_+ = 0$，有 $u_+ = 0$。由 $u_- = u_+$，有 $u_- = 0$。在运放的反相输入端建立电流关系为 $i_1 = i_F + i_- = i_F$，将各电流用输出电压及输入电压表示，建立输出电压与输入电压的关系为

$$\dfrac{u_1 - u_-}{R_1} = \dfrac{u_- - u_O}{R_F}$$

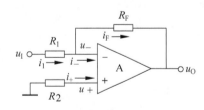

图 6.33 反相比例运算电路

代入 $u_- = 0$ 并整理得运算关系式为

$$u_O = -\frac{R_F}{R_1}u_I \tag{6.47}$$

式(6.47)表明,输出电压 u_O 和输入电压 u_I 成比例,$-\frac{R_F}{R_1}$ 为比例系数,"－"号表示输出电压与输入电压的相位相反,比例系数的数值可以大于1、等于1及小于1。

3) 平衡电阻的确定

平衡电阻的作用是,静态时使集成运放各输入端对地的电阻相等,保证输入差分级的对称性。确定平衡电阻的关系式为

$$R_2 = R_1 /\!/ R_F \tag{6.48}$$

式(6.47)还表明平衡电阻不直接影响运算关系,当电路不要求平衡时可不接平衡电阻,即将 R_2 短路。

4) 电路特点

反相比例运算电路中,集成运放的输入端除了有 $u_+ = u_-$(虚短)和 $i_+ = i_- = 0$(虚断)现象,还有 $u_+ = u_- = 0$ 的虚地现象,即运放的同、反相输入端由于电位为0,相当于接地。$u_+ = u_- = 0$ 还表明运放的共模输入信号为0。

引入深度电压并联负反馈,输出电阻很小,具有很强的带负载能力,但输入电阻等于 R_1,其值较小。

2. 同相比例运算电路

1) 电路构成

同相比例运算电路如图6.34所示。对地输入电压 u_I 经电阻 R_2 加至集成运放的同相输入端,u_O 为对地输出电压,R_1、R_F 为反馈电阻,R_2 为平衡电阻。

2) 运算关系分析

由 $i_+ = 0$,有 $u_+ = u_I$。由 $u_- = u_+$,有 $u_- = u_I$。在运放的反相输入端建立电流关系为 $i_1 = i_F + i_- = i_F$,将各电流用输出电压及输入电压表示,建立输出电压与输入电压的关系为

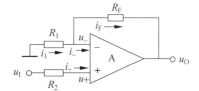

图6.34 同相比例运算电路

$$\frac{0 - u_-}{R_1} = \frac{u_- - u_O}{R_F}$$

代入 $u_- = u_I$ 并整理得运算关系式

$$u_O = \left(1 + \frac{R_F}{R_1}\right)u_I \tag{6.49}$$

式(6.49)表明,输出电压 u_O 和输入电压 u_I 成比例且相位相同,$\left(1 + \frac{R_F}{R_1}\right)$ 为比例系数,比例系数的数值可以大于1或等于1。

3) 平衡电阻的确定

确定平衡电阻的关系式为

$$R_2 = R_1 /\!/ R_F \tag{6.50}$$

平衡电阻不直接影响运算关系,当电路不要求平衡时可不接平衡电阻,即将 R_2 短路。

4) 电路特点

同相比例运算电路中,集成运放的输入端只有 $u_+ = u_-$(虚短)和 $i_+ = i_- = 0$(虚断)现象,没有虚地现象。$u_+ = u_- = u_I$ 表明运放的共模输入信号等于输入电压,要求运放应具有较高的共模抑制比。

引入深度电压串联负反馈,具有较高的输入电阻和较低的输出电阻。

5) 同相比例运算电路的特例——电压跟随器

由式(6.49)可知,当 $R_F = 0$、$R_1 = \infty$ 时,比例系数等于1,此时电路如图6.35所示。运算关系式为

$$u_O = u_I \tag{6.51}$$

式(6.51)表明,这种电路的输出电压与输入电压不仅幅值相等,而且相位相同,所以称为电压跟随器。

3. 差分比例运算电路

1) 电路构成

差分比例运算电路如图6.36所示。两个对地输入电压 u_{I1}、u_{I2} 分别经电阻 R_1、R_2 加至运放的反相输入端、同相输入端,R_F 为反馈电阻,R_3 为平衡电阻,u_O 为对地输出电压。

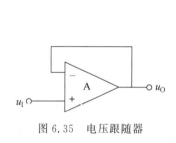

图6.35 电压跟随器

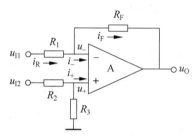

图6.36 差分比例运算电路

2) 运算关系分析

由 $i_+ = 0$,依分压关系有 $u_+ = \dfrac{R_3}{R_2 + R_3} u_{I2}$。由 $u_- = u_+$,有 $u_- = \dfrac{R_3}{R_2 + R_3} u_{I2}$。在运放的反相输入端建立电流关系为 $i_R = i_F + i_- = i_F$,将各电流用输出电压及输入电压表示,建立输出电压与输入电压的关系为

$$\frac{u_{I1} - u_-}{R_1} = \frac{u_- - u_O}{R_F}$$

代入 u_- 的表达式并整理得运算关系式

$$u_O = \left(1 + \frac{R_F}{R_1}\right) \cdot \frac{R_3}{R_2 + R_3} u_{I2} - \frac{R_F}{R_1} u_{I1} \tag{6.52}$$

式(6.52)表明,输出电压与两个输入电压各按不同比例的差值成正比。

当取 $R_2 = R_1$、$R_3 = R_F$ 时,有

$$u_O = \frac{R_F}{R_1}(u_{I2} - u_{I1}) \tag{6.53}$$

式(6.53)表明,输出电压与两个输入电压之差成正比,$\dfrac{R_F}{R_1}$ 为比例系数。比例系数的数值可

以大于1、等于1及小于1。

3) 电路特点

差分比例运算电路中,集成运放的输入端只有 $u_+=u_-$(虚短)和 $i_+=i_-=0$(虚断)现象,没有虚地现象。$u_+=u_-=\dfrac{R_3}{R_2+R_3}U_{12}$ 表明运放有较大的共模输入信号输入,要求运放应具有较高的共模抑制比。

例 6.5 理想集成运放构成的电路如图 6.37 所示。判断哪个运放满足虚短、虚地条件,列出 u_{O1}、u_{O2}、u_O 的表达式,并分析各运放分别组成何种基本应用电路。

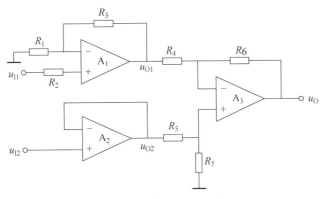

图 6.37 例 6.5 的电路

解:运放 A_1、A_2、A_3 均引入负反馈工作在线性区,因此都满足 $u_-=u_+$ 的虚短条件。A_1、A_2、A_3 的同、反相端的电位均不为零,因此都不满足虚地条件。

由虚短、虚断的概念,可求出

$$u_{O1}=\left(1+\dfrac{R_3}{R_1}\right)u_{I1}$$

$$u_{O2}=u_{I2}$$

$$u_O=\left(1+\dfrac{R_6}{R_4}\right)\cdot\dfrac{R_7}{R_5+R_7}u_{O2}-\dfrac{R_6}{R_4}u_{O1}=\left(1+\dfrac{R_6}{R_4}\right)\cdot\dfrac{R_7}{R_5+R_7}u_{I2}-\dfrac{R_6}{R_4}\cdot\left(1+\dfrac{R_3}{R_1}\right)u_{I1}$$

由 A_1、A_2、A_3 的运算关系式可知,运放 A_1 组成同相比例运算电路,运放 A_2 组成电压跟随器,运放 A_3 组成差分比例运算电路。

6.4.2 求和运算电路

求和运算电路的输出电压取决于多个输入电压各自按不同比例相加的结果,可以采用反相输入方式或同相输入方式。

1. 反相加法运算电路

图 6.38 所示为具有三个输入端的反相加法运算电路。对地输入电压 u_{I1}、u_{I2}、u_{I3} 分别经电阻 R_1、R_2、R_3 加至运放的反相输入端,u_O 为对地输出电压,R_F 为反馈电阻,R' 为平衡电阻。

由虚短、虚断及虚地的概念,可以推得运算关系式为

视频讲解

$$u_O = -\left(\frac{R_F}{R_1}u_{I1} + \frac{R_F}{R_2}u_{I2} + \frac{R_F}{R_3}u_{I3}\right) \tag{6.54}$$

式(6.54)表明,电路实现各输入信号按不同的比例系数反相相加求和,改变某一路输入端的电阻时,只改变该路输入电压的比例关系,对其他各路没有影响。

为了保证集成运放输入差分级的对称性,确定平衡电阻的关系式为

$$R' = R_1 /\!/ R_2 /\!/ R_3 /\!/ R_F \tag{6.55}$$

当电路不要求平衡时,可不接平衡电阻 R',即将 R' 短路。

实际应用时,可增加或减少输入端的个数。

2. 同相加法运算电路

图 6.39 所示为具有三个输入端的同相加法运算电路。

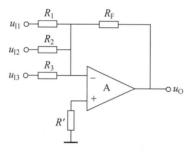
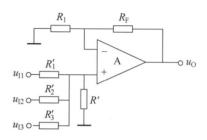

图 6.38 反相加法运算电路   图 6.39 同相加法运算电路

对地输入电压 u_{I1}、u_{I2}、u_{I3} 分别经电阻 R_1'、R_2'、R_3' 加至运放的同相输入端,u_O 为对地输出电压,R_F 为反馈电阻,R' 为平衡电阻。

由虚短、虚断的概念,可以推得运算关系式为

$$u_O = \left(1 + \frac{R_F}{R_1}\right)\left(\frac{R_+}{R_1'}u_{I1} + \frac{R_+}{R_2'}u_{I2} + \frac{R_+}{R_3'}u_{I3}\right) \tag{6.56}$$

其中,$R_+ = R_1' /\!/ R_2' /\!/ R_3' /\!/ R'$。式(6.56)表明,电路实现各输入信号按不同的比例系数同相相加求和,改变某一路输入端的电阻时,对其他各路比例系数也有影响。由于运放的输入端不存在虚地现象,对运放的最大共模输入电压有限制要求。

为了保证集成运放输入差分级的对称性,可按式(6.57)确定平衡电阻,当电路不要求平衡时,可不接平衡电阻 R',即将 R' 开路。

$$R_1' /\!/ R_2' /\!/ R_3' /\!/ R' = R_1 /\!/ R_F \tag{6.57}$$

例 6.6 试用集成运放设计一个能实现 $u_O = 0.2u_{I1} - 10u_{I2} + 1.3u_{I3}$ 运算关系的电路。

解:将给定表达式变形

$$u_O = 0.2u_{I1} - 10u_{I2} + 1.3u_{I3} = 0.2u_{I1} + 1.3u_{I3} - 10u_{I2}$$
$$= -[-(0.2u_{I1} + 1.3u_{I3})] - 10u_{I2} = -(u_{O1} + 10u_{I2})$$

其中

$$u_{O1} = -(0.2u_{I1} + 1.3u_{I3})$$

用两级反相输入求和运算电路实现,第一级实现 u_{O1},第二级实现 u_O,电路如图 6.40 所示。图 6.40 所示电路的运算关系一般表达式为

$$u_{O1} = -\left(\frac{R_{F1}}{R_1}u_{I1} + \frac{R_{F1}}{R_3}u_{I3}\right), \quad u_O = -\left(\frac{R_{F2}}{R_2}u_{I2} + \frac{R_{F2}}{R_4}u_{O1}\right)$$

与变形后所要求的 u_{O1}、u_O 关系式对比,有

$$\frac{R_{F1}}{R_1} = 0.2, \quad \frac{R_{F1}}{R_3} = 1.3, \quad \frac{R_{F2}}{R_2} = 10, \quad \frac{R_{F2}}{R_4} = 1$$

选取 $R_{F1} = 20\text{k}\Omega, R_{F2} = 100\text{k}\Omega$,则 $R_1 = 100\text{k}\Omega, R_3 = 15.4\text{k}\Omega, R_2 = 10\text{k}\Omega, R_4 = 100\text{k}\Omega$。

平衡电阻为

$$R'_1 = R_1 /\!/ R_3 /\!/ R_{F1} = 100 /\!/ 15.4 /\!/ 20 = 8\text{k}\Omega$$

$$R'_2 = R_2 /\!/ R_4 /\!/ R_{F2} = 10 /\!/ 100 /\!/ 100 = 8.3\text{k}\Omega$$

图 6.40 例 6.6 的电路

6.4.3 积分和微分运算电路

电容元件的电压、电流之间有积分和微分关系。为此,以集成运放为放大电路,用电阻和电容作为反馈网络,即可构成积分和微分运算电路。

1. 积分运算电路

积分运算电路如图 6.41 所示。对地输入电压 u_I 经电阻 R 加至运放的反相输入端,C 为反馈电容,引入深度电压并联负反馈,R' 为平衡电阻,u_O 为对地输出电压。

由虚断、虚短及虚地的概念,有

$$i_R = i_C + i_- = i_C, \quad u_- = u_+ = 0, \quad i_R = \frac{u_I - u_-}{R} = \frac{u_I}{R},$$

$$i_C = C\frac{du_C}{dt} = C\frac{d(u_- - u_O)}{dt} = -C\frac{du_O}{dt}$$

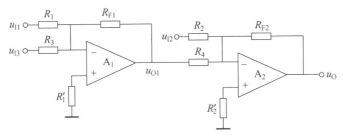

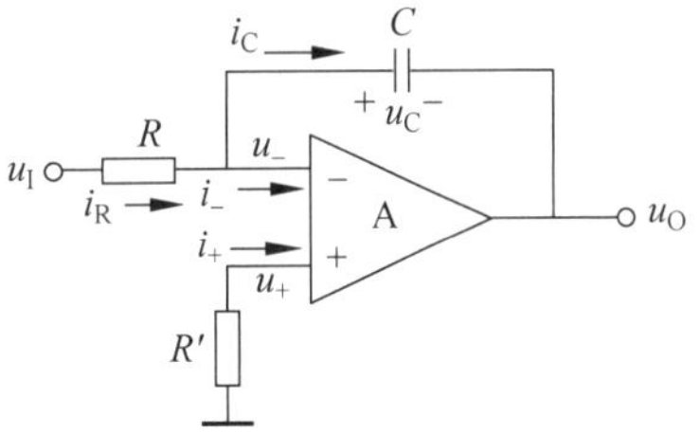

图 6.41 积分运算电路

所以有运算关系

$$u_O = -\frac{1}{RC}\int u_I dt \tag{6.58}$$

式(6.58)表明,输出电压 u_O 与输入电压 u_I 之间为积分运算关系。其中,$\tau = RC$ 为积分时间常数。

求解从某一时刻 t_0 开始时输出电压 u_O 随时间的变化规律,则运算关系式为

$$u_O = -\frac{1}{RC}\int_{t_0}^{t} u_I dt + u_O(t_0) \tag{6.59}$$

式(6.59)中,$u_O(t_0)$ 为积分开始时刻的初始电压。

为了保证集成运放输入差分级的对称性,确定平衡电阻的关系式为

$$R' = R \tag{6.60}$$

当电路不要求平衡时,可不接平衡电阻 R',即将 R' 短路。

图 6.42 为积分运算电路不同输入波形时对应的输出波形。当输入为阶跃信号时,若 $t=0$ 时刻电容上的电压为 0,则输出电压的波形如图 6.42(a)所示,输出电压随时间线性变化,可用于延时;当输入为方波信号时,输出电压的波形如图 6.42(b)所示,输出电压为三角波形,实现了波形变换;当输入为正弦波信号时,输出电压的波形如图 6.42(c)所示,将输入的正弦波相移 90°。

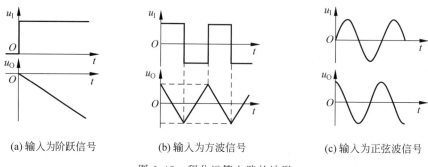

(a) 输入为阶跃信号　　(b) 输入为方波信号　　(c) 输入为正弦波信号

图 6.42　积分运算电路的波形

例 6.7　在图 6.41 所示积分运算电路中,已知电路的参数为 $R=50\text{k}\Omega, C=0.5\mu\text{F}$,输入电压 u_I 是幅度为 $\pm 10\text{V}$、重复周期 40ms 的矩形波,如图 6.43 所示。设 $t=0$ 时电容上的初始电压为 0,试画出相应输出电压 u_O 的波形。

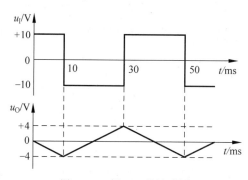

图 6.43　例 6.7 的波形图

解：在 $t=0\sim 10\text{ms}$ 期间,$u_I=+10\text{V}, u_O(0)=0\text{V}$,输出电压为

$$u_O = -\frac{1}{RC}\int_0^t u_I \mathrm{d}t + u_O(0) = -\frac{u_I}{RC}(t-0) + u_O(0) = -\frac{u_I}{RC}t$$

$$= \left(-\frac{10}{50\times 10^3 \times 0.5 \times 10^{-6}}t\right)\text{V} = -400t\,\text{V}$$

即 u_O 波形为一条从 0V 开始负方向增长的斜线,当 $t=10\text{ms}$ 时,有

$$u_O(10) = (-400 \times 10 \times 10^{-3})\text{V} = -4\text{V}$$

在 $t=10\sim 30\text{ms}$ 期间,$u_I=-10\text{V}, u_O(10)=-4\text{V}$,输出电压为

$$u_O = -\frac{1}{RC}\int_{10\times 10^{-3}}^t u_I \mathrm{d}t + u_O(10) = \left[-\frac{u_I}{RC}(t-10\times 10^{-3}) - 4\right]\text{V}$$

$$= \left[-\frac{-10}{50 \times 10^3 \times 0.5 \times 10^{-6}}(t - 10^{-2}) - 4 \right] \text{V} = [400(t - 10^{-2}) - 4] \text{V}$$

即 u_O 波形为一条从 -4V 开始正方向增长的斜线,当 $t = 30$ms 时,有

$$u_O(30) = [400(30 \times 10^{-3} - 10^{-2}) - 4] \text{V} = +4 \text{V}$$

依此,在 $t = 30 \sim 50$ms 期间,$u_1 = +10$V,$u_O(30) = +4$V,可求出 $u_O(50) = -4$V,之后重复上述过程。输出电压 u_O 的波形如图 6.43 所示。

2. 微分运算电路

微分运算电路如图 6.44 所示。对地输入电压 u_1 经电容 C 加至运放的反相输入端,R 为反馈电阻,引入深度电压并联负反馈,R' 为平衡电阻,u_O 为对地输出电压。

由虚断、虚短及虚地的概念,有

$$i_C = i_R + i_- = i_R, \quad u_- = u_+ = 0, \quad i_C = C \frac{du_C}{dt} = C \frac{d(u_1 - u_-)}{dt} = C \frac{du_1}{dt},$$

$$i_R = \frac{u_- - u_O}{R} = -\frac{u_O}{R}$$

所以有运算关系

$$u_O = -RC \frac{du_1}{dt} \tag{6.61}$$

式(6.61)表明,输出电压 u_O 与输入电压 u_1 之间为微分运算关系。

为了保证集成运放输入差分级的对称性,确定平衡电阻的关系式为

$$R' = R \tag{6.62}$$

当电路不要求平衡时,可不接平衡电阻 R',即将 R' 短路。

微分运算电路的特点是输出电压 u_O 只与输入电压 u_1 的变化率有关,而与 u_1 本身数值无关。若输入 u_1 为矩形脉冲,则输出 u_O 为正、负相间的尖脉冲,实现了波形变换,如图 6.45 所示。可见,仅在 u_1 发生跃变时有尖脉冲输出,而在 u_1 不变时输出电压为 0。

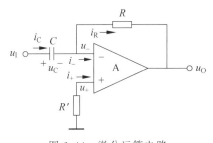

图 6.44 微分运算电路

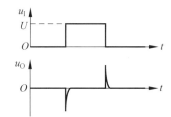

图 6.45 微分运算电路的波形变换作用

6.4.4 对数和指数运算电路

将半导体二极管或晶体管接入集成运放的反馈回路或输入回路,利用 PN 结中电流与电压之间的指数关系,即可构成对数和指数运算电路。

1. 对数运算电路

图 6.46 所示为采用二极管构成的对数运算电路。

由虚断、虚短、虚地的概念及二极管电流方程,有

$$i_R = i_D + i_- = i_D, \quad u_- = u_+ = 0, \quad i_R = \frac{u_I - u_-}{R} = \frac{u_I}{R},$$

$$i_D = I_S(e^{u_D/U_T} - 1) \approx I_S e^{u_D/U_T} = I_S e^{-u_O/U_T}$$

所以有运算关系

$$u_O = -U_T \ln \frac{u_I}{I_S R} \tag{6.63}$$

其中,I_S 为二极管反向饱和电流,U_T 为温度的电压当量,使运算精度受温度影响。式(6.63)表明,输出电压 u_O 与输入电压 u_I 之间为对数运算关系。为使二极管正偏导通,输入电压 u_I 应大于 0。

图 6.47 所示为采用晶体管构成的对数运算电路,运算关系式与式(6.63)相同。

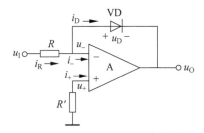
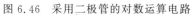

图 6.46 采用二极管的对数运算电路

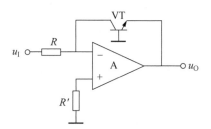

图 6.47 采用晶体管的对数运算电路

2. 指数运算电路

图 6.48 所示为采用二极管构成的指数运算电路。

由虚断、虚短、虚地的概念及二极管电流方程,有

$$i_D = i_R + i_- = i_R, \quad u_- = u_+ = 0, \quad i_D = I_S(e^{u_D/U_T} - 1) \approx I_S e^{u_D/U_T} = I_S e^{u_I/U_T},$$

$$i_R = \frac{u_- - u_O}{R} = -\frac{u_O}{R}$$

所以有运算关系

$$u_O = -I_S R e^{u_I/U_T} \tag{6.64}$$

其中,I_S 为二极管反向饱和电流,U_T 为温度的电压当量,使运算精度受温度影响。式(6.64)表明,输出电压 u_O 与输入电压 u_I 之间为指数运算关系。为使二极管正偏导通,输入电压 u_I 应大于 0。

图 6.49 所示为采用晶体管构成的指数运算电路,运算关系式与式(6.64)相同。

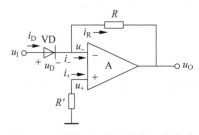

图 6.48 采用二极管的指数运算电路

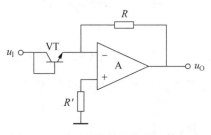

图 6.49 采用晶体管的指数运算电路

6.5 信号处理电路和波形发生电路

与信号运算电路一样,信号处理电路和波形发生电路也是集成运算放大器应用的一个重要方向。

集成运算放大器工作在非线性区时,可构成各种进行信号处理的非线性应用电路,主要有电压比较器、非正弦波形发生器等。运算放大器工作在非线性区,应使运放处于开环状态或在输出端与同相输入端之间接入反馈网络引入电压正反馈。运放只有 $+U_{OM}$ 或 $-U_{OM}$ 两种输出电压值,当 $u_+ > u_-$ 时 $u_O = +U_{OM}$。当 $u_+ < u_-$ 时,$u_O = -U_{OM}$,$i_+ = i_- = 0$ 的虚断结论仍成立。

正弦波形发生器也可采用集成运算放大器作为其中的放大电路。

6.5.1 电压比较器

视频讲解

电压比较器的作用是将输入的模拟电压信号 u_I 的电平进行比较,用输出电压 u_O 的高电平 U_{OH} 或输出低电平 U_{OL} 表示比较的结果。

当输入电压 u_I 变化到某一个值时,比较器的输出电压 u_O 由一种状态转换为另一种状态。使输出电压产生跃变时的输入电压 u_I,即集成运放 $u_+ = u_-$ 时的输入电压 u_I 称为阈值电压(门限电平)U_T。

电压比较器的输入模拟电压信号 u_I,实际上是与阈值电压 U_T 进行比较。通常在电压比较器的输入端接一个固定不变的参考电压 U_{REF},用于形成阈值电压 U_T。

电压比较器用反映 $u_O = f(u_I)$ 关系的电压传输特性描述功能。电压传输特性的三个要素为:输出高电平 U_{OH} 和输出低电平 U_{OL};阈值电压 U_T;输入电压过阈值电压时输出电压跃变的方向。

电压比较器的一般分析过程如图 6.50 所示。

图 6.50 电压比较器一般分析过程

1. 单限电压比较器

单限电压比较器只有一个阈值电压 U_T,当输入电压 $u_I = U_T$ 时,输出电压 u_O 发生跃变。因此,可用于检测输入信号的电平是否高于或低于某一给定的值。

图 6.51(a)为具有输出限幅措施的简单的单限电压比较器。输入电压 u_I 加在集成运放的反相输入端,集成运放的同相输入端接有一个参考电压 U_{REF}。两只稳压值相同均为 U_Z 的稳压管 VD_Z 及限流保护电阻 R 构成输出限幅电路。加入限幅电路是为了适应负载对电压幅值的要求。当不需限幅时,可去掉限幅电路。在图 6.51(a)中,如果将输入电压 u_I 加在集成运放的同相输入端,参考电压 U_{REF} 加在反相输入端,则可改变电压传输特性曲线跃变方向。若参考电压 $U_{REF} = 0$,阈值电压 $U_T = 0$,则输入端电压 u_I 过零时输出电压发生

跃变,故称之为过零电压比较器。过零电压比较器可以将输入的正弦波转换为方波。

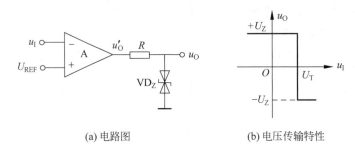

(a) 电路图　　　　　　　(b) 电压传输特性

图 6.51　简单的单限电压比较器

由图 6.51(a)可知,集成运放反相输入端电压 $u_- = u_I$,同相输入端电压 $u_+ = U_{REF}$,令 $u_- = u_+$ 得阈值电压为

$$U_T = U_{REF} \tag{6.65}$$

当 $u_- < u_+$,即 $u_I < U_{REF} = U_T$ 时,$u_O' = +U_{OM}$,$u_O = +U_Z + U_D \approx +U_Z$。当 $u_- > u_+$,即 $u_I > U_{REF} = U_T$ 时,$u_O' = -U_{OM}$,$u_O = -U_Z - U_D \approx -U_Z$。由此得电压传输特性如图 6.51(b)所示。

图 6.52(a)为具有输出限幅措施的求和型单限电压比较器。输入电压 u_I、参考电压 U_{REF} 分别通过电阻 R_1、R_2 加到集成运放的反相输入端,限幅环节限幅后 $u_O = \pm U_Z$。当不需限幅时,可去掉限幅电路。如果将输入电压 u_I、参考电压 U_{REF} 分别通过电阻 R_1、R_2 加到集成运放的同相输入端,则可改变电压传输特性曲线跃变方向。

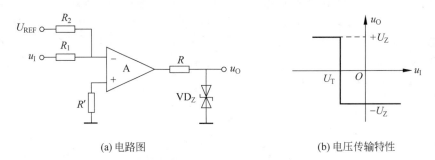

(a) 电路图　　　　　　　(b) 电压传输特性

图 6.52　求和型单限电压比较器

由图 6.52(a)可知,集成运放反相输入端电压 $u_- = \dfrac{R_2}{R_1+R_2} u_I + \dfrac{R_1}{R_1+R_2} U_{REF}$,同相输入端电压 $u_+ = 0$,令 $u_- = u_+$ 得阈值电压为

$$U_T = -\dfrac{R_1}{R_2} U_{REF} \tag{6.66}$$

当 $u_- < u_+$,即 $u_I < -\dfrac{R_1}{R_2} U_{REF} = U_T$ 时,$u_O = U_{OH} \approx +U_Z$。当 $u_- > u_+$,即 $u_I > -\dfrac{R_1}{R_2} U_{REF} = U_T$ 时,$u_O = U_{OL} \approx -U_Z$。由此得电压传输特性如图 6.52(b)所示。

单限电压比较器的优点是电路结构简单、灵敏度高。主要缺点是抗干扰能力差,如果输入电压因受到干扰或噪声的影响,在阈值电压附近反复变化,其输出电压将会在高、低两种电平之间反复跳变,使电路不能稳定工作。为了克服这个缺点,可采用具有滞回特性的电压比较器。

2. 滞回电压比较器

滞回电压比较器的特点是,输入电压的变化方向不同,阈值电压也不同,因而电压传输特性呈现出"滞回"曲线的形状。

图 6.53(a)为反相输入滞回电压比较器。输入电压 u_I 经电阻 R_1 加到集成运放的反相输入端,参考电压 U_{REF} 经电阻 R_2 加到同相输入端,输出端到同相输入端通过电阻 R_F 引入正反馈,两只稳压值相同(均为 U_Z)的稳压管及限流保护电阻 R 构成限幅电路,限幅后 $u_O=\pm U_Z$,当不需限幅时,可去掉限幅电路。图 6.53(b)为电压传输特性曲线。如果输入电压 u_I 加到集成运放的同相输入端,参考电压 U_{REF} 加到反相输入端,输出端到同相输入端通过电阻引入正反馈,则构成同相输入滞回电压比较器,电压传输特性曲线的跃变方向将改变。

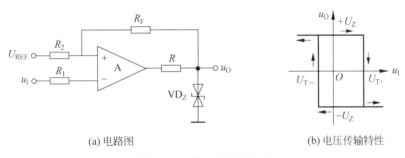

(a) 电路图　　　　　　　(b) 电压传输特性

图 6.53　滞回电压比较器

由图 6.53(a)可知,运放反相输入端电压 $u_-=u_I$,同相输入端电压 $u_+=\dfrac{R_F}{R_2+R_F}U_{REF}+\dfrac{R_2}{R_2+R_F}u_O$。若 $u_O=+U_Z$,u_I 增大变化使 $u_-=u_+$ 时,u_O 跳变为 $-U_Z$,正向阈值电压为

$$U_{T+}=\frac{R_F}{R_2+R_F}U_{REF}+\frac{R_2}{R_2+R_F}U_Z \tag{6.67}$$

若 $u_O=-U_Z$,u_I 减小变化使 $u_-=u_+$ 时,u_O 跳变为 $+U_Z$,负向阈值电压为

$$U_{T-}=\frac{R_F}{R_2+R_F}U_{REF}-\frac{R_2}{R_2+R_F}U_Z \tag{6.68}$$

正向阈值电压与负向阈值电压之差称为回差电压 ΔU_T,即

$$\Delta U_T=U_{T+}-U_{T-}=\frac{2R_2}{R_2+R_F}U_Z \tag{6.69}$$

式(6.69)表明,回差电压 ΔU_T 的大小与参考电压 U_{REF} 无关,改变 U_{REF} 可以同时调节 U_{T+} 和 U_{T-} 的大小,但 ΔU_T 不变。也就是说,U_{REF} 变化时,电压传输特性将平行左移或右移。

滞回电压比较器可以实现波形变换和信号检测,也可以组成波形发生电路。

6.5.2　波形发生电路

波形发生电路不需要外加输入信号,它能自己产生各种形状的周期性变化的波形,包括非正弦波发生电路和正弦波振荡电路。下面介绍方波发生电路和正弦波振荡电路。

1. 方波发生电路

图 6.54(a)是用滞回电压比较器构成的方波发生电路,其中 R 和 C 是定时元件。

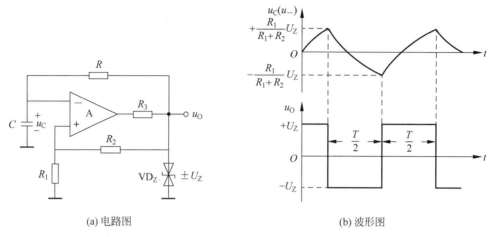

(a) 电路图　　　　　　　　　　　(b) 波形图

图 6.54　方波发生电路

由图 6.54(a)可知,滞回电压比较器的正向阈值电压和负向阈值电压分别为 $U_{T+} = +\dfrac{R_1}{R_1+R_2}U_Z$,$U_{T-} = -\dfrac{R_1}{R_1+R_2}U_Z$。

电路的振荡达到稳定后,电容 C 就交替充电和放电,工作过程如下。

若输出 $u_O = U_{OH} = +U_Z$,则电容 C 充电,充电回路为 $u_O \rightarrow R \rightarrow C \rightarrow$ 地;若 $u_C(u_-) \uparrow = U_{T+}$,输出变为 $u_O = U_{OL} = -U_Z$,则电容 C 放电,放电回路为 $C \rightarrow R \rightarrow u_O$;若 $u_C(u_-) \downarrow = U_{T-}$,输出又变为 $u_O = U_{OH} = +U_Z$,一直循环下去。电容 C 充电、放电使电路自动在输出高电平、输出低电平两个状态之间循环转换,产生方波输出,工作波形如图 6.54(b)所示。

可以证明,方波发生电路的振荡周期为

$$T = 2RC\ln\left(1 + \dfrac{2R_1}{R_2}\right) \tag{6.70}$$

改变 R、C,可调节振荡周期。

在方波发生电路的基础上,可派生出三角波发生电路和锯齿波发生电路。

2. 正弦波振荡电路

1) 产生正弦波振荡的条件

在电子电路中,电路能自己产生一定幅度和一定频率的正弦信号的现象称为自激振荡,图 6.55 为反馈自激振荡电路的原理框图。假设先将开关 S 接在位置 1,即在放大电路的输入端外加一输入信号 $\dot{U}_i$,经放大电路放大后产生输出信号 $\dot{U}_o = \dot{A}_u\dot{U}_i$,又经反馈网络产生反馈信号 $\dot{U}_f = \dot{F}_u\dot{U}_o$,如果反馈信号 $\dot{U}_f$ 与输入信号 $\dot{U}_i$ 大小相等、相位相同,这样当将开关 S 接在位置 2 时,放大电路和反馈网络组成一个自激振荡的闭环系统,可实现在没有外加输入信号的情况下维持产生输出信号。

由图可知,满足自激振荡应使 $\dot{U}_f = \dot{U}_i$,而 $\dot{U}_f = \dot{F}_u \dot{U}_o$,$\dot{U}_o = \dot{A}_u \dot{U}_i$,所以产生自激振荡的平衡条件为

$$\dot{A}_u \dot{F}_u = 1 \qquad (6.71)$$

式(6.71)包含幅度平衡条件和相位平衡条件,可分别表示为

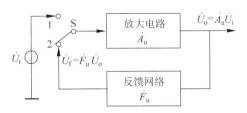

图 6.55 反馈自激振荡的原理框图

$$|\dot{A}_u \dot{F}_u| = 1 \qquad (6.72)$$

$$\varphi_A + \varphi_F = \pm 2n\pi \quad (n = 0, 1, 2, \cdots) \qquad (6.73)$$

式(6.72)要求放大倍数和反馈系数的数值乘积等于 1。式(6.73)要求放大电路和反馈网络的相移为 $\pm 2n\pi$,即要求反馈网络必须是正反馈连接。

2) 正弦波振荡电路的组成

(1) 放大电路。实现信号放大,提供振荡电路的能量。

(2) 正反馈网络。满足实现振荡的相位平衡条件。

(3) 选频网络。确定振荡频率 f_0,仅使频率为 f_0 的信号满足振荡条件,保证电路产生正弦波振荡。一般常将选频网络和正反馈网络合二为一。

(4) 稳幅环节。保证振荡电路有稳定的输出幅度。

3) 振荡电路的起振过程与稳幅

实际的振荡电路产生振荡的过程是,接通电源时,在电扰动下对于某一特定频率 f_0 的信号形成正反馈,$U_o \uparrow \to U_f \uparrow (U_i' \uparrow) \leftarrow U_o \uparrow \uparrow$,由于稳幅环节及供电电源的限制,最终达到动态平衡,稳定一定的幅值输出。

若使 $f = f_0$ 信号有从小到大直至稳幅的过程,起振条件应为

$$|\dot{A}_u \dot{F}_u| > 1 \qquad (6.74)$$

4) RC 桥式正弦波振荡电路

图 6.56 为 RC 桥式正弦波振荡电路。其中,集成运放是放大电路,电阻 R_F、R_1 构成负反馈稳幅网络,电阻 R 和电容 C 构成 RC 串并联正反馈选频网络。两个反馈网络形成四臂电桥,故又称为文氏桥振荡电路。

(1) RC 串并联网络的频率特性。

由图 6.56,可写出 RC 串并联网络反馈系数的表达式,即

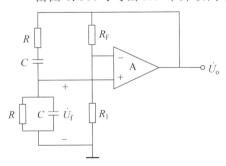

图 6.56 RC 桥式正弦波振荡电路

$$\dot{F}_u = \frac{\dot{U}_f}{\dot{U}_o} = \frac{R \mathbin{/\mkern-6mu/} \dfrac{1}{j\omega C}}{R + \dfrac{1}{j\omega C} + R \mathbin{/\mkern-6mu/} \dfrac{1}{j\omega C}} = \frac{1}{3 + j\left(\omega RC - \dfrac{1}{\omega RC}\right)}$$

令 $f_0 = \dfrac{1}{2\pi RC}$,则上式可简化为

$$\dot{F}_u = \frac{1}{3 + j\left(\dfrac{f}{f_0} - \dfrac{f_0}{f}\right)} \qquad (6.75)$$

式(6.75)所表示的频率特性,可分别用幅频特性和相频特性表示为

$$|\dot{F}_u| = \frac{1}{\sqrt{3^2 + \left(\frac{f}{f_0} - \frac{f_0}{f}\right)^2}} \tag{6.76}$$

$$\varphi_F = -\arctan\frac{\frac{f}{f_0} - \frac{f_0}{f}}{3} \tag{6.77}$$

由式(6.76)和式(6.77)可画出 RC 串并联网络的幅频特性和相频特性曲线,如图 6.57(a)和图 6.57(b)所示。可以看出,当 $f=f_0$ 时,反馈系数 $|\dot{F}_u|$ 的幅值为 1/3 达到最大值,且相移 $\varphi_F=0$。当 $f \neq f_0$ 时,反馈系数的幅值被大幅度衰减,即 RC 串并联网络具有选频特性。f_0 称为 RC 串并联网络的固有频率。

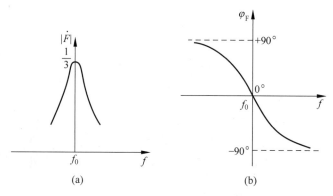

图 6.57 RC 串并联网络的频率特性

(2) RC 桥式正弦波振荡电路的振荡频率。

由 $\varphi_A + \varphi_F = \pm 2n\pi(n=0,1,2,\cdots)$ 的自激振荡的相位平衡条件,以及当 $f=f_0$ 时 RC 串并联网络的 $\varphi_F=0$ 的特性,要求在 f_0 频率下放大电路的 $\varphi_A = \pm 2n\pi(n=0,1,2,\cdots)$,即放大电路的输出电压与输入电压同相位就可满足振荡的相位平衡条件。所以 RC 桥式正弦波振荡电路的振荡频率为

$$f_0 = \frac{1}{2\pi RC} \tag{6.78}$$

(3) RC 桥式正弦波振荡电路的起振条件。

当 $f=f_0$ 时,$|\dot{F}|=\frac{1}{3}$,为满足幅度平衡条件及起振条件,必须使 $|\dot{A}_u| \geqslant 3$。又由图 6.56 中集成运放和电阻 R_1、R_F 构成了同相比例运算电路,其输出电压与输入电压之间的比例系数为 $1+\frac{R_F}{R_1}$,因此可求出电路的振荡及起振条件为

$$R_F \geqslant 2R_1 \tag{6.79}$$

(4) 负反馈网络的作用。

图 6.56 所示电路中,电阻 R_F、R_1 构成电压串联负反馈网络。调整电阻 R_1、R_F 可改变电路的电压放大倍数,使其工作在线性区,减小波形失真。

有时为了克服温度或电源电压等因素对振荡幅度的影响,电阻 R_F 选用具有负温度系数的热敏电阻。当 $|\dot U_o|$ 输出幅度增大时,通过热敏电阻 R_F 的电流增大,温度升高,阻值减小,则负反馈得到加强,使放大电路的电压放大倍数减小,$|\dot U_o|$ 输出幅度减小,从而使输出幅度保持不变;相反,当温度变化使 $|\dot U_o|$ 减小时,R_F 的变化会使放大电路的电压放大倍数增大,$|\dot U_o|$ 输出幅度增大,从而使输出幅度保持不变。因此,负反馈网络实现了稳幅作用。

6.6 集成运算放大器 Multisim 仿真示例

视频讲解

1. 比例运算电路的 Multisim 仿真

在 Multisim 14 中分别构建反相比例运算电路、同相比例运算电路和差分比例运算电路如图 6.58(a)、图 6.58(b) 和图 6.58(c) 所示。

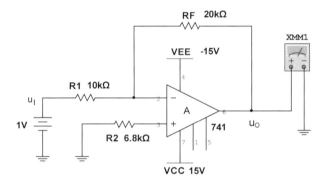

(a) 反相比例运算电路

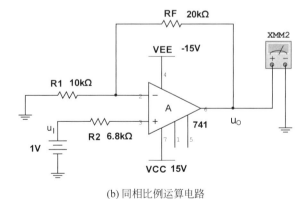

(b) 同相比例运算电路

图 6.58 比例运算电路仿真测试电路

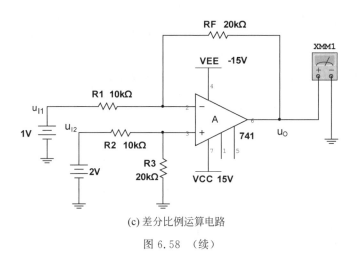

(c) 差分比例运算电路

图 6.58 （续）

分别按表 6.2、表 6.3 及表 6.4 所示设置输入电压 u_I（或 u_{I1} 和 u_{I2}），用虚拟仪表测量输出电压 u_O，将测量值及理论计算值填入表中。对比表 6.2、表 6.3 及表 6.4 中的数据可看出，测量值和理论计算值基本一致，略有误差是因为采用的是虚拟器件，参数有离散性。

表 6.2　反相比例运算电路的仿真结果及理论计算结果

u_I/V	u_O/V	
	测量值	理论计算值
1	−1.997	−2
2	−3.997	−4

表 6.3　同相比例运算电路的仿真结果及理论计算结果

u_I/V	u_O/V	
	测量值	理论计算值
1	3.003	3
2	6.003	6

表 6.4　差分比例运算电路的仿真结果及理论计算结果

u_{I1}/V	u_{I2}/V	u_O/V	
		测量值	理论计算值
1	2	2.003	2
3	1	−3.997	−4

2. 反相加法运算电路的 Multisim 仿真

在 Multisim 14 中构建反相加法运算电路仿真测试电路如图 6.59 所示。

分别按表 6.5 所示设置输入电压 u_{I1}、u_{I2} 和 u_{I3}，用虚拟仪表测量输出电压 u_O，将测量值及理论计算值填入表中。对比表 6.5 中的数据可看出，测量值和理论计算值基本一致。

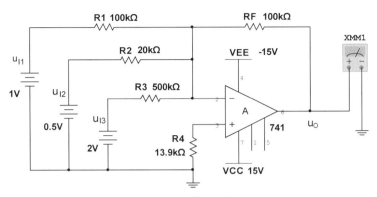

图 6.59　反相加法运算电路仿真测试电路

表 6.5　反相加法运算电路的仿真结果及理论计算结果

u_{I1}/V	u_{I2}/V	u_{I3}/V	u_O/V	
			测量值	理论计算值
1	0.5	2	−3.891	−3.9
1	−1.5	3	5.909	5.9

3. 积分运算电路的 Multisim 仿真

在 Multisim 14 中构建积分运算电路仿真测试电路如图 6.60 所示。其中,电路及输入电压 u_I 的参数与例 6.7 相同。

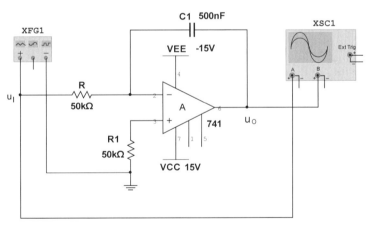

图 6.60　积分运算电路仿真测试电路

图 6.61 所示为虚拟示波器显示的 u_I、u_O 波形。仿真测试的数据及波形与例 6.7 的理论分析计算的数据及波形基本一致。

4. 滞回电压比较器的 Multisim 仿真

在 Multisim 14 中构建滞回电压比较器仿真测试电路如图 6.62 所示。其中,输入电压 u_I 为有效值等于 10V 的正弦信号,电路的其他参数如图中所示。

图 6.63 为虚拟示波器显示的 u_I、u_O 波形。仿真测试的数据及波形与根据电路参数求出的理论分析计算的数据及波形基本一致。

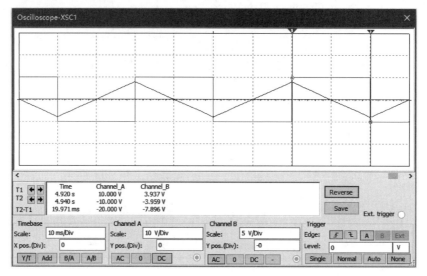

图 6.61 示波器显示的 u_I、u_O 波形

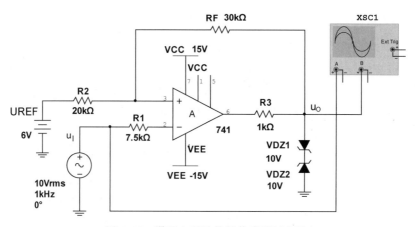

图 6.62 滞回电压比较器仿真测试电路

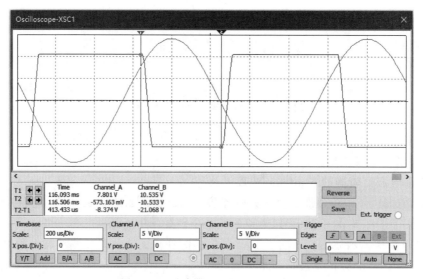

图 6.63 示波器显示的 u_I、u_O 波形

本章小结

本章介绍了集成运放的基本组成、集成运放的典型电路与技术指标、放大电路中的反馈、信号处理电路和波形发生电路及模拟信号运算电路。

(1) 利用半导体制造工艺将各种元器件集成在一块芯片上组成的电路即为集成电路。集成电路具有体积小、成本低、性能可靠等优点，是现代电子系统中常用的器件。

(2) 集成运算放大器的内部是一个高电压放大倍数的多级直接耦合放大电路，通常包括输入级、中间级、输出级和偏置电路 4 个组成部分。输入级基本上采用差分放大电路，以便有效地抑制零点漂移现象。为了使中间级获得比较高的电压放大倍数，通常采用有源负载和复合管等电路结构。输出级基本上采用各种形式的互补对称电路，以减小输出电阻，提高带负载能力。偏置电路的任务是向各放大级提供合适的偏置电流，确定静态工作点。

(3) 差分放大电路是广泛使用的基本单元电路，它对差模信号具有较大的放大能力，对共模信号具有很强的抑制作用。主要技术指标有差模电压放大倍数、差模输入电阻、差模输出电阻和共模抑制比。差分放大电路的输入、输出连接方式有 4 种，可根据输入信号源和负载情况灵活选用。单端输入和双端输入虽然接法不同，但性能指标相同。单端输出差分放大电路的性能比双端输出差，差模电压放大倍数仅为双端输出的一半，共模抑制比下降。

(4) 把输出信号的全部或一部分通过一定的方式引回输入端，用来影响其输入电量的措施称为反馈。按照不同的分类方式，反馈可分为正、负反馈，交、直流反馈，串、并联反馈和电压、电流反馈。直流反馈主要稳定静态工作点；交流负反馈有电压串联反馈、电压并联反馈、电流串联反馈和电流并联反馈 4 种基本组态；负反馈虽然降低了放大倍数，但却提高了放大倍数的稳定性，减小了非线性失真，展宽了通频带，改变了放大电路的输入电阻及输出电阻。

求解深度负反馈电压放大倍数的一般步骤如下。

第 1 步：判断反馈组态和极性。

第 2 步：依 $\dot{X}_i \approx \dot{X}_f$ 关系，求解电压放大倍数。

(5) 集成运算放大器工作在线性区时，可构成各种进行信号运算的线性应用电路，主要有比例运算电路、加减法运算电路和微积分运算电路等。运算放大器工作在线性区，需在输出端和反相输入端之间接入反馈网络。根据运放两个输入端之间具有 $u_+ = u_-$（虚短）和 $i_+ = i_- = 0$（虚断）的特点进行运算关系分析。

(6) 集成运算放大器工作在非线性区时，可构成各种进行信号处理的非线性应用电路，主要介绍了电压比较电路和非正弦波发生电路。根据运放两个输入端之间的 $u_+ > u_-$ 时 $u_O = +U_{OM}$，$u_+ < u_-$ 时 $u_O = -U_{OM}$ 及 $i_+ = i_- = 0$ 的特点进行输出电压与输入电压的关系分析。

(7) 正弦波振荡电路是一种自己能产生一定幅度和一定频率的正弦波的电子电路，一般由放大电路、正反馈网络、选频网络和稳幅环节 4 个部分组成。RC 桥式正弦波振荡电路用 RC 串并联选频网络作为正反馈选频网络。

自测题

一、单项选择题

在各小题备选答案中选择出一个正确的答案,将正确答案前的字母填在题干后的括号内。

1. 多级直接耦合放大电路中,为有效地抑制零点漂移,第一级采用的最佳电路是（　　）。
   A. 共发射极放大电路　　　　　　　　B. 共基极放大电路
   C. 共集电极放大电路　　　　　　　　D. 差分放大电路

2. 共模抑制比 K_{CMR} 这一技术指标的含义,是衡量差分放大电路（　　）。
   A. 对差模信号的放大能力
   B. 放大差模信号抑制共模信号的综合能力
   C. 对共模信号的放大能力
   D. 放大共模信号抑制差模信号的综合能力

3. 长尾式差分放大电路中,发射极电阻 R_E 的作用是（　　）。
   A. 提高差模电压放大倍数　　　　　　B. 提高共模电压放大倍数
   C. 提高共模抑制比　　　　　　　　　D. 提高差模输出电阻

4. 如图 6.64 所示的差分放大电路,当输入信号为 0 而输出信号 $u_o > 0$ 时,为使 $u_o = 0$,应该（　　）。
   A. 右移可变电阻 R_W 的滑动端
   B. 左移可变电阻 R_W 的滑动端
   C. 增大发射极电阻 R_E 的阻值
   D. 减小发射极电阻 R_E 的阻值

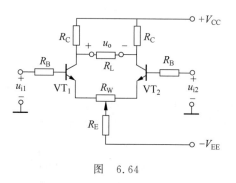

图 6.64

5. 乙类功放电路中,晶体管的导通时间为（　　）。
   A. 等于 $T/2$　　　B. 小于 $T/2$　　　C. 大于 $T/2$　　　D. 等于 T

6. 在理想情况下,乙类互补对称功放的效率 η 约为（　　）。
   A. 25%　　　　　B. 50%　　　　　C. 75%　　　　　D. 78.5%

7. 某 OCL 功放电路的 $V_{CC} = 9V$,功放管的 $|U_{CES}| = 2V$,则最大管压降 U_{CEmax} 为（　　）。
   A. 7V　　　　　　B. 9V　　　　　　C. 16V　　　　　D. 18V

8. 功率放大器中引起交越失真的原因是(   )。
   A. 输入信号太弱　　　　　　　　　B. 输入信号太强
   C. 功放管有死区且静态电流太小　　D. 功放管有死区且静态电流太大
9. 为提高放大电路的输入电阻及提高输出电压的稳定性,应引入的反馈为(   )。
   A. 电压串联负反馈　　　　　　　　B. 电流串联负反馈
   C. 电流并联负反馈　　　　　　　　D. 电压并联负反馈
10. 若使放大电路的输入电阻、输出电阻都减小,应引入(   )。
    A. 电压串联负反馈　　　　　　　　B. 电流串联负反馈
    C. 电流并联负反馈　　　　　　　　D. 电压并联负反馈
11. 为稳定放大电路的静态工作点,应引入(   )。
    A. 直流负反馈　　B. 电压负反馈　　C. 电流负反馈　　D. 交流负反馈
12. 放大电路中引入交流负反馈后,对动态性能的影响下列说法中不正确的是(   )。
    A. 增大放大倍数　　　　　　　　　B. 减小非线性失真
    C. 展宽通频带　　　　　　　　　　D. 提高放大倍数的稳定性
13. 放大电路引入负反馈后,不能改善的是(   )。
    A. 提高放大倍数的稳定性　　　　　B. 增加通频带的宽度
    C. 减小放大电路的非线性失真　　　D. 减小信号源的波形失真
14. 在深度负反馈时,放大电路的放大倍数(   )。
    A. 仅与基本放大电路有关　　　　　B. 仅与反馈网络有关
    C. 与基本放大电路、反馈网络都有关　D. 与基本放大电路、反馈网络都无关
15. 工作在线性区的理想运放应用电路中,$u_+ = u_-$ 和 $i_+ = i_- = 0$ 时的电路状态分别称为(   )。
    A. 虚地和虚断　　B. 虚短和虚地　　C. 虚地和虚短　　D. 虚短和虚断
16. 下列运放构成的应用电路中,运放不具备虚地特性的是(   )。
    A. 反相比例运算电路　　　　　　　B. 同相比例运算电路
    C. 微分运算电路　　　　　　　　　D. 积分运算电路
17. 若实现 $u_O = u_I$ 运算关系,应选择的基本应用电路是(   )。
    A. 反相比例运算电路　　　　　　　B. 同相比例运算电路
    C. 差分比例运算电路　　　　　　　D. 微分运算电路
18. 已知某电路输入电压 u_I 和输出电压 u_O 的波形如图 6.65 所示,该电路可能是(   )。
    A. 积分运算电路　　　　　　　　　B. 微分运算电路
    C. 过零电压比较电路　　　　　　　D. 滞回电压比较电路
19. 如图 6.66 所示的理想运放应用电路中,外接平衡电阻的关系为(   )。
    A. $R' = R + \dfrac{1}{\omega C}$　　B. $R' = R$　　C. $R' = R // \dfrac{1}{\omega C}$　　D. $R' = \dfrac{1}{\omega C}$
20. 如图 6.67 所示的理想运放应用电路的输出电压为(   )。
    A. +9V　　　B. -9V　　　C. +6V　　　D. -6V

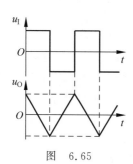

图 6.65

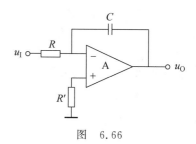

图 6.66

21. 如图 6.68 所示的运放应用电路中,已知 $R=10\text{k}\Omega$,$R_F=50\text{k}\Omega$,运放的最大输出电压 $U_{OM}=\pm 12\text{V}$,则使运放工作在线性区的最大差分输入电压 $|u_{I2}-u_{I1}|_{\max}$ 为( )。

  A. 12V   B. 2.4V   C. 5V   D. 10V

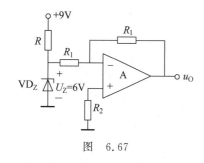

图 6.67

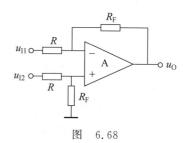

图 6.68

22. 理想运放构成的应用电路如图 6.69 所示,其输出电压 u_O 为( )。

  A. 2V   B. -2V   C. 4V   D. -4V

23. 如图 6.70 所示的同相比例运算电路,其电压放大倍数的表达式为( )。

  A. $\dot{A}_{uf}=\dfrac{R_F}{R_1}$ B. $\dot{A}_{uf}=-\dfrac{R_F}{R_1}$

  C. $\dot{A}_{uf}=1+\dfrac{R_F}{R_1}$ D. $\dot{A}_{uf}=-\left(1+\dfrac{R_F}{R_1}\right)$

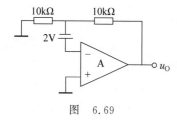

图 6.69

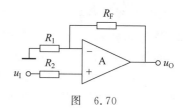

图 6.70

24. 工作在非线性区的理想运放,当输出电压 u_O 为负向饱和电压 U_{OM} 时,即 $u_O=-U_{OM}$,则运放 u_+ 与 u_- 的关系为( )。

  A. $u_+<u_-$ B. $u_+=u_-=0$ C. $u_+>u_-$ D. $u_+=u_-$

25. 理想运放构成的应用电路如图 6.71 所示,其阈值电压 U_T 为( )。

  A. $+4$V   B. $-1/4$V   C. $+1/4$V   D. -4V

26. 理想运放构成的应用电路如图 6.72 所示,其阈值电压 U_T 为( )。
   A. +5V   B. +10V   C. −10V   D. −5V

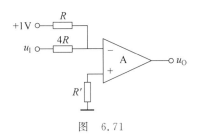
图 6.71

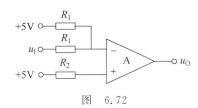
图 6.72

27. 理想运放应用电路如图 6.73 所示,已知 $U_{REF}=-6V$,其传输特性曲线为( )。

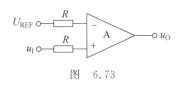
图 6.73

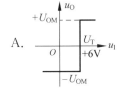
A.

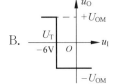
B.

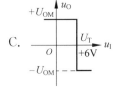
C.

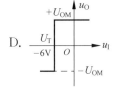
D.

28. 为实现将三角波转换成相位与之相同的矩形波,应选用( )。
   A. 积分运算电路   B. 同相求和运算电路
   C. 同相过零电压比较电路   D. 反相过零电压比较电路

29. 正弦波振荡电路产生自激振荡的条件是( )。
   A. $\dot{A}_u\dot{F}_u=1$ B. $\dot{A}_u\dot{F}_u=-1$ C. $\dot{A}_u\dot{F}_u=0$ D. $\dot{A}_u\dot{F}_u=\infty$

30. 正弦波振荡电路中,实现单一频率振荡的部分是( )。
   A. 放大电路   B. 反馈网络   C. 选频网络   D. 稳幅环节

二、填空题

1. 差分放大电路中,两个大小相等、极性相反的信号称为_____;两个大小相等、极性相同的信号称为_____。

2. 理想的差分放大电路仅放大差模信号,不放大共模信号,实际工作中为全面衡量差分放大电路对两类信号的作用,引用_____表征。

3. 差分放大电路的两个输入端信号分别为 $u_{i1}=3mV$ 和 $u_{i2}=-5mV$ 时,输入信号中差模分量为 $u_{id}=$ _____ mV,共模分量为 $u_{ic}=$ _____ mV。

4. 带发射极电阻 R_E 的差分放大电路，R_E 对_____信号有负反馈抑制作用，对_____信号不起作用。

5. 在各种交流反馈中，负反馈使放大倍数_____，正反馈使放大倍数_____；电压负反馈稳定_____，使输出电阻_____；电流负反馈稳定_____，使输出电阻_____；串联负反馈使输入电阻_____，并联负反馈使输入电阻_____。

6. 在放大电路中，为减小放大电路向信号源索取的电流，应引入_____负反馈；当负载变化时要求输出电压基本不变，应引入_____负反馈；要求放大电路的输出电流基本上不受负载电阻变化的影响，应引入_____负反馈；当环境温度变化时或更换不同 β 值的晶体管时，要求放大电路的静态工作点保持稳定，应引入_____负反馈。

7. 为使集成运放工作在传输特性的线性区，必须引入负反馈，反馈元件应接在运放的_____和_____之间。

8. 工作在线性区反相输入的理想运放，同相和反相输入端的电流 i_+ 和 i_- 都为_____，因为 $u_+=0$，所以 $u_-=$_____，故称反相输入端为_____。

9. 集成运放开环或引入正反馈后将工作在_____状态，若 $u_- < u_+$ 则 $u_O =$_____，若 $u_- > u_+$ 则 $u_O =$_____。

10. RC 桥式正弦波振荡电路一般由_____、_____、_____和_____ 4 部分组成，对放大电路部分的要求是_____，选频网络和反馈网络由_____构成。

习题

1. 长尾式差分放大电路如图 6.74 所示。已知晶体管的 $U_{BEQ} = 0.7V$，$\beta = 30$，$r_{bb'} = 300\Omega$，设调零电位器 R_W 的滑动端在中点位置。估算放大电路的静态工作点 Q、差模电压放大倍数 A_{ud}、差模输入电阻 R_{id} 和差模输出电阻 R_{od}。

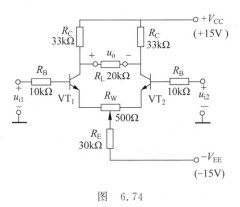

图 6.74

2. 差分放大电路如图 6.75 所示，已知 $R_C = 30k\Omega$，$R_E = 20k\Omega$，$R_B = 5k\Omega$，$R_L = 30k\Omega$，$V_{CC} = V_{EE} = 15V$，晶体管的 $\beta = 50$，$r_{be} = 4k\Omega$。

(1) 估算双端输出时 A_{ud}、R_{id} 和 R_{od}。

(2) 若改为单端输出，且要求输出电压与输入电压同相位，分析负载电阻 R_L 应接在哪个晶体管的集电极。

(3) 估算上述单端输出时的 A_ud、R_id、R_od、A_uc 和 K_CMR。

(4) 在第(2)小题的条件下,若 $u_\text{i1}=7\text{mV}$、$u_\text{i2}=3\text{mV}$,求输出电压 u_o。

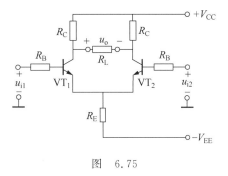

图 6.75

3. 恒流源式差分放大电路如图 6.76 所示。已知 $V_\text{CC}=V_\text{EE}=12\text{V}$,$R_\text{B1}=R_\text{B2}=10\text{k}\Omega$,$R_\text{C1}=R_\text{C2}=50\text{k}\Omega$,$R_\text{E}=33\text{k}\Omega$,$R_\text{W}=200\Omega$,$R_1=R_2=10\text{k}\Omega$,$R_\text{L}=20\text{k}\Omega$,晶体管的 $\beta=40$,$r_\text{bb'}=200\Omega$,$U_\text{BEQ}=0.7\text{V}$,设调零电位器 R_W 的滑动端在中点位置。估算放大电路的静态工作点 Q、差模电压放大倍数 A_ud、差模输入电阻 R_id 和差模输出电阻 R_od。

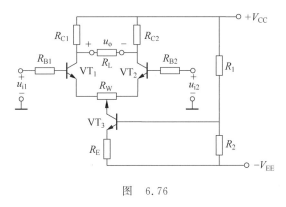

图 6.76

4. 试判断图 6.77 所示各电路中的反馈极性和组态。假设各电路均满足深度负反馈条件,估算闭环电压放大倍数。

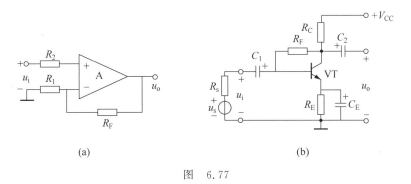

图 6.77

5. 假设图 6.78 所示各电路均满足深度负反馈条件,试估算闭环电压放大倍数。

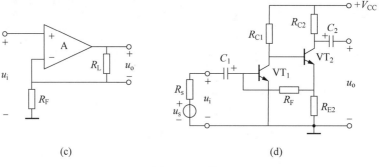

图 6.77 （续）

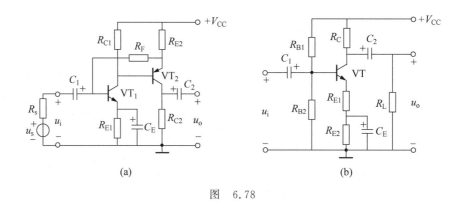

图 6.78

6. 理想运放构成的应用电路如图 6.79 所示，已知 $u_{I1}=0.3\text{V}$，$u_{I2}=0.1\text{V}$，试求 u_{O1}、u_{O2} 及 u_O，说明各运放分别组成何种基本运算电路，判断哪个运放满足虚短、虚地条件。

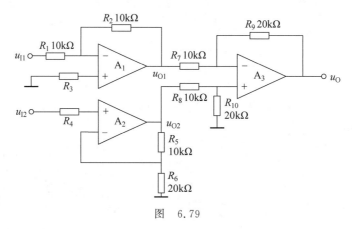

图 6.79

7. 理想运放构成的应用电路如图 6.80 所示，试求 u_{O1}、u_{O2} 及 u_O 的表达式，说明各运放分别组成何种基本运算电路，判断哪个运放满足虚短、虚地条件。

8. 由理想运放构成的应用电路如图 6.81 所示，已知 $u_{I1}=3\text{V}$，$u_{I2}=4\text{V}$，$u_{I3}=2\text{V}$，试求出 u_{O1}、u_{O2} 及 u_O 的数值，说明各运放分别组成何种基本运算电路，判断哪个运放满足虚短、虚地条件。

9. 由理想运放构成的应用电路如图 6.82 所示，试分别列出 u_{O1}、u_{O2} 及 u_O 的表达式，

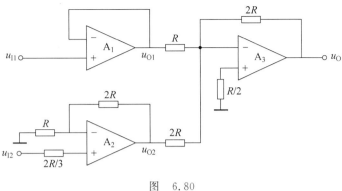

图 6.80

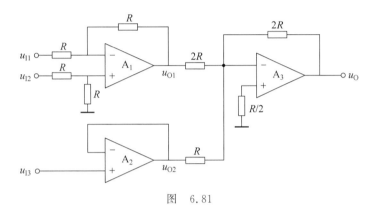

图 6.81

说明各运放分别组成何种运算电路。

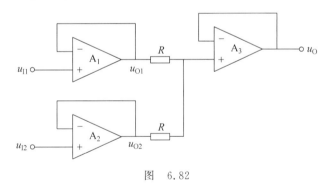

图 6.82

10. 由理想运放构成的应用电路如图 6.83 所示,试求出输出电压 u_O 的表达式。

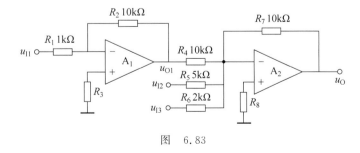

图 6.83

11. 由理想运放构成的应用电路如图 6.84 所示,已知 $u_{I1}=-2\text{V}$, $u_{I2}=-3\text{V}$,试求 u_{O1}、u_{O2} 及 u_O。

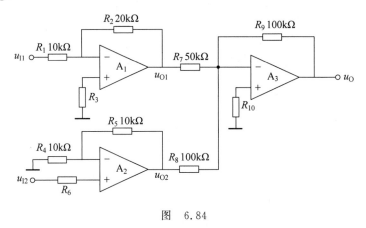

图 6.84

12. 由理想运放构成的应用电路如图 6.85 所示,试求出输出电压 u_O 与输入电压 u_I 的关系式。

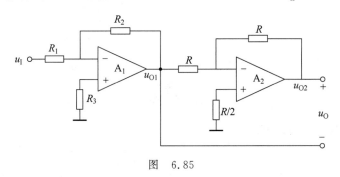

图 6.85

13. 由理想运放构成的应用电路及输入 u_{I1}、u_{I2} 的波形如图 6.86 所示,试求 u_O 与 u_{I1}、u_{I2} 的关系式,并画出 u_O 的波形。

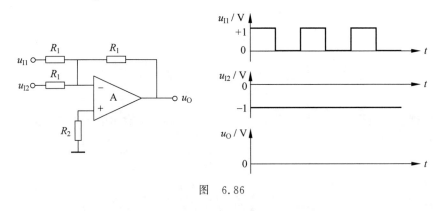

图 6.86

14. 试用集成运放组成一个运算电路,要求实现 $u_O=0.2u_I$。

15. 试用集成运放组成一个运算电路,要求实现 $u_O=2u_{I1}-5u_{I2}+0.1u_{I3}$。

16. 由理想运放构成的基本积分运算电路及输入电压 u_I 的波形如图 6.87 所示。设 $t=0$ 时电容上的初始电压等于 0,试画出相应输出电压 u_O 的波形。

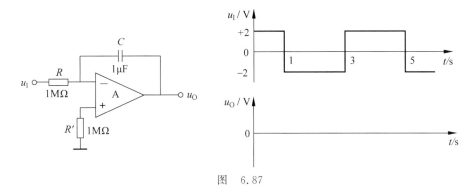

图 6.87

17. 由理想运放构成的应用电路如图 6.88 所示，已知 $R_1=33\mathrm{k}\Omega, R_2=50\mathrm{k}\Omega, R_3=R_4=R_5=100\mathrm{k}\Omega, C=10\mu\mathrm{F}$。

(1) 当 $u_{I1}=1\mathrm{V}$ 时，求 u_{O1}。
(2) 要使 $u_{I1}=1\mathrm{V}$ 时 $u_O=0\mathrm{V}$，求 u_{I2}（设电容两端的初始电压 $u_C=0\mathrm{V}$）。
(3) 设 $t=0$ 时，$u_{I1}=1\mathrm{V}, u_{I2}=0\mathrm{V}, u_C=0\mathrm{V}$，求 $t=2\mathrm{s}$ 时的 u_O。

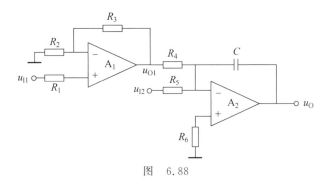

图 6.88

18. 由理想运放构成的电路及输入电压 u_I 的波形如图 6.89(a)、图 6.89(b) 和图 6.89(c) 所示，运放的最大输出幅度为 $\pm U_{OM}=\pm 12\mathrm{V}$。说明图 6.89(a) 和图 6.89(b) 是何种基本应用电路，对应输入 u_I 的波形画出各输出电压 u_{O1}、u_{O2} 的波形。

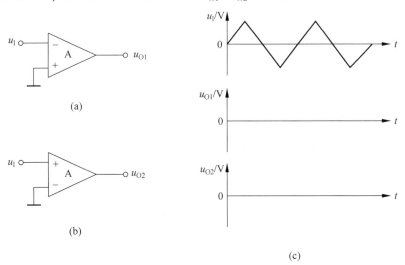

图 6.89

19. 由理想运放构成的电压比较器如图 6.90 所示,求出阈值电压 U_T,画出电压传输特性,对应输入 u_I 画出输出 u_O 的波形。

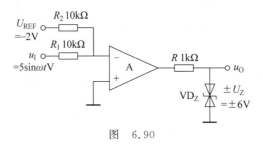

图 6.90

20. 由理想运放构成的应用电路如图 6.91(a) 和图 6.91(b) 所示,运放的最大输出幅度为 $\pm U_{OM} = \pm 12V$。说明图 6.91(a) 和图 6.91(b) 是何种基本应用电路,分别求出各电路的电压传输特性。

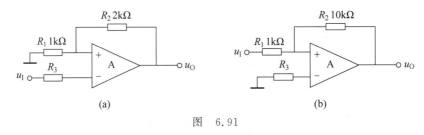

图 6.91

21. 由理想运放构成的应用电路如图 6.92 所示,已知 $u_I = 2\sin\omega t \text{V}$,$R_1 = 20\text{k}\Omega$,$R_F = 20\text{k}\Omega$,$\pm U_{OM} = \pm 12V$。说明 A_1、A_2 各组成什么电路,求 u_{O1} 的表达式及 A_2 的阈值电压 U_T,对应输入 u_I 画出 u_{O1}、u_O 的波形。

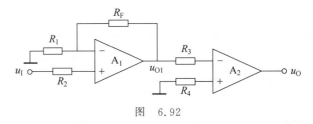

图 6.92

22. 由理想运放构成的应用电路如图 6.93 所示,运放的最大输出幅度为 $\pm U_{OM} = \pm 12V$。说明 A_1、A_2 各组成什么电路。设 $t=0$ 时电容两端电压 $u_C = 0$,输出电压 $u_O = -12V$,求当加入 $u_I = 1V$ 的阶跃信号后经过多少时间 u_O 跳变为 $+12V$,以及对应输入 u_I 画出 u_{O1}、u_O 的波形。

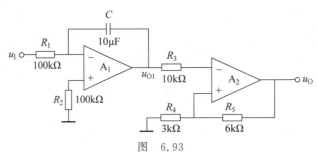

图 6.93

第 7 章 直流稳压电源

CHAPTER 7

电子设备需要直流电源供电。将交流电转变为直流电是获得直流电源的一种重要方法，这种直流电源的一般组成框图如图 7.1 所示。

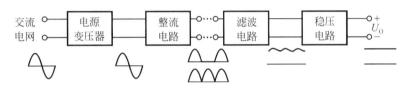

图 7.1 直流电源的组成框图

电源变压器用来改变电压值（通常为降压），整流电路将交流电量变成脉动直流电量，滤波电路用于减小脉动，稳压电路实现在负载变化或电网电压±10%波动时稳定输出电压基本不变。

本章主要介绍整流电路、滤波电路、稳压电路的工作原理及技术指标。

7.1 整流电路

整流电路利用二极管的单向导电性，将交流电量变成脉动直流电量。研究整流电路，通常将二极管理想化处理：正偏导通，正向压降 $U_D=0$，反偏截止，反向电流 $I_S=0$；变压器理想化处理，内阻为 0。正弦交流电用有效值表示，脉动直流电量用平均值表示，二极管反向工作电压用最大值表示。

7.1.1 单相半波整流电路

1. 电路组成

图 7.2(a)为单相半波整流电路。其中，T 为电源变压器，VD 为整流二极管，R_L 为负载电阻。

2. 电路工作原理

图 7.2(a)中，u_1、u_2 分别为变压器一次侧、二次侧电压，u_O 为输出电压，i_O 为流向负载的电流，i_D 为通过二极管的电流，u_D 为二极管两端的电压。在 u_2 的正半周，二极管 VD 导通，$u_D=0$，$i_O=i_D=\dfrac{u_2}{R_L}$，$u_O=u_2$；在 u_2 的负半周，二极管 VD 截止，$i_O=i_D=0$，$u_O=0$，

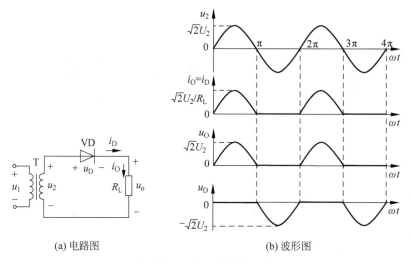

图 7.2 单相半波整流电路

$u_D = u_2$。因此,在负载上得到上正下负极性的脉动直流电压,电路中各处的波形如图 7.2(b)所示。因为这种电路只在交流电压的半个周期内才有电流流向负载,所以称为单相半波整流电路。

在半波整流电路中,二极管的导通时间 $t = T/2$ (T 为交流电的周期),导通角度 $\varphi = \pi$。

3. 主要参数

(1) 输出直流电压 $U_{O(AV)}$。

$$U_{O(AV)} = \frac{1}{2\pi}\int_0^\pi \sqrt{2}U_2 \sin\omega t \, d(\omega t) = 0.45U_2 \tag{7.1}$$

其中,U_2 为变压器次级电压的有效值。

(2) 输出直流电流 $I_{O(AV)}$。

$$I_{O(AV)} = \frac{U_{O(AV)}}{R_L} = \frac{0.45U_2}{R_L} \tag{7.2}$$

(3) 二极管正向平均电流 $I_{D(AV)}$。

$$I_{D(AV)} = I_{O(AV)} \tag{7.3}$$

(4) 二极管最大反向峰值电压 U_{RM}。

$$U_{RM} = \sqrt{2}U_2 \tag{7.4}$$

单相半波整流电路的特点是:所用元器件少,结构简单;输出波形的脉动较大,直流成分较低;半波输出,效率低。该电路适合输出电流较小、要求不高的场合。

7.1.2 单相桥式整流电路

1. 电路组成

图 7.3(a)为单相桥式整流电路。电路中采用了 4 个二极管,接成电桥形式,故称桥式整流电路。在接法上,菱形 4 个边各接 1 个二极管,2 个二极管异极性连接点接电源(变压器二次侧),2 个二极管同极性连接点接负载(作为输出端)。

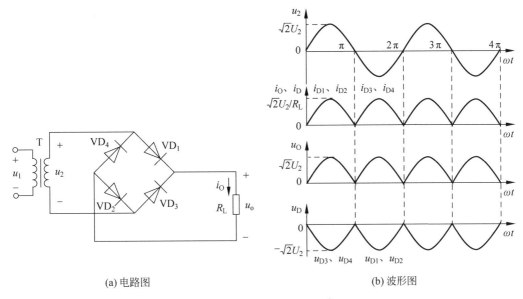

(a) 电路图　　　　　　　　　　　　　　(b) 波形图

图 7.3　单相桥式整流电路

2．电路工作原理

在 u_2 的正半周，二极管 VD_1、VD_2 导通，VD_3、VD_4 截止。$u_{D1}=u_{D2}=0$，电流 $i_O=i_{D1}=i_{D2}$，在负载上得到上正下负极性的脉动直流电压，$u_O=u_2$；$i_{D3}=i_{D4}=0$，$u_{D3}=u_{D4}=-u_2$。在 u_2 的负半周，二极管 VD_3、VD_4 导通，VD_1、VD_2 截止。$u_{D3}=u_{D4}=0$，电流 $i_O=i_{D3}=i_{D4}$，在负载上得到上正下负极性的脉动直流电压，$u_O=-u_2$；$i_{D1}=i_{D2}=0$，$u_{D1}=u_{D2}=u_2$。

在交流电的一个周期内，两个二极管为一组，轮流导通半个周期，因此在负载上得到全波、单方向的脉动电压，电路中各处的波形如图 7.3(b) 所示。

3．主要参数

(1) 输出直流电压 $U_{O(AV)}$。

$$U_{O(AV)} = \frac{1}{\pi}\int_0^{\pi} \sqrt{2}U_2 \sin\omega t \, d(\omega t) = 0.9U_2 \tag{7.5}$$

其中，U_2 为变压器二次侧电压的有效值。

(2) 输出直流电流 $I_{O(AV)}$。

$$I_{O(AV)} = \frac{U_{O(AV)}}{R_L} = \frac{0.9U_2}{R_L} \tag{7.6}$$

(3) 二极管正向平均电流 $I_{D(AV)}$。

$$I_{D(AV)} = \frac{1}{2} I_{O(AV)} \tag{7.7}$$

(4) 二极管最大反向峰值电压 U_{RM}。

$$U_{RM} = \sqrt{2}U_2 \tag{7.8}$$

4．桥式整流电路的其他画法

桥式整流电路也可以画成如图 7.4(a) 和图 7.4(b) 所示的形式，其中，图 7.4(a) 是另一种常用画法,图 7.4(b)是简化画法。

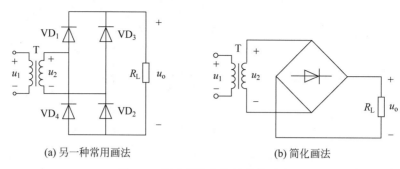

(a) 另一种常用画法　　(b) 简化画法

图 7.4　桥式整流电路的其他画法

桥式整流电路的特点是:全波输出,效率高;输出波形的脉动较小,直流成分较高。若将电路中二极管的极性颠倒,则输出电压的极性为上负下正。

7.2　滤波电路

整流电路的输出电压都含有脉动成分,因此极少直接用作电子设备的直流电源。通常在整流电路的后面加上滤波电路,用于滤除交流成分、平滑直流电压。滤波电路多采用无源的电抗性元件。常用的有电容滤波电路、RC-π 形或 LC-π 形滤波电路。

7.2.1　电容滤波电路

1. 电路组成及工作原理

视频讲解

将一个大容量的滤波电容 C 与负载电阻 R_L 并联,即可组成为单相桥式整流电容滤波电路,如图 7.5(a)所示。图 7.5(b)为工作波形图,其中,虚线为未加滤波电容时输出电压 u_O 的波形,实线为加入滤波电容时输出电压 u_O,即电容 C 两端电压 u_C 的波形。

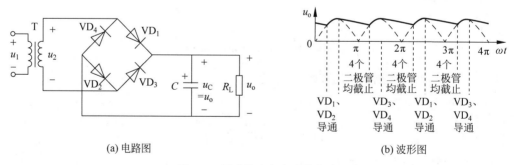

(a) 电路图　　(b) 波形图

图 7.5　桥式整流电容滤波电路

工作过程表述如下。

当 $|u_2|>u_C(u_O)$ 时,有一对二极管导通,对电容充电,充电时间常数 $\tau_{充电}$ 非常小,使 $u_C=u_O=|u_2|$;当 $|u_2|<u_C(u_O)$ 时,所有二极管均截止,电容 C 通过 R_L 放电,u_C 以时间常数 $\tau_{放电}=R_LC$ 按指数规律缓慢下降。由此可见,充电、放电交替进行,利用滤波电容 $\tau_{放电}>\tau_{充电}$ 的关系,平滑了输出电压,减小了脉动,增大了输出电压的平均值。

在桥式整流电容滤波电路中,二极管的导通时间 $t<T/2$(T 为交流电的周期),导通角度 $\varphi<\pi$。

2. 输出电压平均值 $U_{O(AV)}$ 的估算及滤波电容的选择

图 7.5(a)中,若无滤波电容 C(即电容 C 开路)时,变成桥式整流电路,输出直流电压 $U_{O(AV)}=0.9U_2$。若无负载电阻 R_L(负载电阻 R_L 开路)时,电容 C 只充电不放电,输出直流电压 $U_{O(AV)}=\sqrt{2}U_2\approx1.4U_2$。正常工作的桥式整流电容滤波电路,输出直流电压 $U_{O(AV)}$ 一定大于 $0.9U_2$,小于 $1.4U_2$。

通常,对桥式整流电容滤波电路按工程估算取值,即

$$U_{O(AV)}=1.2U_2 \tag{7.9}$$

滤波电容 C 越大,放电时间常数 $\tau_{放电}$ 越大,输出电压越平滑、脉动越小,滤波效果越好,一般按下式选取滤波电容的容量:

$$R_L C \geqslant (3\sim 5)\frac{T}{2} \tag{7.10}$$

滤波电容 C 的耐压值应大于 $\sqrt{2}U_2$。

电容滤波电路的特点是:电路简单,输出直流电压 $U_{O(AV)}$ 较大,滤波电容 C 足够大时交流分量较小;二极管的导通时间减小,产生较大的冲击电流,不适合大电流负载。

7.2.2 π形滤波电路

当简单的电容滤波电路不能满足要求时,可以采用 π 形滤波电路。

在图 7.5(a)所示电容滤波电路的基础上,再增加一级 RC 滤波电路,就组成了 RC-π 形滤波电路,如图 7.6 所示。

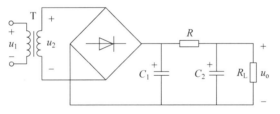

图 7.6 RC-π 形滤波电路

经过第一级电容滤波之后,电容 C_1 两端的电压包含一个直流分量和一个交流分量。其中,直流分量在 R 和 R_L 之间分压,交流分量在 R 和 $R_L //\frac{1}{\omega C_2}$ 之间分压,由于 $R_L //\frac{1}{\omega C_2}<R_L$,因此在电阻 R 上直流分量衰减较小,交流分量衰减较大,使输出电压的脉动进一步降低。

用电感 L 代替图 7.6 电路中的电阻 R,就构成了 LC-π 形滤波电路,如图 7.7 所示。由于电感 L 的直流电阻小,交流感抗大,可克服 RC-π 形滤波电路对直流分量有衰减的缺点,取得比较好的滤波效果。一般用于负载电流较大且对滤波要求较高的场合。

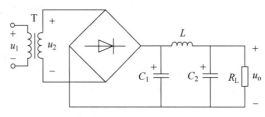

图 7.7 LC-π 形滤波电路

7.3 稳压电路

整流、滤波后的直流电压会随电网电压的波动、负载的改变而变化。为了给电子设备提供稳定的直流电压，需要在整流滤波电路的后面加上稳压电路，使输出直流电压在上述两种变化条件下保持不变。本节介绍稳压管稳压电路、串联型直流稳压电路及集成稳压电路。

视频讲解

7.3.1 稳压管稳压电路

1. 电路组成及工作原理

稳压管稳压电路由稳压管 VD_Z 和限流电阻 R 组成，稳压管和负载电阻 R_L 并联，如图 7.8 所示。其中，输入电压 U_I 为整流滤波得到的直流电压，稳压管 VD_Z 反偏工作在稳压区，U_O 为稳压电路的输出电压，U_R 为限流电阻 R 上的压降，I_R 为通过限流电阻 R 的电流，I_Z 为稳压管 VD_Z 的稳定电流，I_O 为通过负载电阻 R_L 的电流（输出电流）。

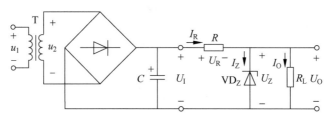

图 7.8 稳压管稳压电路

稳压过程叙述如下。

$$U_I \uparrow \to U_O \uparrow (U_Z \uparrow) \to I_Z \uparrow \to I_R \uparrow \to U_R \uparrow \to U_O \downarrow$$

（R_L 不变）

这个过程利用 R 上的电压变化补偿 U_I 的波动，若 $\Delta U_I \approx \Delta U_R$，则 U_O 基本不变。

$$R_L \downarrow \to I_O \uparrow \to I_R \uparrow \to U_R \uparrow \to U_O \downarrow (U_Z \downarrow) \to I_Z \downarrow$$

（U_I 不变）

这个过程利用 I_Z 的变化补偿 I_O 的变化，若 $\Delta I_Z \approx -\Delta I_O$，则 U_O 基本不变。

2. 限流电阻的选择

稳压管稳压电路中，限流电阻 R 是一个重要的元件，其阻值必须选择适当，才能保证很好地实现稳压。

当 U_I 最大（电网电压最大变化）或负载电流最小时，I_Z 的值最大，此时 I_Z 不应超过允

许的最大值 I_{Zmax}，即

$$\frac{U_{Imax} - U_Z}{R} - I_{Omin} < I_{Zmax} \tag{7.11}$$

当 U_1 最小(电网电压最小变化)或负载电流最大时，I_Z 的值最小，此时 I_Z 不应低于允许的最小值 I_{Zmin}，即

$$\frac{U_{Imin} - U_Z}{R} - I_{Omax} > I_{Zmin} \tag{7.12}$$

由式(7.11)和式(7.12)，有

$$\frac{U_{Imax} - U_Z}{I_{Zmax} + I_{Omin}} < R < \frac{U_{Imin} - U_Z}{I_{Zmin} + I_{Omax}} \tag{7.13}$$

由式(7.13)可确定限流电阻的阻值。

稳压管稳压电路的结构简单，在输出电压固定、负载电流比较小的情况下，应用效果较好，所以在一些小型的电子设备中经常采用。但是，稳压管稳压电路存在两个缺点：输出电压由稳压管的型号决定，不可随意调节；电网电压和负载电流的变化范围较大时，电路将不能适应。改进的方法是采用串联型直流稳压电路。

7.3.2 串联型直流稳压电路

1. 电路组成及工作原理

串联型直流稳压电路如图 7.9 所示，电路包含 4 部分。

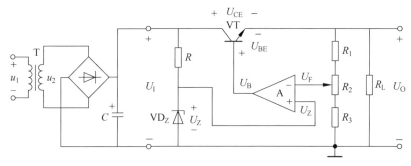

图 7.9 串联型直流稳压电路

1) 调整管

调整管 VT 是电路的核心，它串联接在输入直流电压 U_I 与输出端负载电阻 R_L 之间，工作在放大状态，U_{CE} 随 U_I 和负载产生变化，以稳定输出电压 U_O。

2) 采样电路

由电阻 R_1、R_2 和 R_3 组成，对输出电压 U_O 采样并送到比较放大电路的反相输入端，与基准电压共同决定 U_O。

3) 基准电压

由电阻 R、稳压管 VD_Z 组成，稳压管 VD_Z 提供基准电压，接到比较放大电路的同相输入端，作为输出 U_O 的参考电压。

4) 比较放大

比较放大电路必须是反相放大电路,可以是运放电路、单管共射极放大电路和差分放大电路等形式。比较放大电路将对 U_O 的采样电压与基准电压比较后进行放大,然后送到调整管的基极。

串联型直流稳压电路的稳压过程可简明表示如下:

$$\begin{matrix} 电网波动\uparrow \\ 或负载 R_L\uparrow \end{matrix} \to U_I\uparrow \to U_O\uparrow \to U_F\uparrow \to U_B\downarrow \to U_{BE}(=U_B-U_O)\downarrow \to U_{CE}\uparrow$$
$$U_O\downarrow \longleftarrow$$

2. 输出电压的调节范围

串联型直流稳压电路中,改变采样电路部分的可调电阻 R_2 的滑动端的位置,可以使输出电压在一定范围内连续可调。

输出电压的调节范围的求解方法是,将 R_2 的滑动端分别置于最上端和最下端,求采样电压 U_F 和基准电压 U_Z,令

$$采样电压\ U_F = 基准电压\ U_Z$$

即可求出输出电压的最小值 U_{Omin} 和最大值 U_{Omax},分别分析如下。

R_2 的滑动端置于最上端时,由图 7.9,有 $U_F = \dfrac{R_2+R_3}{R_1+R_2+R_3}U_{Omin} = U_Z$,则

$$U_{Omin} = \frac{R_1+R_2+R_3}{R_2+R_3}U_Z \tag{7.14}$$

R_2 的滑动端置于最下端时,由图 7.9,有 $U_F = \dfrac{R_3}{R_1+R_2+R_3}U_{Omax} = U_Z$,则

$$U_{Omax} = \frac{R_1+R_2+R_3}{R_3}U_Z \tag{7.15}$$

输出电压的调节范围为 $U_{Omin} \sim U_{Omax}$。

例 7.1 在图 7.9 的串联型直流稳压电路中,已知 $U_Z=5\text{V}$,$R_1=150\Omega$,$R_2=300\Omega$,$R_3=200\Omega$,调整管 VT 饱和时 $U_{CES}=2\text{V}$,电网电压有 10% 的波动。试求输出电压的调节范围,估算变压器二次侧电压 U_2。

解:R_2 的滑动端置于最上端时,输出电压的最小值为

$$U_{Omin} = \frac{R_1+R_2+R_3}{R_2+R_3}U_Z = \left(\frac{150+300+200}{300+200}\times 5\right)\text{V} = 6.5\text{V}$$

R_2 的滑动端置于最下端时,输出电压的最大值为

$$U_{Omax} = \frac{R_1+R_2+R_3}{R_3}U_Z = \left(\frac{150+300+200}{200}\times 5\right)\text{V} = 16.25\text{V}$$

因此,输出电压调节范围为 $6.5 \sim 16.25\text{V}$。

若使调整管 VT 处于放大状态且 U_O 能在 $6.5 \sim 16.25\text{V}$ 之间连续调节,U_I 必须满足

$$U_I = U_{Omax} + U_{CES} = (16.25+2)\text{V} = 18.25\text{V}$$

根据桥式整流电容滤波电路的输出和输入关系 $U_I=1.2U_2$,并考虑电网允许 10% 的波动,有

$$U_2 = 1.1 \times \frac{U_1}{1.2} = \left(1.1 \times \frac{18.25}{1.2}\right)\text{V} = 16.8\text{V}$$

7.3.3 集成稳压电路

集成稳压器具有串联型稳压电路中的各个组成部分,还具有启动电路及保护电路,这些部分都集成在半导体芯片上,性能完善可靠,已被广泛应用。

特别是三端集成稳压器,它的芯片只引出三个端子,分别为输入端、输出端和公共端,使用时接线简单。三端集成稳压电源的类型很多,下面介绍固定输出的 W7800 系列(正输出电压)和 W7900 系列(负输出电压)的电路组成、主要参数和应用。

1. 电路组成

图 7.10 为三端集成稳压器的结构框图,内部包含启动电路、基准电源、放大电路、调整管、采样电路和保护电路 6 部分。其中,启动电路的作用是在接通直流输入电压时,使基准电源、放大电路、调整管等部分建立各自的工作电流,当稳压器正常工作时启动电路自动断开;保护电路在过流、过热及短路时进行自动保护。

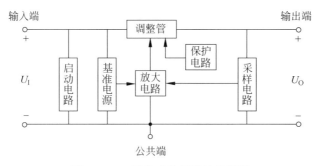

图 7.10 三端集成稳压器结构框图

2. 主要参数及图形符号

三端集成稳压器目前已发展成独立体系,常用的有输出固定正电压的 W78×× 系列和输出固定负电压的 W79×× 系列,其型号后 2 位数字为输出电压值。

输出电压值通常分为 7 个等级,即 ±5V、±6V、±8V、±12V、±15V、±18V 和 ±24V。输出电流值则有 3 个等级:1.5A(W78×× 系列和 W79×× 系列)、500mA(W78M×× 系列和 W79M×× 系列)和 100mA(W78L×× 系列和 W79L×× 系列)。

图 7.11 为三端集成稳压器的图形符号。

图 7.11 三端集成稳压器的图形符号

3. 三端集成稳压器应用电路

1) 基本应用电路

三端集成稳压器的基本应用电路如图 7.12 所示。稳压器的输入端接整流滤波电路的输出端,稳压器的输出端接负载电阻。电容 C_1 用于抵消输入线较长时的电感效应,消除自激振荡,容量一般为 $0.33\mu F$。电容 C_2 用于消除高频噪声,改善负载瞬态响应,容量一般为 $0.1\mu F$。

2) 正、负双电源输出的应用电路

正、负双电源输出的应用电路如图 7.13 所示,由输出正电压的 W78×× 系列和输出负电压的 W79×× 系列组合构成。

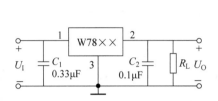
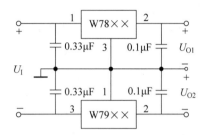

图 7.12　三端集成稳压器基本应用电路　　图 7.13　正、负双电源输出的应用电路

3) 提高输出电压的应用电路

当需要得到更高的输出电压时,可以在原有三端集成稳压器的基础上附加元器件。图 7.14 为利用稳压管提高输出电压的应用电路。

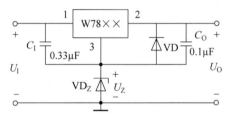

图 7.14　利用稳压管提高输出电压的应用电路

电路的输出电压为

$$U_O = U_{23} + U_Z \tag{7.16}$$

VD 为保护二极管,正常工作时 VD 处于截止状态,当 $U_O < U_Z$ 或输出端短路时,VD 导通,输出电流被旁路,从而保护三端集成稳压器的输出级免受损坏。

4) 输出电压可调的应用电路

输出电压可调的应用电路如图 7.15 所示。其中,运算放大器组成电压跟随器,电阻 R_1、R_2 和 R_3 组成采样电路,输出电压通过 R_2 调节。

R_2 的滑动端置于最上端时,有

$$U_{O\max} = \frac{R_1 + R_2 + R_3}{R_1} U_{23} \tag{7.17}$$

R_2 的滑动端置于最下端时,有

$$U_{O\min} = \frac{R_1 + R_2 + R_3}{R_1 + R_2} U_{23} \tag{7.18}$$

输出电压的调节范围为 $U_{O\min} \sim U_{O\max}$。

图 7.15 输出电压可调的应用电路

7.4 直流电源 Multisim 仿真示例

视频讲解

1. 单相桥式整流电容滤波电路的 Multisim 仿真

在 Multisim 14 中构建单相桥式整流电容滤波电路仿真测试电路如图 7.16 所示。在给定的电路参数下，放电时间常数 $R_L C = 120 \times 500 \times 10^{-6}$ s $= 0.06$ s，$\dfrac{T}{2} = 0.01$ s，$R_L C = 6\dfrac{T}{2}$，符合对放电时间常数的要求。

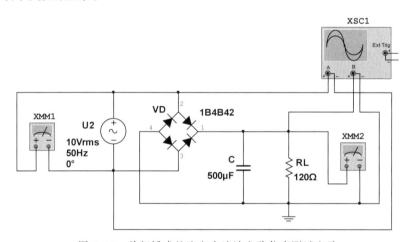

图 7.16 单相桥式整流电容滤波电路仿真测试电路

电路仿真运行后，用虚拟双综示波器观察到正常工作时正弦输入电压 u_2 的波形和锯齿形状的输出电压 u_O 的波形，如图 7.17 所示。由图可见，在交流电的每半个周期中，电容都有充电、放电的过程，充电过程快，放电过程缓慢。用虚拟数字电压表测得，变压器二次侧电压的有效值 $U_2 = 10$ V，输出电压的平均值 $U_{O(AV)} = 11.588$ V。

保持 U_2 及负载电阻 R_L 不变，改变滤波电容 $C = 50 \mu$F 时，测得 $U_{O(AV)} = 9.063$ V；$C = 0 \mu$F 时，测得 $U_{O(AV)} = 7.53$ V。

2. 串联型直流稳压电路的 Multisim 仿真

在 Multisim 14 中构建串联型直流稳压电路仿真测试电路如图 7.18 所示。

将可变电阻 R_2 的滑动端向上移动时，虚拟数字电压表显示输出电压 U_O 减小；将可变电阻 R_2 的滑动端向下移动时，虚拟数字电压表显示输出电压 U_O 增大。

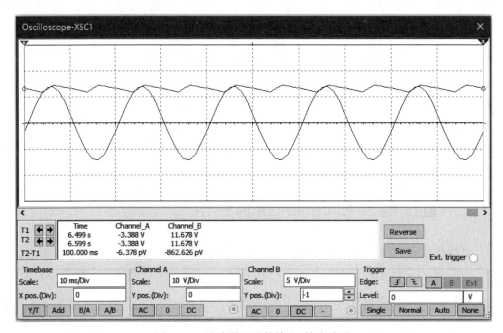

图 7.17　示波器显示的输入、输出波形

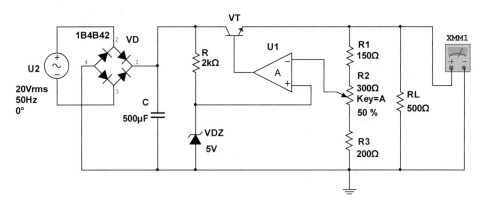

图 7.18　串联型直流稳压电路仿真测试电路

将可变电阻 R_2 的滑动端置于最上端时，用虚拟数字电压表测得输出电压最小值为 $U_{Omin}=6.485\text{V}$；将可变电阻 R_2 的滑动端置于最下端时，用虚拟数字电压表测得输出电压最大值为 $U_{Omax}=16.211\text{V}$。输出电压调节范围为 $6.485\sim16.211\text{V}$。

测试结果与例 7.1 的分析结果基本相同。

本章小结

电子设备都需要直流电源供电，利用电网提供的交流电经过整流、滤波和稳压是获得直流电源的一种常用的方法。

(1) 利用二极管的单向导电性可实现整流。与单相半波整流电路相比，单相桥式整流电路输出波形的脉动相对较低，输出电压较高，因此应用比较广泛。需要掌握直流电路的工作原理、输出电压 $U_{O(AV)}$ 与变压器二次侧电压 U_2 的关系。

（2）滤波电路的主要任务是尽量过滤掉输出电压中的脉动成分，保留其中的直流成分。需要正确理解电容滤波电路的工作原理和特点，$U_{O(AV)}$ 与 U_2 的关系以及电容 C 选择原则，了解 RC-π 形滤波电路及 LC-π 形滤波电路的工作原理和特点。

（3）稳压电路的任务是在电网波动或负载变化时，使输出电压保持基本稳定。需要正确理解稳压管稳压电路的特点、工作原理及适用场合，串联型直流稳压电路的调整管、采样电路、基准电压、比较放大等各个组成部分的作用和稳压原理，并掌握输出电压调节范围的计算方法。三端集成稳压器的内部，实质上是将串联型稳压电路中的各个组成部分、启动电路及保护电路全部集成在半导体芯片上。需要掌握三端集成稳压器的典型使用方法。

自测题

一、单项选择题

在各小题备选答案中选择出一个正确的答案，将正确答案前的字母填在题干后的括号内。

1. 整流电路将交流电变成直流电的过程利用了二极管的（　　）。
   A. 单向导电特性　　B. 正向特性　　C. 反向特性　　D. 击穿特性

2. 图 7.19 所示的单相桥式全波整流电路中，二极管接法不正确的是（　　）。
   A. VD_1　　B. VD_2　　C. VD_3　　D. VD_4

3. 图 7.20 所示电路中，已知 $U_2=40\text{V}$，$R_L=200\Omega$，流过二极管的平均电流 $I_{D(AV)}$ 为（　　）。
   A. 180mA　　B. 100mA　　C. 200mA　　D. 90mA

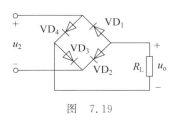

图 7.19

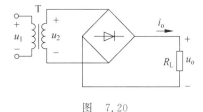

图 7.20

4. 如果桥式整流电容滤波电路要有比较好的滤波效果，则要求放电时间常数 $R_L C$ 应满足（　　）。
   A. $R_L C \geqslant (3\sim 5)T$　　B. $R_L C \geqslant (3\sim 5)T/2$
   C. $R_L C \geqslant (3\sim 5)T/4$　　D. $R_L C = \infty$

5. 桥式整流电容滤波电路中，二极管的导通时间（　　）。
   A. 等于 T　　B. 小于 T　　C. 小于 $T/2$　　D. 大于 $T/2$

6. 图 7.21 所示的桥式整流电容滤波电路中，已知 $U_2=20\text{V}$，若测得输出电压 $U_{O(AV)}\approx 28\text{V}$，这说明（　　）。
   A. 电路正常　　B. 电容 C 开路
   C. 电阻 R_L 开路　　D. 有一个二极管开路

7. 电路如图 7.22 所示,已知稳压二极管 VD_{Z1} 的稳压值 $U_{Z1}=6V$,VD_{Z2} 的稳压值 $U_{Z2}=9V$,其输出电压 U_O 为( )。

    A. $-3V$ B. $-6V$ C. $9V$ D. $15V$

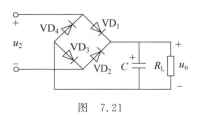
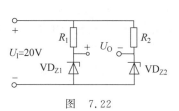

图 7.21   图 7.22

8. 电路如图 7.23 所示,已知稳压二极管 VD_{Z1} 的稳压值 $U_{Z1}=6V$,VD_{Z2} 的稳压值 $U_{Z1}=9V$,其输出电压 U_O 为( )。

    A. $3V$ B. $6V$ C. $9V$ D. $15V$

9. 串联型稳压电路的调整管工作在( )。

    A. 饱和状态   B. 截止状态   C. 放大状态   D. 倒置状态

10. 三端集成稳压器按图 7.24 所示方式连接,其输出电压 U_O 为( )。

    A. $9V$ B. $6V$ C. $15V$ D. $3V$

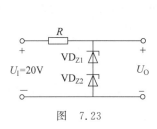
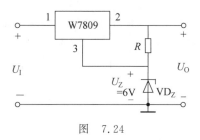

图 7.23   图 7.24

二、填空题

1. 桥式整流电路的变压器二次侧电压有效值为 U_2,输出电压的平均值 $U_{O(AV)}$ 为 _____,如果加入一个容量很大的电容滤波,则输出电压的平均值 $U_{O(AV)}$ 为 _____。

2. 图 7.5(a)所示的桥式整流电容滤波电路中,若得到负极性的输出电压,应将电容 C 的极性颠倒及 _____ 极性颠倒。

3. 图 7.5(a)所示的桥式整流电容滤波电路中,若要求输出电压的平均值 $U_{O(AV)}=12V$,则变压器二次侧电压的有效值应为 $U_2=$ _____ V。

4. 图 7.5(a)所示的桥式整流电容滤波电路中,当 $U_2=20V$ 时,输出电压的平均值 $U_{O(AV)}=18V$,这种不正常的现象是 _____ 引起的。

5. 图 7.5(a)所示的桥式整流电容滤波电路中,已知 $U_2=30V$,$R_L=600\Omega$,则二极管中的平均电流 $I_{D(AV)}=$ _____ mA。

6. 图 7.5(a)所示的桥式整流电容滤波电路中,已知 $u_2=10\sin(\omega t)V$,则二极管承受的最大反向峰值电压 $U_{RM}=$ _____ V。

7. 稳压管稳压电路中,_____ 起到电压调节作用,这种稳压电路适用于负载电流 _____、输出电压 _____ 的场合。

8. 串联型直流稳压电源由_____、_____、_____和_____4个基本环节组成。

9. 串联型直流稳压电路正常工作时，调整管处于_____状态，当可调的输出电压越高时调整管越接近_____状态。

10. 三端集成稳压器 W7815 的输出电压为 _____ V，W7915 的输出电压为 _____ V。

习题

1. 分析图 7.5(a)所示的桥式整流电容滤波电路在下述各种情况下会产生什么现象：二极管 VD_1 击穿；二极管 VD_1 虚焊；二极管 VD_2 反接；电容 C 开路；负载 R_L 开路。

2. 图 7.25 为桥式整流电容滤波电路，要求输出电压的平均值 $U_{O(AV)}=20V$，输出电流的平均值 $I_{O(AV)}=100mA$。分析输出为正电压还是负电压，电容 C 的正极连接方式，以及应如何选择电容 C 的数值。求每个二极管的平均电流 $I_{D(AV)}$ 和二极管承受的最大反向峰值电压 U_{RM}。

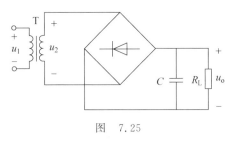

图 7.25

3. 如图 7.26 所示的直流稳压电路中，已知晶体管为硅管 $U_{BE}=0.7V$，稳压管的 $U_Z=6.3V$，电阻 $R_3=350\Omega$，若要求输出电压 U_O 的调节范围为 $10\sim 20V$，求电阻 R_1、R_2 的阻值。

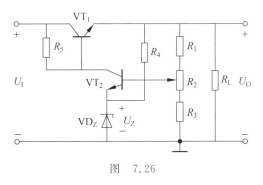

图 7.26

4. 如图 7.27 所示的直流稳压电路中，已知晶体管为硅管 $U_{BE}=0.7V$，稳压管的 $U_Z=10V$，电阻 $R_1=200\Omega$，$R_2=200\Omega$，$R_3=500\Omega$，求输出电压 $U_O=15V$ 时电阻 R_2 滑动端的位置。

5. 如图 7.28 所示的直流稳压电路中，已知稳压管的 $U_Z=6V$，电阻 $R_1=200\Omega$，$R_3=200\Omega$，电网电压有 10% 的波动。

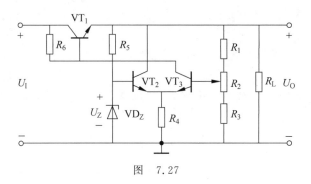

图 7.27

(1) 电阻 R_2 的滑动端置于最下端时,要求输出电压 $U_{Omax}=15\text{V}$,求 R_2。
(2) 在(1)确定 R_2 阻值后,当 R_2 的滑动端置于最上端时,求 U_{Omin}。
(3) 为了保证调整管始终工作在放大状态,其管压降 U_{CE} 不低于 2V,确定 U_I。

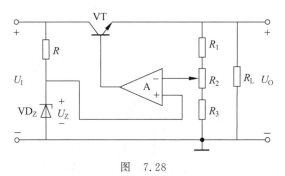

图 7.28

6. 图 7.29(a)和图 7.29(b)为用三端集成稳压器组成的电路,已知 $I_W=5\text{mA}$,电阻 $R_1=R_2=120\Omega$,$R=12\Omega$。试求图 7.29(a)电路输出电压的调节范围和图 7.29(b)电路输出电流的数值。

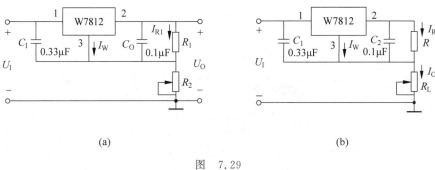

(a)   (b)

图 7.29

第 8 章 数字逻辑基础

CHAPTER 8

在电子技术中,被处理的信号分为模拟信号和数字信号。模拟信号是在时间上和数值上都连续变化的信号,如模拟语音的音频信号和模拟图像的视频信号等。数字信号是在时间上和数值上都离散变化的信号,如由计算机键盘输入计算机的信号等。

工作信号为数字信号的电子电路称为数字逻辑电路,也称为数字电路。逻辑代数是分析和设计数字逻辑电路的基本数学工具。

本章在介绍数制与编码、基本逻辑运算、复合逻辑运算及其描述方法的基础上,再介绍逻辑代数的基本公式、常用公式、基本定理、逻辑函数表示方法的转换和逻辑表达式的变换,最后着重介绍逻辑函数的公式化简法和图形化简法。

8.1 数制与编码

8.1.1 数制

数的组成以及由低位向高位进位的规则称为数制。常用的进位计数制有十进制、二进制、八进制和十六进制。

进位计数制中数的构成有基数和位权两个要素。任何进制的数 N 均可表示成以下按权展开形式,即

$$(N)_R = \sum k_i \times R^i \tag{8.1}$$

式中,R 为基数,表示一种进位制中数字符号的个数;R^i 为位权,表示数字符号在数中的位置;k_i 为第 i 位的系数。

1. 十进制

有 0、1、2、3、4、5、6、7、8、9 共 10 个数字符号,基数 $R=10$,进位规则是"逢十进一",第 i 位数字的权为 10^i。

任何一个十进制数都可表示成按权展开式,如

$$(153.79)_{10} = 1 \times 10^2 + 5 \times 10^1 + 3 \times 10^0 + 7 \times 10^{-1} + 9 \times 10^{-2}$$

2. 二进制

有 0、1 共 2 个数字符号,基数 $R=2$,进位规则是"逢二进一",第 i 位数字的权为 2^i。

任何一个二进制数都可表示成按权展开式,如

$$(110.01)_2 = 1 \times 2^2 + 1 \times 2^1 + 0 \times 2^0 + 0 \times 2^{-1} + 1 \times 2^{-2}$$

3. 八进制

有 0、1、2、3、4、5、6、7 共 8 个数字符号,基数 $R=8$,进位规则是"逢八进一",第 i 位数字的权为 8^i。

任何一个八进制数都可表示成按权展开式,如

$$(27.35)_8 = 2 \times 8^1 + 7 \times 8^0 + 3 \times 8^{-1} + 5 \times 8^{-2}$$

4. 十六进制

有 0、1、2、3、4、5、6、7、8、9、A、B、C、D、E、F 共 16 个数字符号,其中,A~F 表示 10~15,基数 $R=16$,进位规则"逢十六进一",第 i 位数字的权为 16^i。

任何一个十六进制数都可表示成按权展开式,如

$$(6A.7E)_{16} = 6 \times 16^1 + 10 \times 16^0 + 7 \times 16^{-1} + 14 \times 16^{-2}$$

8.1.2 编码

按一定规律排列的 0 和 1 二进制数用作代码表示十进制数的过程称为编码。下面介绍数字逻辑电路中两种常用的二进制编码。

1. 二-十进制码

用 4 位二进制数做代码表示 1 位十进制数的编码称为二-十进制码(Binary Coded Decimal,BCD)。

常用的 BCD 码有 8421 码、余 3 码、2421 码、5211 码和余 3 循环码,如表 8.1 所示。

表 8.1 常用的 BCD 码编码表

十进制数	BCD 码				
	8421 码	余 3 码	2421 码	5211 码	余 3 循环码
0	0000	0011	0000	0000	0010
1	0001	0100	0001	0001	0110
2	0010	0101	0010	0100	0111
3	0011	0110	0011	0101	0101
4	0100	0111	0100	0111	0100
5	0101	1000	1011	1000	1100
6	0110	1001	1100	1001	1101
7	0111	1010	1101	1100	1111
8	1000	1011	1110	1101	1110
9	1001	1100	1111	1111	1010
位权	8421		2421	5211	

① 8421 码是最常用的一种代码,这种代码从高位到低位的权值分别为 8、4、2、1。
十进制数和 8421 码的转换关系为

$$\text{十进制数} \xrightleftharpoons[\text{按权 8、4、2、1 展开求和}]{\text{按权 8、4、2、1 定码}} 8421 \text{ 码}$$

② 余 3 码为无权码,如果把每一个余 3 码看作 4 位二进制数,则它的数值要比它表示的十进制数码多 3。

十进制数和余 3 码的转换关系为

$$\text{十进制数} \xrightleftharpoons[\text{按权 }8、4、2、1\text{ 展开求和再减 }3]{\text{加 }3\text{ 后按权 }8、4、2、1\text{ 定码}} \text{余 }3\text{ 码}$$

③ 余 3 码和 8421 码之间的关系为

$$\text{余 }3\text{ 码} = 8421\text{ 码} + 0011$$
$$8421\text{ 码} = \text{余 }3\text{ 码} + 1101$$

2. 格雷码

格雷码(Gray 码)的每一位代码以固定的周期循环,又称循环码。格雷码各位的循环周期为:右起第 1 位的循环周期为 0110,右起第 2 位的循环周期为 00111100,右起第 3 位的循环周期为 0000111111110000,以此类推。

表 8.2 为 4 位格雷码的编码表。

表 8.2 4 位格雷码编码表

十进制数	格雷码	十进制数	格雷码
0	0000	8	1100
1	0001	9	1101
2	0011	10	1111
3	0010	11	1110
4	0110	12	1010
5	0111	13	1011
6	0101	14	1001
7	0100	15	1000

格雷码的代码位数不同,表示十进制数的范围不同。

格雷码是一种无权码,它的特点是任意两组相邻代码之间及 0 和最大数 $2^n - 1$ 的两组代码之间只有一位不同,其余各位都相同。

8.2 基本逻辑运算、复合逻辑运算及其描述

8.2.1 逻辑代数与逻辑变量

逻辑关系是事物遵循的因果关系,逻辑代数是研究数字逻辑关系的数学工具。逻辑代数中的变量称为逻辑变量,因变量称为逻辑函数。逻辑代数中的变量及函数用字母表示,变量及函数只有 0 和 1 两种取值,0 和 1 不表示数量的大小,而是表示两种对立的逻辑状态,称为逻辑 0 和逻辑 1。表示逻辑函数和变量之间关系的代数式,称为逻辑函数表达式。描述逻辑函数值与输入变量所有取值组合之间关系的表格,称为真值表。实现逻辑运算的电路,称为逻辑门。

8.2.2 三种基本逻辑运算及其描述

逻辑代数中基本的逻辑运算有与逻辑、或逻辑和非逻辑三种。实现基本逻辑运算的电路称为基本逻辑门,有与门、或门和非门三种基本逻辑门。

1. 与逻辑运算

若决定一件事情的全部条件都具备时结果才会发生,这种因果关系称为与逻辑关系。

函数 Y 和变量 A、B 之间逻辑与运算关系的逻辑表达式为
$$Y = A \cdot B \tag{8.2}$$
其中,"·"为与逻辑运算符号,在逻辑表达式中也可省略,即式(8.2)可简写成
$$Y = AB \tag{8.3}$$
与逻辑的表达式,可以推广到多个变量,即
$$Y = A \cdot B \cdot C \cdot D \cdots = ABCD \cdots$$
常量 0、1 相与的运算关系为
$$0 \cdot 0 = 0, \quad 0 \cdot 1 = 0, \quad 1 \cdot 0 = 0, \quad 1 \cdot 1 = 1$$
逻辑与运算也称为逻辑乘运算。

式(8.2)的真值表,如表 8.3 所示。实现逻辑与运算的与门,其图形符号如图 8.1 所示。与门的输入端个数大于或等于 2,输出端个数为 1。

表 8.3 与逻辑的真值表

A	B	Y
0	0	0
0	1	0
1	0	0
1	1	1

(a) 国标符号　　(b) 国外常用符号

图 8.1　与门的图形符号

2. 或逻辑运算

若决定一件事情的全部条件中有一个或一个以上条件具备时,结果就会发生,这种因果关系称为或逻辑关系。

函数 Y 和变量 A、B 之间逻辑或运算关系的逻辑表达式为
$$Y = A + B \tag{8.4}$$
其中,"+"为或逻辑运算符号。

或逻辑的表达式,可以推广到多个变量,即
$$Y = A + B + C + D \cdots$$
常量 0、1 相或的运算关系为
$$0 + 0 = 0, \quad 0 + 1 = 1, \quad 1 + 0 = 1, \quad 1 + 1 = 1$$
逻辑或运算也称为逻辑加运算。

式(8.4)的真值表如表 8.4 所示。实现逻辑或运算的或门,其图形符号如图 8.2 所示。或门的输入端个数大于或等于 2,输出端个数为 1。

表 8.4 或逻辑的真值表

A	B	Y
0	0	0
0	1	1
1	0	1
1	1	1

(a) 国标符号　　(b) 国外常用符号

图 8.2　或门的图形符号

3. 非逻辑运算

当决定一件事情的条件具备时这件事情不会发生,当条件不具备时事情反而会发生,这种因果关系称为非逻辑关系。

函数 Y 和变量 A 之间逻辑非运算关系的逻辑表达式为

$$Y = \overline{A} \tag{8.5}$$

其中,"‾"为非逻辑运算符号。

常量 0、1 的非运算关系为

$$\overline{0} = 1, \quad \overline{1} = 0$$

逻辑非运算也称为逻辑取反运算。

式(8.5)的真值表如表 8.5 所示。实现逻辑非运算的非门,其图形符号如图 8.3 所示。非门的输入端个数为 1,输出端个数为 1。

表 8.5 非逻辑的真值表

A	Y
0	1
1	0

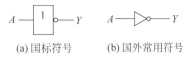

(a) 国标符号   (b) 国外常用符号

图 8.3 非门的图形符号

8.2.3 复合逻辑运算及其描述

含有一种以上基本逻辑运算为复合逻辑运算。实现复合逻辑运算的门称为复合逻辑门。引入复合逻辑,可使集成门电路标准化。下面介绍 5 种常用的复合逻辑运算。

1. 与非逻辑运算

与非逻辑运算是由与运算和非运算组成的复合运算。实现与非逻辑运算的电路称为与非门。功能描述如表 8.6 所示。

表 8.6 与非逻辑

逻辑表达式	真 值 表			门的图形符号
	A	B	Y	
$Y = \overline{A \cdot B}$ 或简写为 $Y = \overline{AB}$ 运算顺序为先与后非。推广到多个变量有 $Y = \overline{ABC\cdots}$	0	0	1	(a) 国标符号 (b) 国外常用符号 输入端个数≥2,输出端个数=1
	0	1	1	
	1	0	1	
	1	1	0	

2. 或非逻辑运算

或非逻辑运算是由或运算和非运算组成的复合运算。实现或非逻辑运算的电路称为或非门。功能描述如表 8.7 所示。

表 8.7 或非逻辑

逻辑表达式	真值表			门的图形符号
	A	B	Y	
$Y=\overline{A+B}$ 运算顺序为先或后非。 推广到多个变量有 $Y=\overline{A+B+C+\cdots}$	0	0	1	(a) 国标符号　(b) 国外常用符号 输入端个数≥2，输出端个数=1
	0	1	0	
	1	0	0	
	1	1	0	

3. 与或非逻辑运算

与或非逻辑运算是由与运算、或运算和非运算组成的复合运算。实现与或非逻辑运算的电路称为与或非门。功能描述如表 8.8 所示。

表 8.8 与或非逻辑

逻辑表达式	真值表									门的图形符号
	A	B	C	D	Y	A	B	C	D	Y	
$Y=\overline{AB+CD}$ 运算顺序为先与、后或再非。 推广：相与组数≥2，每组输入变量个数≥2	0	0	0	0	1	1	0	0	0	1	(a) 国标符号 (b) 国外常用符号 相与组数≥2，每组输入端个数≥2，输出端个数=1
	0	0	0	1	1	1	0	0	1	1	
	0	0	1	0	1	1	0	1	0	1	
	0	0	1	1	0	1	0	1	1	0	
	0	1	0	0	1	1	1	0	0	0	
	0	1	0	1	1	1	1	0	1	0	
	0	1	1	0	1	1	1	1	0	0	
	0	1	1	1	0	1	1	1	1	0	

4. 异或逻辑运算

异或逻辑运算是两个变量以相异的形式组成两个与项、再将与项相或的运算。实现异或逻辑运算的电路称为异或门。功能描述如表 8.9 所示。

表 8.9 异或逻辑

逻辑表达式	真值表			门的图形符号
	A	B	Y	
$Y=\overline{A}B+A\overline{B}$（定义） $=A\oplus B$（简记）	0	0	0	(a) 国标符号　(b) 国外常用符号 输入端个数=2，输出端个数=1
	0	1	1	
	1	0	1	
	1	1	0	

5. 同或逻辑运算

同或逻辑运算是两个变量以相同的形式组成两个与项、再将与项相或的运算。实现同或逻辑运算的电路称为同或门。功能描述如表 8.10 所示。

表 8.10 同或逻辑

逻辑表达式	真值表			门的图形符号
	A	B	Y	
$Y = \overline{A}\overline{B} + AB$（定义） $= A \odot B$（简记）	0	0	1	(a) 国标符号　　(b) 国外常用符号 输入端个数=2，输出端个数=1
	0	1	0	
	1	0	0	
	1	1	1	

8.3 逻辑代数中的公式和定理

根据三种基本逻辑运算，可推出一些基本公式、常用公式及基本定理，它们是研究数字逻辑电路重要的数学工具。

8.3.1 基本公式

逻辑代数的基本公式列于表 8.11 中。0-1 律、求反律、重叠律、互补律、还原律，可按与、或、非三种基本逻辑运算进行理解，无须证明。而交换律、结合律、分配律和反演律可用真值表证明。

表 8.11 逻辑代数的基本公式

名　称	公　式	
0-1 律	$0 \cdot A = 0$ $1 \cdot A = A$	$1 + A = 1$ $0 + A = A$
求反律	$\overline{0} = 1$ $\overline{1} = 0$	
重叠律	$A \cdot A = A$	$A + A = A$
互补律	$A \cdot \overline{A} = 0$	$A + \overline{A} = 1$
交换律	$A \cdot B = B \cdot A$	$A + B = B + A$
结合律	$(A \cdot B) \cdot C = A \cdot (B \cdot C)$	$(A + B) + C = A + (B + C)$
分配律	$A \cdot (B + C) = A \cdot B + A \cdot C$	$A + B \cdot C = (A + B) \cdot (A + C)$
反演律（摩根定律）	$\overline{A \cdot B} = \overline{A} + \overline{B}$	$\overline{A + B} = \overline{A} \cdot \overline{B}$
还原律	$\overline{\overline{A}} = A$	

用真值表证明逻辑等式的方法为：将变量所有可能的取值组合一一代入等式的两边，算出相应的结果，列出真值表。若等式两边对应的真值表相同，则等式成立。

8.3.2 常用公式

逻辑代数的常用公式，可用真值表法或公式法证明。公式法证明逻辑等式的方法为：从给定等式的一边开始，利用其他基本公式进行变换、运算推演，得到另一边的形式。一般从表达形式烦琐的一边开始证明。

$$AB + A\bar{B} = A \tag{8.6}$$

$$A + AB = A \tag{8.7}$$

$$A + \bar{A}B = A + B \tag{8.8}$$

$$AB + \bar{A}C + BC = AB + \bar{A}C \tag{8.9}$$

推论：

$$AB + \bar{A}C + BCD\cdots = AB + \bar{A}C \tag{8.10}$$

$$\overline{AB + A\bar{B}} = \overline{A}\overline{B} + AB$$

可简记为

$$\overline{A \oplus B} = A \odot B \tag{8.11}$$

8.3.3 基本定理

1. 代入定理

在任何一个逻辑等式中，将等式两边出现的某一变量都以一个函数代替，等式仍然成立。代入定理可扩展逻辑等式的适用范围。

例 8.1 用代入定理证明摩根定律也适用于多变量。

解：已知二变量的摩根定理为

$$\overline{A \cdot B} = \bar{A} + \bar{B} \quad 和 \quad \overline{A + B} = \bar{A} \cdot \bar{B}$$

以 $(B \cdot C)$ 代入左边等式中 B 的位置，得到

$$\overline{A \cdot B \cdot C} = \bar{A} + \overline{B \cdot C} = \bar{A} + \bar{B} + \bar{C}$$

以 $(B+C)$ 代入右边等式中 B 的位置，得到

$$\overline{A + B + C} = \bar{A} \cdot \overline{B+C} = \bar{A} \cdot \bar{B} \cdot \bar{C}$$

2. 反演定理

对于任意一个逻辑函数式 Y，运算符号"＋"和"·"互换，常量 0 和 1 互换，变量原变量和反变量互换，则所得到的结果为函数 Y 的反函数 $\bar{Y}$。

没有非号的单个变量称为原变量，有非号的单个变量称为反变量，保持原来的运算顺序不变。运算优先顺序为"先括号、然后乘、最后加"，不属于单个变量上的非号应保留不变。

反演定理用于求一个逻辑函数的反函数。求反函数的另一种方法为：函数式的等号两边同时加非号，根据需要再变形。

例 8.2 求逻辑函数 $Y = A + \overline{B + \bar{C}} + \overline{D + \bar{E}}$ 的反函数。

解：由反演定理可直接写出

$$\bar{Y} = \bar{A} \cdot \overline{\bar{B} \cdot C} \cdot \overline{\bar{D}E}$$

两边同时加非号，再变形

$$\bar{Y} = \overline{A + \overline{B + \bar{C}} + \overline{D + \bar{E}}} = \bar{A} \cdot \overline{\bar{B} \cdot C} \cdot \overline{\bar{D}E}$$

3. 对偶定理

1) 逻辑函数的对偶式

对于任意一个逻辑函数式 Y，运算符号"＋"和"·"互换，常量 0 和 1 互换，则所得到的

结果为函数 Y 的对偶式 Y'。注意,保持原来的运算顺序不变。

2) 对偶定理

若两个逻辑函数式相等,则它们的对偶式也相等。证明逻辑等式时,有些情况下证明逻辑等式的对偶式相等更容易。

8.4 逻辑函数的表示方法及相互转换

一个逻辑函数可以采用真值表、逻辑表达式、逻辑图、卡诺图等不同的表示形式。各种表示形式具有不同的特点,并且可以进行相互转换。下面分别介绍。

8.4.1 逻辑函数的真值表

真值表的一般构成形式如表 8.12 所示。真值表有如下特点:
(1) 直观地反映函数值与变量取值的对应关系。
(2) 真值表具有唯一性。

表 8.12 逻辑函数真值表的一般构成形式

输入变量 A B C $\cdots$	逻辑函数 Y_1 Y_2 $\cdots$
变量及其取值组合部分,n 个变量有 2^n 组取值组合,按如下方式填写: 右起第一个变量由上至下,1 个 0、1 个 1 间隔排列 右起第二个变量由上至下,2 个 0、2 个 1 间隔排列　排列 2^n 行 右起第三个变量由上至下,4 个 0、4 个 1 间隔排列 $\vdots$	逻辑函数值部分,由逻辑运算关系确定

8.4.2 逻辑函数的表达式

逻辑函数表达式中,通常用与、或、非等运算的组合表示变量之间的运算关系。逻辑表达式有如下特点。
(1) 便于利用公式和定理进行运算或变换。
(2) 逻辑表达式的形式不唯一。

1. 逻辑表达式的几种常用表示形式

1) 与或式

与或式为几个与项相或的逻辑表达式,如 $Y = AB + \overline{A}C$。

2) 与非-与非式

与非-与非式为几个与非项相与非的逻辑表达式,如 $Y = \overline{\overline{AB} \cdot \overline{\overline{A}C}}$。

3) 与或非式

与或非式为几个与项相或非的逻辑表达式,如 $Y = \overline{\overline{A}C + A\overline{B}}$。

4) 或非-或非式

或非-或非式为几个或非项相或非的逻辑表达式,如 $Y = \overline{\overline{A+C} + \overline{\overline{A}+B}}$。

5) 与非-与式

与非-与式为几个与非项相与的逻辑表达式，如 $Y = \overline{AC} \cdot \overline{AB}$。

2. 逻辑表达式几种常用表示形式的转换

转换方法如图 8.4 所示。

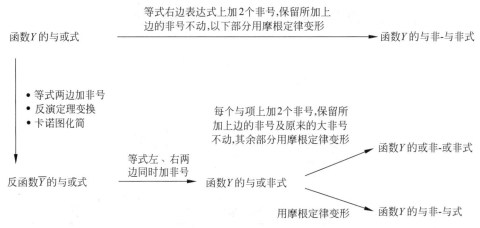

图 8.4 逻辑表达式几种常用表示形式的转换

例 8.3 将逻辑函数式 $Y = AB\overline{C} + \overline{B}C + BD$ 转换为与非-与非式。

解：

$$Y = AB\overline{C} + \overline{B}C + BD$$
$$= \overline{\overline{AB\overline{C} + \overline{B}C + BD}} \quad (\text{等号右边加 2 个非号})$$
$$= \overline{\overline{AB\overline{C}} \cdot \overline{\overline{B}C} \cdot \overline{BD}} \quad (\text{用摩根定律变形})$$

例 8.4 将函数式 $Y = AB + \overline{A}C + \overline{B}C$ 转换为与或非式、与非-与式、或非-或非式及与非-式。

解： 先求反函数的与或式为

$$\overline{Y} = \overline{AB + \overline{A}C + \overline{B}C} = \overline{AB} \cdot \overline{\overline{A}C} \cdot \overline{\overline{B}C} = (\overline{A} + \overline{B})(A + \overline{C})(B + C) = \overline{A}B\overline{C} + A\overline{B}C$$

将 $\overline{Y}$ 式的等号两边加非号，可得 Y 的与或非式为

$$Y = \overline{\overline{Y}} = \overline{\overline{A}B\overline{C} + A\overline{B}C}$$

在 Y 的与或非式中的每个与项上加 2 个非号，再用摩根定律变形，可得 Y 的或非-或非式为

$$Y = \overline{\overline{\overline{A}B\overline{C}} + \overline{A\overline{B}C}} = \overline{\overline{\overline{A}B\overline{C}} + \overline{A\overline{B}C}} = \overline{A + \overline{B} + C} + \overline{\overline{A} + B + \overline{C}}$$

对 Y 的与或非式用摩根定律变形，可得 Y 的与非-与式为

$$Y = \overline{\overline{A}B\overline{C} + A\overline{B}C} = \overline{\overline{A}B\overline{C}} \cdot \overline{A\overline{B}C}$$

3. 逻辑函数的标准与或表达式

1) 最小项的概念

在 n 个逻辑变量的逻辑函数中，有 n 个变量且每个变量以原变量或反变量的形式仅出现一次的乘积项称为最小项。例如，A、B、C 三个变量的最小项有 $\overline{A}\overline{B}\overline{C}$、$\overline{A}\overline{B}C$、$\overline{A}B\overline{C}$、$\overline{A}BC$、

$A\overline{B}\overline{C}$、$\overline{A}BC$、$A\overline{B}C$ 和 ABC。

2）最小项的表示方式

最小项有以下两种表示方式。

① n 个变量相乘表示形式。

② 编号表示形式。用编号表示时，最小项为 m_i，下标 i 为用十进制数表示的最小项编号。将变量相乘形式最小项的变量取值组合当成二进制数，对应的十进制数为最小项的编号。其中，原变量对应 1 值，反变量对应 0 值。如变量相乘形式的三变量最小项 $A\overline{B}C$，变量取值组合为 101，转换的十进制数为 5，则 $A\overline{B}C$ 最小项的编号表示形式为 m_5。n 个变量时，全体最小项的编号范围为 $0 \sim 2^n - 1$。

3）逻辑相邻的最小项

两个最小项只有一个变量的形式不同，其余变量完全相同，则称两个最小项具有逻辑相邻性。如三变量的最小项 $\overline{A}\overline{B}\overline{C}$ 有 $AB\overline{C}$、$\overline{A}B\overline{C}$ 和 $\overline{A}\overline{B}C$ 3 个相邻的最小项。

4）最小项的性质

表 8.13 为三变量最小项的真值表。

表 8.13　变量 A、B、C 全部最小项的真值表

A	B	C	$\overline{A}\overline{B}\overline{C}$	$\overline{A}\overline{B}C$	$\overline{A}B\overline{C}$	$\overline{A}BC$	$A\overline{B}\overline{C}$	$A\overline{B}C$	$AB\overline{C}$	ABC
0	0	0	1	0	0	0	0	0	0	0
0	0	1	0	1	0	0	0	0	0	0
0	1	0	0	0	1	0	0	0	0	0
0	1	1	0	0	0	1	0	0	0	0
1	0	0	0	0	0	0	1	0	0	0
1	0	1	0	0	0	0	0	1	0	0
1	1	0	0	0	0	0	0	0	1	0
1	1	1	0	0	0	0	0	0	0	1

由表可知，最小项有如下性质。

① n 个变量的逻辑函数有 2^n 个最小项。

② 每一个最小项有且仅有一组使其值为 1 的对应变量取值。

③ 任意两个不同最小项的乘积为 0。

④ 全体最小项之和为 1。

⑤ n 个变量的最小项有 n 个相邻的最小项。

5）逻辑函数的标准与或表达式

与项均为最小项的与或式称为逻辑函数的标准与或表达式，或称为最小项表达式。标准与或表达式的形式具有唯一性。公式变换法求标准与或表达式的方法为：利用基本公式 $\overline{A} + A = 1$，在与或表达式中对缺少变量的与项乘以所缺少变量的反变量、原变量之和，再展开。

例 8.5　将函数 $Y = AB + AC + BC$ 变换成最小项之和的标准与或式。

解：

$$Y = AB + AC + BC$$

$$= AB(\overline{C}+C) + A(\overline{B}+B)C + (\overline{A}+A)BC$$
$$= AB\overline{C} + ABC + A\overline{B}C + ABC + \overline{A}BC + ABC$$
$$= AB\overline{C} + A\overline{B}C + \overline{A}BC + ABC$$
$$= \sum m(3,5,6,7)$$

8.4.3 逻辑函数的逻辑图

将逻辑函数表达式中各变量之间的逻辑运算关系用图形符号表示,并依据运算顺序连接图形符号,所得的电路图称为逻辑图。逻辑函数 $Y=AB+C$ 的逻辑图如图 8.5 所示。

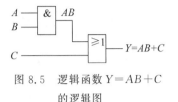

图 8.5 逻辑函数 $Y=AB+C$ 的逻辑图

逻辑图有如下特点。

(1) 接近工程实际,直观地表示信号的路径。

(2) 逻辑图的形式不唯一。

8.4.4 逻辑函数的卡诺图

卡诺图是描述逻辑函数输入变量所有取值组合和函数值之间关系的方格图。这种表示方法是由美国工程师卡诺(Karnaugh)首先提出的,故称为卡诺图。

1. 逻辑变量的卡诺图

变量的卡诺图构建方法为：将 n 个变量分成行变量和列变量,行变量和列变量的个数相等或行变量比列变量少一个变量,按格雷码的规律标注行变量、列变量的取值组合,划分出 2^n 个小格,每个小格代表一个最小项。卡诺图中,最小项的逻辑相邻性与几何位置相邻一致。

图 8.6 表示二、三、四变量卡诺图的构成及每个小格和最小项的对应关系。大于四变量的卡诺图,最小项的相邻关系不直观且较复杂,应用很少,这里不做介绍。

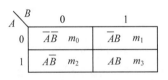

(a) 二变量卡诺图　　(b) 三变量卡诺图

(c) 四变量卡诺图

图 8.6 二、三、四变量卡诺图的构成

2. 用卡诺图表示逻辑函数

用卡诺图表示逻辑函数时,在小格内填写函数值。逻辑函数 $Y(A,B,C)=\sum m(1,3,6,7)$ 的卡诺图表示如图 8.7 所示。

A \ BC	00	01	11	10
0	0	1	1	0
1	0	0	1	1

图 8.7　函数 $Y(A,B,C)=\sum m(1,3,6,7)$ 的卡诺图

8.4.5 逻辑函数各种表示方法之间的转换

视频讲解

逻辑函数的各种表示方法之间可以转换,图 8.8 给出了相互转换关系。

1. 由真值表写出标准与或表达式

转换方法为:将真值表中使函数 $Y=1$ 的输入变量取值组合分别写成最小项,相加各最小项得到函数 Y 的标准与或表达式。

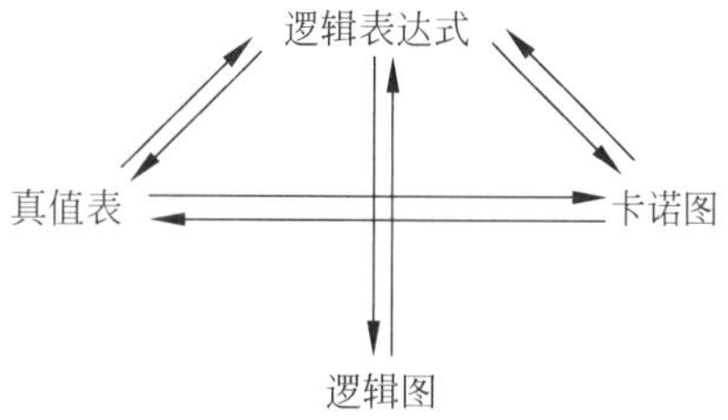

图 8.8　逻辑函数各种表示方法之间的转换

注意,输入变量取值为 1 时写成原变量,输入变量取值为 0 时写成反变量。将真值表中使函数 $Y=0$ 的输入变量取值组合分别写成最小项并相加,得反函数 $\overline{Y}$ 的标准与或表达式。

例 8.6　逻辑函数的真值表如表 8.14 所示,写出函数的标准与或表达式。

解:使 $Y=1$ 的输入变量取值组合对应的最小项为

$$001\rightarrow\overline{A}\,\overline{B}C,\quad 010\rightarrow\overline{A}B\overline{C},\quad 100\rightarrow A\overline{B}\,\overline{C},\quad 111\rightarrow ABC$$

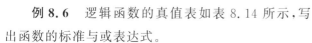

相加各最小项,得函数的标准与或逻辑表达式

$$Y=\overline{A}\,\overline{B}C+\overline{A}B\overline{C}+A\overline{B}\,\overline{C}+ABC=\sum m(1,2,4,7)$$

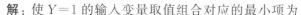

表 8.14　例 8.6 的真值表

A	B	C	Y
0	0	0	0
0	0	1	1
0	1	0	1
0	1	1	0
1	0	0	1
1	0	1	0
1	1	0	0
1	1	1	1

2. 由逻辑表达式列出真值表

转换方法如下。

(1) 根据逻辑表达式的变量个数排列真值表中变量的全部取值组合。

(2) 将逻辑表达式变形为与或式,在各与项所覆盖的行内填写函数值1,重复填写1值时只填写一次,剩余行内填写函数值为0。

例 8.7 已知逻辑函数 $Y=A+\overline{BC}+\overline{A}B\overline{C}$,求对应的真值表。

解:求解过程如表8.15所示。列出真值表中三变量 ABC 的8种取值组合后,填写函数值。其中,与项 A 所覆盖真值表中 $A=1$ 的行填写 $Y=1$,与项 $\overline{BC}$ 所覆盖真值表中 $BC=01$ 的行填写 $Y=1$,与项 $\overline{A}B\overline{C}$ 所覆盖真值表中 $ABC=010$ 的行填写 $Y=1$。重复填写1值的101行只填写一次。在填写 $Y=1$ 的剩余行填写 $Y=0$。

表 8.15 例 8.7 的真值表

A	B	C	Y
0	0	0	0
0	0	1	1
0	1	0	1
0	1	1	0
1	0	0	1
1	0	1	1
1	1	0	1
1	1	1	1

3. 由逻辑表达式画出逻辑图

转换方法为:用图形符号代替逻辑表达式中的运算符号,并依据运算顺序连接图形符号。

例 8.8 已知逻辑函数 $Y=\overline{\overline{\overline{AB}}\cdot\overline{\overline{A\overline{B}}}}$,画出对应的逻辑图。

解:用2个非门分别实现 $\overline{A}$、$\overline{B}$,用2个与非门分别实现 $\overline{\overline{A}B}$、$\overline{A\overline{B}}$,用1个与非门实现 $\overline{\overline{\overline{A}B}\cdot\overline{A\overline{B}}}$,逻辑图如图8.9所示。

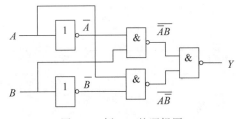

图 8.9 例 8.8 的逻辑图

4. 由逻辑图写出逻辑表达式

转换方法为:从逻辑图的输入端到输出端逐级写出每个逻辑符号对应的逻辑运算式,直至得到输出函数的逻辑表达式。

5. 由真值表列出卡诺图

转换方法为:按变量取值组合相同时真值表的一行对应卡诺图的一小格进行转换。

6. 由卡诺图列出真值表

转换方法为:按变量取值组合相同时卡诺图的一小格对应真值表的一行进行转换。

7. 由逻辑表达式列出卡诺图

转换方法如下。

(1) 将逻辑表达式的变量分为行变量和列变量,做变量卡诺图并标注变量取值组合。

(2) 将逻辑表达式变形为与或式,在各与项所覆盖的小格内填写函数值为1,重复填写

1 值时只填写一次，剩余格内填写函数值为 0。

例 8.9　用卡诺图表示逻辑函数 $Y(A,B,C,D)=\bar{A}\bar{B}\bar{C}D+\bar{A}B\bar{D}+ACD+A\bar{B}$。

解：求解过程如图 8.10 所示。画出四变量 $ABCD$ 的卡诺图并标注变量取值组合。填写各小格的函数值，其中，与项 $\bar{A}\bar{B}\bar{C}D$ 所覆盖 $AB=00$ 行、$CD=01$ 列的小格填写 1 值，与项 $\bar{A}B\bar{D}$ 所覆盖 $AB=01$ 行、$D=0$ 列的小格填写 1 值，与项 ACD 所覆盖 $A=1$ 行、$CD=11$ 列的小格填写 1 值，与项 $A\bar{B}$ 所覆盖 $AB=10$ 行的小格填写 1 值，重复填写 1 值的 1011 小格只填写一次，在填写 1 值后剩余小格内填写 0 值。

AB \ CD	00	01	11	10
00	0	1	0	0
01	1	0	0	1
11	0	0	1	0
10	1	1	1	1

图 8.10　例 8.9 的卡诺图

8. 由卡诺图写出逻辑表达式

卡诺图的一般用途是对逻辑函数进行化简，得到最简逻辑表达式，8.5.2 节将详细叙述。

8.5　逻辑函数的化简

一般逻辑函数表达式越简单，实现的电路就越简单。逻辑函数的化简就是消去逻辑函数式中的多余项和多余变量，得到最简的表达形式，一般化简为最简与或式，由此转换成其他形式的表达式也是最简的。最简与或式的标准是，与项的个数最少且每个与项中的变量个数最少。逻辑函数化简的常用方法有公式化简法和卡诺图化简法。

8.5.1　逻辑函数的公式化简法

视频讲解

逻辑函数的公式化简法也称为代数化简法，使用逻辑代数中的基本公式和常用公式，消去函数式中的多余项和多余变量。公式化简法没有局限性，适用任何类型、任何变量数的逻辑函数化简。常用的方法有并项法、吸收法、消去法、配项法和消项法。

有以下 4 点说明。

(1) 利用公式化简法化简逻辑函数时，需要熟练掌握和运用基本公式和常用公式，并且要有一定的技巧，化简题往往并不给出非常明显而齐备的化简条件，需先观察给定表达式的结构，进行必要的形式变换，创造化简条件。

(2) 最简结果可能为仅有一个与项、与项仅有一个变量等特殊形式，最简结果还可能为常量。

(3) 化简的结果不一定是唯一的。

(4) 化简复杂的逻辑函数时，往往需要将并项法、吸收法、消去法、配项法和消项法综合运用。

1. 并项法

利用公式 $AB+A\bar{B}=A$，将两项合并为一项并消去一个变量。例如，$Y=A\bar{B}C+AB\bar{C}+A\bar{B}\bar{C}+ABC=A(\bar{B}C+B\bar{C})+A(\bar{B}\bar{C}+BC)=A(\bar{B}C+B\bar{C})+A(\overline{\bar{B}C+B\bar{C}})=A[(\bar{B}C+B\bar{C})+\overline{(\bar{B}C+B\bar{C})}]=A$

2. 吸收法

利用公式 $A+AB=A$，吸收掉多余项 AB。例如，$Y=\overline{AB}+\overline{A}D+\overline{B}C=\overline{A}+\overline{B}+\overline{A}D+\overline{B}C=\overline{A}(1+D)+\overline{B}(1+C)=\overline{A}+\overline{B}$。

3. 消去法

利用公式 $A+\overline{A}B=A+B$，消去与项 $\overline{A}B$ 中的多余因子 $\overline{A}$。例如，$Y=AC+\overline{A}D+\overline{C}D=AC+(\overline{A}+\overline{C})D=AC+\overline{AC}D=AC+D$。

4. 配项法

利用公式 $A+\overline{A}=1$，在函数表达式中的某一项上乘所缺少变量的原、反变量之和，再拆成两项分别与其他项合并。例如，$Y=A\overline{C}+\overline{B}C+\overline{A}C+B\overline{C}=A\overline{C}+\overline{B}C+\overline{A}(\overline{B}+B)C+(\overline{A}+A)B\overline{C}=A\overline{C}+\overline{B}C+\overline{A}\overline{B}C+\overline{A}BC+\overline{A}B\overline{C}+AB\overline{C}=A\overline{C}(1+B)+\overline{B}C(1+\overline{A})+\overline{A}B(C+\overline{C})=A\overline{C}+\overline{B}C+\overline{A}B$。

5. 消项法

利用公式 $AB+\overline{A}C+BC=AB+\overline{A}C$ 或 $AB+\overline{A}C+BCD\cdots=AB+\overline{A}C$，将多余项 BC 或 $BCD\cdots$ 消去。例如，$Y=AC+A\overline{B}+\overline{B+C}=AC+A\overline{B}+\overline{B}\overline{C}=AC+\overline{B}\overline{C}$。

在化简复杂的逻辑函数时，往往需要将上述多种方法综合运用。

例 8.10 化简逻辑函数 $Y=AC+\overline{B}C+B\overline{D}+C\overline{D}+A(B+\overline{C})+\overline{A}BC\overline{D}+A\overline{B}DE$。

解：

$$Y=AC+\overline{B}C+B\overline{D}+C\overline{D}+A(B+\overline{C})+\overline{A}BC\overline{D}+A\overline{B}DE$$

$$=AC+\overline{B}C+B\overline{D}+C\overline{D}+A(B+\overline{C})+A\overline{B}DE$$

$$=AC+\overline{B}C+B\overline{D}+C\overline{D}+\overline{A\overline{B}C}+A\overline{B}DE$$

$$=AC+\overline{B}C+B\overline{D}+C\overline{D}+A+A\overline{B}DE$$

$$=A+\overline{B}C+B\overline{D}+C\overline{D}$$

$$=A+\overline{B}C+B\overline{D}$$

视频讲解

8.5.2 逻辑函数的卡诺图化简法

逻辑函数的卡诺图化简法也称为图形化简法，是在逻辑函数的卡诺图上通过合并相邻最小项进行函数化简。卡诺图化简法一般只用于变量个数不超过 4 个的逻辑函数化简。卡诺图化简法具有简单、明了的特点。

1. 合并最小项的基本原理

依据公式 $AB+A\overline{B}=A$，将两个只有一个变量不同的与项进行合并，消去一个互反的变量，合并结果为两个与项的共同部分。

2. 卡诺图合并化简最小项的规律

逻辑函数的卡诺图中，$2^i(i=0,1,2,\cdots)$ 个值为 1 且相邻的最小项（小格）可合并成一项，消去 i 个变量，合并化简的结果为各个小格取值相同变量组成的与项。

有以下 3 点说明。

（1）相邻的最小项（小格）合并用画包围圈的方式表示。

（2）卡诺图中最小项（小格）相邻的情况为：2 个最小项（小格）相邻为水平或垂直方向

紧挨着、一行或一列的首尾；4、8 个最小项（小格）相邻为循环相邻。

(3) 变量取值和变量形式的对应关系为：0 值对应反变量，1 值对应原变量。

3. 卡诺图化简法的步骤

1) 做逻辑函数的卡诺图

2) 画包围圈合并最小项

(1) 包围圈的个数要最少（对应最简标准的与项个数最少）。

用最少的包围圈将所有的 1 格圈完，1 格可被重复圈在不同的包围圈内，任一包围圈内必须有没被其他包围圈圈过的 1 格。

(2) 包围圈要最大（对应最简标准的与项中变量个数最少）。

在符合包围圈内小格数为 $2^i(i=0,1,2,\cdots)$ 的前提下，包围圈内有相邻关系的 1 格数要尽可能多。

3) 将各包围圈合并后的与项相或，写出最简与或式表达式

有以下 3 点说明。

(1) 当存在只有一种圈法的 1 格时，从此格开始画包围圈，以保证包围圈的个数最少。

(2) 圈 0 格合并化简得反函数的最简与或式。

(3) 化简的结果不一定是唯一的。

例 8.11 用卡诺图化简法化简逻辑函数 $Y=A\bar{B}C+\bar{A}CD+\bar{B}CD+B\bar{C}$。

解：求解过程如图 8.11 所示。

(1) 画出函数 Y 的卡诺图。

(2) 从只有一种圈法的 1 格开始画包围圈合并最小项。最小项 $\bar{A}\bar{B}CD$ 只和最小项 $\bar{A}BCD$ 相邻，画包围圈合并，合并结果为 $\bar{A}BD$；最小项 $\bar{A}B\bar{C}\bar{D}$、$\bar{A}B\bar{C}D$、$AB\bar{C}\bar{D}$、$AB\bar{C}D$

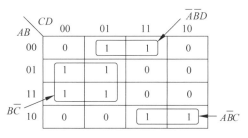

图 8.11　例 8.11 的卡诺图及化简

循环相邻，画包围圈合并，合并结果为 $B\bar{C}$；最小项 $A\bar{B}CD$、$A\bar{B}C\bar{D}$ 相邻，画包围圈合并，合并结果为 $A\bar{B}C$。

(3) 相加各与项，得最简与或式
$$Y=B\bar{C}+\bar{A}BD+A\bar{B}C$$

例 8.12 用卡诺图化简法化简逻辑函数 $Y(A,B,C,D)=\sum m(0,2,5,7,8,10,13,15)$。

解：求解过程如图 8.12 所示。

(1) 画出函数 Y 的卡诺图。

(2) 从只有一种圈法的 1 格开始画包围圈合并最小项。四角的最小项 m_0、m_2、m_8、m_{10} 循环相邻，画包围圈合并，合并结果为 $\bar{B}\bar{D}$；最小项 m_5、m_7、m_{13}、m_{15} 循环相邻，画包围圈合并，合并结果为 BD。

(3) 相加各与项，得最简与或式
$$Y=\bar{B}\bar{D}+BD$$

例 8.13 已知逻辑函数
$$Y(A,B,C,D)=\sum m(0,1,2,3,4,8,10,11,12)$$

用卡诺图化简法求反函数的最简与或式。

解：求解过程如图 8.13 所示。

(1) 画出函数 Y 的卡诺图。

(2) 从只有一种圈法的 0 格开始画包围圈合并最小项。最小项 m_9、m_{13} 相邻,画包围圈合并,合并结果为 $A\bar{C}D$；最小项 m_5、m_7、m_{13}、m_{15} 循环相邻,画包围圈合并,合并结果为 BD；最小项 m_6、m_7、m_{14}、m_{15} 循环相邻,画包围圈合并,合并结果为 BC。

(3) 相加各与项,得反函数最简与或式

$$\bar{Y} = A\bar{C}D + BD + BC$$

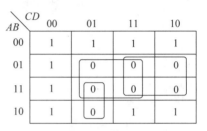

图 8.12　例 8.12 的卡诺图及化简　　　图 8.13　例 8.13 的卡诺图及化简

8.5.3　具有无关项的逻辑函数化简

1. 无关项的含义及其表示方法

一个 n 变量的逻辑函数并不一定与 2^n 个最小项都有关,可能仅与其中的一部分有关,与另一部分无关,即这些无关部分最小项的值为 0 或 1 对逻辑函数均无影响。对逻辑函数值无影响的最小项称为无关项,亦称为约束项、任意项。有无关项的逻辑函数称为有约束条件的逻辑函数。

无关项的表示方法如下。

① 在逻辑表达式中,用 $\sum d$ 表示无关项,如逻辑函数式

$$Y(A,B,C,D) = \sum m(1,3,5,7,9) + \sum d(10,11,12,13,14,15)$$

其中,$\sum m$ 部分表示值为 1 的最小项；$\sum d$ 部分表示为任意值的无关项,即编号为 10、11、12、13、14、15 的最小项为无关项。

在逻辑表达式中,也常将无关项写成恒等于 0 的与或式,标准与或式列于函数式的下边。例如上例函数可写为

$$Y(A,B,C,D) = \sum m(1,3,5,7,9)$$
$$\sum d(10,11,12,13,14,15) = 0$$

② 在真值表和卡诺图中,用 × 表示无关项的行、小格的函数值,× 为 0 或 1 任意值。

2. 具有无关项的逻辑函数的化简

用卡诺图化简具有无关项的逻辑函数时,要合理地利用无关项,圈 1 格或 0 格时按相邻关系圈入某些 × 格,可扩大包围圈,使包围圈数最少,化简结果更简单。

例 8.14　用卡诺图化简法化简具有无关项的逻辑函数

$$Y(A,B,C,D) = \sum m(1,7,8) + \sum d(3,5,9,10,12,14,15)$$

解：求解过程如图 8.14 所示。

(1) 画出函数 Y 的卡诺图。

(2) 圈 1 格，按相邻关系圈入某些×格，画包围圈，合并最小项。最小项 m_1、m_7 及无关项 d_3、d_5 循环相邻，画包围圈合并，合并结果为 $\overline{A}D$；最小项 m_8 及无关项 d_{10}、d_{12}、d_{14} 循环相邻，画包围圈合并，合并结果为 $A\overline{D}$。

(3) 相加各与项，得最简与或式
$$Y = \overline{A}D + A\overline{D}$$

例 8.15 已知逻辑函数
$$Y(A,B,C,D) = \sum m(2,3,4,7,12,13,14) + \sum d(5,6,8,9,10,11)$$

用卡诺图化简法求反函数的最简与或式。

解：求解过程如图 8.15 所示。

(1) 画出函数 Y 的卡诺图。

(2) 圈 0 格，按相邻关系圈入某些×格，画包围圈，合并最小项。最小项 m_{15}、无关项 d_{11} 相邻，画包围圈合并，合并结果为 ACD；最小项 m_0、m_1 及无关项 d_8、d_9 循环相邻，画包围圈合并，合并结果为 $\overline{B}\overline{C}$。

(3) 相加各与项，得反函数的最简与或式
$$\overline{Y} = ACD + \overline{B}\overline{C}$$

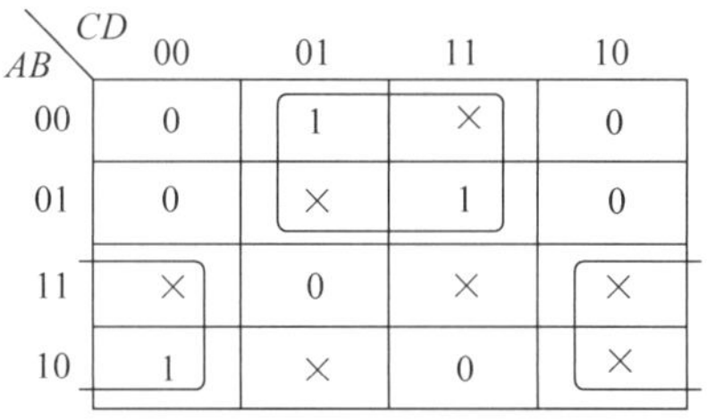

图 8.14 例 8.14 的卡诺图及化简

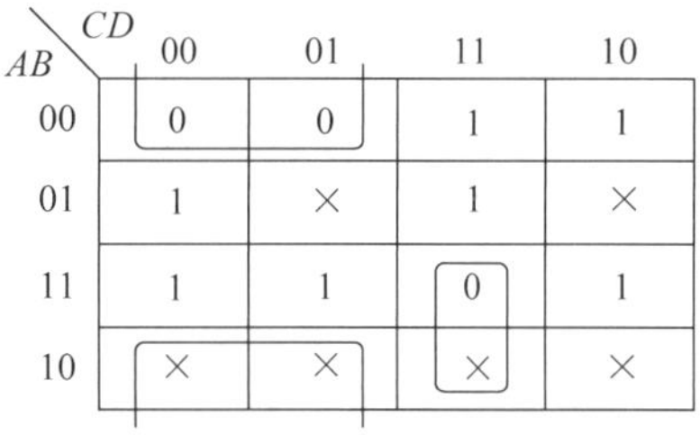

图 8.15 例 8.15 的卡诺图及化简

8.6 数字逻辑 Multisim 仿真示例

视频讲解

Multisim 14 中的逻辑转换仪可以实现真值表、逻辑表达式、逻辑图等逻辑函数表示形式之间的相互转换，可以进行逻辑函数的化简。逻辑转换仪中，逻辑变量的非号用"'"表示。下面主要介绍逻辑函数化简的仿真应用。

1. 仿真化简逻辑函数 $Y = AC + \overline{B}C + B\overline{D} + C\overline{D} + A(B + \overline{C}) + \overline{A}BCD + AB\overline{D}E$

在 Multisim 14 中的虚拟仪器栏中找到逻辑转换仪 XLC1，双击图标打开面板，在面板底部的逻辑函数表达式栏中输入逻辑表达式，单击面板上的"由逻辑函数表达式转换为真值表"按钮，在真值表区即可得到函数的真值表，如图 8.16 所示。

单击面板上的"由真值表转换为逻辑函数最简表达式"按钮，在面板底部的逻辑函数表达式栏即得到最简逻辑表达式，如图 8.17 所示。

化简结果与例 8.10 相同。

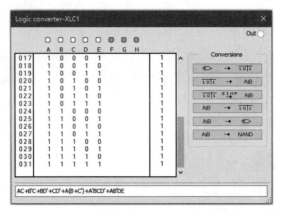

图 8.16　逻辑函数表达式对应的真值表

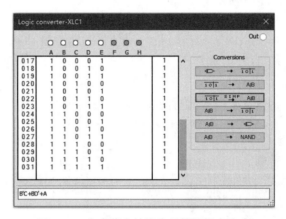

图 8.17　由真值表转换为最简逻辑表达式

2. 仿真化简逻辑函数 $Y(A,B,C,D)=\sum m(1,7,8)+\sum d(3,5,9,10,12,14,15)$

在虚拟仪器栏中找到逻辑转换仪，双击图标打开面板。在打开的面板顶部选择输入变量后，在真值表区自动出现对应输入变量的全部取值组合，而右边函数输出列出现全为 0 的初始值，保留 0 或修改为 1、×，即得到所要化简函数的真值表，如图 8.18 所示。

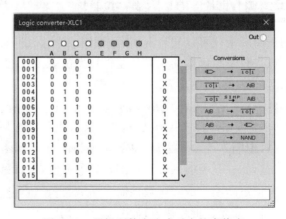

图 8.18　逻辑函数表达式对应的真值表

单击面板上的"由真值表转换为逻辑函数最简表达式 ┃ ┃0┃1 SIMP A│B ┃"按钮,在面板底部的逻辑函数表达式栏即得到最简逻辑表达式,如图8.19所示。

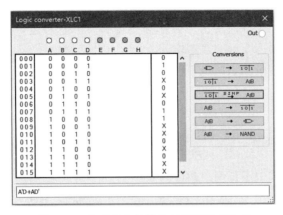

图 8.19　由真值表转换为最简逻辑表达式

化简结果与例8.14相同。

本章小结

本章主要介绍了数制、编码、逻辑代数中的基本公式、常用公式、基本定理、逻辑函数的表示方法、逻辑函数的公式化简法和卡诺图化简法。

(1) 三种基本逻辑关系及运算有与、或和非,复合逻辑关系及运算有与非、或非、与或非、异或及同或。要清楚逻辑符号、逻辑表达式及真值表的表示方法。

(2) 逻辑代数的基本公式、常用公式和基本定理是重要的数学基础,是推演、变换和化简逻辑函数的依据,要注意理解和应用。

(3) 逻辑函数表达式常用表示形式有与或式、与非-与非式、与或非式、或非-或非式、与非-与式,要掌握转换方法。

(4) 逻辑函数的表示方法有真值表、逻辑表达式、卡诺图和逻辑图,它们本质相同,但各有特点,应掌握转换方法。

(5) 逻辑函数有公式化简法和卡诺图化简法两种化简方法。公式化简法是使用逻辑代数中的基本公式和常用公式,消去函数中的多余项和多余变量,该方法没有局限性,适用任何类型、任何变量数的逻辑函数化简,但需有一定的化简技巧。卡诺图化简法是在逻辑函数的卡诺图上通过合并相邻最小项进行函数化简,该方法具有简单、明了的特点,一般只用于变量个数不超过4个的逻辑函数化简。

自测题

一、单项选择题

在各小题备选答案中选择出一个正确的答案,将正确答案前的字母填在题干后的括号内。

1. 下列各数中,最小的是(　　)。
   A. $(101111)_2$　　　　　　　　　　B. $(55)_8$
   C. $(3A)_{16}$　　　　　　　　　　　D. $(0101\ 0110)_{8421BCD}$
2. 仅当全部输入均为 0 时输出才为 0,否则输出为 1,这种逻辑关系为(　　)。
   A. 与逻辑　　　B. 或逻辑　　　C. 非逻辑　　　D. 异或逻辑
3. 下列各式是四变量 A、B、C、D 最小项的是(　　)。
   A. $A\bar{B}C$　　　　　　　　　　　B. $A\bar{B}CD$
   C. $A\bar{B}+CD$　　　　　　　　　　D. $(\bar{A}+B)(C+D)$
4. 与四变量最小项 $A\bar{B}C\bar{D}$ 相邻的最小项是(　　)。
   A. $\bar{A}\bar{B}CD$　　B. $ABCD$　　C. $AB C\bar{D}$　　D. $A\bar{B}\bar{C}D$
5. 下列逻辑表达式中不正确的是(　　)。
   A. $A\cdot\bar{A}=0$　　B. $\bar{A}+A=1$　　C. $\overline{A\cdot B}=\bar{A}\cdot\bar{B}$　　D. $1+A=1$
6. 下列函数表达式中,为标准与或式的是(　　)。
   A. $Y(A,B,C)=\bar{A}B+\bar{A}C+A\bar{B}+BC$
   B. $Y(A,B)=\bar{A}\bar{B}+AB$
   C. $Y(A,B,C)=\bar{A}\bar{B}C+\bar{A}B\bar{C}+A\bar{B}+ABC$
   D. $Y(A,B)=\bar{A}\bar{B}+AB$
7. 与函数 $Y=A\bar{B}+BC$ 不相等的表达式为(　　)。
   A. $\overline{\overline{A\bar{B}}\cdot\overline{BC}}$　　　　　　　　　　B. $\overline{\overline{A\bar{B}}+\overline{BC}}$
   C. $(A+B)(\bar{B}+C)$　　　　　　　　D. $\overline{\overline{A+B}+\overline{\bar{B}+C}}$
8. 已知逻辑函数 $Y=\bar{A}B+\bar{B}C$,则它的与非-与非表达式为(　　)。
   A. $Y=\overline{\bar{A}B+\bar{B}C}$　　　　　　　　　B. $Y=(\bar{A}B)(\bar{B}C)$
   C. $Y=\overline{\overline{\bar{A}B}\cdot\overline{\bar{B}C}}$　　　　　　　　D. $Y=\overline{\overline{\bar{A}B+\bar{B}C}}$
9. 已知逻辑函数 $Y=\bar{A}\cdot\bar{B}+A\cdot B$,则它的或非-或非表达式为(　　)。
   A. $Y=\overline{\overline{\bar{A}+B}+\overline{A+\bar{B}}}$　　　　　B. $Y=\bar{A}\cdot\bar{B}+A\cdot B$
   C. $Y=\overline{\overline{\bar{A}+\bar{B}}+\overline{A+B}}$　　　　　D. $Y=\overline{\overline{\bar{A}B}+A\bar{B}}$
10. 逻辑函数 $Y=A+\bar{B}+C$ 的反函数 $\bar{Y}=($　　$)$。
    A. $\bar{A}(B+\bar{C})$　　B. $\bar{A}(\bar{B}+\bar{C})$　　C. $A\cdot\overline{BC}$　　D. $\bar{A}\cdot\overline{BC}$

二、填空题

1. 无论使用哪种进位计数制,数的表示都包含_____和_____两个基本要素。
2. 二值逻辑变量的两种取值是逻辑_____和逻辑_____。
3. 基本的逻辑运算关系有"_____"逻辑运算、"_____"逻辑运算和"非"逻辑运算三种。
4. 与运算及或运算的分配律分别为 $A(B+C)=$_____和 $A+BC=$_____。
5. 由反演律可知,$\overline{A+B+C}=$_____,$\overline{ABC}=$_____。
6. 逻辑函数 $Y=AB+\bar{A}$ 中含有_____个最小项。

7. 若已知函数 $Y(A,B) = A \oplus B$，则其用异或形式表示的反函数为 $\overline{Y}(A,B) =$ _____。

8. 若已知 $Y(A,B,C) = \sum m(2,3,7)$，则 $\overline{Y}(A,B,C) = \sum m(\underline{\qquad})$。

9. 逻辑函数 $Y(A,B,C) = \sum m(0,1,4,6)$ 的最简与非-与非式为 $Y(A,B,C) =$ _____。

10. 逻辑函数 $Y(A,B,C) = \sum m(1,3,4,6)$，化简成最简或非-或非式为 $Y(A,B,C) =$ _____。

习题

1. 将下列各数按权展开。
$(1011.101)_2$；　$(736.5)_8$；　$(1986.2)_{10}$；　$(3F4C)_{16}$

2. 将下列二进制数转换成八进制数和十六进制数。
$(1110111)_2$；　$(110.1011)_2$

3. 将十进制数 $(76.8)_{10}$ 分别转换成 8421BCD 码和余 3BCD 码。

4. 下列各逻辑表达式中，变量 A、B、C 取哪些值时函数的值为 1？
(1) $Y_1 = AB + AC + BC$　　(2) $Y_2 = \overline{A}BC + \overline{A}B\overline{C} + A\overline{B}\overline{C} + ABC$

5. 求下列各逻辑函数式的对偶式。
(1) $Y_1 = \overline{(A\overline{B} + \overline{C})D + AC}$　　(2) $Y_2 = \overline{A}$

6. 求下列各逻辑函数式的反函数表达式。
(1) $Y_1 = A + \overline{B\overline{C}} + \overline{D + E}$　　(2) $Y_2 = A(\overline{B}C + B\overline{C})$

7. 试用真值表证明下列逻辑等式。
(1) $\overline{A \oplus B} = \overline{A} \oplus \overline{B}$　　(2) $A(B \oplus C) = AB \oplus AC$

8. 利用逻辑代数的公式和定理证明下列逻辑等式。
(1) $AB + BCD + \overline{A}C + \overline{B}C = AB + C$
(2) $ABCD + \overline{A}\overline{B}\overline{C}\overline{D} = \overline{A\overline{B} + \overline{B}C + C\overline{D} + \overline{A}D}$
(3) $A \oplus B \oplus C = A \odot B \odot C$
(4) $\overline{A \oplus B} = \overline{A \oplus B}$
(5) $(A+B)(\overline{A}+C)(B+C) = (A+B)(\overline{A}+C)$
(6) $\overline{\overline{A+B+\overline{C}} \cdot \overline{C}D} + (B+\overline{C})(A\overline{B}D + \overline{B}\overline{C}) = 1$

9. 将下列逻辑函数式展开成标准与或式。
(1) $Y_1 = \overline{A}B + \overline{B}C + A\overline{C}$　　(2) $Y_2 = AB + BC + AC$

10. 用公式法将下列各逻辑函数式化简为最简与或式。
(1) $Y_1 = A(\overline{A}C + BD) + B(C + DE) + B\overline{C}$
(2) $Y_2 = \overline{D A \overline{B} D + \overline{A} B D}$
(3) $Y_3 = AB\overline{C} + \overline{A}B\overline{C} + C$

(4) $Y_4 = ABC + BD + \overline{AD} + (\overline{A} + \overline{B} + \overline{C})$

(5) $Y_5 = A + \overline{\overline{B} + \overline{CD}} + \overline{\overline{AD}\overline{B}}$

(6) $Y_6 = AC + \overline{B}C + B\overline{D} + A(B + \overline{C}) + \overline{A}BCD + A\overline{B}DE$

(7) $Y_7 = \overline{AC + \overline{B}C} + B(A\overline{C} + \overline{A}C)$

(8) $Y_8 = AD + C\overline{BD} + AC$

11. 用卡诺图法将下列各逻辑函数式化简为最简与或式。

(1) $Y_1 = \overline{A}\overline{B}C + \overline{A}B\overline{C} + A\overline{B}\overline{C} + ABC$

(2) $Y_2 = A\overline{B}\overline{C} + \overline{A}B + \overline{A}D + C + BD$

(3) $Y_3 = ABC + AB\overline{D} + A\overline{B}C + \overline{A}BD + AC\overline{D} + \overline{A}\overline{B}C + BC\overline{D} + \overline{B}C\overline{D}$

(4) $Y_4(A, B, C) = \sum m(0, 1, 2, 5, 6, 7)$

(5) $Y_5(A, B, C, D) = \sum m(0, 1, 2, 3, 4, 5, 6, 7, 8, 9, 10, 11, 12, 13)$

(6) $Y_6(A, B, C, D) = \sum m(1, 2, 3, 4, 5, 6, 8, 9, 10, 11, 12, 13, 14, 15)$

(7) $Y_7(A, B, C, D) = \sum m(0, 1, 2, 3, 4, 8, 10, 11, 12)$

(8) $Y_8(A, B, C, D) = \sum m(2, 3, 5, 6, 7, 8, 9, 12, 13, 15)$

12. 用卡诺图法将下列各逻辑函数式化简为最简与或式。

(1) $Y_1(A, B, C) = \sum m(1, 3, 4, 5) + \sum d(6, 7)$

(2) $Y_2(A, B, C) = \sum m(1, 2, 3, 4) + \sum d(6, 7)$

(3) $Y_3(A, B, C, D) = \sum m(2, 3, 4, 7, 12, 13, 14) + \sum d(5, 6, 8, 9, 10, 11)$

(4) $Y_4(A, B, C, D) = \sum m(3, 4, 5, 6) + \sum d(10, 11, 12, 13, 14, 15)$

(5) $Y_5(A, B, C, D) = \sum m(5, 6, 7, 8, 9) + \sum d(10, 11, 12, 13, 14, 15)$

(6) $Y_6(A, B, C, D) = \sum m(0, 2, 3, 4, 5, 6, 11, 12) + \sum d(8, 9, 10, 13, 14, 15)$

(7) $Y_7(A, B, C, D) = \overline{A}CD + \overline{A}BD + AB\overline{C}D, A\overline{B} + AC = 0$

(8) $Y_8(A, B, C) = \overline{A}\overline{B}C + \overline{A}BC + A\overline{B}C, A\overline{B}C + AB\overline{C} = 0$

13. 用卡诺图法将逻辑函数式 $Y(A, B, C, D) = \sum m(3, 5, 6, 7, 10) + \sum d(0, 1, 2, 4, 8)$ 化简为最简与非-与非式,并说明各无关项的赋值。

14. 用卡诺图法将逻辑函数式 $Y(A, B, C) = \sum m(3, 5, 6, 7) + \sum d(0, 2)$ 化简为最简与或非式及最简或非-或非式,并说明各无关项的赋值。

15. 已知三变量的逻辑表达式为

$$Y = \overline{A}BC + A\overline{B}C + AB\overline{C} + ABC$$

(1) 试用最少的与门、或门画出逻辑图。

(2) 试用最少的与非门画出逻辑图。

(3) 试用最少的与或非门画出逻辑图。

(4) 试用最少的或非门画出逻辑图。

第 9 章　逻辑门电路和组合逻辑电路

CHAPTER 9

本章首先介绍 TTL(Transistor-Transistor Logic,晶体管-晶体管逻辑)集成逻辑门和 CMOS(Complementary Metal-Oxide Semiconductor,互补金属-氧化物半导体)集成逻辑门的基本结构,通过电压关系实现逻辑关系的原理和方法,三态门、OC 门等特殊逻辑门电路的特点、使用方法,以及逻辑门多余输入端的处理原则和处理方法;然后着重介绍组合逻辑电路的结构和功能特点,组合逻辑电路的分析方法和设计方法,加法器、数值比较器、编码器、译码器、数据选择器等常用组合逻辑电路的基本概念及逻辑功能,用中规模集成组合逻辑器件实现组合逻辑函数的方法及组合逻辑电路的竞争冒险。

9.1　集成逻辑门电路

逻辑门是一种实现逻辑关系的电子电路,是构成数字逻辑电路的基本单元。将元器件和连线制作在同一个半导体芯片上,构成一个具有特定功能的逻辑门电路,即集成逻辑门电路(integrated logic gate circuit)。目前广泛使用的集成逻辑门有 TTL 门和 CMOS 门。TTL 门是输入级、输出级都是晶体管结构的门电路。CMOS 门是由 NMOS 管和 PMOS 管组成的互补对称式金属-氧化物-半导体门电路。

数字逻辑电路以二值数字逻辑运算为基础,只有 0 和 1 两种取值。数字逻辑电路的逻辑关系是用电路的输出信号和输入信号之间的电平关系实现的。电平值与逻辑值有如下两种对应关系。

(1) 正逻辑规定。用逻辑 1 表示高电平,用逻辑 0 表示低电平。

(2) 负逻辑规定。用逻辑 0 表示高电平,用逻辑 1 表示低电平。

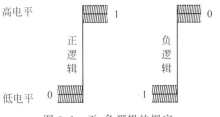

图 9.1　正、负逻辑的规定

高、低电平都允许有一定的变化范围,如图 9.1 所示。

9.1.1　TTL 集成逻辑门

1. TTL 与非门

1) 电路组成

TTL 集成逻辑门的典型电路是与非门电路,图 9.2 为二输入端与非门电路。

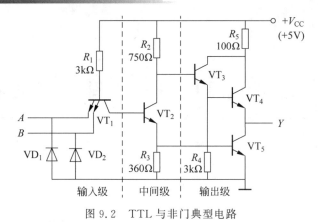

图 9.2　TTL 与非门典型电路

按各部分作用不同,电路可分为输入级、中间级和输出级三部分。

(1) 输入级。由多发射极晶体管 VT_1、电阻 R_1、二极管 VD_1 和 VD_2 组成。其中,二极管 VD_1、VD_2 构成输入保护电路。当输入端出现负极性干扰电压时,二极管导通,输入电压被钳位在 $-0.7V$ 上;当输入信号处于大于 0V 的正常逻辑电平范围内时,VD_1、VD_2 反偏截止,不影响电路的正常逻辑功能。

多发射极晶体管 VT_1 有两个作用:实现逻辑与功能;VT_2 管由饱和变截止的过程中,其基区的存储电荷可通过 VT_1 管加速消散,使电路的工作速度有较大的提高。

(2) 输出级。由晶体管 VT_3、VT_4、VT_5 及电阻 R_4、R_5 组成。其中,VT_3、VT_4 管构成两级射极跟随输出,可减小输出电阻,提高带负载能力。VT_4、VT_5 管互补交替工作,静态时一个处于导通、一个处于截止状态,组成推拉式输出电路。

(3) 中间级。由晶体管 VT_2 及电阻 R_2、R_3 组成。VT_2 管的集电极和发射极输出相位相反的电压,以满足输出级互补式工作的要求。

2) 功能分析

TTL 集成门的电源电压 $V_{CC} = +5V$,输入标准低电平 $U_{IL} = 0.3V$,输入标准高电平 $U_{IH} = 3.6V$,PN 结的导通压降 $0.7V$。

功能分析的一般步骤如下。

(1) 分析输出、输入电压关系,列电压关系表。

图 9.2 电路在不同输入电压作用下的简化电路如图 9.3 所示,其电压关系表如表 9.1 所示。

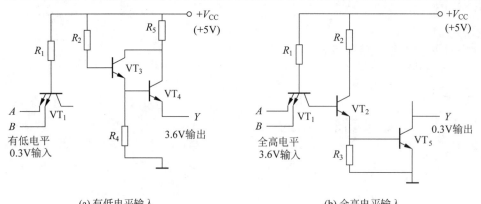

(a) 有低电平输入　　　　　　　　(b) 全高电平输入

图 9.3　与非门在不同输入电压作用下的简化电路

（2）按正逻辑规定，将电压关系表转换成真值表，如表 9.2 所示。

表 9.1 与非门的电压关系表

A/V	B/V	Y/V
0.3	0.3	3.6
0.3	3.6	3.6
3.6	0.3	3.6
3.6	3.6	0.3

表 9.2 与非门的真值表

A	B	Y
0	0	1
0	1	1
1	0	1
1	1	0

（3）由真值表写出逻辑表达式为
$$Y = \overline{AB} \tag{9.1}$$
真值表和逻辑表达式表明该门电路实现与非逻辑运算。

3）TTL 与非门的特性及主要参数

（1）电压传输特性 $u_O = f(u_I)$。

电压传输特性是一个输入端接输入电压 u_I、其他输入端接高电平时的输出电压 u_O 随输入电压 u_I 变化的关系，TTL 与非门的电压传输特性如图 9.4 所示。

图 9.4 中，AB 段、DE 段显示了与非门的逻辑关系，即当输入为低电平时，输出为高电平，输入为高电平时，输出为低电平。BC 段为线性区，CD 段为转折区。

由与非门的电压传输特性，可定义如下参数。

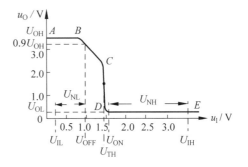

图 9.4 TTL 与非门的电压传输特性

- 输出高电平 U_{OH}。空载时典型值为 3.6V，接有拉电流负载时，U_{OH} 下降。
- 输出低电平 U_{OL}。空载时典型值为 0.3V，接有灌电流负载时，U_{OL} 将上升。
- 阈值电压 U_{TH}。电压传输特性转折区中点所对应的输入电压，典型值为 1.4V。
- 开门电平 U_{ON}。使与非门输出低电平 $U_{OL} \leqslant 0.3V$ 时，输入高电平的最小值 U_{IHmin}。
- 关门电平 U_{OFF}。使与非门输出高电平为 $0.9U_{OH}$ 时，输入低电平的最大值 U_{ILmax}。
- 输入噪声容限。与非门能够保持正确逻辑关系时输入端所允许的最大干扰电压。
- 输入高电平噪声容限
$$U_{NH} = U_{IH} - U_{ON} \tag{9.2}$$
- 输入低电平噪声容限
$$U_{NL} = U_{OFF} - U_{IL} \tag{9.3}$$

（2）带负载能力。

门的带负载能力用带动同类门的个数表示，称为扇出系数 N_O。TTL 与非门的 N_O 大于 8。

（3）动态特性。

TTL 门各晶体管极间电容效应以及输入、输出端的寄生电容效应产生传输延迟时间并引起输出波形边沿畸变。传输延迟时间用平均传输延迟时间 t_{pd} 表示。

为实现最优化电路设计,以便实现各种不同的逻辑函数,在 TTL 门电路的定型产品中,除与非门之外,还有或非门、与门、或门、与或非门、异或门、反相器(非门)等。

2. 其他类型的 TTL 门电路

1) 集电极开路门(OC 门)

集电极开路门(Open Collector Gate)简称 OC 门,其输出级为集电极开路的晶体管结构。

(1) OC 与非门的电路组成、图形符号及逻辑功能。

OC 与非门的电路组成及图形符号如图 9.5 所示。使用 OC 门时,需在输出端外接电阻 R 和电压源 V'_{CC}。

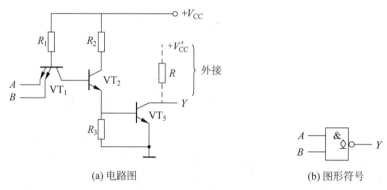

图 9.5 OC 与非门

(2) OC 与非门的逻辑功能。

当输入 A、B 中有低电平输入时,VT_2 和 VT_5 截止,输出 Y 为高电平;当输入 A、B 都为高电平输入时,VT_2 和 VT_5 导通,输出 Y 为低电平。因此,具有与非功能。逻辑表达式为

$$Y = \overline{AB} \tag{9.4}$$

(3) 用 OC 门实现"线与"逻辑。

将几个 OC 门的输出端并联,共用一个外接电阻和电压源,可以实现"线与"。2 个 OC 与非门实现"线与"的连接如图 9.6 所示,逻辑关系为

$$Y = Y_1 \cdot Y_2 = \overline{A_1 B_1} \cdot \overline{A_2 B_2} = \overline{A_1 B_1 + A_2 B_2} \tag{9.5}$$

式(9.5)表明,通过连线实现总输出 Y 和每个门的输出 Y_1、Y_2 之间的与逻辑关系称为"线与"。总输出和输入为与或非逻辑关系。

除与非门外,具有 OC 结构的 TTL 门电路还有反相器、与门、或非门、异或门等。而且在许多中规模及大规模集成的 TTL 电路中,输出级也采用 OC 结构。

2) 三态输出门(TS 门)

有三种输出状态的门称为三态输出门,简称三态门(Three State Gate)或 TS 门。

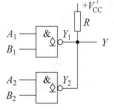

图 9.6 OC 与非门"线与"连接

三态门的三种输出状态分别为输出 U_{OH} 高电平状态、输出

U_{OL} 低电平状态和输出 Z 高阻状态。其中,输出 U_{OH} 高电平状态、输出 U_{OL} 低电平状态为工作状态,输出与输入之间有逻辑关系;输出 Z 高阻状态为禁止状态,输出与输入之间没有逻辑关系。

(1) 控制端为高电平时处于工作状态的三态与非门。

电路组成及图形符号如图 9.7(a) 和图 9.7(b) 所示。其中,A、B 为输入端,EN 为控制端,Y 为输出端,电路在基本 TTL 与非门的基础上增加了一个二极管和一个控制端。当控制端 $EN=1$ 时,二极管 VD 截止,对基本 TTL 与非门无影响,$Y=\overline{AB}$,门处于工作状态,由输入 A、B 决定输出为高电平 U_{OH} 或低电平 U_{OL};当控制端 $EN=0$ 时,二极管 VD 导通,使 $U_{B1} \approx 1V$,$U_{C2} \approx 1V$,晶体管 VT_4、VT_5 均截止,输出端呈高阻状态 Z,输出、输入之间没有逻辑关系,门处于禁止状态。

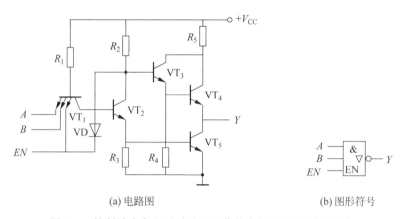

(a) 电路图　　　　　　(b) 图形符号

图 9.7　控制端为高电平时处于工作状态的 TTL 三态与非门

真值表如表 9.3 所示,逻辑表达式为

$$Y = \begin{cases} \overline{AB} \mid_{EN=1} \\ Z \mid_{EN=0} \end{cases} \tag{9.6}$$

表 9.3　$EN=1$ 工作的三态与非门的真值表

EN	A	B	Y
0	×	×	Z
1	0	0	1
1	0	1	1
1	1	0	1
1	1	1	0

(2) 控制端为低电平时处于工作状态的三态与非门。

在图 9.7(a) 电路的控制端加上一个非门,则构成控制端为低电平时处于工作状态的三态与非门,图形符号如图 9.8 所示。

逻辑表达式为

$$Y = \begin{cases} \overline{AB} \mid_{\overline{EN}=0} \\ Z \mid_{\overline{EN}=1} \end{cases} \tag{9.7}$$

除与非门以外,具有三态输出的 TTL 门电路还有反相器、缓冲器等。

(3) 三态门的主要应用。

用三态输出门可以实现数据的双向传输。图 9.9 为用三态门实现的数据双向传输电路。其中,门 G_1 为控制端低电平时处于工作状态的三态非门,门 G_2 为控制端高电平时处于工作状态的三态非门,两个门反并联,EN 控制数据的传输方向。

用三态输出门可以接成总线结构。图 9.10 为用三态门构成的单向数据总线结构电路,n 个三态与非门的输出端并联在一条传输线上,连接条件为任一时刻仅一个三态门处于工作状态。工作时,各三态门的控制端 EN 分时轮流为 1,各个门的输出信号分时轮流通过总线传输。

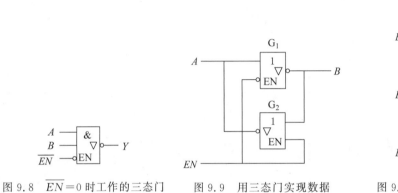

图 9.8 $\overline{EN}=0$ 时工作的三态门图形符号

图 9.9 用三态门实现数据双向传输

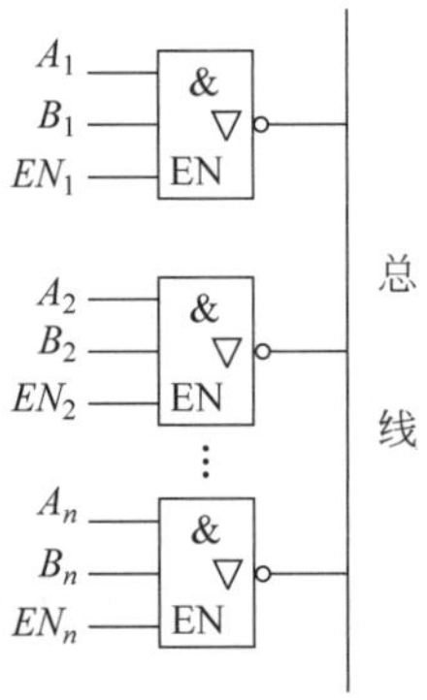

图 9.10 用三态输出门接成总线结构

9.1.2 CMOS 集成逻辑门

1. CMOS 反相器(非门)

1) 电路组成

CMOS 反相器电路如图 9.11 所示。其中,VT_P 是增强型 PMOS 管,为负载管(有源负载)。VT_N 是增强型 NMOS 管,为工作管。A 为输入端,Y 为输出端。

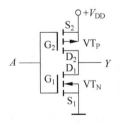

图 9.11 CMOS 反相器电路

2) 功能分析

MOS 管的工作状态为导通或截止,MOS 管的开启电压 $U_{GS(th)N}=|U_{GS(th)P}|$,输入低电平 $U_{IL}=0V$,输入高电平 $U_{IH}=V_{DD}$,电源电压 $V_{DD}>U_{GS(th)N}+|U_{GS(th)P}|$。

输入不同电压的电压关系表如表 9.4 所示。按正逻辑规定,将电压关系表转换成真值表,如表 9.5 所示。由真值表写出逻辑表达式为

$$Y=\overline{A} \qquad (9.8)$$

真值表和逻辑表达式表明该门电路实现非逻辑运算。

表 9.4　CMOS 反相器的电压关系表

A/V	MOS 管状态	Y/V
0	VT_P 导通、VT_N 截止	V_{DD}
V_{DD}	VT_P 截止、VT_N 导通	0

表 9.5　CMOS 反相器的真值表

A	Y
0	1
1	0

3）电压传输特性及主要参数

表示 CMOS 反相器 $u_O = f(u_I)$ 关系的电压传输特性曲线如图 9.12 所示，由电压传输特性曲线可得如下结论。

（1）输出高电平 $U_{OH} = V_{DD}$，输出低电平 $U_{OL} = 0V$。

（2）特性曲线的转折区在 $\dfrac{V_{DD}}{2}$ 处，即阈值电压为

$$U_{TH} = \frac{V_{DD}}{2} \tag{9.9}$$

（3）输入噪声容限大，输入高、低电平噪声容限相等，一般可达 $0.45 V_{DD}$。

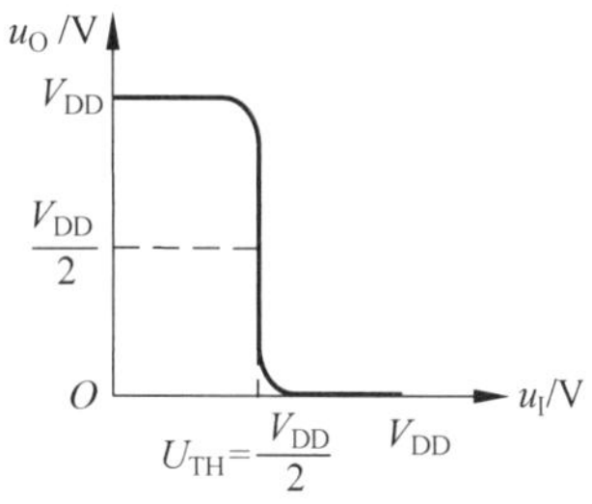

图 9.12　CMOS 反相器的电压传输特性曲线

2. 其他形式的 CMOS 门电路

在 CMOS 门电路的定型产品中，除反相器之外，还有与非门、或非门、与门、或门、与或非门、异或门等。以下仅对 CMOS 与非门和 CMOS 或非门进行介绍。

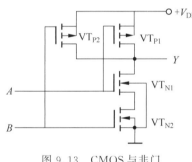

图 9.13　CMOS 与非门

1）CMOS 与非门

（1）电路组成。

CMOS 与非门的构成如图 9.13 所示。其中，VT_{P1}、VT_{P2} 两个 PMOS 管并联，VT_{N1}、VT_{N2} 两个 NMOS 管串联，A、B 为输入端，Y 为输出端。

（2）功能分析。

MOS 管的工作状态为导通或截止，MOS 管的开启电压 $U_{GS(th)N} = |U_{GS(th)P}|$，输入低电平 $U_{IL} = 0V$ 为逻辑 0，输入高电平 $U_{IH} = V_{DD}$ 为逻辑 1，输出低电平 $U_{OL} = 0V$ 为逻辑 0，输出高电平 $U_{OH} = V_{DD}$ 为逻辑 1。

列出真值表如表 9.6 所示，由真值表写出逻辑表达式为

$$Y = \overline{AB} \tag{9.10}$$

表 9.6　CMOS 与非门的真值表

A	B	VT_{P1}	VT_{N1}	VT_{P2}	VT_{N2}	Y
0	0	导通	截止	导通	截止	1
0	1	导通	截止	截止	导通	1
1	0	截止	导通	导通	截止	1
1	1	截止	导通	截止	导通	0

真值表和逻辑表达式表明该门电路实现与非逻辑运算。

2) CMOS 或非门

(1) 电路组成。CMOS 或非门的构成如图 9.14 所示。其中，VT_{P1}、VT_{P2} 两个 PMOS 管串联，VT_{N1}、VT_{N2} 两个 NMOS 管并联，A、B 为输入端，Y 为输出端。

(2) 功能分析。MOS 管的工作状态为导通或截止，MOS 管的开启电压 $U_{GS(th)N} = |U_{GS(th)P}|$，输入低电平 $U_{IL}=0V$ 为逻辑 0，输入高电平 $U_{IH}=V_{DD}$ 为逻辑 1，输出低电平 $U_{OL}=0V$ 为逻辑 0，输出高电平 $U_{OH}=V_{DD}$ 为逻辑 1。

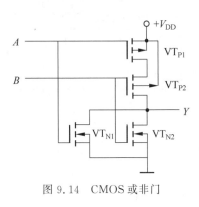

图 9.14 CMOS 或非门

列出真值表如表 9.7 所示，由真值表写出逻辑表达式为

$$Y = \overline{A+B} \tag{9.11}$$

真值表和逻辑表达式表明该门电路实现或非逻辑运算。

表 9.7 CMOS 或非门的真值表

A	B	VT_{P1}	VT_{N1}	VT_{P2}	VT_{N2}	Y
0	0	导通	截止	导通	截止	1
0	1	导通	截止	截止	导通	0
1	0	截止	导通	导通	截止	0
1	1	截止	导通	截止	导通	0

9.1.3 TTL 逻辑门和 CMOS 逻辑门的主要特点及正确使用

1. TTL 逻辑门和 CMOS 逻辑门的主要特点

TTL 门的主要特点是工作速度高、功耗大、抗干扰能力较差。TTL 门使用时应注意：门的输出端不允许直接接电源或直接接地；具有推拉输出结构的 TTL 门电路，输出端不允许直接并联使用；三态输出的 TTL 门电路，输出端可以并联使用，但是在同一时刻只能有一个门处于工作状态，其他门都处于高阻状态；集电极开路门输出端可以并联使用，但公共输出端和电源之间应外接电阻。

CMOS 门的主要特点是工作速度较低、静态功耗小、抗干扰能力强及输入电阻大。CMOS 门使用时应注意：多余输入端不允许悬空，注意输入端的静电防护；输出端不允许直接接电源或直接接地；电源电压的极性不能接反。

2. 逻辑门多余输入端的处理

当门的输入端个数多于实际使用的输入端个数时，存在多余输入端。多余输入端的处理原则是，不影响使用的输入端进行正确的逻辑运算。多余输入端的处理方法如表 9.8 所示。

表 9.8 门的多余输入端处理方法

逻辑门类型	原 理	处理方法	备 注
与门、与非门(输入端为与关系)	$A \cdot 1 = A$ 多余输入端为逻辑 1	多余输入端接高电平(TTL、MOS 门均适用)	多余输入端和一个使用的输入端并联的处理方法,在工作速度较高时,将增加并联到信号端的容性负载,使波形变差;TTL 门多余输入端悬空的处理方法抗干扰能力差;CMOS 门的多余输入端不能悬空;与或非门,相与部分的多余输入端的处理方法同与门、与非门,相或部分的多余输入端的处理方法同或门、或非门
	$A \cdot A = A$ 多余输入端和一个使用输入端的变量相同	多余输入端和一个使用的输入端并联(TTL、MOS 门均适用)	
		多余输入端悬空(仅适用于 TTL 门)	
或门、或非门(输入端为或关系)	$A + 0 = A$ 多余输入端为逻辑 0	多余输入端接地或接低电平(TTL、MOS 门均适用)	
	$A + A = A$ 多余输入端和一个使用输入端的变量相同	多余输入端和一个使用的输入端并联(TTL、MOS 门均适用)	

9.2 组合逻辑电路的分析和设计

在数字系统中,按电路逻辑功能的不同,可分为组合逻辑电路和时序逻辑电路。组合逻辑电路,简称组合电路,结构示意图如图 9.15 所示。

图 9.15 组合逻辑电路结构示意图

它的结构特点是,由门构成,且从输出端到输入端无反馈连接。它的功能特点是,任一时刻的输出信号仅取决于该时刻的输入信号,而与输入信号作用前电路所处的状态无关。

输出函数与输入变量之间的逻辑关系可表示成如下函数关系式:

$$Y_i = f_i(I_0, I_1, \cdots, I_{n-1}) \tag{9.12}$$

组合逻辑电路通常用真值表、卡诺图、逻辑表达式、逻辑图、波形图等方式描述逻辑功能。对组合逻辑电路的研究,一般有组合逻辑电路分析和组合逻辑电路设计两个方面的内容。

9.2.1 组合逻辑电路的分析

1. 一般分析步骤

求解给定组合逻辑电路逻辑功能的过程,称为组合逻辑电路的分析。组合逻辑电路分析的一般步骤如图 9.16 所示。

图 9.16 组合逻辑电路分析的一般步骤

视频讲解

有以下两点说明。

(1) 分析的关键是各种功能描述方法的转换及根据真值表进行功能的正确说明。

(2) 单输出组合逻辑电路由真值表中函数值为 1 时输入变量的取值规律进行功能说明;多输出组合逻辑电路将几个输出综合在一起,考虑与输入变量的取值关系进行功能说明。

2. 分析举例

例 9.1 试分析图 9.17 的组合逻辑电路的逻辑功能。

解:图 9.17 的组合逻辑电路由 4 个与非门构成,A、B、C 为 3 个输入变量,Y 为 1 个输出函数,该电路为单输出组合逻辑电路。由逻辑图写出输出函数逻辑表达式为

$$Y = \overline{\overline{AB} \cdot \overline{BC} \cdot \overline{AC}} = AB + BC + AC \tag{9.13}$$

由逻辑表达式(9.13)列出真值表,如表 9.9 所示。由真值表可知,当 A、B、C 输入变量取值中 1 的个数占多数时,输出 $Y=1$,否则输出 $Y=0$。电路实现三变量多数表决功能。

表 9.9 例 9.1 的真值表

A	B	C	Y
0	0	0	0
0	0	1	0
0	1	0	0
0	1	1	1
1	0	0	0
1	0	1	1
1	1	0	1
1	1	1	1

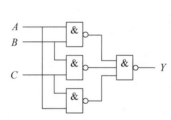

图 9.17 例 9.1 的组合逻辑电路

例 9.2 试分析图 9.18 的组合逻辑电路的逻辑功能。

解:图 9.18 的组合逻辑电路由 3 个异或门构成,B_3、B_2、B_1、B_0 为 4 个输入变量,G_3、G_2、G_1、G_0 为 4 个输出函数,该电路为多输出组合逻辑电路。

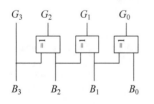

图 9.18 例 9.2 的组合逻辑电路

由逻辑图写出输出函数逻辑表达式为

$$\begin{cases} G_3 = B_3 \\ G_2 = B_3 \oplus B_2 = \overline{B_3}B_2 + B_3\overline{B_2} \\ G_1 = B_2 \oplus B_1 = \overline{B_2}B_1 + B_2\overline{B_1} \\ G_0 = B_1 \oplus B_0 = \overline{B_1}B_0 + B_1\overline{B_0} \end{cases} \tag{9.14}$$

由逻辑表达式(9.14)列出真值表,如表 9.10 所示。

表 9.10 例 9.2 的真值表

B_3	B_2	B_1	B_0	G_3	G_2	G_1	G_0	B_3	B_2	B_1	B_0	G_3	G_2	G_1	G_0
0	0	0	0	0	0	0	0	0	1	0	0	0	1	1	0
0	0	0	1	0	0	0	1	0	1	0	1	0	1	1	1
0	0	1	0	0	0	1	1	0	1	1	0	0	1	0	1
0	0	1	1	0	0	1	0	0	1	1	1	0	1	0	0

续表

B_3	B_2	B_1	B_0	G_3	G_2	G_1	G_0	B_3	B_2	B_1	B_0	G_3	G_2	G_1	G_0
1	0	0	0	1	1	0	0	1	1	0	0	1	0	1	0
1	0	0	1	1	1	0	1	1	1	0	1	1	0	1	1
1	0	1	0	1	1	1	1	1	1	1	0	1	0	0	1
1	0	1	1	1	1	1	0	1	1	1	1	1	0	0	0

由表 9.10 可知,输入变量 $B_3B_2B_1B_0$ 的取值为 4 位二进制数的变化规律,输出函数 $G_3G_2G_1G_0$ 的取值为 4 位格雷码的变化规律。电路实现将 4 位二进制代码转换成 4 位格雷码。

9.2.2 组合逻辑电路的设计

视频讲解

1. 一般设计步骤

根据给定的功能要求,求组合逻辑电路的过程称为组合逻辑电路的设计。用小规模逻辑门(SSI)设计组合逻辑电路时,要求所用门的数量最少,设计的一般步骤如图 9.19 所示。

图 9.19 组合逻辑电路设计的一般步骤

有以下两点说明。

(1) 设计的关键是正确分析设计要求,确定有几个输入变量、几个输出函数,以及输出函数与输入变量之间的因果关系,有些设计需规定 0、1 所表示的状态。

(2) 按门的类型进行函数化简,如用与门和或门、与非门实现,化简成最简与或式再变形;用或非门、与或非门等实现,先化简成反函数的最简与或式再变形。

2. 设计举例

例 9.3 试设计一个 1 位十进制数数值范围判别电路,十进制数用 8421 码表示,当输入的十进制数大于或等于 5 时,输出为 1,否则输出为 0。分别用与非门、或非门实现。

解:表示 8421 码的 4 个输入变量用 A、B、C、D 表示,一个输出函数用 Y 表示。

按输入的十进制数大于或等于 5 时,输出为 1,否则输出为 0 的关系列出真值表,如表 9.11 所示。其中,将非 8421 码 1010、1011、1100、1101、1110、1111 按无关项处理。

表 9.11 例 9.3 的真值表

A	B	C	D	Y	A	B	C	D	Y
0	0	0	0	0	0	1	1	0	1
0	0	0	1	0	0	1	1	1	1
0	0	1	0	0	1	0	0	0	1
0	0	1	1	0	1	0	0	1	1
0	1	0	0	0	1	0	1	0	×
0	1	0	1	1	1	0	1	1	×

续表

A	B	C	D	Y	A	B	C	D	Y
1	1	0	0	×	1	1	1	0	×
1	1	0	1	×	1	1	1	1	×

由真值表做出逻辑函数的卡诺图并圈1格化简如图9.20所示,得最简与或逻辑表达式并变形为与非-与非式

$$Y = A + BC + BD = \overline{\overline{A} \cdot \overline{BC} \cdot \overline{BD}} \tag{9.15}$$

由逻辑表达式(9.15)画出用与非门实现的逻辑图如图9.21所示。

由真值表做出逻辑函数的卡诺图并圈0格化简如图9.22所示,得反函数的最简逻辑表达式再变换为函数的或非-或非式

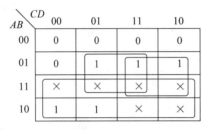

图 9.20 例 9.3 的卡诺图及化简方案一

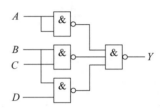

图 9.21 例 9.3 用与非门实现的逻辑图

$$\overline{Y} = \overline{A}\overline{B} + \overline{A}CD \tag{9.16}$$

$$Y = \overline{\overline{A}\overline{B} + \overline{A}CD} = \overline{\overline{A+B} + \overline{A+C+D}} \tag{9.17}$$

由逻辑表达式(9.17)画出用或非门实现的逻辑图,如图9.23所示。

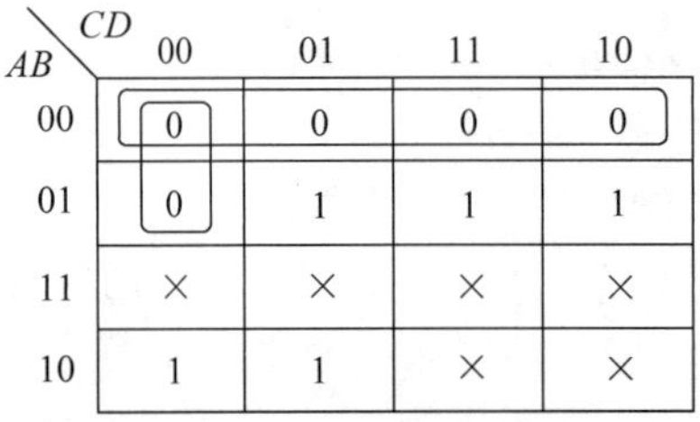

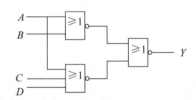

图 9.22 例 9.3 的卡诺图及化简方案二

图 9.23 例 9.3 用或非门实现的逻辑图

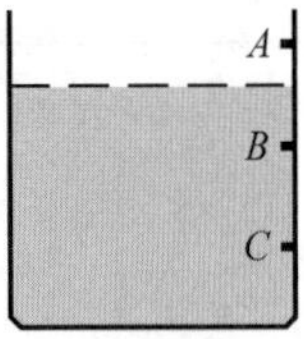

图 9.24 例 9.4 的水箱示意图

例 9.4 如图 9.24 所示,在水箱中 A、B、C 三处安置三个水位检测元件,当水面高于检测元件时,检测元件输出高电平,水面低于检测元件时,检测元件输出低电平。试用与非门设计一个水位状态显示电路。要求:当水面在 A、B 之间的正常状态时,仅绿灯 G 亮;水面在 B、C 间或 A 以上的异常状态时,仅黄灯 Y 亮;水面在 C 以下的危险状态时,仅红灯 R 亮。

解:状态赋值。检测元件 A、B、C 输出高电平用逻辑1表示,输出低电平用逻辑0表示。指示灯 G、Y、R 亮用逻辑1表示,不亮用逻

辑 0 表示。

表 9.12 例 9.4 的真值表

A	B	C	G	Y	R
0	0	0	0	0	1
0	0	1	0	1	0
0	1	0	×	×	×
0	1	1	1	0	0
1	0	0	×	×	×
1	0	1	×	×	×
1	1	0	×	×	×
1	1	1	0	1	0

根据题意,列出真值表如表 9.12 所示。其中,将不可能出现状态所对应的输入取值组合 010、100、101、110 按无关项处理。

由真值表做出逻辑函数的卡诺图并圈 1 格化简如图 9.25 所示,得最简与或逻辑表达式并变形为与非-与非式

$$\begin{cases} G = \overline{A}B = \overline{\overline{\overline{A}B}} \\ Y = A + \overline{B}C = \overline{\overline{A} \cdot \overline{\overline{B}C}} \\ R = \overline{C} \end{cases} \quad (9.18)$$

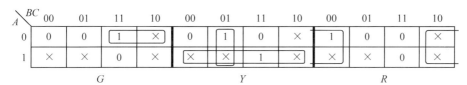

图 9.25 例 9.4 的卡诺图及化简

由逻辑表达式(9.18)画出用与非门实现的逻辑图,如图 9.26 所示。

例 9.5 试用与非门和非门设计一个运算电路,输入为 2 位二进制数,输出为输入的平方。

解:用 A_1A_0 表示 2 位二进制数的输入变量。因最大输出数为 9,输出函数应为 4 位二进制数,用 $Y_3Y_2Y_1Y_0$ 表示。

按乘法运算的规则,列出真值表如表 9.13 所示。

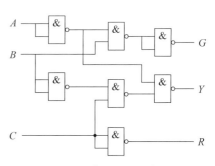

图 9.26 例 9.4 的逻辑图

表 9.13 例 9.5 的真值表

A_1	A_0	Y_3	Y_2	Y_1	Y_0
0	0	0	0	0	0
0	1	0	0	0	1

续表

A_1	A_0	Y_3	Y_2	Y_1	Y_0
1	0	0	1	0	0
1	1	1	0	0	1

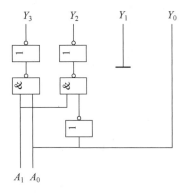

由真值表写出函数 Y_3、Y_2、Y_1、Y_0 的逻辑表达式,并化简变形得

$$\begin{cases} Y_3 = A_1 A_0 = \overline{\overline{A_1 A_0}} \\ Y_2 = A_1 \overline{A_0} = \overline{\overline{A_1 \overline{A_0}}} \\ Y_1 = 0 \\ Y_0 = \overline{A_1} A_0 + A_1 A_0 = A_0(\overline{A_1} + A_1) = A_0 \end{cases} \quad (9.19)$$

由逻辑表达式(9.19)画出用与非门和非门实现的逻辑图,如图 9.27 所示。

图 9.27 例 9.5 的逻辑图

9.3 常用组合逻辑电路

组合逻辑电路是数字系统中的基本组成部分。在大量的实际逻辑问题中,人们总结出了许多常用的典型组合逻辑电路单元,制作出中规模集成的标准化系列产品,如加法器、数值比较器、编码器、译码器和数据选择器。下面分别介绍它们的功能和使用方法。

视频讲解

9.3.1 加法器

在数字系统中,加法器是运算器中的一种典型运算电路。计算机内部两个二进制数的加、减、乘、除算术运算都转化成若干步加法运算进行。

1. 1 位半加器

不考虑来自低位的进位数,仅对被加数和加数这两个 1 位二进制数进行算术相加的运算称为半加运算,实现半加运算的电路称为 1 位半加器,简称半加器。

半加器的逻辑设计如下。

(1) 输入变量为被加数 A_i 和加数 B_i;输出函数为本位和数 S_i 和向高位的进位数 C_{i+1}。

(2) 按算术加法运算的规则,列出真值表如表 9.14 所示。

(3) 由真值表写出函数 S_i、C_{i+1} 最简逻辑表达式并变形得

$$\begin{cases} S_i = \overline{A_i} B_i + A_i \overline{B_i} = A_i \oplus B_i \\ C_{i+1} = A_i B_i \end{cases} \quad (9.20)$$

(4) 由逻辑表达式(9.20)画出用异或门和与门实现的逻辑图,如图 9.28(a)所示,图 9.28(b)为半加器的图形符号。

表 9.14　半加器的真值表

A_i	B_i	S_i	C_{i+1}
0	0	0	0
0	1	1	0
1	0	1	0
1	1	0	1

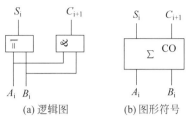

(a) 逻辑图　　(b) 图形符号

图 9.28　半加器

2. 1 位全加器

对被加数、加数以及来自低位的进位数这三个 1 位二进制数进行算术相加的运算称为全加运算,实现全加运算的电路称为全加器。

全加器的逻辑设计如下。

(1) 输入变量为被加数 A_i、加数 B_i 和来自低位的进位数 C_i;输出函数为本位和数 S_i 和向高位的进位数 C_{i+1}。

(2) 按算术加法运算的规则,列出真值表如表 9.15 所示。

表 9.15　全加器的真值表

A_i	B_i	C_i	S_i	C_{i+1}	A_i	B_i	C_i	S_i	C_{i+1}
0	0	0	0	0	1	0	0	1	0
0	0	1	1	0	1	0	1	0	1
0	1	0	1	0	1	1	0	0	1
0	1	1	0	1	1	1	1	1	1

(3) 由真值表做出逻辑函数的卡诺图并化简,得最简逻辑表达式并变形为

$$\begin{cases} S_i = \overline{A}_i \overline{B}_i C_i + \overline{A}_i B_i \overline{C}_i + A_i \overline{B}_i \overline{C}_i + A_i B_i C_i = A_i \oplus B_i \oplus C_i \\ C_{i+1} = A_i B_i + A_i C_i + B_i C_i = \overline{\overline{A_i B_i + A_i C_i + B_i C_i}} \end{cases} \quad (9.21)$$

(4) 由逻辑表达式(9.21)画出用异或门、与或非门及非门实现的逻辑图,如图 9.29(a) 所示,图 9.29(b) 为全加器的图形符号。

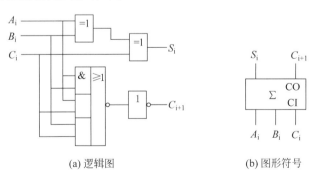

(a) 逻辑图　　(b) 图形符号

图 9.29　全加器

3. 多位加法器

实现对多位二进制数进行算术加法运算的电路称为加法器。按进位方式不同,又分为

串行进位加法器和超前进位加法器。

1) 串行进位加法器

串行进位加法器(ripple-carry adder)由多个全加器构成,低位全加器的进位输出端连接相邻高位全加器的进位输入端,进位信号由低位到高位逐位传递,称为串行进位或行波进位。串行进位加法器的特点是结构简单、运算速度低。图9.30为4位串行进位加法器的逻辑图。

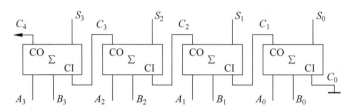

图9.30 4位串行进位加法器

2) 超前进位加法器

超前进位亦称并行进位,各级的进位可同时产生,即通过逻辑电路事先确定各位的进位为0或1,高位运算时不必等待低位的进位数,各位运算同时进行,采用这种结构的加法器称为超前进位加法器(Carry Look-ahead,CLA)。超前进位加法器的特点是结构复杂、运算速度高。

74LS283为集成4位超前进位加法器,图形符号如图9.31所示。其中,$A_3A_2A_1A_0$为数A输入端,$B_3B_2B_1B_0$为数B输入端,CI为进位输入端,$S_3S_2S_1S_0$为和输出端,CO为进位输出端。运算关系为

$$S_3S_2S_1S_0 = A_3A_2A_1A_0 + B_3B_2B_1B_0 + CI \quad (9.22)$$

并产生CO。

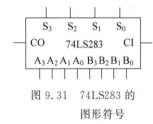

图9.31 74LS283的图形符号

9.3.2 数值比较器

比较两个相同位数二进制数大小、相等关系的逻辑电路称为数值比较器。

1. 1位数值比较器

1位数值比较器的逻辑设计如下。

(1) 输入变量为两个相比较的1位二进制数A_i、B_i;输出函数为比较的结果,$Y_{i(A>B)}$表示$A_i > B_i$的比较结果,$Y_{i(A=B)}$表示$A_i = B_i$的比较结果,$Y_{i(A<B)}$表示$A_i < B_i$的比较结果。

(2) 按数的大小、相等关系,列出真值表如表9.16所示。

(3) 由真值表写出各输出函数最简逻辑表达式并变形得

$$\begin{cases} Y_{i(A>B)} = A_i \overline{B_i} \\ Y_{i(A<B)} = \overline{A_i} B_i \\ Y_{i(A=B)} = \overline{A_i}\,\overline{B_i} + A_i B_i = \overline{A_i \overline{B_i} + \overline{A_i} B_i} = \overline{Y_{i(A>B)} + Y_{i(A<B)}} \end{cases} \quad (9.23)$$

(4) 由逻辑表达式(9.23)画出用非门、与门及或非门实现的逻辑图,如图9.32所示。

表 9.16 1 位数值比较器的真值表

A_i	B_i	$Y_{i(A>B)}$	$Y_{i(A=B)}$	$Y_{i(A<B)}$
0	0	0	1	0
0	1	0	0	1
1	0	1	0	0
1	1	0	1	0

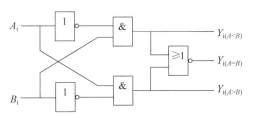

图 9.32 1 位数值比较器的逻辑图

2. 集成 4 位数值比较器

多位数值比较的原理是,从高位开始比较,高位能确定大小关系时不用比较低位,高位相等时比较次高位,以此类推。各位都相等时,两个数才相等。

74LS85 是设置级联输入端的集成 4 位数值比较器,简化列写的真值表如表 9.17 所示。其中,$A_3A_2A_1A_0$ 为数 A 输入端,$B_3B_2B_1B_0$ 为数 B 输入端,$A>B$、$A=B$ 和 $A<B$ 为级联输入端,是比 A_0、B_0 更低位的比较结果,$Y_{(A>B)}$、$Y_{(A=B)}$、$Y_{(A<B)}$ 为比较结果输出端。

表 9.17 集成 4 位数值比较器 74LS85 的真值表

比 较 输 入								级 联 输 入			输 出		
A_3	B_3	A_2	B_2	A_1	B_1	A_0	B_0	$A>B$	$A<B$	$A=B$	$Y_{A>B}$	$Y_{A<B}$	$Y_{A=B}$
$A_3>B_3$		×		×		×		×	×	×	1	0	0
$A_3<B_3$		×		×		×		×	×	×	0	1	0
$A_3=B_3$		$A_2>B_2$		×		×		×	×	×	1	0	0
$A_3=B_3$		$A_2<B_2$		×		×		×	×	×	0	1	0
$A_3=B_3$		$A_2=B_2$		$A_1>B_1$		×		×	×	×	1	0	0
$A_3=B_3$		$A_2=B_2$		$A_1<B_1$		×		×	×	×	0	1	0
$A_3=B_3$		$A_2=B_2$		$A_1=B_1$		$A_0>B_0$		×	×	×	1	0	0
$A_3=B_3$		$A_2=B_2$		$A_1=B_1$		$A_0<B_0$		×	×	×	0	1	0
$A_3=B_3$		$A_2=B_2$		$A_1=B_1$		$A_0=B_0$		1	0	0	1	0	0
$A_3=B_3$		$A_2=B_2$		$A_1=B_1$		$A_0=B_0$		0	1	0	0	1	0
$A_3=B_3$		$A_2=B_2$		$A_1=B_1$		$A_0=B_0$		0	0	1	0	0	1

9.3.3 编码器

用按一定规律排列的 0 和 1 二进制数做代码表示十进制数的过程称为编码。实现编码的电路称为编码器。编码器有二进制编码器和优先编码器等。如编码器有 8 个输入端和 3 个输出端,则称为 8 线-3 线编码器,以此类推。

1. 二进制编码器

用 n 位二进制代码对 2^n 个十进制数进行编码的电路称为二进制编码器。二进制编码器的特点是，输入变量有约束，任一时刻只允许一个输入信号有效，即输入变量互相排斥。

3 位二进制编码器的逻辑设计如下。

(1) 输入变量为 0 ~ 7 八个十进制数，用 I_0 ~ I_7 表示，1 输入有效；输出函数为 3 位二进制代码，用 Y_2 ~ Y_0 表示。

(2) 用二进制数表示十进制数，列出真值表。表 9.18 为真值表的简化列写形式，根据输入变量互斥的约束特点，每一行表示对一个有效的输入信号进行编码。

表 9.18 3 位二进制编码器的真值表

I_0	I_1	I_2	I_3	I_4	I_5	I_6	I_7	Y_2	Y_1	Y_0
1	0	0	0	0	0	0	0	0	0	0
0	1	0	0	0	0	0	0	0	0	1
0	0	1	0	0	0	0	0	0	1	0
0	0	0	1	0	0	0	0	0	1	1
0	0	0	0	1	0	0	0	1	0	0
0	0	0	0	0	1	0	0	1	0	1
0	0	0	0	0	0	1	0	1	1	0
0	0	0	0	0	0	0	1	1	1	1

(3) 由真值表写出函数 Y_2、Y_1、Y_0 的最简逻辑表达式。变量个数较多时无法用卡诺图化简，可根据输入变量互相排斥的逻辑关系对最小项进行简化。以最小项 $\bar{I}_0\bar{I}_1\bar{I}_2\bar{I}_3\bar{I}_4\bar{I}_5\bar{I}_6 I_7$ 为例，因输入变量 I_7 与 I_0 ~ I_6 互斥，$I_7=1$ 时，必有 $I_0=I_1=I_2=I_3=I_4=I_5=I_6=0$，即有

$$\bar{I}_7 = \overline{I_0+I_1+I_2+I_3+I_4+I_5+I_6} = \bar{I}_0\bar{I}_1\bar{I}_2\bar{I}_3\bar{I}_4\bar{I}_5\bar{I}_6 \quad (9.24)$$

$$\bar{I}_0\bar{I}_1\bar{I}_2\bar{I}_3\bar{I}_4\bar{I}_5\bar{I}_6 I_7 = (\bar{I}_0\bar{I}_1\bar{I}_2\bar{I}_3\bar{I}_4\bar{I}_5\bar{I}_6) \cdot I_7 = \bar{I}_7 \cdot I_7 = I_7 \quad (9.25)$$

所以有

$$\begin{cases} Y_2 = I_4 + I_5 + I_6 + I_7 \\ Y_1 = I_2 + I_3 + I_6 + I_7 \\ Y_0 = I_1 + I_3 + I_5 + I_7 \end{cases} \quad (9.26)$$

变量互斥时，还可以通过加入约束条件再使用公式法对最小项进行简化。

④ 由逻辑表达式(9.26)画出用或门实现的逻辑图，如图 9.33 所示。注意，对 I_0 的编码是隐含的，当输入变量 I_1 ~ I_7 均无效为 0 时，输出 $Y_2Y_1Y_0=000$，就是 I_0 的编码。

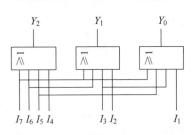

图 9.33 3 位二进制编码器的逻辑图

2. 优先编码器

优先编码器(priority encoder)允许同时输入两个及两个以上编码信号，但只对其中一个优先级最高的输入信号进行编码。

74LS148 是 8 线-3 线集成二进制优先编码器,图形符号如图 9.34 所示。其中,$\overline{EI}$ 为选通输入端,0 有效。$\overline{EO}$ 为选通输出端。$\overline{GS}$ 为扩展输出端。$\overline{I}_0 \sim \overline{I}_7$ 为编码信号输入端,0 有效,大数优先级高。$\overline{Y}_2 \sim \overline{Y}_0$ 为输出端,反码输出。注意,$\overline{I}_i$ 是 0 输入有效的表示方式,$\overline{Y}_i$ 是反码输出的表示方式,此处"—"不是非号。74LS148 简化形式的真值表如表 9.19 所示。

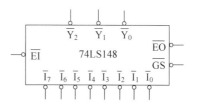

图 9.34 74LS148 的图形符号

表 9.19 8 线-3 线二进制优先编码器 74LS148 的真值表

$\overline{EI}$	$\overline{I}_0$	$\overline{I}_1$	$\overline{I}_2$	$\overline{I}_3$	$\overline{I}_4$	$\overline{I}_5$	$\overline{I}_6$	$\overline{I}_7$	$\overline{Y}_2$	$\overline{Y}_1$	$\overline{Y}_0$	$\overline{EO}$	$\overline{GS}$
1	×	×	×	×	×	×	×	×	1	1	1	1	1
0	1	1	1	1	1	1	1	1	1	1	1	0	1
0	×	×	×	×	×	×	×	0	0	0	0	1	0
0	×	×	×	×	×	×	0	1	0	0	1	1	0
0	×	×	×	×	×	0	1	1	0	1	0	1	0
0	×	×	×	×	0	1	1	1	0	1	1	1	0
0	×	×	×	0	1	1	1	1	1	0	0	1	0
0	×	×	0	1	1	1	1	1	1	0	1	1	0
0	×	0	1	1	1	1	1	1	1	1	0	1	0
0	0	1	1	1	1	1	1	1	1	1	1	1	0

图 9.35 为用 2 片 8 线-3 线集成二进制优先编码器组成 16 线-4 线二进制优先编码器的逻辑图,根据表 9.19 的真值表很容易理解工作原理,这里不再叙述。

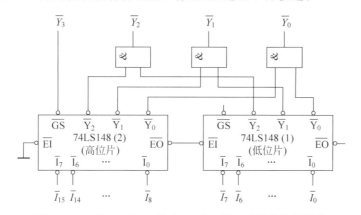

图 9.35 2 片 74LS148 组成 16 线-4 线二进制优先编码器

9.3.4 译码器

将代码译成表示十进制数输出信号的过程称为译码。实现译码的电路称为译码器(decoder)。常用的译码器有二进制译码器和显示译码器等。

译码器的输入信号为二进制代码,输出信号为对应输入二进制代码的十进制数输出信号。输出信号的形式有直接表示十进制数的高、低电平信号及通过显示器件表示十进制输出的显示控制信号。如译码器有3个输入端和8个输出端,则称为3线-8线译码器,以此类推。

1. 二进制译码器

将 n 位二进制代码译成 2^n 个十进制数的译码器称为二进制译码器。二进制译码器的特点是,每输入一组代码,多个输出端中仅一个输出端有信号输出。

1) 2位二进制译码器

2位二进制译码器的逻辑设计如下。

(1) 输入变量为2位二进制代码,用 A_1、A_0 表示。输出函数为4个十进制数,用 $Y_3 \sim Y_0$ 表示,1输出有效。

(2) 按二进制代码和十进制数的对应关系,列出真值表如表9.20所示。

表 9.20 2位二进制译码器的真值表

A_1	A_0	Y_3	Y_2	Y_1	Y_0
0	0	0	0	0	1
0	1	0	0	1	0
1	0	0	1	0	0
1	1	1	0	0	0

(3) 由真值表写出函数 Y_3、Y_2、Y_1、Y_0 的最简逻辑表达式为

$$\begin{cases} Y_3 = A_1 A_0 \\ Y_2 = A_1 \overline{A_0} \\ Y_1 = \overline{A_1} A_0 \\ Y_0 = \overline{A_1}\, \overline{A_0} \end{cases} \quad (9.27)$$

(4) 由逻辑表达式(9.27)画出用与门、非门实现的逻辑图,如图9.36所示。

2位二进制译码器也称为2线-4线译码器。

2) 集成3线-8线译码器

74LS138是设置选通控制端的集成3线-8线译码器,图形符号如图9.37所示。其中, S_1、$\overline{S_2}$、$\overline{S_3}$ 为选通控制端, A_2、A_1、A_0 为代码输入端,或称为地址输入端, $\overline{Y_0} \sim \overline{Y_7}$ 为输出端,0输出有效。注意, $\overline{Y_i}$ 是0输出有效的表示形式, $\overline{S_i}$ 是0输入有效的表示形式,此处"—"不是非号。74LS138的真值表如表9.21所示。

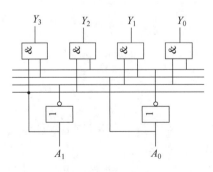

图 9.36 2位二进制译码器的逻辑图

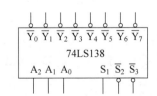

图 9.37 74LS138的图形符号

表 9.21 3 线-8 线译码器 74LS138 的真值表

S_1	$\overline{S}_2+\overline{S}_3$	A_2	A_1	A_0	$\overline{Y}_0$	$\overline{Y}_1$	$\overline{Y}_2$	$\overline{Y}_3$	$\overline{Y}_4$	$\overline{Y}_5$	$\overline{Y}_6$	$\overline{Y}_7$
0	×	×	×	×	1	1	1	1	1	1	1	1
×	1	×	×	×	1	1	1	1	1	1	1	1
1	0	0	0	0	0	1	1	1	1	1	1	1
1	0	0	0	1	1	0	1	1	1	1	1	1
1	0	0	1	0	1	1	0	1	1	1	1	1
1	0	0	1	1	1	1	1	0	1	1	1	1
1	0	1	0	0	1	1	1	1	0	1	1	1
1	0	1	0	1	1	1	1	1	1	0	1	1
1	0	1	1	0	1	1	1	1	1	1	0	1
1	0	1	1	1	1	1	1	1	1	1	1	0

由真值表可写出选通控制端 $S_1=1$,$\overline{S}_2=\overline{S}_3=0$ 时的输出逻辑表达式为

$$\begin{cases} \overline{Y}_0 = \overline{\overline{A}_2 \overline{A}_1 \overline{A}_0} \\ \overline{Y}_1 = \overline{\overline{A}_2 \overline{A}_1 A_0} \\ \overline{Y}_2 = \overline{\overline{A}_2 A_1 \overline{A}_0} \\ \overline{Y}_3 = \overline{\overline{A}_2 A_1 A_0} \\ \overline{Y}_4 = \overline{A_2 \overline{A}_1 \overline{A}_0} \\ \overline{Y}_5 = \overline{A_2 \overline{A}_1 A_0} \\ \overline{Y}_6 = \overline{A_2 A_1 \overline{A}_0} \\ \overline{Y}_7 = \overline{A_2 A_1 A_0} \end{cases} \quad (9.28)$$

输出逻辑表达式可表示成一般形式

$$\overline{Y}_i = \overline{m}_i \quad (i=0 \sim 7) \quad (9.29)$$

其中,m_i 是地址输入变量 A_2、A_1、A_0 构成的最小项。

当选通控制端不是 $S_1=1$,$\overline{S}_2=\overline{S}_3=0$ 时,译码器禁止译码,各输出端 $\overline{Y}_0 \sim \overline{Y}_7$ 均输出 1。

3) 集成译码器的扩展

74LS138 选通控制端不仅可以控制译码器的工作状态,还可以进行译码范围扩展。图 9.38 为用 2 片 74LS138 扩展构成 4 线-16 线译码器的一种连接方案。其中,4 位二进制代码的最高位 A_3 控制各片的部分选通控制端,4 位二进制代码的低 3 位 A_2、A_1、A_0 接至各片的片内代码输入端。$\overline{S}$ 为构成 4 线-16 线译码器的选通控制端。

$\overline{S}=0$ 时的译码过程为:$A_3A_2A_1A_0$ 的变化范围为 0000~0111 时,片 1 工作译码,$\overline{Y}_0 \sim \overline{Y}_7$ 端有输出;而片 2 禁止译码,$\overline{Y}_8 \sim \overline{Y}_{15}$ 端均输出 1。$A_3A_2A_1A_0$ 的变化范围为 1000~1111 时,片 2 工作译码,$\overline{Y}_8 \sim \overline{Y}_{15}$ 端有输出;而片 1 禁止译码,$\overline{Y}_0 \sim \overline{Y}_7$ 端均输出 1。

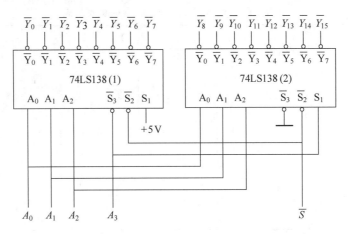

图 9.38　2 片 74LS138 组成 4 线-16 线译码器的逻辑图

4) 用集成 3 线-8 线译码器 74LS138 实现一般组合逻辑函数

式(9.28)和式(9.29)表明,二进制译码器 74LS138 处于工作状态时的输出函数为地址输入变量构成最小项的反函数。任何逻辑函数都可表示成最小项之和形式,并变换成与非-与非式,即最小项反函数的与非式。由二进制译码器产生最小项的反函数,附加与非门将某些最小项的反函数进行与非运算,可实现一般组合逻辑函数。用二进制译码器实现组合逻辑函数的一般步骤如图 9.39 所示。

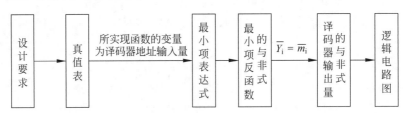

图 9.39　用二进制译码器实现组合逻辑函数的一般步骤

注意,单个译码器使用时所实现函数的变量个数不多于 3 个,既适于单输出也适于多输出组合逻辑函数的实现。

例 9.6　试用 3 线-8 线译码器 74LS138 附加门电路设计一个 1 位全加器。

解:(1) 输入变量为被加数 A_i、加数 B_i、来自低位的进位数 C_i,输出函数为本位和数 S_i、向高位的进位数 C_{i+1}。令所实现函数的输入变量为译码器的地址输入变量,即令

$$\begin{cases} A_2 = A_i \\ A_1 = B_i \\ A_0 = C_i \end{cases} \tag{9.30}$$

(2) 列出真值表如表 9.15 所示。

(3) 由真值表写出标准与或式并变形为最小项反函数的与非式及译码器输出量的与非式,有

$$\begin{cases} S_i = \overline{A}_i\overline{B}_iC_i + \overline{A}_iB_i\overline{C}_i + A_i\overline{B}_i\overline{C}_i + A_iB_iC_i = m_1 + m_2 + m_4 + m_7 \\ \quad = \overline{\overline{m}_1\overline{m}_2\overline{m}_4\overline{m}_7} = \overline{\overline{Y}_1\overline{Y}_2\overline{Y}_4\overline{Y}_7} \\ C_{i+1} = \overline{A}_iB_iC_i + A_i\overline{B}_iC_i + A_iB_i\overline{C}_i + A_iB_iC_i = m_3 + m_5 + m_6 + m_7 \\ \quad = \overline{\overline{m}_3\overline{m}_5\overline{m}_6\overline{m}_7} = \overline{\overline{Y}_3\overline{Y}_5\overline{Y}_6\overline{Y}_7} \end{cases} \quad (9.31)$$

④ 由逻辑表达式(9.30)和式(9.31)画出用74LS138及与非门实现的逻辑图,如图9.40所示。

2. 显示译码器

在数字系统中,经常需要将二进制编码翻译成人们习惯的十进制数形式,直观地显示出来。按发光原理不同,显示器件有半导体显示器(LED显示器)和液晶显示器(LCD显示器)。下面介绍常用的七段字符显示器及其译码电路。

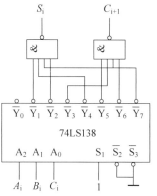

图9.40 例9.6的逻辑图

1) 七段字符显示器

七段字符显示器又称七段数码显示器,由七段可发光的线段构成,利用发光段的不同组合方式显示0~9十进制数,如图9.41所示。

(a) 段分布　　　　　　(b) 发光段组合

图9.41 七段字符显示器及显示的数字

用发光二极管(LED)组成字形显示数字时,每个LED为一个发光段,有共阳极和共阴极两种接法,如图9.42所示。

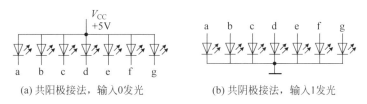

(a) 共阳极接法,输入0发光　　　(b) 共阴极接法,输入1发光

图9.42 七段LED的两种接法

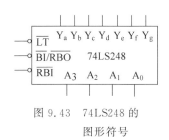

图9.43 74LS248的图形符号

2) 4线-七段译码器/驱动器

74LS248是集成4线-七段译码器/驱动器,1输出有效,用于驱动共阴极LED数码显示器,图形符号如图9.43所示。

其中,$A_3 \sim A_0$为译码地址输入端,$\overline{LT}$为灯测试输入端(0有效),$\overline{RBI}$为脉冲消隐输入端(0有效),$\overline{BI}/\overline{RBO}$为消隐输入(0有效)/脉冲消隐输出(0有效),$Y_a \sim Y_g$为控制七段LED的输出端。

74LS248 的真值表如表 9.22 所示。用 74LS248 控制 1 位 LED 显示电路如图 9.44 所示。

表 9.22 4 线-七段译码器/驱动器 74LS248 的真值表

十进制或功能	输入						$\overline{BI/RBO}$	输出						
	$\overline{LT}$	$\overline{RBI}$	A_3	A_2	A_1	A_0		Y_a	Y_b	Y_c	Y_d	Y_e	Y_f	Y_g
0	1	1	0	0	0	0	1	1	1	1	1	1	1	0
1	1	×	0	0	0	1	1	0	1	1	0	0	0	0
2	1	×	0	0	1	0	1	1	1	0	1	1	0	1
3	1	×	0	0	1	1	1	1	1	1	1	0	0	1
4	1	×	0	1	0	0	1	0	1	1	0	0	1	1
5	1	×	0	1	0	1	1	1	0	1	1	0	1	1
6	1	×	0	1	1	0	1	1	0	1	1	1	1	1
7	1	×	0	1	1	1	1	1	1	1	0	0	0	0
8	1	×	1	0	0	0	1	1	1	1	1	1	1	1
9	1	×	1	0	0	1	1	1	1	1	1	0	1	1
10	1	×	1	0	1	0	1	0	0	0	1	1	0	1
11	1	×	1	0	1	1	1	0	0	1	1	0	0	1
12	1	×	1	1	0	0	1	0	1	0	0	0	1	1
13	1	×	1	1	0	1	1	1	0	0	1	0	1	1
14	1	×	1	1	1	0	1	0	0	0	1	1	1	1
15	1	×	1	1	1	1	1	0	0	0	0	0	0	0
消隐	×	×	×	×	×	×	0	0	0	0	0	0	0	0
脉冲消隐	1	0	0	0	0	0	0	0	0	0	0	0	0	0
灯测试	0	×	×	×	×	×	1	1	1	1	1	1	1	1

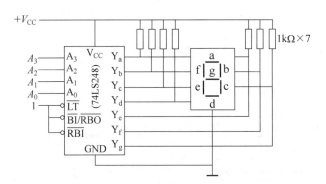

图 9.44 74LS248 控制 1 位 LED 显示电路

9.3.5 数据选择器

在选择控制信号(亦称地址输入信号)的作用下,从多个输入数据中选择一个作为输出信号的逻辑电路称为数据选择器(multiplexer,MUX)。

数据选择器有 2^n 个数据输入端、n 个选择控制信号和 1 个数据输出端。根据输入信号的个数,有 4 选 1 数据选择器和 8 选 1 数据选择器等。

1. 4 选 1 数据选择器

4 选 1 数据选择器的逻辑设计如下。

(1) 输入变量及输出函数。4 个数据输入信号用 D_0、D_1、D_2、D_3 表示,2 个选择控制信号用 A_1、A_0 表示,1 个输出函数用 Y 表示。

(2) 按选择控制关系,列出真值表。表 9.23 为真值表的简化列写形式,称为引入变量真值表,每一行表示选择一个输入数据作为输出信号。

表 9.23 4 选 1 数据选择器的真值表

A_1	A_0	Y
0	0	D_0
0	1	D_1
1	0	D_2
1	1	D_3

(3) 由真值表写出函数 Y 的最简逻辑表达式为

$$Y = \overline{A}_1\overline{A}_0 D_0 + \overline{A}_1 A_0 D_1 + A_1 \overline{A}_0 D_2 + A_1 A_0 D_3 \tag{9.32}$$

(4) 由逻辑表达式(9.32)画出用与或非门、非门实现的逻辑图,如图 9.45 所示。

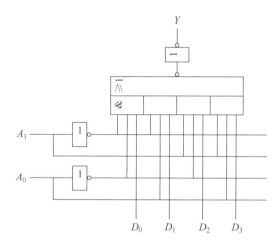

图 9.45 4 选 1 数据选择器的逻辑图

2. 集成数据选择器

1) 集成 4 选 1 数据选择器

74LS153 是集成 4 选 1 数据选择器,芯片内部有 2 个相同的 4 选 1 数据选择器,各有独立的选通控制端、数据输入端和输出端,有公用的地址输入端(选择控制端)。

74LS153 的图形符号如图 9.46 所示。其中,$\overline{S}$ 为选通控制端,A_1、A_0 为地址输入端,D_0、D_1、D_2、D_3 为数据输入端,Y 为输出端。注意,$\overline{S}$ 是 0 输入有效的表示形式,此处"¯"不是非号。

74LS153 的真值表如表 9.24 所示。

表 9.24 74LS153 的真值表

$\overline{S}$	A_1	A_0	Y
1	×	×	0
0	0	0	D_0
0	0	1	D_1
0	1	0	D_2
0	1	1	D_3

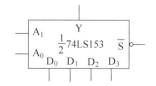

图 9.46 74LS153 的图形符号

由真值表,$\overline{S}=0$ 时,得 74LS153 的逻辑表达式为

$$Y=\overline{A}_1\overline{A}_0 D_0+\overline{A}_1 A_0 D_1+A_1\overline{A}_0 D_2+A_1 A_0 D_3=\sum_{i=0}^{3} m_i \cdot D_i \quad (9.33)$$

其中,m_i 是以 A_1、A_0 为变量构成的最小项。

由真值表,$\overline{S}=1$ 时,得 74LS153 的逻辑表达式为

$$Y=0 \quad (9.34)$$

图 9.47　74LS151 的图形符号

2) 集成 8 选 1 数据选择器

74LS151 是集成 8 选 1 数据选择器,图形符号如图 9.47 所示。其中,$\overline{S}$ 为选通控制端,A_2、A_1、A_0 为地址输入端,$D_0 \sim D_7$ 为数据输入端,Y 为输出端,$\overline{Y}$ 为反码输出端。注意,$\overline{S}$ 是 0 输入有效的表示形式,此处"－"不是非号。

74LS151 的真值表如表 9.25 所示。

表 9.25　74LS151 的真值表

$\overline{S}$	A_2	A_1	A_0	Y	$\overline{Y}$
1	×	×	×	0	1
0	0	0	0	D_0	$\overline{D}_0$
0	0	0	1	D_1	$\overline{D}_1$
0	0	1	0	D_2	$\overline{D}_2$
0	0	1	1	D_3	$\overline{D}_3$
0	1	0	0	D_4	$\overline{D}_4$
0	1	0	1	D_5	$\overline{D}_5$
0	1	1	0	D_6	$\overline{D}_6$
0	1	1	1	D_7	$\overline{D}_7$

由真值表,$\overline{S}=0$ 时,得 74LS151 的逻辑表达式为

$$Y=\overline{A}_2\overline{A}_1\overline{A}_0 D_0+\overline{A}_2\overline{A}_1 A_0 D_1+\overline{A}_2 A_1\overline{A}_0 D_2+\overline{A}_2 A_1 A_0 D_3+$$
$$A_2\overline{A}_1\overline{A}_0 D_4+A_2\overline{A}_1 A_0 D_5+A_2 A_1\overline{A}_0 D_6+A_2 A_1 A_0 D_7$$
$$=\sum_{i=0}^{7} m_i \cdot D_i \quad (9.35)$$

其中,m_i 是以 A_2、A_1、A_0 为变量构成的最小项。

由真值表,$\overline{S}=1$ 时,得 74LS151 的逻辑表达式为

$$Y=0 \quad (9.36)$$

反码输出的逻辑表达式为

$$\overline{Y}=[\overline{A}_2\overline{A}_1\overline{A}_0\overline{D}_0+\overline{A}_2\overline{A}_1 A_0\overline{D}_1+\overline{A}_2 A_1\overline{A}_0\overline{D}_2+\overline{A}_2 A_1 A_0\overline{D}_3+$$
$$A_2\overline{A}_1\overline{A}_0\overline{D}_4+A_2\overline{A}_1 A_0\overline{D}_5+A_2 A_1\overline{A}_0\overline{D}_6+A_2 A_1 A_0\overline{D}_7]\overline{\overline{S}} \quad (9.37)$$

3) 集成数据选择器的扩展

扩展集成数据选择器的选择规模有两级选择扩展和选通控制端扩展两种方式。

图 9.48 为用 4 选 1 数据选择器 74LS153 通过两级选择扩展构成 8 选 1 数据选择器的

逻辑电路图。它的工作原理为：当 $A_2=0$ 时，$Y=Y_1$，由 A_1A_0 从 $D_0\sim D_3$ 中选择一个输入信号作输出；当 $A_2=1$ 时，$Y=Y_2$，由 A_1A_0 从 $D_4\sim D_7$ 中选择一个输入信号作输出。

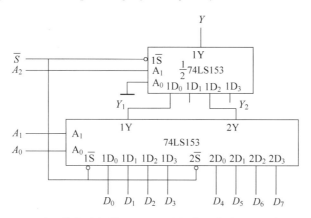

图 9.48　4 选 1 数据选择器通过两级选择扩展构成 8 选 1 数据选择器

4) 用集成数据选择器实现组合逻辑函数

集成数据选择器 74LS153、74LS151 在选通控制端 $\overline{S}=0$ 时处于工作状态，输出逻辑表达式的一般形式为

$$Y=\sum m_i \cdot D_i \tag{9.38}$$

其中，m_i 是地址输入变量 A_1、A_0 或 A_2、A_1、A_0 构成的最小项。

任何逻辑函数都可表示为与或表达式。若数据选择器的地址输入量为所实现函数的变量或部分变量，各数据输入端为常量 0、1 或另外的部分变量，可实现一般单输出的组合逻辑函数。

用集成数据选择器实现组合逻辑函数的一般步骤如图 9.49 所示。

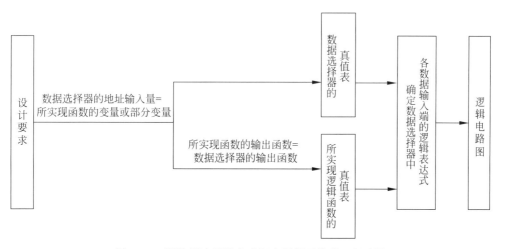

图 9.49　用数据选择器实现组合逻辑函数的一般步骤

例 9.7　用 4 选 1 数据选择器 74LS153 设计一个 3 变量多数表决电路，当输入变量中多数为 1 时，输出为 1，否则输出为 0。

解：(1) 设 3 个输入变量为 A、B、C，1 个输出函数为 F。选择实现逻辑函数的 A、B 变量为数据选择器的地址输入变量，即令

$$\begin{cases} A_1 = A \\ A_0 = B \end{cases} \tag{9.39}$$

从数据选择器的输出端输出所实现的逻辑函数，即令

$$F = Y \tag{9.40}$$

(2) 以 A、B 为变量列出 4 选 1 数据选择器及逻辑函数 F 的真值表，如表 9.26 所示。

(3) 由真值表确定数据选择器各数据输入端的表达式为

$$\begin{cases} D_0 = 0 \\ D_1 = D_2 = C \\ D_3 = 1 \end{cases} \tag{9.41}$$

(4) 由逻辑表达式(9.39)、式(9.40)和式(9.41)画出用 $\frac{1}{2}$74LS153 实现的逻辑图，如图 9.50 所示。

表 9.26 例 9.7 的真值表

A	B	Y	F
0	0	D_0	0
0	1	D_1	C
1	0	D_2	C
1	1	D_3	1

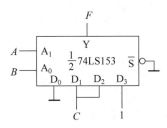

图 9.50 例 9.7 的逻辑图

9.4 组合逻辑电路的竞争冒险

9.4.1 产生竞争冒险的原因

1. 竞争冒险的概念

在组合逻辑电路中，由于逻辑门存在传输时间，使两个互反的变量经不同的路径到达同一点时有先有后，这种现象称为竞争。因竞争产生的错误输出称为冒险。

2. 冒险现象分析

图 9.51(a)为与门产生竞争的逻辑电路及输入、输出波形。由于非门存在传输时间，使到达与门输入端的信号 $\overline{A}$ 滞后于 A，$\overline{A}$ 和 A 为有竞争的变量。稳态时无论 $A=0$、$A=1$ 或 A 由 1 跳变为 0 时，由式 $Y = A \cdot \overline{A}$，有输出 $Y=0$，为正确输出。当 A 由 0 跳变为 1 时，由式 $Y = A \cdot \overline{A}$，有输出 $Y=1$，为错误输出，称为 1 型冒险。

图 9.51(b)为或门产生竞争的逻辑电路及输入、输出波形。由于非门存在传输时间，使到达或门输入端的信号 $\overline{A}$ 滞后于 A，$\overline{A}$ 和 A 为有竞争的变量。稳态时无论 $A=0$、$A=1$ 或 A 由 0 跳变为 1 时，由式 $Y = A + \overline{A}$，有输出 $Y=1$，为正确输出。当 A 由 1 跳变为 0 时，由式 $Y = A + \overline{A}$，有输出 $Y=0$，为错误输出，称为 0 型冒险。

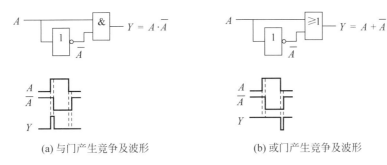

(a) 与门产生竞争及波形　　　　　(b) 或门产生竞争及波形

图 9.51　竞争冒险现象

9.4.2　检查竞争冒险的方法

可采用代数法检查一个组合逻辑电路是否存在竞争冒险。组合逻辑电路的逻辑函数表达式中同时含有某一变量的原、反变量，存在冒险的可能性，令其他变量为常数 0 或 1 时，若简化为 $Y=A \cdot \overline{A}$ 形式，则存在 1 型冒险；若简化为 $Y=A+\overline{A}$ 形式，则存在 0 型冒险。

例 9.8　一个组合逻辑电路的输出逻辑表达式为 $Y=AB+\overline{A}C$，检查竞争冒险情况。

解：当 $B=1$、$C=1$ 时，$Y=A+\overline{A}$，存在 0 型冒险。

例 9.9　一个组合逻辑电路的输出逻辑表达式为 $Y=(A+B)(\overline{B}+C)$，检查竞争冒险情况。

解：当 $A=0$、$C=0$ 时，$Y=B \cdot \overline{B}$，存在 1 型冒险。

9.5　门电路和组合逻辑电路 Multisim 仿真示例

视频讲解

1. 三态门逻辑功能的 Multisim 仿真

1) 仿真方案设计

三态门是有输出高电平状态、输出低电平状态和输出高阻状态三种输出状态的逻辑门，74LS126N 是控制端为高电平时处于工作状态的集成三态缓冲器。

逻辑表达式为

$$Y = \begin{cases} A \mid_{EN=1} \\ Z \mid_{EN=0} \end{cases} \quad (9.42)$$

选择以波形图的形式描述三态门的输出高电平状态、输出低电平状态和输出高阻状态三种输出状态的逻辑功能。用虚拟仪器中的字信号发生器做实验中的信号源，产生所需的控制信号及输入信号，用四踪示波器显示控制信号及输入信号、输出函数信号波形。字信号发生器各个字组的内容，即三态门输入波形设计如图 9.52 所示。其中，将 A 输入信号设计成在 $EN=0$、$EN=1$ 期间有变化，以验证三态输出的特点。

图 9.52　三态门逻辑功能仿真的输入波形设计及字组数据

2) 仿真电路的构建及仿真运行

在 Multisim 14 中构建的三态门逻辑功能仿真测试电路,如图 9.53 所示。

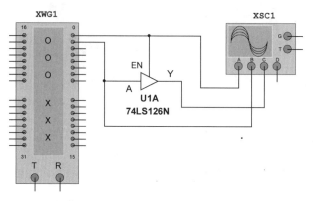

图 9.53　三态门逻辑功能仿真测试电路

双击字信号发生器的图标,打开面板,在字信号编辑区以十六进制(hex)依次输入 1、3、1、3、1、3、1、0、2、0、2、0、2、0 共 14 个字组数据,单击最后一个字组数据进行循环字组信号终止设置(set final position),完成所有字组信号的设置,在 Frequency 区设置输出字信号的频率,如图 9.54 所示。

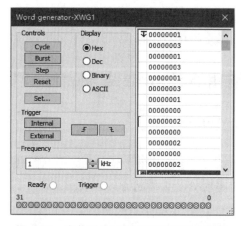

图 9.54　字信号发生器中字组数据的设置

单击字信号发生器面板的 Control 区中的 Burst 选项,开始电路仿真,字信号发生器从第一个字组开始,逐个字组输出直到终止设置字组信号。

双击四踪示波器的图标,打开面板,显示波形如图 9.55 所示。四踪示波器显示的波形中,由上至下依次为控制信号 EN、输入信号 A 和输出函数 Y。当 $EN=1$ 时,输出函数 Y 的波形与输入信号 A 的波形相同,表明 $Y=A$,三态门处于工作状态;当 $EN=0$ 时,输出函数 Y 的波形既不是高电平也不是低电平,表明 $Y=Z$,三态门处于禁止状态。与式(9.42)逻辑表达式的功能一致。

2. 集成 3 线-8 线译码器 74LS138N 逻辑功能的 Multisim 仿真

1) 仿真方案设计

选择以波形图的形式描述 3 线-8 线译码器 74LS138N 在不同输入信号作用下的译码输

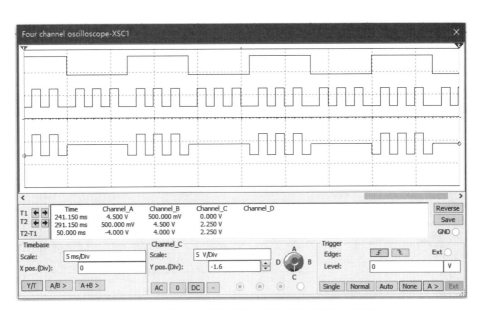

图 9.55　四踪示波器显示的三态门逻辑功能仿真波形

出状态变化行为。用虚拟仪器中的字信号发生器做实验中的信号源,产生译码器 0~7(000~111)共 8 组地址输入信号,用逻辑分析仪及指示灯显示各输入信号、输出信号的波形。

2) 仿真电路的构建及仿真运行

在 Multisim 14 中构建集成 3 线-8 线译码器逻辑功能仿真测试电路,如图 9.56 所示。

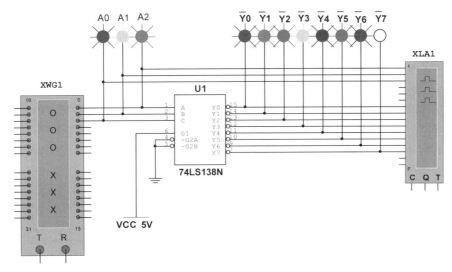

图 9.56　3 线-8 线译码器 74LS138N 逻辑功能仿真测试电路

双击字信号发生器的图标,打开面板,在字信号编辑区以十六进制依次输入 0、1、2、3、4、5、6、7 共 8 个字组数据,单击最后一个字组数据进行循环字组信号终止设置,完成所有字组数据的设置,在 Frequency 区设置输出字信号的频率。

单击字信号发生器面板的 Controls 区中的 Burst 选项,开始电路仿真,字信号发生器从第一个字组开始,逐个字组输出直到终止设置字组信号。

双击逻辑分析仪 XLA1 的图标,打开面板,显示波形如图 9.57 所示。逻辑分析仪显示的波形中,1 为地址输入 A_0 信号的波形,2 为地址输入信号 A_1 的波形,3 为地址输入信号 A_2 的波形,4~11 为译码输出 $\overline{Y}_0 \sim \overline{Y}_7$ 的波形。

图 9.57 的波形及指示灯显示的输出状态与表 9.21 的 3 线-8 线译码器 74LS138 真值表的功能一致,即每输入一组地址代码译成一个十进制数,多个输出端中仅一个输出端有信号输出。

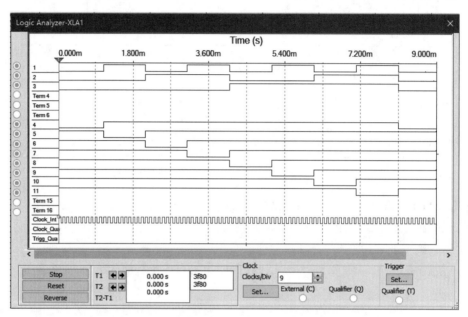

图 9.57　逻辑分析仪显示的 3 线-8 线译码器逻辑功能仿真波形

3. 集成 4 选 1 数据选择器 74LS153N 逻辑功能的 Multisim 仿真

1) 仿真方案设计

选择以波形图的形式描述 4 选 1 数据选择器 74LS153N 在不同地址输入信号作用下的数据选择过程。用虚拟仪器中的字信号发生器做实验中的信号源产生所需的各个数据输入信号,用逻辑分析仪显示输入信号、输出信号波形。字信号发生器各个字组的内容反映数据选择器不同数据输入端的输入情况,输入波形设计如图 9.58 所示。

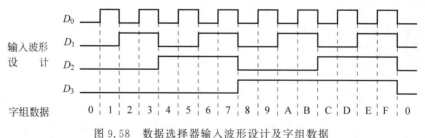

图 9.58　数据选择器输入波形设计及字组数据

2) 仿真电路的构建及仿真运行

在 Multisim 14 中构建集成 4 选 1 数据选择器逻辑功能仿真测试电路,如图 9.59 所示。双击字信号发生器的图标,打开面板,在字信号编辑区以十六进制依次输入 0、1、2、3、

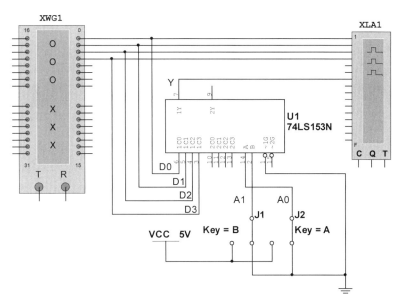

图 9.59　4 选 1 数据选择器 74LS153N 逻辑功能仿真测试电路

4、5、6、7、8、9、A、B、C、D、E、F、0 共 17 个字组数据,单击最后一个字组数据进行循环字组信号终止设置,完成所有字组信号的设置,在 Frequency 区设置输出字信号的频率。

单击字信号发生器面板的 Controls 区中的 Burst 选项,开始电路仿真,字信号发生器从第一个字组开始逐个字组输出直到终止设置字组信号。

由开关控制数据选择器的选择控制端 A_1A_0 分别为 00、01、10 及 11,双击逻辑分析仪 XLA1 的图标,打开面板显示波形。

图 9.60 为逻辑分析仪显示 $A_1A_0=00$ 时的仿真波形。其中,1 为输入数据 D_0 的波形,

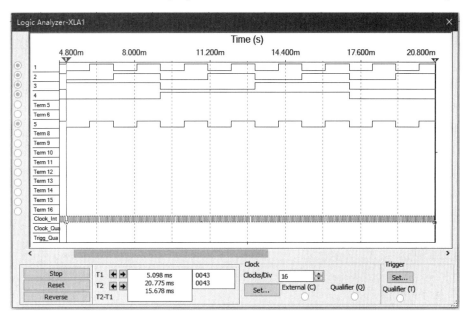

图 9.60　逻辑分析仪显示的 $A_1A_0=00$ 时的仿真波形

2 为输入数据 D_1 的波形，3 为输入数据 D_2 的波形，4 为输入数据 D_3 的波形，5 为输出函数 Y 的波形。由图 9.60 可知，$A_1A_0=00$ 时，输出函数 Y 的波形和输入数据 D_0 的波形相同，实现选择 D_0 作为输出。

同理可验证，$A_1A_0=01$ 时，输出函数 Y 的波形和输入数据 D_1 的波形相同，实现选择 D_1 作为输出；$A_1A_0=10$ 时，输出函数 Y 的波形和输入数据 D_2 的波形相同，实现选择 D_2 作为输出；$A_1A_0=11$ 时，输出函数 Y 的波形和输入数据 D_3 的波形相同，实现选择 D_3 作为输出。

图 9.60 显示的波形与表 9.24 的 4 选 1 数据选择器 74LS153 真值表的功能一致，即在选择控制信号作用下从多个输入数据中选择一个作为输出信号。

本章小结

本章主要介绍了 TTL 集成逻辑门和 CMOS 集成逻辑门，还介绍了组合逻辑电路的特点、组合逻辑电路的分析方法和设计方法、常用组合逻辑电路、用中规模集成组合逻辑器件实现组合逻辑函数的方法及组合逻辑电路的竞争冒险。

(1) 为实现最优化电路设计，以便实现各种不同的逻辑函数，在 TTL 集成逻辑门和 CMOS 集成逻辑门电路的定型产品中，有与非门、或非门、与门、或门、与或非门、异或门、反相器（非门）、三态门、OC 门等，着重理解它们的外特性（逻辑功能和电气特性），要清楚其图形符号、逻辑表达式等功能描述方法。

(2) 逻辑门多余输入端的处理原则是不影响使用的输入端进行正确的逻辑运算，要清楚具体的处理方法。

(3) 组合逻辑电路的结构特点是，由门构成且从输出端到输入端无反馈连接。组合逻辑电路的功能特点是，任一时刻的输出信号仅取决于该时刻的输入信号，而与输入信号作用前电路所处的状态无关。

(4) 常用组合逻辑电路有加法器、数值比较器、编码器、译码器和数据选择器，要注意理解概念，掌握集成器件的图形符号、逻辑表达式及真值表等功能描述方法。

(5) 组合逻辑电路的分析，通常采用逐级推导的方法写出输出逻辑表达式，推导表达式时关键要清楚逻辑门、集成器件的功能，然后通过列真值表等方式反映电路输出函数与输入变量之间的逻辑关系。

(6) 进行组合逻辑电路设计，所用组合器件不同，设计方法有所不同。用门电路设计时，化简求解和门类型对应的最简逻辑表达式；用译码器、数据选择器等中规模组合器件设计时，将逻辑表达式变换为适合该器件的相应形式。

(7) 组合逻辑电路的竞争冒险，主要应清楚在什么条件下冒险现象可能出现。

自测题

一、单项选择题

在各小题备选答案中选择出一个正确的答案，将正确答案前的字母填在题干后的括号内。

1. 图 9.61 中的各电路均为 TTL 门,能实现表达式所要求逻辑功能的是(　　)。

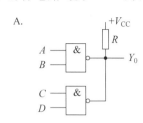

$Y_0 = \overline{AB} \cdot \overline{CD}$

(a)

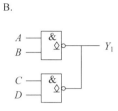

$Y_1 = \overline{AB} \cdot \overline{CD}$

(b)

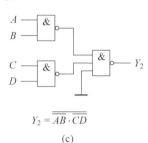

$Y_2 = \overline{\overline{AB} \cdot \overline{CD}}$

(c)

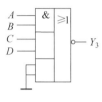

$Y_3 = \overline{AB + CD}$

(d)

图 9.61

2. 输出端可直接连在一起实现"线与"逻辑功能的门电路是(　　)。
　　A. 与非门　　　　B. 或非门　　　　C. OC 门　　　　D. 三态门

3. 如图 9.62 所示的 TTL 门电路中,当 $\overline{EN} = 0$ 时,$Y = ($　　$)$。
　　A. $A\overline{B}$　　　　B. $\overline{A}B$　　　　C. $\overline{AB}$　　　　D. $A + B$

图 9.62

4. 图 9.63 中的各电路均为 TTL 门,多余输入端接法错误的是(　　)。

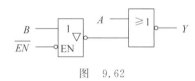

(a)　　　　(b)　　　　(c)　　　　(d)

图 9.63

5. 用异或门实现逻辑函数 $Y = \overline{A \oplus B \oplus C}$,当只提供原变量时所用异或门的最少数量为(　　)。
　　A. 1 个　　　　B. 2 个　　　　C. 3 个　　　　D. 4 个

6. 在设计 8421BCD 码译码器时,可以作为无关项在设计中加以利用的伪码为 0000~1111 共 16 种状态的(　　)。
　　A. 前 6 个　　　　　　　　　　　　B. 后 6 个
　　C. 前 3 个和后 3 个　　　　　　　　D. 中间 6 个

7. 某逻辑函数的最简表达式为 $Y=A\bar{B}+\bar{A}B$,在只有原变量没有反变量的条件下实现电路时共需要的门电路为(　　)。
　　A. 3 种类型,5 个　　B. 3 种类型,4 个　　C. 2 种类型,4 个　　D. 2 种类型,3 个

8. 一个组合逻辑电路的输出逻辑表达式为 $Y_1=A\oplus B\oplus C, Y_2=\bar{A}B+\bar{A}C+BC$,该电路是(　　)。
　　A. 1 位半加器　　B. 1 位全加器　　C. 1 位全减器　　D. 以上均不对

9. 可以有多个输入信号同时有效的编码器是(　　)。
　　A. 二进制编码器　　　　　　　　　B. 二-十进制编码器
　　C. 优先编码器　　　　　　　　　　D. 8421 码编码器

10. 下列不是 3 线-8 线译码器 74LS138 输出端状态的是(　　)。
　　A. 01011100　　B. 10111111　　C. 11111111　　D. 11111110

11. 4 选 1 数据选择器的地址输入量为 A_1、A_0,数据输入量为 D_3、D_2、D_1、D_0,若使输出 $Y=D_2$,则应使地址输入 $A_1A_0=$(　　)。
　　A. 00　　B. 01　　C. 10　　D. 11

12. 下列函数中,不存在竞争冒险的是(　　)。
　　A. $Y=BC+\bar{B}\bar{C}$　　　　　　　　B. $Y=AC+\bar{B}\bar{C}$
　　C. $Y=\bar{A}B+\bar{B}\bar{C}$　　　　　　　　D. $Y=\bar{A}C+\bar{B}\bar{C}$

二、填空题

1. 在 TTL 门电路的主要参数中,一个门电路的输出端能连接同类门的个数称为该门电路的_____。

2. 三态门除了"高电平"和"低电平"两种输出状态外,还具第三种输出状态为_____态,此时三态门输出端与其他电路的连接相当于_____。

3. 在数字逻辑电路中,任一时刻的输出信号只取决于该时刻的输入信号,而与输入信号作用前电路所处的状态无关的逻辑电路属于_____逻辑电路。

4. 某逻辑函数的最简表达式为 $Y=A\bar{B}+\bar{A}B$,在只提供原变量的条件下若用与非门来实现,则所需要双输入端与非门电路的个数为_____。

5. 实现两个 1 位二进制数相加但不考虑来自低位的进位数,产生 1 位和值及 1 位进位的算术加法运算电路称为_____。

6. 当 1 位全加器的输入 $A_i=1$、$B_i=0$、$C_i=1$ 时,其和输出 $S_i=$_____,进位输出 $C_{i+1}=$_____。

7. 8 线-3 线优先编码器 74LS148 的优先编码顺序是 $\bar{I}_7, \bar{I}_6, \bar{I}_5, \cdots, \bar{I}_0$,输出为 $\bar{Y}_2\bar{Y}_1\bar{Y}_0$,输入低电平有效、反码输出。当输入 $\bar{I}_7\bar{I}_6\bar{I}_5\cdots\bar{I}_0$ 为 11010101 时,输出 $\bar{Y}_2\bar{Y}_1\bar{Y}_0$ 为_____。

8. 4 选 1 数据选择器的地址输入量为 A_1、A_0,数据输入量为 D_3、D_2、D_1、D_0,若使输

出 $Y=D_3$,则应使地址输入 $A_1A_0=$ _____。

9. 用 8 选 1 数据选择器芯片 74LS151 扩展构成一个 64 选 1 数据选择器,所需 74LS151 芯片数为 _____ 片。

10. 3 线-8 线译码器 74LS138 处于允许译码状态时,选通控制端 $S_1\overline{S}_2\overline{S}_3$ 取值应为 _____。

11. 二进制译码器的特点是,每输入一组代码多个输出端中仅 _____ 个输出端有信号输出。

12. 二进制译码器的每一组输入组合对应一个输出端,所以 n 位二进制代码输入的译码器有 _____ 个输出端。

习题

1. 图 9.64 中的各电路均为 TTL 门,分析哪些电路能实现如表 9.27 所示真值表要求的逻辑功能。

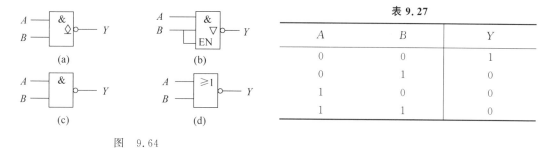

图 9.64

表 9.27

A	B	Y
0	0	1
0	1	0
1	0	0
1	1	0

2. OC 与非门组成的逻辑电路如图 9.65 所示,试写出其输出逻辑表达式,列出真值表。

3. TTL 三态门及输入波形如图 9.66(a)和图 9.66(b)所示,试对应输入 A、B 的波形画出输出 Y 的波形。

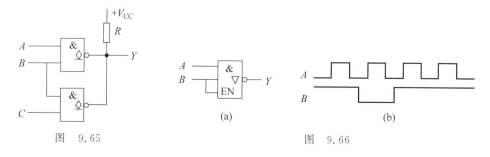

图 9.65   图 9.66

4. 试用 2 输入端的 OC 与非门实现逻辑函数 $Y=\overline{A}\overline{B}+AB$,输入端只提供原变量。

5. 分析图 9.67 的组合逻辑电路,写出逻辑表达式,列出真值表,说明逻辑功能。

6. 分析图 9.68 的组合逻辑电路,写出逻辑表达式,列出真值表,说明逻辑功能。

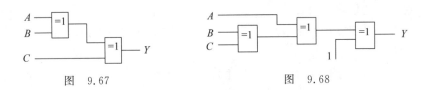

图 9.67　　　　　　　　图 9.68

7. 分析图 9.69 所示的组合逻辑电路,说明 A、B、C 有哪些取值组合使 Y 为 1。

8. 分析图 9.70 所示组合逻辑电路的逻辑功能。

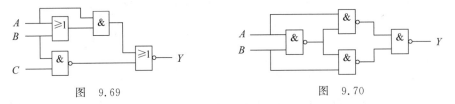

图 9.69　　　　　　　　图 9.70

9. 分析图 9.71 所示的组合逻辑电路,写出逻辑表达式,列出真值表,说明逻辑功能。

10. 分析图 9.72 所示的组合逻辑电路,写出逻辑表达式,列出真值表,说明逻辑功能。

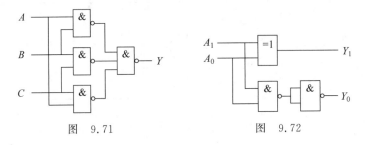

图 9.71　　　　　　　　图 9.72

11. 分析图 9.73 所示的组合逻辑电路,写出逻辑表达式,列出真值表,说明逻辑功能,电路 0 输出有效。

12. 分析图 9.74 所示的组合逻辑电路,写出逻辑表达式,列出真值表,说明逻辑功能。

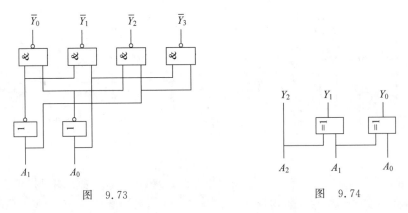

图 9.73　　　　　　　　图 9.74

13. 设计一个三变量多数一致电路,当输入变量 A、B、C 中 1 的个数占多数时输出 Y 为 1,输入为其他状态时输出 Y 为 0。分别用与门和或门、与非门、或非门实现。

14. 某组合逻辑电路输出 Y_2、Y_1、Y_0 与输入 A、B、C 的逻辑关系如图 9.75 所示,试用与非门和非门设计该组合逻辑电路。

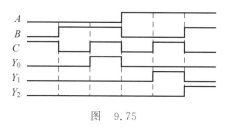

图 9.75

15. 试设计一个乘法运算电路,输入是被乘数 A_1A_0、乘数 B_1B_0 两个 2 位二进制数,输出是两者的乘积 $Y_3Y_2Y_1Y_0$。

16. 分析图 9.76 所示的组合逻辑电路,写出逻辑表达式,列出真值表,说明逻辑功能。

17. 分析图 9.77 所示的组合逻辑电路,写出逻辑表达式,列出真值表,说明逻辑功能。

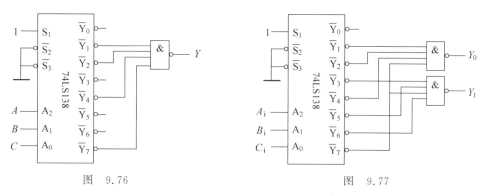

图 9.76   图 9.77

18. 分析图 9.78 所示的组合逻辑电路,写出逻辑表达式,列出真值表,说明逻辑功能。

19. 分析图 9.79 所示的组合逻辑电路,写出逻辑表达式,列出真值表,说明逻辑功能。

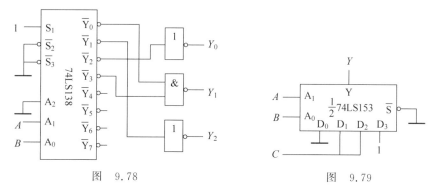

图 9.78   图 9.79

20. 试用 3 线-8 线译码器 74LS138 和与非门实现如下多输出逻辑函数。

$$\begin{cases} Y_1 = AC \\ Y_2 = \bar{A}\bar{B}C + A\bar{B}\bar{C} + BC \\ Y_3 = \bar{B}\bar{C} + AB\bar{C} \end{cases}$$

21. 试用 3 线-8 线译码器 74LS138 和必要的门电路设计一个 1 位全减器电路。

22. 试用 3 线-8 线译码器 74LS138 和必要的门电路设计一个 3 变量奇偶检测电路,当输入变量中有偶数个 1 和全 0 时输出为 1,否则输出为 0。

23. 试用 4 选 1 数据选择器 74LS153 实现如下逻辑函数。

$$F(A,B,C)=\sum m(3,5,6,7)$$

24. 试用 4 选 1 数据选择器 74LS153 设计一个 3 变量奇偶检测电路,当输入变量中有偶数个 1 和全 0 时输出为 1,否则输出为 0。

25. 试检查图 9.80 所示的组合逻辑电路是否存在竞争冒险。若存在,用增加冗余项的方法进行消除,并画出无竞争冒险的逻辑电路。

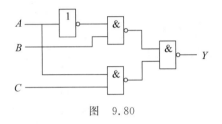

图 9.80

第 10 章 触发器和时序逻辑电路

CHAPTER 10

本章首先介绍触发器的特点、分类和逻辑功能,然后着重介绍时序逻辑电路的分析方法和设计方法,计数器、寄存器的基本概念及逻辑功能,以及用中规模集成计数器实现任意进制计数器的方法。

10.1 触发器

存储一位二进制信息的电路称为触发器(flip-flop)。触发器是数字系统中时序逻辑电路的基本部件。触发器有两个状态输出端 Q 和 $\bar{Q}$,正常工作时 Q 和 $\bar{Q}$ 端互反。规定以 Q 端状态表示触发器的状态:$Q=1$、$\bar{Q}=0$ 为触发器处于 1 状态,$Q=0$、$\bar{Q}=1$ 为触发器处于 0 状态。

10.1.1 触发器的特点及逻辑功能描述方法

1. 触发器的特点

为了实现存储记忆 1 位二进制信息的功能,触发器必须具备以下两个功能特点。
(1) 有 0 和 1 两个稳定状态,无外部输入信号作用时能保持某一稳态不变。
(2) 在适当的输入信号作用下,可以置成 0 或 1 状态。

2. 触发器的逻辑功能描述方法

触发器的状态转换行为用现态和次态表示。输入信号作用前触发器处于的状态称为现态(present state),用 Q^n 表示;输入信号作用后触发器转换成的新状态称为次态(next state),用 Q^{n+1} 表示。

触发器的逻辑功能描述有以下三种方法。
(1) 特性表。反映触发器的次态函数与输入变量、现态变量之间逻辑关系的真值表。
(2) 特性方程。反映触发器的次态函数与输入变量、现态变量之间逻辑关系的逻辑表达式。
(3) 时序图。反映触发器在输入信号作用下由现态到次态状态转换关系的波形。

10.1.2 基本 RS 触发器

1. 电路组成及图形符号

两个与非门交叉连接形成反馈,构成基本 RS 触发器,如图 10.1(a)所示,图形符号如

视频讲解

图 10.1(b)所示。

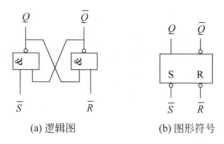

(a) 逻辑图　　　　　(b) 图形符号

图 10.1　与非门构成的基本 RS 触发器

其中,$\bar{R}$ 为置 0 输入端,$\bar{S}$ 为置 1 输入端,0 输入有效,Q 和 $\bar{Q}$ 为状态输出端。注意,$\bar{R}$、$\bar{S}$ 是 0 输入有效的表示方式,此处"‾"不是非号,不能去掉。

2. 逻辑功能分析

由图 10.1(a)可知,触发器的状态输出与输入信号之间的逻辑关系有如下 4 种情况。

(1) $\bar{R}=0$、$\bar{S}=1$ 时,从有 0 输入的 $\bar{R}$ 端开始分析,有 $\bar{Q}^{n+1}=\overline{\bar{R} \cdot Q^n}=\overline{0 \cdot Q^n}=1$,$Q^{n+1}=\overline{\bar{S} \cdot \bar{Q}^n}=\overline{1 \cdot 1}=0$,即无论现态 Q^n 为何值,触发器的次态 $Q^{n+1}=0$,触发器置 0。$\bar{R}$ 端称为置 0 输入端。

(2) $\bar{R}=1$、$\bar{S}=0$ 时,从有 0 输入的 $\bar{S}$ 端开始分析,有 $Q^{n+1}=\overline{\bar{S} \cdot \bar{Q}^n}=\overline{0 \cdot \bar{Q}^n}=1$,$\bar{Q}^{n+1}=\overline{\bar{R} \cdot Q^n}=\overline{1 \cdot 1}=0$,即无论现态 Q^n 为何值,触发器的次态 $Q^{n+1}=1$,触发器置 1。$\bar{S}$ 端称为置 1 输入端。

(3) $\bar{R}=1$、$\bar{S}=1$ 时,输入信号均无效,从两个输入端同时分析,有 $Q^{n+1}=\overline{\bar{S} \cdot \bar{Q}^n}=\overline{1 \cdot \bar{Q}^n}=Q^n$,$\bar{Q}^{n+1}=\overline{\bar{R} \cdot Q^n}=\overline{1 \cdot Q^n}=\bar{Q}^n$,即触发器的次态与现态相同,触发器置保持原来的状态不变。

(4) $\bar{R}=0$、$\bar{S}=0$ 时,输入信号均有效,从两个输入端同时分析,有 $Q^{n+1}=\overline{\bar{S} \cdot \bar{Q}^n}=\overline{0 \cdot \bar{Q}^n}=1$,$\bar{Q}^{n+1}=\overline{\bar{R} \cdot Q^n}=\overline{0 \cdot Q^n}=1$,即在输入信号同为 0 期间,触发器的两个状态输出端同为 1,不互反,而当输入信号同时消失时,由于门的延迟时间不同,触发器的次态不定,$Q^{n+1}=\times$。

反映上述逻辑关系的特性表如表 10.1 所示。

表 10.1　与非门构成基本 RS 触发器的特性表

$\bar{R}$	$\bar{S}$	Q^n	Q^{n+1}	功 能 说 明
0	0	0	×	不定
0	0	1	×	不定
0	1	0	0	置 0
0	1	1	0	置 0
1	0	0	1	置 1
1	0	1	1	置 1
1	1	0	0	保持
1	1	1	1	保持

由于输入信号有效时,触发器具有复位(Reset)和置位(Set)功能,故称为基本 RS 触发器(Reset-Set flip-flop)。

3. 动作特点

由图 10.1(a)可知,基本 RS 触发器中,输入信号直接加在门的输入端,所以基本 RS 触发器的动作特点(状态变化特点)是,输入信号在作用的全部时间内直接改变 Q 和 $\bar{Q}$ 输出端的状态。

4. 时序图的画法

依据动作特点和逻辑功能画时序图。由动作特点确定触发器在输入信号作用的全部时间内,接收输入信号,改变输出状态。由逻辑功能确定状态改变后的次态值。次态波形对应画在所接收输入信号的下面。

例 10.1 已知与非门构成的基本 RS 触发器的 $\bar{R}$、$\bar{S}$ 的波形如图 10.2 所示,试画出 Q 和 $\bar{Q}$ 对应的波形。

解:Q 和 $\bar{Q}$ 的波形如图 10.2 所示。在各输入信号波形跳变的边沿处画虚线分段,据每个时间区间的输入信号状态确定次态,次态由 $\bar{R}$、$\bar{S}$ 输入信号的作用或特性表确定,将次态波形对应画在输入信号的下面。

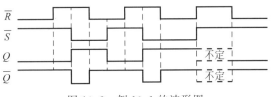

图 10.2 例 10.1 的波形图

10.1.3 同步触发器

基本 RS 触发器是在输入信号的直接控制下工作的,然而在数字系统中,为了协调各部分有节拍地工作,常要求一些触发器在同一时刻动作。为此,必须引入同步时钟脉冲 CP (clock pulse)信号对触发器的动作方式进行控制,使触发器在时钟脉冲 CP 信号作用下根据输入信号改变状态,而在没有脉冲作用时,触发器保持原来的状态不变。即触发器的状态转换由时钟脉冲信号 CP 和输入信号控制,时钟脉冲信号 CP 有效时控制状态转换的时间,输入信号控制状态转换的方向。具有时钟脉冲 CP 控制的触发器称为时钟触发器,或者称为同步触发器。触发器在时钟脉冲 CP 信号的控制下,接收输入信号进行状态转换的方式称为触发方式。CP 信号有以下 3 种控制方式。

(1) $CP=1$,即 CP 为高电平期间,触发器接收输入信号进行状态转换,称为电平触发。

(2) CP 由 0 变 1 的瞬刻,触发器接收输入信号进行状态转换,称为上升沿触发,或称为正边沿触发。

(3) CP 由 1 变 0 的瞬刻,触发器接收输入信号进行状态转换,称为下降沿触发,或称为负边沿触发。

上升沿触发和下降沿触发都为边沿触发。各种触发方式下,都有不同功能的触发器。

1. 同步 RS 触发器

1) 电路组成及图形符号

同步 RS 触发器由基本 RS 触发器和输入控制门构成,作用是解决输入信号直接控制输出状态的问题,逻辑图和图形符号如图 10.3(a)和图 10.3(b)所示。其中,R 为置 0 输入端,S 为置 1 输入端,1 输入有效,CP 为时钟脉冲输入端,Q 和 $\bar{Q}$ 为状态输出端。

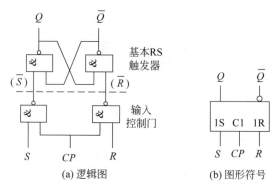

图 10.3 同步 RS 触发器

2) 逻辑功能分析

当 $CP=0$ 时,输入控制门均截止,输入信号不能加到触发器中,触发器状态不变,$Q^{n+1}=Q^n$;当 $CP=1$ 时,输入信号能加到触发器中,触发器状态改变。$CP=1$ 时的逻辑功能描述如下。

(1) 特性表。由 $\bar{S}=\overline{S \cdot CP}$、$\bar{R}=\overline{R \cdot CP}$ 的关系及表 10.1 可得 RS 触发器的特性表,如表 10.2 所示。

表 10.2 RS 触发器的特性表

R	S	Q^n	Q^{n+1}	功 能 说 明
0	0	0	0	保持
0	0	1	1	保持
0	1	0	1	置 1
0	1	1	1	置 1
1	0	0	0	置 0
1	0	1	0	置 0
1	1	0	×	不定
1	1	1	×	不定

(2) 特性方程。将表 10.2 转换成卡诺图并化简,得 RS 触发器的特性方程为

$$\begin{cases} Q^{n+1} = S + \bar{R}Q^n \\ RS = 0(约束条件) \end{cases} \quad (10.1)$$

由式(10.1),RS 触发器确定次态值的简便方法为:R、S 端无输入,即 $R=0$、$S=0$ 时,状态不变,$Q^{n+1}=Q^n$,且 Q、$\bar{Q}$ 端状态相反;R、S 端仅一端有输入,即 $S=\bar{R}$ 时,$Q^{n+1}=S(=\bar{R})$,次态值与 S 输入相同,且 Q、$\bar{Q}$ 端状态相反;$R=S=1$ 期间,$Q^{n+1}=\bar{Q}^{n+1}=1$,输入信号同时消失后或 CP 由 1 变为 0 时,状态不定。

2. 同步 D 触发器

1) 电路组成及图形符号

同步 D 触发器由同步 RS 触发器和门构成,使 $S=D$,$R=\bar{D}$,作用是解决输入信号的约

束问题,逻辑图和图形符号如图 10.4(a)和图 10.4(b)所示。其中,D 为信号输入端,CP 为时钟脉冲输入端,Q 和 $\bar{Q}$ 为状态输出端。

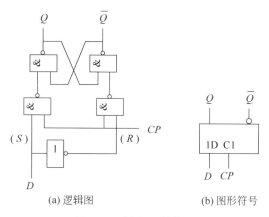

(a) 逻辑图　　　　(b) 图形符号

图 10.4　同步 D 触发器

2) 逻辑功能分析

$CP=0$ 时,触发器状态不变,$Q^{n+1}=Q^n$;$CP=1$ 时,逻辑功能描述如下。

(1) 特性方程。

将 $S=D$、$R=\bar{D}$ 代入 RS 触发器的特性方程,并取消约束条件,有

$$Q^{n+1}=S+\bar{R}Q^n=D+\bar{\bar{D}}Q^n=D$$

得 D 触发器的特性方程为

$$Q^{n+1}=D \qquad (10.2)$$

由式(10.2)可知,D 触发器的次态 Q^{n+1} 等于输入 D,与现态 Q^n 无关,且 Q、$\bar{Q}$ 端状态相反。

(2) 特性表。

由式(10.2)列写出 D 触发器的特性表,如表 10.3 所示。

表 10.3　D 触发器的特性表

D	Q^n	Q^{n+1}	功能说明
0	0	0	置 0
0	1	0	置 0
1	0	1	置 1
1	1	1	置 1

由于触发器工作时,接收的输入信号延迟(delay)一定时间为次态输出,故称为 D 触发器(delay flip-flop)。

3. 同步 JK 触发器

1) 电路组成及图形符号

同步 JK 触发器在结构上以同步 RS 触发器为基础,将 Q^n、$\bar{Q}^n$ 反馈到输入端,使 $S=J\bar{Q}^n$,$R=KQ^n$,作用是解决输入信号的约束问题且不减少触发器的输入端个数,逻辑图和图形符号如图 10.5(a)和图 10.5(b)所示。其中,J、K 为信号输入端,CP 为时钟脉冲输入端,Q 和 $\bar{Q}$ 为状态输出端。

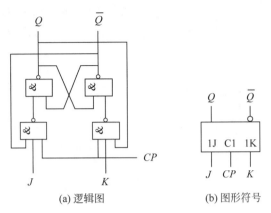

图 10.5 同步 JK 触发器

2) 逻辑功能分析

$CP=0$ 时,触发器状态不变,$Q^{n+1}=Q^n$;$CP=1$ 时,逻辑功能描述如下。

(1) 特性方程。将 $S=J\overline{Q}^n$,$R=KQ^n$ 代入 RS 触发器的特性方程,并取消约束条件,有

$$Q^{n+1}=S+\overline{R}Q^n=J\overline{Q}^n+\overline{KQ^n}Q^n=J\overline{Q}^n+\overline{K}Q^n$$

得 JK 触发器的特性方程为

$$Q^{n+1}=J\overline{Q}^n+\overline{K}Q^n \qquad (10.3)$$

由式(10.3),JK 触发器确定次态值的简便方法为:现态 $Q^n=0$ 时,次态 $Q^{n+1}=J$;现态 $Q^n=1$ 时,次态 $Q^{n+1}=\overline{K}$;Q、$\overline{Q}$ 端状态相反。

(2) 特性表。由式(10.3)列写出 JK 触发器的特性表,如表 10.4 所示。JK 触发器的 J、K 无特别含义,用其命名输入端以和 R、S 区别。

表 10.4 JK 触发器的特性表

J	K	Q^n	Q^{n+1}	功 能 说 明
0	0	0	0	保持
0	0	1	1	保持
0	1	0	0	置 0
0	1	1	0	置 0
1	0	0	1	置 1
1	0	1	1	置 1
1	1	0	1	翻转
1	1	1	0	翻转

4. 同步 T 触发器

将同步 JK 触发器的 J、K 输入端相连作为输入端 T,就构成 T 触发器。T 触发器只有理论意义,没有实际产品。本教材不对其做分析、介绍。

5. 同步触发器的动作特点及时序图

1) 同步触发器动作特点及触发方式

由以上分析可知,同步触发器的动作特点是,在时钟脉冲 $CP=1$ 期间接收输入信号并改变状态,在时钟脉冲 CP 的其他期间状态不变。同步触发器存在抗干扰能力差的问题,因

为在时钟脉冲 $CP=1$ 期间接收的输入信号多次变化时,触发器的状态也随之多次变化。

2) 同步触发器时序图的画法

依据触发器的动作特点和逻辑功能画时序图。由动作特点确定,触发器在 $CP=1$ 期间接收输入信号并改变状态。由逻辑功能的特性方程确定状态改变后的次态值,即状态转换的方向。$CP=0$ 期间触发器的状态不变。次态的波形对应画在所接收输入信号波形的下面。时序图中,现态、次态是相对的,前一次转换的次态是下一次转换的现态。

例 10.2 已知同步 RS 触发器的时钟脉冲 CP 及输入信号 R、S 的波形如图 10.6 所示,试对应画出 Q 和 $\overline{Q}$ 端的波形,设触发器的初始状态为 $Q=0$。

解:Q 和 $\overline{Q}$ 端的波形如图 10.6 所示。

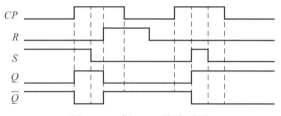

图 10.6 例 10.2 的波形图

在 CP 信号波形的上升沿和下降沿处画虚线,确定 $CP=1$ 期间,在 $CP=1$ 期间输入信号波形跳变边沿处画虚线分段。据各 $CP=1$ 期间输入信号的状态,由特性方程确定次态:$R=0$,$S=0$ 时,$Q^{n+1}=Q^n$,且 Q、$\overline{Q}$ 端状态相反;R、S 端仅一端有输入,即 $S=\overline{R}$ 时,$Q^{n+1}=S(=\overline{R})$,且 Q、$\overline{Q}$ 端状态相反。各 $CP=0$ 期间触发器的状态不变。

例 10.3 已知同步 JK 触发器的时钟脉冲 CP 及输入信号 J、K 的波形如图 10.7 所示,试对应画出 Q 和 $\overline{Q}$ 端的波形,设触发器的初始状态为 $Q=0$。

解:Q 和 $\overline{Q}$ 端的波形如图 10.7 所示。

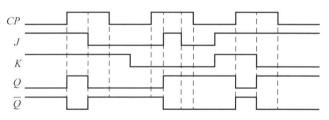

图 10.7 例 10.3 的波形图

在 CP 信号波形的上升沿和下降沿处画虚线,确定 $CP=1$ 期间,在 $CP=1$ 期间输入信号波形跳变边沿处画虚线分段。据各 $CP=1$ 期间输入信号的状态,由特性方程确定次态:$Q^n=0$ 时,$Q^{n+1}=J$;$Q^n=1$ 时,$Q^{n+1}=\overline{K}$;且 Q、$\overline{Q}$ 端状态相反。各 $CP=0$ 期间触发器的状态不变。

10.1.4 边沿触发器

为了提高工作可靠性和抗干扰能力,触发器应采用边沿触发方式,仅接收时钟脉冲信号 CP 上升或下降沿处的输入信号并改变状态,而在时钟脉冲信号 CP 的其他期间状态保持不变。

各种触发方式的触发器中,边沿触发器的抗干扰能力最强。下面介绍两种边沿触发器的工作原理和主要特点。

1. 维持阻塞 D 触发器

1) 电路组成及图形符号

维持阻塞 D 触发器的电路组成、图形符号如图 10.8(a)和图 10.8(b)所示。其中,$\overline{S}_D$ 为异步置 1 输入端,$\overline{R}_D$ 为异步置 0 输入端,0 输入有效,D 为信号输入端,CP 为时钟脉冲输入端,Q 和 $\overline{Q}$ 为状态输出端。

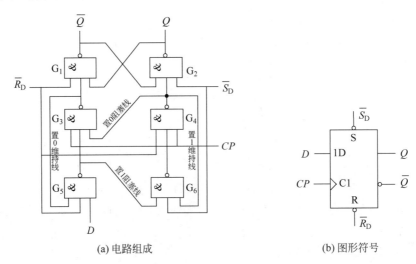

(a) 电路组成   (b) 图形符号

图 10.8 维持阻塞 D 触发器

2) 逻辑功能分析

(1) 异步输入端的作用。

异步输入信号 $\overline{S}_D$、$\overline{R}_D$ 优先级最高,有效时不受 CP 时钟信号控制,用于将触发器置于 0 或 1 初始状态。$\overline{S}_D=0$、$\overline{R}_D=1$ 时,使 $Q^{n+1}=1$;$\overline{S}_D=1$、$\overline{R}_D=0$ 时,使 $Q^{n+1}=0$;$\overline{S}_D$、$\overline{R}_D$ 不能同为 0。当触发器处于受 CP 脉冲控制的情况下工作时,应使 $\overline{S}_D=\overline{R}_D=1$。

(2) CP 脉冲控制情况下的逻辑功能。

时钟脉冲信号 $CP=0$ 时,门 G_3、G_4 输出为 1,由门 G_1、G_2 构成的基本 RS 触发器状态不变,门 G_5 输出为 $\overline{D}$,门 G_6 输出为 D;时钟脉冲信号 CP 由 0 变 1 时,门 G_3 输出为 D,门 G_4 输出为 $\overline{D}$。

若 $D=0$,必有门 G_3 输出为 0,门 G_4 输出为 1。门 G_3 的 0 输出有 2 个去向:送至门 G_1 的输入端,使基本 RS 触发器置 0;经置 0 维持线送至门 G_5 的输入端,从而保证 $CP=1$ 后,即使输入信号 D 的状态改变,门 G_5 输出状态为 1,保持不变。门 G_5 的 1 输出经置 1 阻塞线送至门 G_6 的输入端,与来自门 G_4 的 1 输入使门 G_6 的输出为 0,从而使门 G_4 的输出为 1,即阻塞了置 1 信号。

若 $D=1$,必有门 G_3 输出为 1,门 G_4 输出为 0。门 G_4 的 0 输出有 3 个去向:送至门 G_2 的输入端,使基本 RS 触发器置 1;经置 1 维持线送至门 G_6 的输入端,使门 G_6 的输出为 1,

从而在 $CP=1$ 后维持门 G_4 为 0 输出；经置 0 阻塞线送至门 G_3 的输入端，从而保证 $CP=1$ 后，即使输入信号 D 的状态改变，门 G_3 输出状态为 1，保持不变，即阻塞了置 0 信号。

上述分析表明，利用反馈维持正常状态或阻塞出现相反状态，实现在 CP 的上升沿接收输入信号并改变状态，使 $Q^{n+1}=D$。维持阻塞 D 触发器属于上升沿触发器。$\overline{S}_D=\overline{R}_D=1$ 时，维持阻塞 D 触发器的特性方程、特性表等描述逻辑功能的方法与同步 D 触发器相同。

3）上升沿触发器的动作特点及触发方式

（1）上升沿触发器的动作特点是，在时钟脉冲 CP 的上升沿接收输入信号并改变状态，在 CP 的其他期间状态不变。

（2）上升沿触发器时序图的画法。

依据触发器的动作特点和逻辑功能画时序图。由动作特点确定，触发器在 CP 的上升沿接收输入信号并改变状态。由逻辑功能的特性方程确定状态改变后的次态值，即状态转换的方向。CP 其他期间触发器的状态不变。次态的波形对应画在 CP 上升沿的右侧。时序图中，现态、次态是相对的，前一次转换的次态是下一次转换的现态。

例 10.4 已知维持阻塞 D 触发器的时钟 CP 及输入信号 D 的波形如图 10.9 所示，试对应画出 Q 和 $\overline{Q}$ 端的波形，设触发器的初始状态为 $Q=0$。

解：Q 和 $\overline{Q}$ 端的波形如图 10.9 所示。

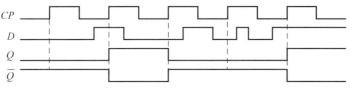

图 10.9 例 10.4 的波形图

在 CP 信号波形上升沿处画虚线。据各 CP 信号波形上升沿时刻输入信号的状态，由特性方程 $Q^{n+1}=D$ 确定次态，且 Q、$\overline{Q}$ 端状态相反。将次态波形对应画在 CP 上升沿的右侧。在 CP 的其他期间状态不变。

2. 下降沿 JK 触发器

1）电路组成及图形符号

下降沿 JK 触发器的电路组成、图形符号如图 10.10(a) 和图 10.10(b) 所示。其中，$\overline{S}_D$ 为异步置 1 输入端，$\overline{R}_D$ 为异步置 0 输入端，0 输入有效，J、K 为信号输入端，CP 为时钟脉冲输入端，Q 和 $\overline{Q}$ 为状态输出端。

2）逻辑功能分析

（1）异步输入信号的作用。

异步输入信号 $\overline{S}_D$、$\overline{R}_D$ 优先级最高，有效时不受 CP 时钟信号控制，用于将触发器置于 0 或 1 初始状态。$\overline{S}_D=0$，$\overline{R}_D=1$ 时，使 $Q^{n+1}=1$；$\overline{S}_D=1$，$\overline{R}_D=0$ 时，使 $Q^{n+1}=0$；$\overline{S}_D$、$\overline{R}_D$ 不能同为 0。当触发器处于受 CP 脉冲控制的情况下工作时，应使 $\overline{S}_D=\overline{R}_D=1$。

（2）CP 脉冲控制情况下的逻辑功能。

与或非门 G_1、G_2 组成基本 RS 触发器，与非门 G_3、G_4 组成输入控制门，而且门 G_3、G_4

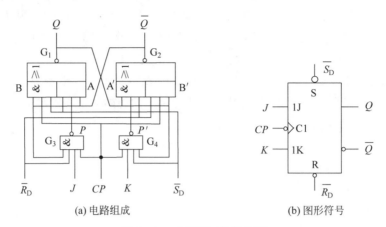

(a) 电路组成　　　　(b) 图形符号

图 10.10　下降沿 JK 触发器

的传输延迟时间大于基本 RS 触发器的翻转时间。

时钟脉冲信号 $CP=0$ 时,与门 B、B′ 及与非门 G_3、G_4 被封锁,$B=B'=0$,$P=P'=1$;基本 RS 触发器由与或非门中的与门 A、A′ 再非构成,Q 和 $\bar{Q}$ 通过与门 A、A′ 的反馈互锁不变。

在时钟脉冲信号 CP 由 0 变 1 的上升沿及等于 1 期间,与门 B、B′ 及与非门 G_3、G_4 的封锁解除,各门的输出函数表达式为

$$B=\bar{Q}^n,\quad B'=Q^n,\quad P=\overline{J\bar{Q}^n},\quad P'=\overline{KQ^n},$$
$$A=P\cdot\bar{Q}^n=\overline{J\bar{Q}^n}\cdot\bar{Q}^n=\bar{J}\cdot\bar{Q}^n,\quad A'=P'\cdot Q^n=\overline{KQ^n}\cdot Q^n=\bar{K}\cdot Q^n$$
$$Q^{n+1}=\overline{A+B}=\overline{\bar{J}\cdot\bar{Q}^n+\bar{Q}^n}=Q^n,\quad \bar{Q}^{n+1}=\overline{A'+B'}=\overline{\bar{K}\cdot Q^n+Q^n}=\bar{Q}^n$$

即在 CP 由 0 变 1 的上升沿及等于 1 期间,触发器的状态不变。

(3) 在时钟脉冲信号 CP 由 1 变 0 的下降沿时刻,由于门 G_3、G_4 的传输延迟,与门 B、B′ 先被封锁,使 $B=B'=0$,仍保持 $P=\overline{J\bar{Q}^n}$、$P'=\overline{KQ^n}$,基本 RS 触发器由与或非门中的与门 A、A′ 再非构成,所以有

$$Q^{n+1}=\bar{P}+\bar{P}'\cdot Q^n=J\bar{Q}^n+\overline{\overline{KQ^n}}\cdot Q^n=J\bar{Q}^n+\bar{K}Q^n$$

即利用门的延迟时间,实现在 CP 的下降沿接收输入信号并改变状态。$\bar{S}_D=\bar{R}_D=1$ 时,下降沿 JK 触发器的特性方程、特性表等描述逻辑功能的方法与同步 JK 触发器相同。下降沿 JK 触发器也称作负边沿 JK 触发器。

3) 下降沿触发器动作特点及触发方式

(1) 下降沿触发器的动作特点是,在时钟脉冲 CP 的下降沿接收输入信号并改变状态,在 CP 的其他期间状态不变。

(2) 下降沿触发器时序图的画法。

依据触发器的动作特点和逻辑功能画时序图。由动作特点确定触发器在 CP 的下降沿接收输入信号并改变状态。由逻辑功能的特性方程确定状态改变后的次态值,即状态转换的方向。CP 其他期间触发器的状态不变。次态的波形对应画在 CP 下降沿的右侧。时序

图中,现态、次态是相对的,前一次转换的次态是下一次转换的现态。

例 10.5 已知下降沿 JK 触发器的时钟 CP 及输入信号 J、K 的波形如图 10.11 所示,试对应画出 Q 和 $\bar{Q}$ 端的波形,设触发器的初始状态为 $Q=0$。

解:Q 和 $\bar{Q}$ 端的波形如图 10.11 所示。

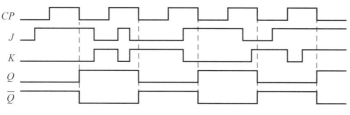

图 10.11 例 10.5 的波形图

在 CP 信号波形下降沿处画虚线。据各 CP 信号波形下降沿时刻输入信号的状态,由特性方程确定次态:$Q^n=0$ 时,$Q^{n+1}=J$;$Q^n=1$ 时,$Q^{n+1}=\bar{K}$;Q、$\bar{Q}$ 端状态相反。将次态波形对应画在 CP 下降沿的右侧。在 CP 的其他期间状态不变。

10.2 时序逻辑电路的分析和设计

时序逻辑电路,简称时序电路,结构示意图如图 10.12 所示。它的结构特点是必含有由触发器组成的存储电路,组合逻辑电路部分根据需要进行设置。它的功能特点是,任一时刻的输出信号不仅取决于该时刻的输入信号,还取决于输入信号作用前电路所处的状态。

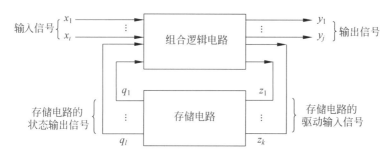

图 10.12 时序逻辑电路结构示意图

时序逻辑电路逻辑功能的描述通常采用以下 4 种方法。

(1) 逻辑表达式。一般有输出方程、驱动方程和状态方程,分别为各输出函数的逻辑表达式、各触发器的驱动输入函数逻辑表达式和各触发器的次态函数逻辑表达式。

(2) 状态转换表。反映时序逻辑电路由现态到次态的状态转换关系,实现转换所需输入条件及现态输出的真值表,简称状态表。

(3) 状态转换图。反映时序逻辑电路由现态到次态的状态转换关系,实现转换所需输入条件及现态输出的图形,简称状态图。

(4) 时序图。反映时序逻辑电路在时钟序列脉冲作用下,由现态到次态的状态转换关系,实现转换所需输入条件及现态输出的波形。

按电路中触发器状态变化是否同步,时序逻辑电路可分为同步时序逻辑电路和异步时序逻辑电路。同步时序逻辑电路设置统一的时钟,即所有触发器的时钟端都接在同一个时钟脉冲 CP 信号上,各触发器的状态变化发生在同一时刻;异步时序逻辑电路不设置统一的时钟,即所有触发器的时钟端不全部接在同一个时钟脉冲 CP 信号上,各触发器的状态变化有先有后。

按电路的逻辑功能划分,时序逻辑电路有计数器、寄存器及特定功能电路。

对时序逻辑电路的研究,一般有时序逻辑电路分析和时序逻辑电路设计两方面的内容。

10.2.1 时序逻辑电路的分析

1. 一般分析步骤

求解给定时序逻辑电路逻辑功能的过程称为时序逻辑电路分析。时序逻辑电路分析的一般步骤如图 10.13 所示。

视频讲解

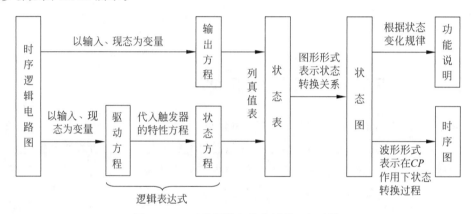

图 10.13 时序逻辑电路分析的一般步骤

有以下 3 点说明。

(1) 分析的关键是各种功能描述方法的转换及根据状态变化规律进行功能的正确说明。

(2) 同步时序逻辑电路设置统一的时钟,分析时无须考虑各触发器状态转换的时钟条件,仅在画时序图时画出时钟脉冲 CP 信号的波形。

(3) 异步时序逻辑电路不设置统一的时钟,分析时需考虑各触发器状态转换的时钟条件。

2. 同步时序逻辑电路分析举例

例 10.6 试分析图 10.14 时序逻辑电路的逻辑功能,写出输出方程、驱动方程和状态方程,列出状态表,画出状态图及时序图,说明逻辑功能。FF_0、FF_1 和 FF_2 为三个下降沿触发器。

解: 图 10.14 中,FF_0、FF_1 和 FF_2 三个触发器的时钟端都接在同一个时钟脉冲 CP 上,为同步时序逻辑电路。该电路没有设置输入变量,有一个输出函数 Y。

(1) 由给定的时序逻辑电路图写出逻辑表达式。

输出方程为

$$Y = \overline{\overline{Q_2^n Q_1^n}} = Q_2^n Q_1^n \tag{10.4}$$

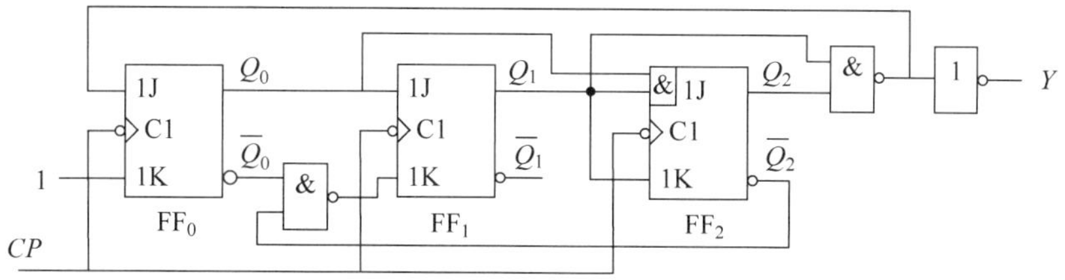

图 10.14　例 10.6 的时序逻辑电路

驱动方程为

$$\begin{cases} J_2 = Q_1^n Q_0^n, & K_2 = Q_1^n \\ J_1 = Q_0^n, & K_1 = \overline{\overline{Q_2^n} \overline{Q_0^n}} \\ J_0 = \overline{Q_2^n Q_1^n}, & K_0 = 1 \end{cases} \quad (10.5)$$

将驱动方程代入 JK 触发器的特性方程,得出的状态方程为

$$\begin{cases} Q_2^{n+1} = J_2 \overline{Q_2^n} + \overline{K_2} Q_2^n = \overline{Q_2^n} Q_1^n Q_0^n + Q_2^n \overline{Q_1^n} \\ Q_1^{n+1} = J_1 \overline{Q_1^n} + \overline{K_1} Q_1^n = \overline{Q_1^n} Q_0^n + \overline{Q_2^n} Q_1^n \overline{Q_0^n} \\ Q_0^{n+1} = J_0 \overline{Q_0^n} + \overline{K_0} Q_0^n = \overline{Q_2^n} \overline{Q_0^n} + \overline{Q_1^n} \overline{Q_0^n} \end{cases} \quad (10.6)$$

(2) 由状态方程及输出方程列出状态表,如表 10.5 所示。

表 10.5　例 10.6 的状态表

Q_2^n	Q_1^n	Q_0^n	Q_2^{n+1}	Q_1^{n+1}	Q_0^{n+1}	Y
0	0	0	0	0	1	0
0	0	1	0	1	0	0
0	1	0	0	1	1	0
0	1	1	1	0	0	0
1	0	0	1	0	1	0
1	0	1	1	1	0	0
1	1	0	0	0	0	1
1	1	1	0	0	0	1

注意,状态表中,约定现态、次态等状态量的排列顺序为下标大的高位在前、下标小的低位在后。表中的每一行表示电路由现态到次态的状态转换关系以及现态输出情况。在时钟脉冲 CP 作用下进行状态转换,CP 下降沿有效,表中没表示出 CP。

(3) 将状态表中每行表示的状态转换关系用图形形式表示,状态图如图 10.15 所示。

(4) 画出在 CP 作用下一个循环周期的波形,由时序逻辑图中触发器的符号确定在时钟脉冲信号 CP 的下降沿改变状态,时序图如图 10.6 所示。

(5) 有效状态、有效循环、无效状态、无效循环及自启动功能的概念。

- 有效状态。时序电路中被利用的状态称为有效状态。如图 10.15 所示,000、001、010、011、100、101 和 110 共 7 个状态都是被利用的有效状态。

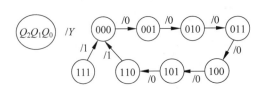

图 10.15 例 10.6 的状态图

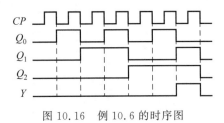

图 10.16 例 10.6 的时序图

- 有效循环。时序电路中由有效状态形成的循环称为有效循环。如图 10.15 所示，000、001、010、011、100、101 和 110 共 7 个状态形成有效循环。
- 无效状态。时序电路中没被利用的状态称为无效状态。如图 10.15 所示，111 状态为无效状态。
- 无效循环。时序电路中由无效状态形成的循环称为无效循环。
- 自启动功能。时序电路中的无效状态在时钟脉冲 CP 作用下能直接或间接进入有效状态，称时序电路有自启动功能或能自启动，否则称时序电路没有自启动功能或不能自启动。如图 10.15 所示，111 无效状态在时钟脉冲 CP 作用下进入 000 有效状态，因此例 10.6 的时序逻辑电路有自启动功能。

(6) 功能说明。

由图 10.15 可知，所分析时序逻辑电路有效状态变化的规律为

$$次态 = 现态 + 1(CP\ 作用一次)$$

即用状态变化对时钟脉冲 CP 出现的个数进行计数，经历 7 个状态完成一个计数周期的循环，并产生进位输出信号。电路为同步七进制加法计数器，有自启动功能。

例 10.7 试分析图 10.17 时序逻辑电路的逻辑功能，写出输出方程、驱动方程和状态方程，列出状态表，画出状态图，说明逻辑功能。FF_0、FF_1 为两个维持阻塞 TTL 触发器。

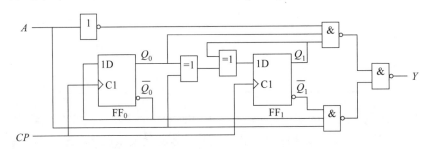

图 10.17 例 10.7 的时序逻辑电路

解：图 10.17 中，FF_0、FF_1 两个触发器的时钟端接在同一个时钟脉冲 CP 上，为同步时序逻辑电路。该电路有一个输入变量 A 和一个输出函数 Y。

(1) 由给定的时序逻辑电路图写出逻辑表达式。

输出方程为

$$Y = \overline{\overline{A Q_1^n Q_0^n} \cdot \overline{A \overline{Q}_1^n \overline{Q}_0^n}} = \overline{A} Q_1^n Q_0^n + A \overline{Q}_1^n \overline{Q}_0^n \tag{10.7}$$

驱动方程为

$$\begin{cases} D_1 = A \oplus Q_1^n \oplus Q_0^n \\ D_0 = \overline{Q_0^n} \end{cases} \tag{10.8}$$

将驱动方程代入 D 触发器的特性方程,得出的状态方程为

$$\begin{cases} Q_1^{n+1} = D_1 = A \oplus Q_1^n \oplus Q_0^n = \overline{A}Q_1^n Q_0^n + \overline{A}Q_1^n \overline{Q_0^n} + A\overline{Q_1^n}\overline{Q_0^n} + AQ_1^n Q_0^n \\ Q_0^{n+1} = D_0 = \overline{Q_0^n} \end{cases} \tag{10.9}$$

(2) 由状态方程及输出方程列出状态表,如表 10.6 所示。

表 10.6　例 10.7 的状态表

A	Q_1^n	Q_0^n	Q_1^{n+1}	Q_0^{n+1}	Y
0	0	0	0	1	0
0	0	1	1	0	0
0	1	0	1	1	0
0	1	1	0	0	1
1	0	0	1	1	1
1	0	1	0	0	0
1	1	0	0	1	0
1	1	1	1	0	0

注意,状态表中,约定输入变量在前、现态变量在后,下标大的高位状态变量在前。

(3) 由状态表画出状态图,如图 10.18 所示。

(4) 功能说明。

由图 10.18 可知,所分析时序逻辑电路状态变化的规律为

$A = 0$ 时,次态=现态+1(CP 作用一次)

$A = 1$ 时,次态=现态-1(CP 作用一次)

$2^2 = 4$ 个全部状态均用于对时钟脉冲 CP 出现的个数进行加、减法计数,经历 $2^2 = 4$ 个状态完成一个计数周期的循环,并产生进、借位输出信号。所分析的时序逻辑电路为同步 2 位二进制可逆计数器,$A = 0$ 时进行加法计数,$A = 1$ 时进行减法计数。

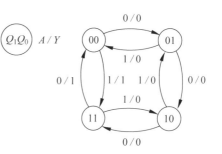

图 10.18　例 10.7 的状态图

3. 异步时序逻辑电路分析举例

例 10.8　试分析图 10.19 的时序逻辑电路的逻辑功能,写出输出方程、驱动方程和状态方程,列出状态表,画出状态图及时序图,说明逻辑功能。

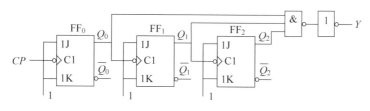

图 10.19　例 10.8 的时序逻辑电路

解：图 10.19 中，FF_0、FF_1 和 FF_2 三个触发器的时钟端没有都接在同一个时钟脉冲 CP 上，为异步时序逻辑电路。该电路没有设置输入变量，有一个输出函数 Y。

(1) 由给定的时序逻辑电路图写出逻辑表达式。

输出方程为

$$Y = \overline{\overline{Q_2^n Q_1^n Q_0^n}} = Q_2^n Q_1^n Q_0^n \tag{10.10}$$

驱动方程为

$$\begin{cases} J_2 = K_2 = 1 \\ J_1 = K_1 = 1 \\ J_0 = K_0 = 1 \end{cases} \tag{10.11}$$

将驱动方程代入 JK 触发器的特性方程，得出状态方程并标注时钟条件，有

$$\begin{cases} Q_2^{n+1} = J_2 \overline{Q_2^n} + \overline{K_2} Q_2^n = \overline{Q_2^n} \quad CP_2 \downarrow = Q_1 \downarrow \text{ 有效} \\ Q_1^{n+1} = J_1 \overline{Q_1^n} + \overline{K_1} Q_1^n = \overline{Q_1^n} \quad CP_1 \downarrow = Q_0 \downarrow \text{ 有效} \\ Q_0^{n+1} = J_0 \overline{Q_0^n} + \overline{K_0} Q_0^n = \overline{Q_0^n} \quad CP_0 \downarrow = CP \downarrow \text{ 有效} \end{cases} \tag{10.12}$$

(2) 由状态方程及输出方程列出状态表，如表 10.7 所示。

表 10.7 例 10.8 的状态表

Q_2^n	Q_1^n	Q_0^n	Q_2^{n+1}	Q_1^{n+1}	Q_0^{n+1}	Y	CP_2	CP_1	CP_0
0	0	0	0	0	1	0	0	↑	↓
0	0	1	0	1	0	0	↑	↓	↓
0	1	0	0	1	1	0	1	↑	↓
0	1	1	1	0	0	0	↓	↓	↓
1	0	0	1	0	1	0	0	↑	↓
1	0	1	1	1	0	0	↑	↓	↓
1	1	0	1	1	1	0	1	↑	↓
1	1	1	0	0	0	1	↓	↓	↓

状态表中需要列出各触发器的时钟条件。具备时钟条件的触发器按式(10.12)填写次态值，不具备时钟条件的触发器按 $Q_i^{n+1} = Q_i^n$ 的不变关系填写次态值。

(3) 由状态表画出状态图，如图 10.20 所示。

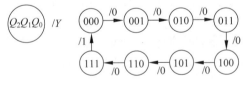

图 10.20 例 10.8 的状态图

(4) 功能说明。

由图 10.20 可知，所分析时序逻辑电路状态变化的规律为

次态 = 现态 + 1(CP 作用一次)

$2^3 = 8$ 个全部状态均用于对时钟脉冲 CP 出现的个数进行加法计数，经历 $2^3 = 8$ 个状

态完成一个计数周期的循环,并产生进位输出信号。所分析的时序逻辑电路为异步 3 位二进制加法计数器。

10.2.2 时序逻辑电路的设计

1. 一般设计步骤

根据给定的功能要求求解时序逻辑电路的过程称为时序逻辑电路设计。设计时序逻辑电路时,常用边沿 JK 触发器或 D 触发器。下面主要介绍基于触发器的同步计数器的设计方法。设计的一般步骤如图 10.21 所示。

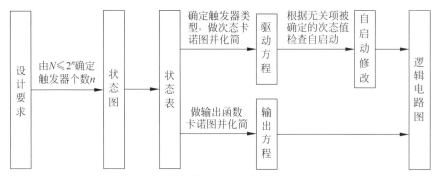

图 10.21 基于触发器的同步计数器设计的一般步骤

有以下三点说明。

(1) 按式 $N \leqslant 2^n$ 确定触发器个数时,n 取最小正整数。

(2) 非二进制计数时存在无效状态,将其作为无关项处理,需要进行自启动检查,若能自启动则不需要修改驱动方程;二进制计数时没有无效状态,不需要自启动检查。

(3) 设计的关键是求解触发器的驱动方程、输出方程,以及驱动方程的自启动修改。

2. 触发器最简驱动方程的次态卡诺图求解方法及电路自启动设计

1) JK 触发器最简驱动方程的次态卡诺图求解

电路中第 i 个 JK 触发器的特性方程为

$$Q_i^{n+1} = J_i \overline{Q}_i^n + \overline{K}_i Q_i^n \tag{10.13}$$

分析式(10.13),得第 i 个触发器的驱动函数 J_i、K_i 和次态函数 Q_i^{n+1} 的关系为

$$\begin{cases} J_i = Q_i^{n+1} \big|_{Q_i^n = 0} \\ K_i = \overline{Q}_i^{n+1} \big|_{Q_i^n = 1} \end{cases} \tag{10.14}$$

式(10.14)表明,触发器的驱动函数和次态函数有确定的关系,次态函数 Q_i^{n+1} 的卡诺图中,$Q_i^n = 0$ 区域的次态表示驱动函数 J_i,$Q_i^n = 1$ 区域的次态取反后表示驱动函数 K_i。因此在次态函数 Q_i^{n+1} 卡诺图的 $Q_i^n = 0$ 区域圈 1 格画包围圈求解驱动方程 J_i,圈入包围圈的无关项的次态被确定为 1 值,没圈入包围圈的无关项的次态被确定为 0 值;在次态函数 Q_i^{n+1} 卡诺图的 $Q_i^n = 1$ 区域圈 0 格画包围圈求解驱动方程 K_i,圈入包围圈的无关项的次态被确定为 0 值,没圈入包围圈的无关项的次态被确定为 1 值。

2) D 触发器最简驱动方程的次态卡诺图求解

电路中第 i 个 D 触发器的特性方程为

$$Q_i^{n+1} = D_i \tag{10.15}$$

式(10.15)表明，D 触发器的驱动函数和次态函数相同，因此在次态函数 Q_i^{n+1} 卡诺图圈 1 格画包围圈求解驱动方程 D_i，圈入包围圈的无关项的次态被确定为 1 值，没圈入包围圈的无关项的次态被确定为 0 值。

3）自启动驱动方程修改

根据各无关项被确定的次态值可直接检查自启动情况，若不能自启动，需修改求 J_i、K_i 或 D_i 驱动方程包围圈的圈法改变对某些无关项赋予的次态值，将无关项直接或间接引导到有效状态。

修改的原则是，兼顾状态转换关系能自启动和驱动方程为最简形式的要求，在能自启动的前提下应尽量减少被修改的无关项和修改位。

3. 同步计数器设计举例

例 10.9 按图 10.22 的状态图，用 JK 触发器设计一个同步计数器。

图 10.22　例 10.9 的状态图

解：由状态图可知，电路需用 3 个触发器，有 6 个有效状态。

（1）由给定的状态图转换成状态表，如表 10.8 所示。其中，2 个无效状态 010 和 101 在设计电路时作为无关项处理。

表 10.8　例 10.9 的状态表

Q_2^n	Q_1^n	Q_0^n	Q_2^{n+1}	Q_1^{n+1}	Q_0^{n+1}
0	0	0	0	0	1
0	0	1	0	1	1
0	1	0	×	×	×
0	1	1	1	1	1
1	0	0	0	0	0
1	0	1	×	×	×
1	1	0	1	0	0
1	1	1	1	1	0

（2）由状态表转换成各触发器的次态卡诺图，如图 10.23 所示。

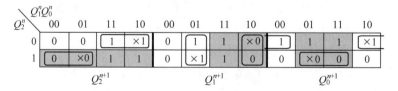

图 10.23　例 10.9 的各触发器次态卡诺图化简

在各次态函数卡诺图中划分出 $Q_i^n = 0$ 区域和 $Q_i^n = 1$ 区域（阴影区域），在 $Q_i^n = 0$ 区域画求 J_i 的包围圈，在 $Q_i^n = 1$ 区域画求 K_i 的包围圈，并在×的右侧标注无关项的赋值。

由图 10.23 和次态函数卡诺图×格无关项所确定的次态值,画出无效状态 010、101 的状态图,检查自启动情况,如图 10.24 所示。

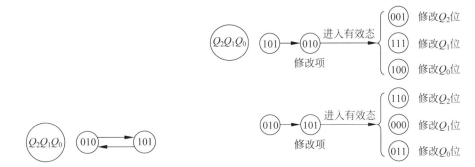

图 10.24　例 10.9 无效状态的状态图　　图 10.25　例 10.9 自启动的 6 种修改方案

图 10.24 表明,无效状态 010、101 不能进入有效状态,不能自启动,需修改对无效状态所赋的次态值,断开无效循环链,将无效状态引导到有效状态上。

由图 10.22 和图 10.24 可知,以一个无效状态为修改项、只修改一位时,有 6 种修改方案,如图 10.25 所示。

若选择无效状态 010 为修改项、Q_2 位为修改位,将 Q_2 位所赋的次态值由 1 修改为 0,在 Q_2^{n+1} 的卡诺图上重新画求解 J_2 的包围圈,如图 10.26 所示。

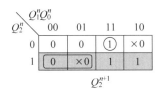

图 10.26　例 10.9 的 Q_2^{n+1} 次态卡诺图求 J_2 的逻辑修改

由图 10.23 的 Q_1^{n+1}、Q_0^{n+1} 和图 10.26 的 Q_2^{n+1} 各次态函数卡诺图中的化简情况,得各触发器 J、K 驱动方程表达式为

$$\begin{cases} J_2 = \overline{Q}_2^n Q_1^n Q_0^n \mid_{Q_2^n = 0} = Q_1^n Q_0^n \\ K_2 = Q_2^n \overline{Q}_1^n \mid_{Q_2^n = 1} = \overline{Q}_1^n \\ J_1 = \overline{Q}_1^n Q_0^n \mid_{Q_1^n = 0} = Q_0^n \\ K_1 = Q_1^n \overline{Q}_0^n \mid_{Q_1^n = 1} = \overline{Q}_0^n \\ J_0 = \overline{Q}_2^n \overline{Q}_0^n \mid_{Q_0^n = 0} = \overline{Q}_2^n \\ K_0 = Q_2^n Q_0^n \mid_{Q_0^n = 1} = Q_2^n \end{cases} \quad (10.16)$$

(3) 由式(10.16)画出时序逻辑电路,如图 10.27 所示。

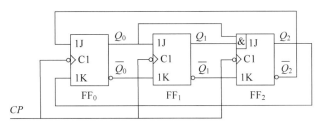

图 10.27　例 10.9 的时序逻辑电路

例 10.10 用 JK 触发器设计一个按自然数序计数的同步六进制计数器。

解：(1) 由 $N \leqslant 2^n$ 确定所用触发器个数。因 $N=6$，$2^3>6$，所以所用触发器个数 $n=3$。

(2) 由自然数序计数要求，画出状态图如图 10.28 所示。

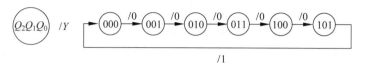

图 10.28 例 10.10 的状态图

(3) 由状态图转换成状态表，如表 10.9 所示。其中，有效状态以外的 2 个无效状态 110 和 111 在设计电路时作为无关项处理。

表 10.9 例 10.10 的状态表

Q_2^n	Q_1^n	Q_0^n	Q_2^{n+1}	Q_1^{n+1}	Q_0^{n+1}	Y
0	0	0	0	0	1	0
0	0	1	0	1	0	0
0	1	0	0	1	1	0
0	1	1	1	0	0	0
1	0	0	1	0	1	0
1	0	1	0	0	0	1
1	1	0	×	×	×	×
1	1	1	×	×	×	×

(4) 由状态表转换成各触发器的次态卡诺图及输出函数卡诺图，如图 10.29 所示。

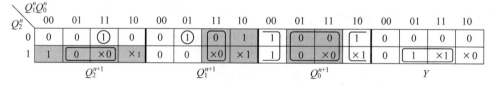

图 10.29 例 10.10 的各触发器次态卡诺图、输出函数卡诺图及化简

在各次态函数卡诺图中划分出 $Q_i^n=0$ 区域和 $Q_i^n=1$ 区域(阴影区域)，在 $Q_i^n=0$ 区域画求 J_i 的包围圈，在 $Q_i^n=1$ 区域画求 K_i 的包围圈，并在 × 的右侧标注无关项的赋值。在输出函数卡诺图的全部区域按最简原则画包围圈求 Y，并在 × 的右侧标注无关项的赋值。

由图 10.29，画出无效状态 110、111 的状态图，检查自启动情况，如图 10.30 所示，所设计的电路能够自启动。

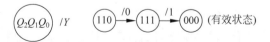

图 10.30 例 10.10 无效状态的状态图

由图 10.29 的 Q_2^{n+1}、Q_1^{n+1}、Q_0^{n+1} 各次态函数卡诺图及 Y 输出函数卡诺图中的化简情况，得各触发器 J、K 驱动方程及 Y 输出方程表达式分别为

$$\begin{cases} J_2 = \bar{Q}_2^n Q_1^n Q_0^n \mid_{Q_2^n = 0} = Q_1^n Q_0^n \\ K_2 = Q_2^n Q_0^n \mid_{Q_2^n = 1} = Q_0^n \\ J_1 = \bar{Q}_2^n \bar{Q}_1^n Q_0^n \mid_{Q_1^n = 0} = \bar{Q}_2^n Q_0^n \\ K_1 = Q_1^n Q_0^n \mid_{Q_1^n = 1} = Q_0^n \\ J_0 = \bar{Q}_0^n \mid_{Q_0^n = 0} = 1 \\ K_0 = Q_0^n \mid_{Q_0^n = 1} = 1 \end{cases} \qquad (10.17)$$

$$Y = Q_2^n Q_0^n \qquad (10.18)$$

（5）由式（10.17）和式（10.18）画出时序逻辑电路，如图 10.31 所示。

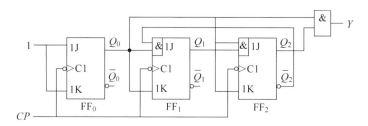

图 10.31　例 10.10 的时序逻辑电路

例 10.11　用 D 触发器设计一个按自然数序计数的 2 位同步二进制加法计数器。

解：（1）因为是 2 位计数，所以触发器的个数 $n=2$。

（2）由 2 位二进制加法计数要求，作状态图如图 10.32 所示。

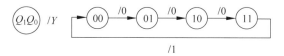

图 10.32　例 10.11 的状态图

（3）由状态图转换成状态表，如表 10.10 所示。

表 10.10　例 10.11 的状态表

Q_1^n	Q_0^n	Q_1^{n+1}	Q_0^{n+1}	Y
0	0	0	1	0
0	1	1	0	0
1	0	1	1	0
1	1	0	0	1

（4）由状态表转换成各触发器的次态卡诺图及输出函数卡诺图，如图 10.33 所示。

在各次态函数卡诺图、输出函数卡诺图上圈 1 格画包围圈，求解各触发器 D 驱动方程及 Y 输出方程的表达式分别为

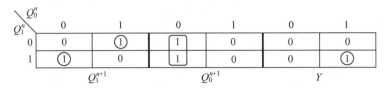

图 10.33 例 10.11 的各触发器次态卡诺图、输出函数卡诺图及化简

$$\begin{cases} D_1 = \bar{Q}_1^n Q_0^n + Q_1^n \bar{Q}_0^n = Q_1^n \oplus Q_0^n \\ D_0 = \bar{Q}_0^n \end{cases} \quad (10.19)$$

$$Y = Q_1^n Q_0^n \quad (10.20)$$

(5) 由式(10.19)和式(10.20)画出时序逻辑电路,如图 10.34 所示。

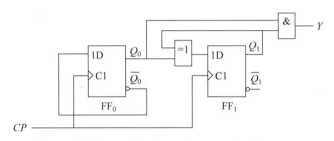

图 10.34 例 10.11 的时序逻辑电路

10.3 常用时序逻辑电路

时序逻辑电路是数字系统的基本组成部分,典型的常用时序逻辑电路有计数器、寄存器等。下面分别介绍它们的功能和使用方法。

10.3.1 计数器

视频讲解

计数器是用电路的状态变化累计时钟脉冲 CP 作用个数的时序逻辑电路,此外还有定时、分频及数字运算等功能,是数字系统中用途最广泛的基本部件。计数器有多种类型。

1. 同步计数器

同步计数器的计数时钟脉冲 CP 接至所有触发器的时钟端,使应改变状态的触发器同时改变状态。特点是工作速度较快,分析、设计过程比较简单。

1) 同步二进制计数器

(1) 由 JK 触发器构成的 3 位同步二进制加法计数器的时序逻辑电路如图 10.35 所示。驱动方程表明触发器之间的连接规律为

$$\begin{cases} J_0 = K_0 = 1 \\ J_1 = K_1 = Q_0^n \\ J_2 = K_2 = Q_1^n Q_0^n \end{cases} \quad (10.21)$$

可推论得到

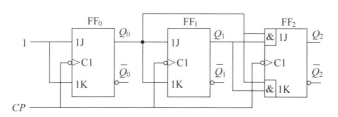

图 10.35 3 位同步二进制加法计数器的时序逻辑电路

$$J_i = K_i = Q_{i-1}^n Q_{i-2}^n \cdots Q_1^n Q_0^n = \prod_{j=0}^{i-1} Q_j^n \tag{10.22}$$

按时序逻辑电路的分析方法，可得表 10.11 的状态表和图 10.36 的时序图。

表 10.11 3 位同步二进制加法计数器的状态表

Q_2^n	Q_1^n	Q_0^n	Q_2^{n+1}	Q_1^{n+1}	Q_0^{n+1}
0	0	0	0	0	1
0	0	1	0	1	0
0	1	0	0	1	1
0	1	1	1	0	0
1	0	0	1	0	1
1	0	1	1	1	0
1	1	0	1	1	1
1	1	1	0	0	0

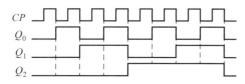

图 10.36 3 位同步二进制加法计数器的时序图

由时序图可知，Q_0 的频率为时钟 CP 频率的 $1/2$（二分频），Q_1 的频率为时钟 CP 频率的 $1/4$（四分频），Q_2 的频率为时钟 CP 频率的 $1/8$（八分频），表明二进制计数器具有分频功能。

（2）由 JK 触发器构成的 3 位同步二进制减法计数器的时序逻辑电路如图 10.37 所示。

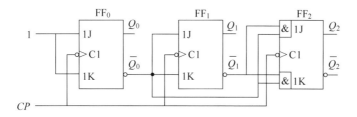

图 10.37 3 位同步二进制减法计数器的时序逻辑电路

驱动方程表明触发器之间的连接规律为

$$\begin{cases} J_0 = K_0 = 1 \\ J_1 = K_1 = \bar{Q}_0^n \\ J_2 = K_2 = \bar{Q}_1^n \bar{Q}_0^n \end{cases} \quad (10.23)$$

可推论得到

$$J_i = K_i = \bar{Q}_{i-1}^n \bar{Q}_{i-2}^n \cdots \bar{Q}_1^n \bar{Q}_0^n = \prod_{j=0}^{i-1} \bar{Q}_j^n \quad (10.24)$$

读者可自行分析得出状态表、时序图及分频功能。

2) 中规模集成计数器

中规模同步集成计数器有很多品种，下面以典型的集成同步可预置数 4 位二进制加法计数器 74LS161 为例，介绍其逻辑功能和使用方法。

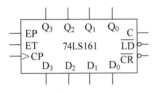

图 10.38　集成计数器 74LS161 的图形符号

74LS161 的图形符号如图 10.38 所示。其中，EP、ET 为工作方式控制端；$\overline{LD}$ 为预置数控制端，0 有效；$D_3 \sim D_0$ 为预置数输入端；CP 为计数时钟脉冲输入端，上升沿触发；$\overline{CR}$ 为异步清零端，0 有效；$Q_3 \sim Q_0$ 为状态输出端，共有 $2^4 = 16$ 个状态；C 为进位输出端。

表 10.12 为 74LS161 的状态表。

表 10.12　集成计数器 74LS161 的状态表

输入									输出				逻辑功能
$\overline{CR}$	$\overline{LD}$	EP	ET	CP	D_3	D_2	D_1	D_0	Q_3^{n+1}	Q_2^{n+1}	Q_1^{n+1}	Q_0^{n+1}	
0	×	×	×	×	×	×	×	×	0	0	0	0	置 0
1	0	×	×	↑	d_3	d_2	d_1	d_0	d_3	d_2	d_1	d_0	预置数
1	1	1	1	↑	×	×	×	×	计		数		计数
1	1	0	×	×	×	×	×	×	保		持		保持
1	1	×	0	×	×	×	×	×	保		持		保持

由表 10.12 可知，集成计数器 74LS161 具有以下 4 个功能。

(1) 异步清零功能。当 $\overline{CR} = 0$ 时，使 $Q_3^{n+1} Q_2^{n+1} Q_1^{n+1} Q_0^{n+1} = 0000$，计数器清零。

(2) 同步并行预置数功能。当 $\overline{CR} = 1$、$\overline{LD} = 0$ 时，CP 上升作用下并行预置输入数据 $d_3 d_2 d_1 d_0$ 进入计数器，使 $Q_3^{n+1} Q_2^{n+1} Q_1^{n+1} Q_0^{n+1} = d_3 d_2 d_1 d_0$。

(3) 加法计数功能。当 $\overline{CR} = 1$、$\overline{LD} = 1$、$EP = ET = 1$ 时，在 CP 作用下计数器按二进制数规律加法计数。

(4) 保持功能。当 $\overline{CR} = 1$、$\overline{LD} = 1$ 时，计数器保持原状态不变。若 $ET = 0$，则进位输出 $C = 0$；若 $EP = 0$，则进位输出 $C = Q_3^n Q_2^n Q_1^n Q_0^n$。

3) 用中规模集成计数器构成 N 进制计数器

一般将非二进制计数器称为 N 进制计数器。同步 N 进制计数器虽然可采用前面介绍的基于触发器的设计方法来设计，但采用中规模集成计数器实现通常更为方便。

单片使用中规模集成计数器 74LS161 构成 N 进制计数器的基本原理是，在计数循环过程中通过预置数控制端 $\overline{LD}$ 或异步清零端 $\overline{CR}$ 跳过 $2^4 - N$ 个状态实现 N 进制计数。基本方法有复位法和置数法。

(1) $\overline{LD}$ 端控制同步复位法。从 0000 状态开始计数，使用 1111 之前的状态，计数范围为 $0\sim N-1$，无进位输出。利用 N 进制计数时的第 $N-1$ 个状态（最后一个状态）使 $\overline{LD}=0$，通过预置数控制端 $\overline{LD}$、预置数输入端 $D_3\sim D_0$ 实现置零复位。

74LS161 各控制端、输入端的逻辑关系式为

$$\begin{cases} EP=ET=1 \\ \overline{CR}=1 \\ \overline{LD}=\overline{\prod Q^{n(1)}}|_{\text{最后状态}} \\ D_3D_2D_1D_0=0000 \end{cases} \tag{10.25}$$

(2) $\overline{CR}$ 端控制异步复位法。从 0000 状态开始计数，使用 1111 之前的状态，计数范围为 $0\sim N-1$，无进位输出。利用 N 进制计数时的第 $N-1$ 个状态（最后一个状态）的后续状态作为过渡状态，在过渡状态使 $\overline{CR}=0$，通过异步清零端 $\overline{CR}$ 实现置零复位。

各控制端、输入端的逻辑关系式为

$$\begin{cases} EP=ET=1 \\ \overline{CR}=\overline{\prod Q^{n(1)}}|_{\text{过渡状态}} \\ \overline{LD}=1 \\ D_3D_2D_1D_0=\times\times\times\times \end{cases} \tag{10.26}$$

(3) $\overline{LD}$ 端控制置数法。从预置状态开始计数，1111 为最后一个状态，有进位输出。计数范围为预置状态 $(2^4-N)\sim 1111$。利用计数时 1111 状态产生的进位端 $C=1$ 信号，通过预置数控制端 $\overline{LD}$、预置数输入端 $D_3\sim D_0$ 实现置数。

各控制端、输入端的逻辑关系式为

$$\begin{cases} EP=ET=1 \\ \overline{CR}=1 \\ \overline{LD}=\overline{C} \\ D_3D_2D_1D_0=2^4-N \end{cases} \tag{10.27}$$

例 10.12 试用集成 4 位二进制计数器 74LS161 设计一个十二进制计数器，使用同步复位法。

解：设计的计数器的计数范围为 $0000\sim 1011$，最后一个状态 $Q_3^n Q_2^n Q_1^n Q_0^n=1011$。

各控制端、输入端的逻辑关系式为

$$\begin{cases} EP=ET=1 \\ \overline{CR}=1 \\ \overline{LD}=\overline{Q_3^n Q_1^n Q_0^n} \\ D_3D_2D_1D_0=0000 \end{cases} \tag{10.28}$$

由式 (10.28) 画出时序逻辑电路，如图 10.39 所示。

用多个 4 位二进制计数器可构成 N 大于 $16(2^4)$ 的任意进制计数器。有两种基本实现方法：先将多片计数器通过片间同步触发方式或异步触发方式级联成二进制计数器，再按

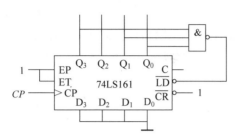

图 10.39　例 10.12 的时序逻辑电路

单片构成任意进制计数器的方法求控制及输入端的逻辑表达式；先将 N 分解成 $N_1,N_2\cdots$，分别接成 $N_1,N_2\cdots$ 进制计数器，再用同步触发方式或异步触发方式级联起来。

2. 异步计数器

异步计数器中各触发器的时钟脉冲并不都来源于计数时钟脉冲 CP，各触发器的状态转换不是同步进行的。特点是电路结构简单，工作速度较慢，分析、设计过程比较烦琐。

（1）由下降沿 JK 触发器构成的 3 位异步二进制加法计数器的逻辑图如图 10.40 所示。

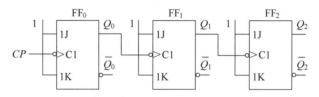

图 10.40　下降沿触发的 3 位异步二进制加法计数器

按时序逻辑电路的分析方法，可得表 10.13 的状态表。

表 10.13　下降沿触发的 3 位异步二进制加法计数器的状态表

Q_2^n	Q_1^n	Q_0^n	Q_2^{n+1}	Q_1^{n+1}	Q_0^{n+1}	CP_2	CP_1	CP_0
0	0	0	0	0	1	0	↑	↓
0	0	1	0	1	0	↑	↓	↓
0	1	0	0	1	1	1	↑	↓
0	1	1	1	0	0	↓	↓	↓
1	0	0	1	0	1	0	↑	↓
1	0	1	1	1	0	↑	↓	↓
1	1	0	1	1	1	1	↑	↓
1	1	1	0	0	0	↓	↓	↓

（2）由下降沿 JK 触发器构成的 3 位异步二进制减法计数器的逻辑图如图 10.41 所示。

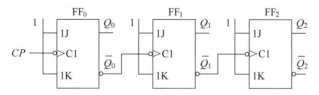

图 10.41　下降沿触发的 3 位异步二进制减法计数器

按时序逻辑电路的分析方法，可得表 10.14 的状态表。

表 10.14 下降沿触发的 3 位异步二进制减法计数器的状态表

Q_2^n	Q_1^n	Q_0^n	Q_2^{n+1}	Q_1^{n+1}	Q_0^{n+1}	CP_2	CP_1	CP_0
0	0	0	1	1	1	↓	↓	↓
0	0	1	0	0	0	1	↑	↓
0	1	0	0	0	1	↑	↓	↓
0	1	1	0	1	0	0	↑	↓
1	0	0	0	1	1	↓	↓	↓
1	0	1	1	0	0	1	↑	↓
1	1	0	1	0	1	↑	↓	↓
1	1	1	1	1	0	0	↑	↓

（3）异步十进制计数器。由下降沿 JK 触发器构成的异步十进制加法计数器如图 10.42 所示。

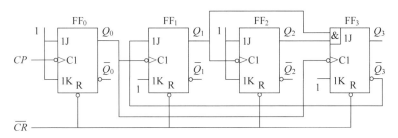

图 10.42 下降沿触发的异步十进制加法计数器

按时序逻辑电路的分析方法,可得表 10.15 的状态表和图 10.43 的状态图,该计数器有自启动功能。

表 10.15 下降沿触发的十进制加法计数器的状态表

Q_3^n	Q_2^n	Q_1^n	Q_0^n	Q_3^{n+1}	Q_2^{n+1}	Q_1^{n+1}	Q_0^{n+1}	CP_3	CP_2	CP_1	CP_0
0	0	0	0	0	0	0	1	↑	0	↑	↓
0	0	0	1	0	0	1	0	↓	↑	↓	↓
0	0	1	0	0	0	1	1	↑	1	↑	↓
0	0	1	1	0	1	0	0	↓	↓	↓	↓
0	1	0	0	0	1	0	1	↑	0	↑	↓
0	1	0	1	0	1	1	0	↓	↑	↓	↓
0	1	1	0	0	1	1	1	↑	1	↑	↓
0	1	1	1	1	0	0	0	↓	↓	↓	↓
1	0	0	0	1	0	0	1	↑	0	↑	↓
1	0	0	1	0	0	0	0	↓	↓	↓	↓
1	0	1	0	1	0	1	1	↑	1	↑	↓
1	0	1	1	0	1	0	0	↓	↓	↓	↓
1	1	0	0	1	1	0	1	↑	0	↑	↓
1	1	0	1	0	1	0	0	↓	0	↓	↓
1	1	1	0	1	1	1	1	↑	1	↑	↓
1	1	1	1	0	0	0	0	↓	↓	↓	↓

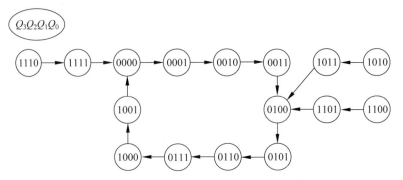

图 10.43 异步十进制加法计数器的状态图

10.3.2 寄存器

寄存器是用来暂时存放二进制数据信息的逻辑记忆电路,是计算机及接口技术的一种重要部件。它由具有存储记忆功能的触发器和控制接收数据的控制门构成,触发器的个数等于所存储二进制数据信息的位数。按寄存功能不同,寄存器分为基本寄存器和移位寄存器。

1. 基本寄存器

基本寄存器只有数据信息并行输入和并行输出功能。

图 10.44 为由 D 触发器构成的 4 位基本寄存器 74LS175 的时序逻辑电路。其中,$D_0 \sim D_3$ 为数据并行输入端,$Q_0 \sim Q_3$ 为数据并行输出端,$\overline{Q}_0 \sim \overline{Q}_3$ 为反码数据并行输出端,CP 为时钟脉冲输入端,$\overline{CR}$ 为异步清 0 端。

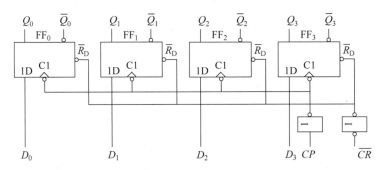

图 10.44 4 位基本寄存器 74LS175 的时序逻辑电路

$\overline{CR}=0$ 时,进行异步清 0,使 4 个触发器都复位为 0 状态;$\overline{CR}=1$ 时,一个 CP 上升沿作用下接收并行输入的数据,使

$$\begin{cases} Q_0^{n+1} = D_0 \\ Q_1^{n+1} = D_1 \\ Q_2^{n+1} = D_2 \\ Q_3^{n+1} = D_3 \end{cases} \tag{10.29}$$

将数据 $D_0 \sim D_3$ 存入寄存器。

$\overline{CR}=1$、CP 上升沿以外的其他期间,寄存器保持存储的内容不变。

基本寄存器还可用其他类型的触发器构成。

2. 移位寄存器

移位寄存器可以串行输入、输出及并行输入、输出数据信息,在移位脉冲 CP 的作用下可使数据依次逐位右移或左移。具有单向移位功能的寄存器称为单向移位寄存器,既可右移又可左移的寄存器称为双向移位寄存器。

1) 单向移位寄存器

图 10.45 为由 D 触发器构成的 4 位右移移位寄存器的时序逻辑电路,前级触发器的状态输出端 Q 接到相邻下一级触发器的数据输入端 D。D_I 为数据串行输入端,$Q_0 \sim Q_3$ 为数据并行输出端,D_O 为数据串行输出端。

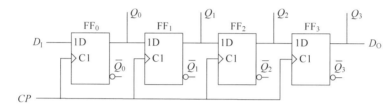

图 10.45 D 触发器构成 4 位右移移位寄存器的时序逻辑电路

状态方程为

$$\begin{cases} Q_0^{n+1}=D_0=D_I \\ Q_1^{n+1}=D_1=Q_0^n \\ Q_2^{n+1}=D_2=Q_1^n \\ Q_3^{n+1}=D_3=Q_2^n \end{cases} \quad (10.30)$$

由式(10.30)可知,每作用一个时钟脉冲 CP,接收一位数据代码并依次右移一位,4 个时钟脉冲 CP 作用后完成串行输入,可从 $Q_0 \sim Q_3$ 端并行输出,再继续作用时钟脉冲 CP,可从 Q_3 端(即 D_O 端)串行输出。

图 10.46 为由 JK 触发器构成 4 位右移移位寄存器的时序逻辑电路。每个 JK 触发器的 J 与 K 输入端相反,都接成了 D 触发器的形式,该电路与图 10.45 电路具有相同的功能。

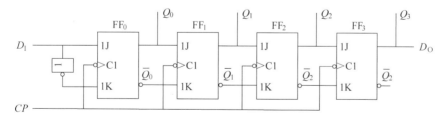

图 10.46 JK 触发器构成 4 位右移移位寄存器的时序逻辑电路

2) 集成双向移位寄存器

图 10.47 为集成 4 位双向移位寄存器 74LS194 的图形符号。其中,S_1、S_0 为工作方式控制端,$D_0 \sim D_3$ 为数据并行输入端,D_{IL} 为数据左移串行输入端,D_{IR} 为数据右移串行输

入端，$Q_0 \sim Q_3$ 为数据并行输出端，CP 为时钟脉冲输入端，$\overline{CR}$ 为异步清 0 端。

74LS194 移位寄存器芯片有以下 4 个特点。

(1) 具有 4 位并行输入、串行输入和并行输出结构。

(2) 有直接清 0 端 $\overline{CR}$，当 $\overline{CR}=0$ 时寄存器清 0。

(3) 具有保持、右移、左移和并行输入 4 种功能。

(4) 时钟脉冲上升沿触发。

74LS194 的状态表如表 10.16 所示。

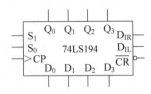

图 10.47　74LS194 的图形符号

表 10.16　集成 4 位双向移位寄存器 74LS194 的状态表

输入										输出				逻辑功能
$\overline{CR}$	S_1	S_0	CP	D_{IL}	D_{IR}	D_0	D_1	D_2	D_3	Q_0^{n+1}	Q_1^{n+1}	Q_2^{n+1}	Q_3^{n+1}	
0	×	×	×	×	×	×	×	×	×	0	0	0	0	置 0
1	0	0	×	×	×	×	×	×	×	Q_0^n	Q_1^n	Q_2^n	Q_3^n	保持
1	0	1	↑	×	d_{IR}	×	×	×	×	d_{IR}	Q_0^n	Q_1^n	Q_2^n	右移
1	1	0	↑	d_{IL}	×	×	×	×	×	Q_1^n	Q_2^n	Q_3^n	d_{IL}	左移
1	1	1	↑	×	×	d_0	d_1	d_2	d_3	d_0	d_1	d_2	d_3	并行输入

10.4　脉冲产生与整形电路

数字系统中经常遇到脉冲信号的产生、整形和定时等问题，实现这些功能的单元电路是施密特触发器、单稳态触发器和多谐振荡器等。下面介绍由 555 定时器组成这些电路的原理。

视频讲解

10.4.1　集成 555 定时器

1. 555 定时器的电路结构

555 定时器是一种模拟或数字混合的集成电路。555 定时器的等效功能电路图、图形符号如图 10.48(a)和图 10.48(b)所示。各引脚为：1 脚 GND 为接地端；2 脚 $\overline{TR}$ 为触发输入端；3 脚 $OUT(u_O)$ 为输出端；4 脚 $\overline{R}$ 为异步置 0 输入端；5 脚 CO 为控制电压端；6 脚 TH 为阈值输入端；7 脚 $DISC$ 为放电端；8 脚 V_{CC} 为电源端。

555 定时器的内部可等效成如下 4 个组成部分。

(1) 基本 RS 触发器。由 G_1、G_2 与非门构成，可外部置 0 复位，当 $\overline{R}=0$ 时，使 $Q=0$，$\overline{Q}=1$。

(2) 电压比较器。由 C_1、C_2 两个开环状态的运算放大器构成，比较器的同相输入端电压为 U_+，反相输入端电压为 U_-。当 $U_+ > U_-$ 时，其输出为高电平，当 $U_+ < U_-$ 时，其输出为低电平。由于运算放大器的输入电阻趋于无穷大，因此两个输入端的输入电流近似为 0。

(3) 分压器。由 3 个 5kΩ 电阻串联构成，为电压比较器 C_1、C_2 提供参考电压 U_{R1}、U_{R2}。5 脚不外接电源时，$U_{R1}=2V_{CC}/3$，$U_{R2}=V_{CC}/3$。

(4) 晶体管开关和输出缓冲器。晶体管 VT 构成开关，其截止、饱和状态受与非门 G_3 控制。反相器 G_4 构成输出缓冲器，其作用是提高带负载能力及隔离负载对定时器的影响。

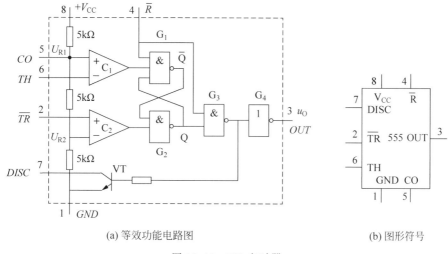

(a) 等效功能电路图   (b) 图形符号

图 10.48   555 定时器

2. 555 定时器的功能

当异步置 0 输入端 $\overline{R}$（4 脚）=0 时，使基本 RS 触发器复位，输出为低电平 $u_O = U_{OL}$；当异步置 0 输入端 $\overline{R}=1$ 时，555 定时器的输出由触发输入端 $\overline{TR}$（2 脚）和阈值输入端 TH（6 脚）所加的输入电压与参考电压比较后决定。

5 脚不外接电源时，555 定时器的功能如表 10.17 所示。

表 10.17   555 定时器的功能表

输入			输出	
$\overline{R}$（4 脚）	U_{TH}（6 脚）	$U_{\overline{TR}}$（2 脚）	$OUT(u_O)$（3 脚）	$DISC$（7 脚）
0	×	×	U_{OL}	导通
1	$>2V_{CC}/3$	$>V_{CC}/3$	U_{OL}	导通
1	$<2V_{CC}/3$	$>V_{CC}/3$	不变	不变
1	×	$<V_{CC}/3$	U_{OH}	截止

10.4.2 施密特触发器

施密特触发器有两个稳定的输出状态。与一般触发器不同的是，它需要依靠输入信号的幅值维持某一稳态，属于具有变阈效应的特殊门电路。根据它的变阈效应及其发明者的名字，人们常称它为施密特触发器（Schmitt trigger），与用作存储元件的触发器（flip-flop）不同。

利用施密特触发器的特点，不仅能将边沿变化缓慢的信号整形为边沿陡峭的矩形波，还可以将叠加在矩形脉冲高、低电平上的噪声有效地清除。

1. 电路组成及工作原理

1）电路组成

由 555 定时器构成的施密特触发器的一般电路组成如图 10.49 所示。其中，阈值输入端 TH（6 脚）和触发输入端 $\overline{TR}$（2 脚）接在一起作为触发信号 u_I 的输入端；从 OUT 端（3 脚）

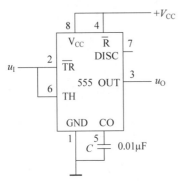

图 10.49　555 定时器构成施密特触发器的一般电路组成

输出信号 u_O；电源端 V_{CC}（8 脚）、异步置 0 输入端 $\overline{R}$（4 脚）接电压源，异步置 0 不起作用；GND 端（1 脚）接地；CO 端（5 脚）不外接电源，和地之间接 $0.01\mu F$ 左右的滤波电容，滤除对电压比较器参考电压的干扰信号；DISC 端（7 脚）悬空。

2）施密特触发器工作原理

输入信号 u_I 为连续变化的模拟信号，其幅值变化应大于 $\frac{2}{3}V_{CC}$ 且小于 $\frac{1}{3}V_{CC}$。

由 555 定时器的功能表，有如下输入、输出电压关系：当输入信号 u_I 上升至大于 $\frac{2}{3}V_{CC}$ 时，输出信号 $u_O = U_{OL}$；当输入信号 u_I 下降至小于 $\frac{1}{3}V_{CC}$ 时，输出信号 $u_O = U_{OH}$；当 $\frac{1}{3}V_{CC} \leqslant u_I \leqslant \frac{2}{3}V_{CC}$ 时，输出信号 u_O 不变。该工作过程分析表明，输入信号 u_I 在上升和下降过程中，使输出信号 u_O 状态转换的输入电平不同，即输入信号有变阈效应，称为施密特触发器的滞回特性。

3）主要参数

输入信号 u_I 上升过程中使电路输出状态发生变化的输入电压称为正向阈值电压，用 U_{T+} 表示；输入信号 u_I 下降过程中使电路输出状态发生变化的输入电压称为负向阈值电压，用 U_{T-} 表示；正向阈值电压与负向阈值电压之差称为回差电压，用 ΔU_T 表示。

$$\begin{cases} U_{T+} = \dfrac{2}{3}V_{CC} \\ U_{T-} = \dfrac{1}{3}V_{CC} \\ \Delta U_T = U_{T+} - U_{T-} \end{cases} \quad (10.31)$$

2. 施密特触发器的主要应用

利用施密特触发器的回差特性，可以将变化缓慢的波形变换为矩形波，实现波形变换；可以从一串幅度不等的脉冲波中检测出幅度较大的脉冲，实现脉冲鉴幅；可以将上升沿、下降沿不陡及产生振荡的畸变矩形脉冲变为较理想的矩形波，实现脉冲整形。

图 10.50(a) 和图 10.50(b) 分别为波形变换、脉冲鉴幅的输入、输出波形图。

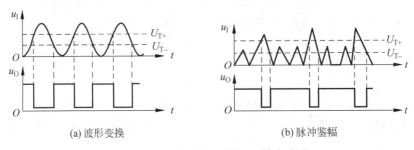

(a) 波形变换　　　　　　　　(b) 脉冲鉴幅

图 10.50　施密特触发器输入、输出波形

10.4.3 单稳态触发器

单稳态触发器的输出有一个稳态和一个不能长久保持的暂稳态,在外界触发信号作用下能从稳态翻转到暂稳态,维持一段时间后自动返回稳态,暂稳态维持的时间长短取决于电路内部参数。

1. 电路组成及工作原理

1) 电路组成

由 555 定时器构成的单稳态触发器的一般电路组成如图 10.51(a)所示。其中,触发输入端 $\overline{TR}$(2 脚)为触发信号 u_I 的输入端;从 OUT 端(3 脚)输出信号 u_O;电源端 V_{CC}(8 脚)和异步置 0 输入端 $\overline{R}$(4 脚)接电压源,异步置 0 不起作用;GND 端(1 脚)接地;阈值输入端 TH(6 脚)和 $DISC$ 端(7 脚)接一起后,和电源之间接定时电阻 R,和地之间接定时电容 C;CO 端(5 脚)不外接电源,和地之间接 $0.01\mu F$ 左右的滤波电容,滤除对电压比较器参考电压的干扰信号。

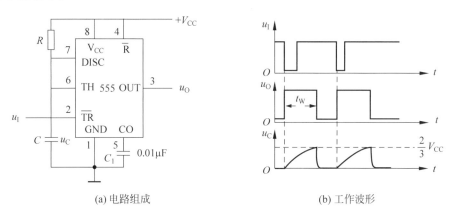

(a) 电路组成　　　　　(b) 工作波形

图 10.51　单稳态触发器的一般电路组成及工作波形

2) 工作原理

输入脉冲信号 u_I 为 555 定时器触发输入端 $\overline{TR}$(2 脚)的电压,低电平触发,即 $u_I < \frac{1}{3}V_{CC}$ 有效,且 u_I 的触发时间需很短。定时电容 C 两端的电压 u_C 为 555 定时器阈值输入端 TH(6 脚)的电压。u_I 和 u_C 为共同决定 555 定时器的输出状态。

由 555 定时器的功能表,有如下工作过程。

$u_I > \frac{1}{3}V_{CC}$ 时无触发信号作用,电路处于稳态,此时 $u_O = U_{OL}$,$DISC$ 端导通,$u_C = 0$。

$u_I < \frac{1}{3}V_{CC}$ 时加入触发信号,电路进入暂稳态,此时 $u_O = U_{OH}$,$DISC$ 端截止,之后电容 C 被充电,两端电压 u_C 增大,充电回路为 $+V_{CC} \to R \to C \to$ 地,充电时间常数为 $\tau_{充} = RC$。当 $u_C \uparrow = \frac{2}{3}V_{CC}$ 时(此时 $u_I > \frac{1}{3}V_{CC}$)暂稳态结束,使 $u_O = U_{OL}$,$DISC$ 端导通,之后电容 C 放电,两端电压 u_C 减小,进入恢复过程,放电回路为 $C \to DISC$ 端(7 脚)$\to$ 地,放电时间常数为 $\tau_{放} = R_{CES}C$(R_{CES} 是内部晶体管 T_D 的导通电阻,很小),$\tau_{放}$ 非常小,当 $u_C \downarrow = 0V$ 时恢

复过程结束。

图 10.51(b)为单稳态触发器的工作波形。

3) 主要参数

(1) 输出脉冲宽度(暂稳态持续时间)t_W。由工作原理分析可知,输出脉冲宽度是定时电容 C 从 0V 充电到 $\frac{2}{3}V_{CC}$ 所经历的时间,即

$$t_W = RC\ln 3 = 1.1RC \tag{10.32}$$

(2) 恢复时间 t_{re}。恢复时间是暂稳态结束后,定时电容 C 经 DISC 端(7 脚)内部晶体管 VT 放电到 $u_C = 0V$ 所经历的时间,即

$$t_{re} = (3 \sim 5)\tau_{放} \tag{10.33}$$

2. 单稳态触发器的主要应用

利用单稳态触发器输出脉冲宽度一定的特性,可实现将输入脉冲滞后 t_W 时间再输出的延时作用和定时控制。图 10.52(a)和图 10.52(b)分别为用于延时、定时控制的应用电路。

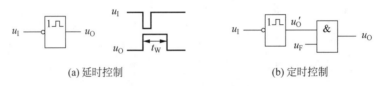

(a) 延时控制　　　　　　　　　　(b) 定时控制

图 10.52　单稳态触发器的应用

10.4.4　多谐振荡器

多谐振荡器是一种自激振荡器,它没有稳定的输出状态,有两个暂稳态,不需要外加触发信号,工作时自动在两个暂稳态之间转换,产生矩形脉冲。由于矩形脉冲含有丰富的谐波分量,因此,常将矩形脉冲产生电路称为多谐振荡器。

1. 电路组成

由 555 定时器构成多谐振荡器的一般电路组成如图 10.53(a)所示。其中,电源端 V_{CC}(8 脚)、异步置 0 输入端 $\overline{R}$(4 脚)接电压源,异步置 0 不起作用;GND 端(1 脚)接地;DISC 端(7 脚)和电源之间接定时电阻 R_1;阈值输入端 TH(6 脚)和触发输入端 $\overline{TR}$(2 脚)接在一起,和 DISC 端(7 脚)之间接定时电阻 R_2 及二极管 VD_1、VD_2,和地之间接定时电容 C;从 OUT 端(3 脚)输出信号 u_O;CO 端(5 脚)不外接电源,和地之间接 $0.01\mu F$ 左右的滤波电容,滤除对电压比较器参考电压的干扰信号。

2. 工作原理

定时电容 C 两端的电压 u_C 为 555 定时器阈值输入端 TH(6 脚)和触发输入端 $\overline{TR}$(2 脚)的电压,电容 C 充电、放电使 u_C 变化从而改变 555 定时器的输出状态。

由 555 定时器的功能表,有如下工作过程。

电路处于 $u_O = U_{OH}$ 暂稳态 I 时,DISC 端截止,二极管 VD_1 导通,VD_2 截止,电容 C 被充电,充电回路为 $+V_{CC} \rightarrow R_1 \rightarrow VD_1 \rightarrow C \rightarrow$ 地,充电时间常数 $\tau_充 = R_1 C$。充电过程使两

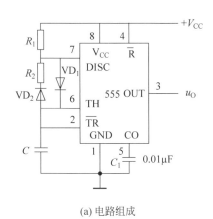 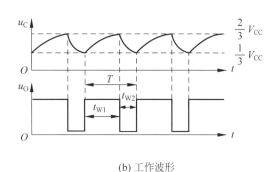

(a) 电路组成　　　　　　　　　　　　(b) 工作波形

图 10.53　多谐振荡器的一般电路组成及工作波形

端电压 $u_C\uparrow=\dfrac{2}{3}V_{CC}$ 时，暂稳态 I 结束，进入 $u_O=U_{OL}$ 暂稳态 II，此时 $DISC$ 端导通，二极管 VD_1 截止，VD_2 导通，电容 C 放电，放电回路为 $C\rightarrow VD_2\rightarrow R_2\rightarrow DISC$ 端（7 脚）$\rightarrow$ 地，放电时间常数 $\tau_{放}=R_2 C$。放电过程使两端电压 $u_C\downarrow=\dfrac{1}{3}V_{CC}$ 时，暂稳态 II 结束，进入 $u_O=U_{OH}$ 暂稳态 I。

电容 C 充电、放电使电路自动在两个暂稳态之间循环转换，产生矩形脉冲输出。图 10.53(b) 为多谐振荡器的工作波形。

3. 主要参数

① 振荡周期 T。

电容 C 充电、放电的暂稳态 I 持续时间和暂稳态 II 持续时间为

$$t_{W1}=0.69 R_1 C \tag{10.34}$$

$$t_{W2}=0.69 R_2 C \tag{10.35}$$

振荡周期 T 为

$$T=t_{W1}+t_{W2}=0.69(R_1+R_2)C \tag{10.36}$$

② 占空比 q。

$$q=\dfrac{t_{W1}}{T}=\dfrac{R_1}{R_1+R_2} \tag{10.37}$$

占空比 q 的取值范围为 $0<q<1$。

10.5　触发器和时序逻辑电路 Multisim 仿真示例

视频讲解

1. 基本 RS 触发器逻辑功能的 Multisim 仿真

1）仿真方案设计

选择以时序波形图的形式描述基本 RS 触发器不同输入信号作用下的状态变化行为。

用虚拟仪器中的字信号发生器作为仿真实验中的信号源，产生所需的各种输入信号，根据触发器的置 0、置 1、保持及次态不定的状态变化行为确定字信号发生器各个字组的内容。

字信号发生器各个字组的内容,即基本 RS 触发器输入波形设计如图 10.54 所示。此输入波形与例 10.1 相同。

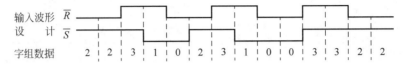

图 10.54 与非门构成的基本 RS 触发器逻辑关系仿真的输入波形设计及字组数据

用四踪示波器显示 $\bar{R}$、$\bar{S}$ 输入信号及 Q、$\bar{Q}$ 状态输出信号的波形。

2) 仿真电路的构建及仿真运行

在 Multisim 14 中构建基本 RS 触发器逻辑功能仿真电路,如图 10.55 所示。

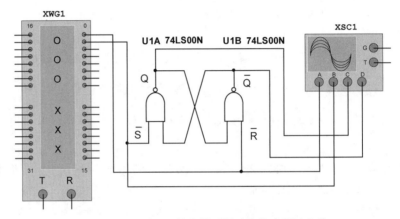

图 10.55 基本 RS 触发器逻辑功能仿真测试电路

双击字信号发生器的图标,打开面板,在字信号编辑区以十六进制(Hex)依次输入 2、2、3、1、0、2、3、1、0、0、3、3、2、2 共 14 个字组数据,单击最后一个字组数据进行循环字组信号终止设置,完成所有字组信号的设置;在 Frequency 区设置输出字信号的频率。

单击字信号发生器面板 Controls 区中的 Burst 选项,开始电路仿真,字信号发生器从第一个字组开始逐个字组输出直到终止设置字组信号。

双击四踪示波器的图标,打开面板,显示波形如图 10.56 所示。其中,由上至下依次为 $\bar{R}$、$\bar{S}$ 输入信号及 Q、$\bar{Q}$ 状态输出信号的波形。

从左至右观察图 10.56 可以看出:第 1 组输入为 $\bar{R}=0$、$\bar{S}=1$,状态输出为 $Q=0$、$\bar{Q}=1$,实现置 0 功能;第 2 组输入为 $\bar{R}=1$、$\bar{S}=1$,状态输出为 $Q=0$、$\bar{Q}=1$,实现保持功能;第 3 组输入为 $\bar{R}=1$、$\bar{S}=0$,状态输出为 $Q=1$、$\bar{Q}=0$,实现置 1 功能;第 4 组输入为 $\bar{R}=0$、$\bar{S}=0$,状态输出为 $Q=1$、$\bar{Q}=1$ 不互反;第 5 组输入为 $\bar{R}=0$、$\bar{S}=1$,状态输出为 $Q=0$、$\bar{Q}=1$,实现置 0 功能;第 6 组输入为 $\bar{R}=1$、$\bar{S}=1$,状态输出为 $Q=0$、$\bar{Q}=1$,实现保持功能;第 7 组输入为 $\bar{R}=1$、$\bar{S}=0$,状态输出为 $Q=1$、$\bar{Q}=0$,实现置 1 功能;第 8 组输入为 $\bar{R}=0$、$\bar{S}=0$,状态输出为 $Q=1$、$\bar{Q}=1$ 不互反;第 9 组输入为 $\bar{S}=1$、$\bar{R}=1$,状态输出为不确定状态;第 10 组输入为 $\bar{R}=0$、$\bar{S}=1$,状态输出为 $Q=0$、$\bar{Q}=1$,实现置 0 功能。图 10.56 显示的波形与例 10.1 分析结果一致。

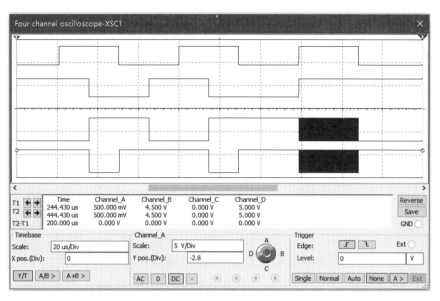

图 10.56　基本 RS 触发器逻辑功能仿真波形

2. 下降沿 JK 触发器逻辑功能的 Multisim 仿真

1) 仿真方案设计

选择以时序波形图的形式描述负边沿 JK 触发器在时钟脉冲 $CLK(CP)$ 的下降沿接收输入信号并改变状态,在 $CLK(CP)$ 的其他期间状态不变的状态变化行为。

用虚拟仪器中的字信号发生器作为仿真实验中的信号源,产生所需的各种输入信号,输入波形设计、字组数据如图 10.57 所示,$\overline{R}_D$ 用于设置 $Q=0$ 的初始状态。此输入波形与例 10.5 相同。

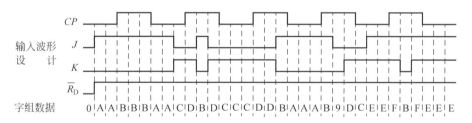

图 10.57　下降沿 JK 触发器逻辑关系仿真的输入波形设计及字组数据

用逻辑分析仪同步显示时钟脉冲信号 CP、输入信号 J 和 K、异步置 0 信号 $\overline{R}_D$、状态输出信号 Q 及 $\overline{Q}$ 的波形。

2) 仿真电路的构建及仿真运行

在 Multisim 14 中构建下降沿 JK 触发器逻辑功能仿真测试电路,如图 10.58 所示。其中,下降沿 JK 触发器选用 74LS112N。

在字信号发生器的数据栏内以十六进制依次输入各字组数据 0、A、A、B、B、B、A、A、C、D、B、D、C、C、C、D、D、B、A、A、A、B、9、D、C、E、E、F、B、F、E、E、E,并对最后一个字数据进行末地址设置(set final position),完成所有字组数据的设置。

逻辑分析仪显示的波形如图 10.59 所示。由上至下依次为时钟脉冲 CP、输入信号 J

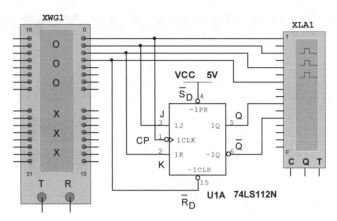

图 10.58　下降沿 JK 触发器逻辑功能仿真测试电路

和 K、异步置 0 信号 $\overline{R}_d$、状态输出 Q 和 $\overline{Q}$ 的波形。

由图 10.59 可看出，$\overline{R}_d=0$ 时将触发器初始状态设置为 0；$\overline{R}_d=1$ 期间，在 CP 下降沿处，若 $Q^n=0$，则 $Q^{n+1}=J$，若 $Q^n=1$，则 $Q^{n+1}=\overline{K}$，与 JK 触发器特性方程的规律相符，而在 CP 其他期间，无论输入 J、K 信号如何变化，触发器的状态保持不变。Q、$\overline{Q}$ 端状态互反。

图 10.59 的波形与例 10.5 的分析结果一致。

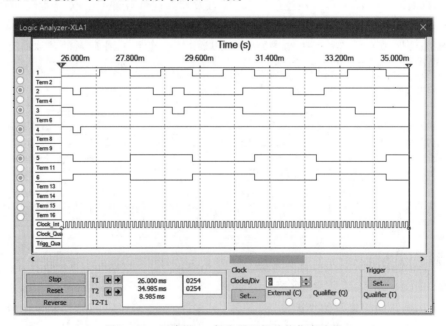

图 10.59　下降沿 JK 触发器逻辑功能仿真波形

3. 同步计数器逻辑功能的 Multisim 仿真

1) 仿真方案设计

选择以时序图的形式描述计数器在计数时钟脉冲 CP 下降沿改变状态的状态变化行为以及进位输出信号的有效时刻。

用虚拟元件中的时钟电压源作为仿真实验中的信号源产生所需的计数时钟脉冲 CP。用逻辑分析仪同步显示计数时钟脉冲 CP、各触发器 Q 端状态输出信号及进位输出信号 Y。

2）仿真电路的构建及仿真运行

在 Multisim 14 中构建同步七进制加法计数器仿真测试电路，如图 10.60 所示。其中，计数器由下降沿 JK 触发器 74LS112N、与非门 74LS00N 和与门 74LS08D 组成。该电路是例 10.6 中分析的时序逻辑电路。

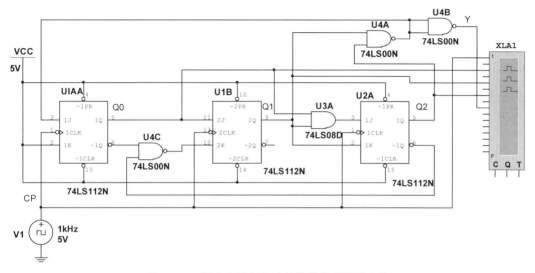

图 10.60　同步七进制加法计数器仿真测试电路

逻辑分析仪显示的时序波形如图 10.61 所示，由上至下依次为时钟脉冲 CP、状态输出 $Q_0 \sim Q_2$ 及输出 Y 的时序波形。由时序波形可看出，在时钟脉冲作用下完成从 000→001→010→011→100→101→110 共 7 个状态的循环变化，并产生进位输出信号，该电路为同步七进制加法计数器，状态改变发生在时钟脉冲信号 CP 的下降沿。

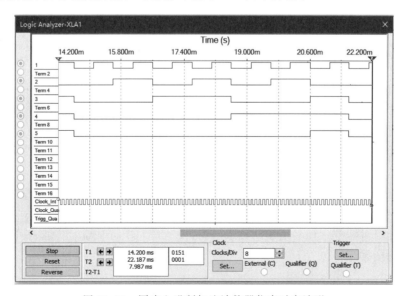

图 10.61　同步七进制加法计数器仿真时序波形

图 10.61 的时序波形与例 10.6 的分析结果一致。

本章小结

本章主要介绍基本 RS 触发器和各种时钟触发器，着重说明了它们的逻辑功能、动作特点和时序图的画法，接着介绍了时序逻辑电路的特点、时序逻辑电路的分析方法和设计方法、常用时序逻辑电路、用中规模集成计数器构成任意计数器的方法，还介绍了脉冲产生和整形的一些常用电路。

(1) 触发器的分类及逻辑功能描述。按结构(触发方式)，触发器可分为基本 RS 触发器和时钟触发器，时钟触发器又分为同步触发器和边沿触发器。按逻辑功能，触发器可分为 RS 触发器、D 触发器、JK 触发器，T 触发器只有理论意义，没有实际产品。描述触发器逻辑功能的主要方法有特性方程和特性表。

(2) 触发器的触发方式决定动作特点。同步触发方式在时钟脉冲 $CP=1$ 期间接收输入信号并改变状态，在 CP 的其他期间状态不变；边沿触发方式(维持阻塞触发方式也称上升沿触发方式，下降沿触发方式也称负边沿触发方式)在时钟脉冲 CP 的上升沿或下降沿接收输入信号并改变状态，在 CP 的其他期间状态不变。

(3) 时序图的画法。依据触发器的动作特点和逻辑功能画时序图。由动作特点确定触发器接收输入信号改变输出状态的时刻；由逻辑功能的特性方程确定状态改变后的次态值，即状态转换的方向。

(4) 时序逻辑电路的结构特点是必含有由触发器组成的存储电路；时序逻辑电路的功能特点是，任一时刻的输出信号不仅取决于当时的输入信号，而且还取决于电路原来的状态。

(5) 时序逻辑电路逻辑功能的描述方法主要有逻辑表达式(输出方程、驱动方程、状态方程)、状态表、状态图、时序图。它们各有特点，本质是相通的，可以相互转换。

(6) 时序逻辑电路的分析实质上是从逻辑图到状态图、时序图的各种功能描述方法的按步骤转换过程。同步时序逻辑电路设置统一的时钟，分析时不需要考虑各触发器状态转换的时钟条件，仅在画时序图时画出时钟脉冲信号 CP 的波形；异步时序逻辑电路不设置统一的时钟，分析时需考虑各触发器状态转换的时钟条件。

(7) 基于触发器的时序逻辑电路设计，实质上是从设计要求的状态图到逻辑图的各种功能描述方法的转换过程。关键是画次态卡诺图，通过次态卡诺图求解各触发器的驱动方程及自启动逻辑修改。

(8) 常用时序逻辑电路有计数器、寄存器等，要注意理解概念，掌握集成器件的图形符号、逻辑功能，同步、异步二进制计数器的构成特点以及寄存器的工作特点。

(9) 用集成计数器 74LS161 构成 N 进制计数器，实质上是通过预置数控制端 $\overline{LD}$ 或异步清零端 $\overline{CR}$ 跳过 $2^n - N$ 个状态实现 N 进制计数。

(10) 555 定时器是一种多用途的集成电路，要清楚 555 定时器的功能、其应用电路的构成形式及主要参数。

自测题

一、单项选择题

在各小题备选答案中选择出一个正确的答案，将正确答案前的字母填在题干后的括号内。

1. 用与非门构成的基本 RS 触发器处于置 0 状态时，其输入信号 $\bar{R}$、$\bar{S}$ 应为（　　）。
   A. $\bar{R}\bar{S}=00$　　B. $\bar{R}\bar{S}=01$　　C. $\bar{R}\bar{S}=10$　　D. $\bar{R}\bar{S}=11$

2. 当 RS 触发器的输入 $S=\bar{R}$ 时，具备时钟条件后次态为（　　）。
   A. $Q^{n+1}=S$　　B. $Q^{n+1}=R$　　C. $Q^{n+1}=0$　　D. $Q^{n+1}=1$

3. 当现态 $Q^n=0$ 时，具备时钟条件后 JK 触发器的次态为（　　）。
   A. $Q^{n+1}=J$　　B. $Q^{n+1}=K$　　C. $Q^{n+1}=0$　　D. $Q^{n+1}=1$

4. 具备时钟条件时，若 JK 触发器的状态由 1 翻转为 0，则输入 J、K 必定为（　　）。
   A. 0、×　　B. 1、×　　C. ×、1　　D. ×、0

5. 具有直接复位端 $\bar{R}_D$、直接置位端 $\bar{S}_D$ 的触发器，当触发器处于受时钟脉冲 CP 控制的情况下工作，这两端所加的信号应为（　　）。
   A. $\bar{R}_D\bar{S}_D=00$　　B. $\bar{R}_D\bar{S}_D=01$　　C. $\bar{R}_D\bar{S}_D=10$　　D. $\bar{R}_D\bar{S}_D=11$

6. 时序逻辑电路在结构上（　　）。
   A. 必须有组合逻辑电路　　B. 必须有存储电路
   C. 必须同时有存储电路和组合逻辑电路　　D. 以上均正确

7. 同步时序逻辑电路和异步时序逻辑电路的区别在于异步时序逻辑电路（　　）。
   A. 没有触发器　　B. 没有统一的时钟脉冲控制
   C. 没有稳定状态　　D. 输出只与内部状态有关

8. 图 10.62 所示的各逻辑电路中，为一位二进制计数器的是（　　）。

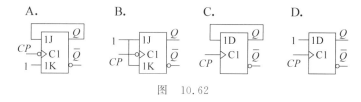

图 10.62

9. 一个 3 位二进制加法计数器，当前计数状态为 000，经过 15 个时钟脉冲后此计数器的状态为（　　）。
   A. 000　　B. 011　　C. 110　　D. 111

10. 图 10.63 所示的异步计数器，若当前计数状态为 $Q_2Q_1Q_0=110$，则在时钟作用下计数器的下一状态为（　　）。
    A. 111　　B. 101　　C. 010　　D. 011

11. 某计数器的时序图如图 10.64 所示，由此可判定该计数器为（　　）。
    A. 二进制加法计数器　　B. 二进制减法计数器
    C. 同步计数器　　D. 异步计数器

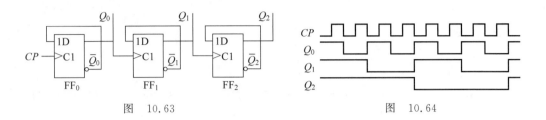

图 10.63   图 10.64

12. 由 4 个触发器构成的 8421BCD 码计数器,其无关状态的个数为( )。

   A. 4 个　　　　　B. 6 个　　　　　C. 10 个　　　　　D. 16 个

13. 集成计数器 74LS161 构成的任意进制计数器电路如图 10.65 所示,已知电路的当前状态为 $Q_3^n Q_2^n Q_1^n Q_0^n = 1000$,在时钟脉冲作用下电路的下一状态 $Q_3^{n+1} Q_2^{n+1} Q_1^{n+1} Q_0^{n+1}$ 为( )。

   A. 1000　　　　　B. 0000　　　　　C. 1001　　　　　D. 1111

14. 集成计数器 74LS161 构成的任意进制计数器电路如图 10.66 所示,已知电路的当前状态为 $Q_3^n Q_2^n Q_1^n Q_0^n = 1011$,在时钟脉冲作用下电路的下一状态 $Q_3^{n+1} Q_2^{n+1} Q_1^{n+1} Q_0^{n+1}$ 为( )。

   A. 1100　　　　　B. 1101　　　　　C. 0000　　　　　D. 1111

图 10.65   图 10.66

15. 集成计数器 74LS161 构成的任意进制计数器电路如图 10.67 所示,计数时的最大状态是( )。

   A. 0000　　　　　B. 1111
   C. 1000　　　　　D. 1001

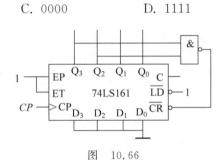

图 10.67

16. 下列器件中,具有串行-并行数据转换功能的是( )。

   A. 二进制计数器　　B. 十进制计数器
   C. 移位寄存器　　　D. 基本寄存器

17. 一个 4 位串行数据输入的 4 位移位寄存器,时钟脉冲频率为 1kHz,转换为 4 位并行数据输出的时间为( )。

   A. 8ms　　　　　B. 4ms　　　　　C. 8μs　　　　　D. 4μs

18. 如图 10.68 所示,由 555 定时器构成的施密特触发器,输入信号 u_I 为三角波,其输出信号 u_O 为( )。

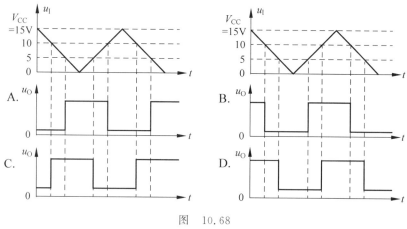

图 10.68

19. 由 555 定时器构成的单稳态触发器,若电源电压为 $V_{CC}=+9V$,则当暂稳态结束时,定时电容 C 上的电压 u_C 为(　　)。
   A. 9V B. 0V C. 4.5V D. 6V

20. 由 555 定时器构成的多谐振荡器,可降低频率的方法是(　　)。
   A. 增大定时电阻或定时电容
   B. 减小定时电阻或定时电容
   C. 降低电源电压
   D. 提高电源电压

二、填空题

1. 触发器有两个输出端 Q 和 $\bar{Q}$,正常工作时 Q 和 $\bar{Q}$ 端的状态互补,以_____端的状态表示触发器的状态。

2. 由与非门构成的基本 RS 触发器,在输入信号同为 0 期间,触发器的两个状态输出端同为 1 不互反,而当输入信号同时消失时,触发器的次态_____。

3. RS 触发器有 $RS=0$ 的约束条件,此约束条件要求 R 和 S 两个输入信号不能同时为_____。

4. JK 触发器具有保持、置 0、置 1 和_____功能。

5. D 触发器具有置 0 和_____功能。

6. JK 触发器现态 $Q^n=1$ 时,具备时钟条件后次态 $Q^{n+1}=$_____。

7. 具有"任一时刻的输出信号不仅与当时的输入信号有关,而且还与输入信号作用前电路所处的状态有关"功能特点的电路,称为_____。

8. 时序逻辑电路的"现态"反映的是前一时刻电路状态变化的结果,而"次态"则反映的是_____时刻电路状态变化的结果。

9. 时序逻辑电路按其状态改变方式的不同,可分为同步时序逻辑电路和异步时序逻辑电路两种类型。其中,_____时序逻辑电路不设置统一的时钟脉冲。

10. 计数器工作时用电路的状态变化对_____出现的个数进行计数。

11. 一个 3 位二进制减法计数器,当前计数状态为 110,经过 15 个时钟脉冲后此计数器的状态为_____。

12. 计数器计数时,被利用了的状态称为有效状态,没被利用的状态称为无效状态,在时钟脉冲 CP 作用下无效状态能直接或间接进入有效状态,称有_____功能。

13. 由上升沿 D 触发器构成异步二进制加法计数器时，最低位触发器的 CP 端接外部时钟信号，其他各触发器的 CP 端接相邻低位触发器的_____端。

14. 寄存器由具有存储记忆功能的触发器和控制接收数据的控制门构成，触发器的个数等于所存储二进制数据信息的_____。

15. 将 555 定时器的 TH 阈值输入端(引脚 6)与 $\overline{TR}$ 触发输入端(引脚 2)相连作为信号的输入端，就构成了_____触发器。

16. 施密特触发器的回差电压 ΔU_T 越大，抗干扰能力_____。

17. 输入信号 u_I 在上升和下降过程中，使输出信号 u_O 状态转换的输入电平不同，称为施密特触发器的_____特性。

18. 单稳态触发器有一个稳态和一个暂稳态，在外加触发脉冲的作用下所进入的状态是_____，该状态维持一段时间后又自动返回到原来的状态。

19. 利用单稳态触发器输出脉冲宽度一定的特性，可实现将输入脉冲滞后 t_W 时间再输出的_____。

20. 由 555 定时器构成的单稳态触发器，若电源电压 $V_{CC}=15V$，则在稳定状态时定时电容 C 上的电压 $u_C=$_____V。

习题

1. 由与非门组成的基本 RS 触发器及输入信号 $\overline{R}$、$\overline{S}$ 的波形如图 10.69 所示，试对应画出 Q、$\overline{Q}$ 端的波形。

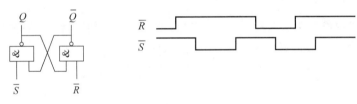

图 10.69

2. 触发器及时钟脉冲 CP、输入信号 J、K 的波形如图 10.70 所示，试对应画出 Q、$\overline{Q}$ 端的波形，设触发器的初始状态 $Q=0$。

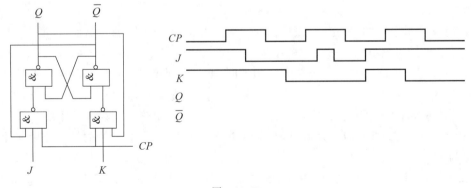

图 10.70

3. 上升沿触发的维持阻塞 D 触发器的时钟脉冲 CP 及输入信号 D 的波形如图 10.71 所示,试对应画出 Q 端的波形,设触发器的初始状态为 0。

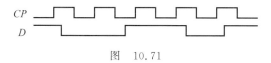

图 10.71

4. 已知下降沿 JK 触发器的 CP、$\overline{S}_D$、J、K 的波形如图 10.72 所示,试对应画出 Q 端的波形。

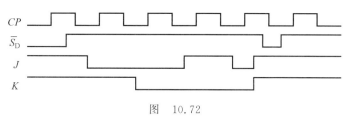

图 10.72

5. 图 10.73 中 FF_0 为下降沿 JK 触发器,FF_1 为维持阻塞 D 触发器,试对应图中所示的时钟脉冲 CP_0、CP_1 的波形画出 Q_0、Q_1 的波形,设各触发器的初始状态均为 0。

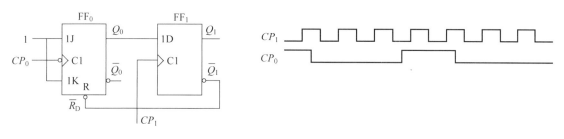

图 10.73

6. 分析图 10.74 所示的时序逻辑电路,写出驱动方程、状态方程、输出方程,列出状态表及状态图,说明逻辑功能。

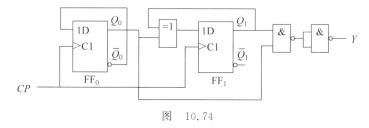

图 10.74

7. 分析图 10.75 所示的时序逻辑电路,写出驱动方程、状态方程、输出方程,列出状态表及状态图,说明逻辑功能。

8. 分析图 10.76 所示的时序逻辑电路,写出驱动方程、状态方程,列出状态表及状态图,说明逻辑功能。

9. 分析图 10.77 所示的时序逻辑电路,写出驱动方程、状态方程、输出方程,列出状态表及状态图,说明逻辑功能。

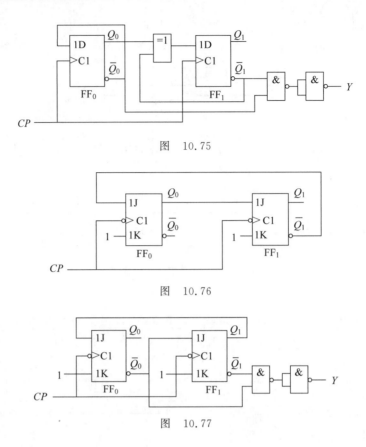

图 10.75

图 10.76

图 10.77

10. 分析图 10.78 所示的时序逻辑电路，写出驱动方程、状态方程，列出状态表及状态图，说明逻辑功能。

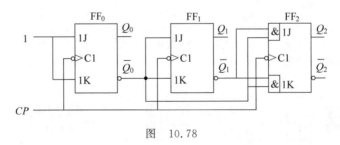

图 10.78

11. 分析图 10.79 所示的时序逻辑电路，写出驱动方程、状态方程、输出方程，列出状态表及状态图，说明逻辑功能。

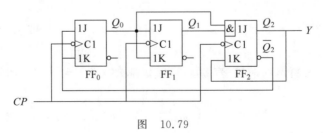

图 10.79

12. 分析图 10.80 所示的时序逻辑电路,写出驱动方程、状态方程,列出状态表及状态图,说明逻辑功能。

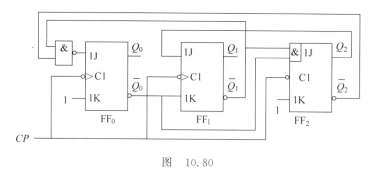

图 10.80

13. 分析图 10.81 所示的时序逻辑电路。
(1) 写出 $\bar{R}_D = 0$ 时 $Q_2 Q_1 Q_0$ 的值。
(2) 分析 $\bar{R}_D = 1$ 时电路的逻辑功能,写出驱动方程、状态方程,列出状态转换表,画出状态图,说明电路的逻辑功能。

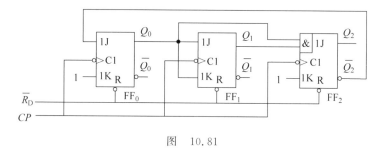

图 10.81

14. 分析图 10.82 所示的时序逻辑电路,写出驱动方程、状态方程,列出状态转换表及状态图,说明逻辑功能。

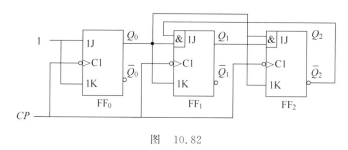

图 10.82

15. 分析图 10.83 所示的时序逻辑电路,写出驱动方程、状态方程,列出状态表及状态图,说明逻辑功能。
16. 计数器如图 10.84 所示,分析是几进制的计数器,状态编码为何种编码方案,以及输出信号的有效时刻。
17. 异步计数器如图 10.85 所示,分析逻辑功能。
18. 异步计数器如图 10.86 所示,分析逻辑功能。

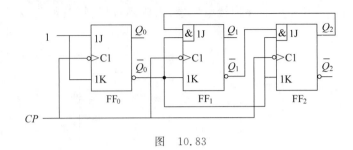

图 10.83

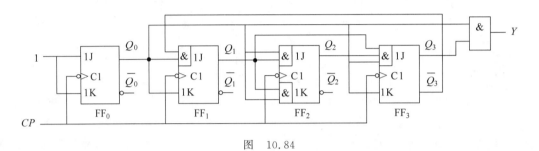

图 10.84

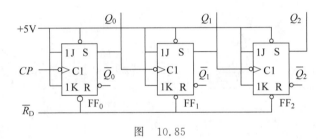

图 10.85

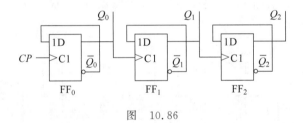

图 10.86

19. 分析图 10.87 所示的异步时序逻辑电路的逻辑功能。

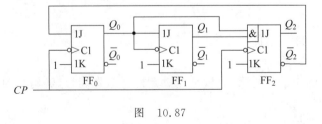

图 10.87

20. 分析图 10.88 所示的异步时序逻辑电路的逻辑功能。

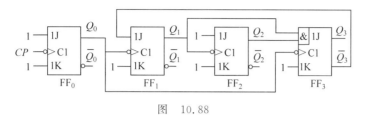

图 10.88

21. 用负边沿 JK 触发器设计图 10.89 所示的状态转换关系的同步计数器电路。

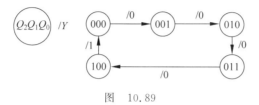

图 10.89

22. 用负边沿 JK 触发器设计图 10.90 所示的时序关系的同步计数器电路。

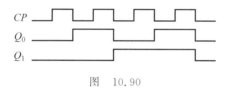

图 10.90

23. 用 D 触发器设计一个按自然数序计数的 2 位同步二进制加法计数器。

24. 试用负边沿 JK 触发器设计一个同步 4 进制可逆计数器,控制量 $X=0$ 时进行加法计数、控制量 $X=1$ 时进行减法计数。

25. 由集成 4 位同步二进制计数器 74LS161 附加与非门构成的任意进制计数器电路如图 10.91 所示,画出状态图,说明是几进制的计数器。

26. 由集成 4 位同步二进制计数器 74LS161 附加非门构成的任意进制计数器电路如图 10.92 所示,画出状态图,说明是几进制的计数器。

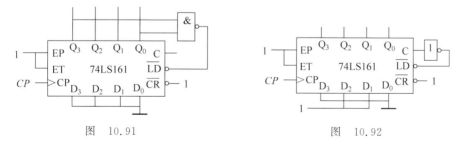

图 10.91　　　　　　　　　　图 10.92

27. 试用集成 4 位同步二进制计数器 74LS161 附加必要的逻辑门电路设计一个计数范围为 0～11 的十二进制加法计数器,采用同步复位法。

28. 试用集成 4 位同步二进制计数器 74LS161 附加必要的逻辑门电路设计一个计数范围为 0～11 的十二进制加法计数器,采用异步复位法。

29. 试用集成 4 位同步二进制计数器 74LS161 及 8 选 1 数据选择器 74LS151 构成一个脉冲序列产生电路,输出序列脉冲为 10010011。

30. 试用集成 4 位同步二进制计数器 74LS161 和 3 线-8 线译码器 74LS138 构成一个脉冲序列发生电路,产生的脉冲序列如图 10.93 所示。

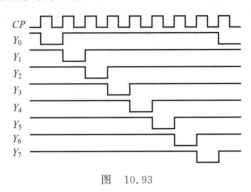

图 10.93

31. 用 555 定时器构成的施密特触发器如图 10.49 所示,电源电压 $V_{CC} = 12\text{V}$。

(1) 求上限阈值电压 U_{T+}、下限阈值电压 U_{T-} 和回差电压 ΔU_T。

(2) 若输入信号 u_I 为正弦波,其幅值 $U_{Im} = 9\text{V}$,频率 $f = 1\text{kHz}$,试对应画出输出信号 u_O 的波形。

32. 由 555 定时器构成的单稳态触发器如图 10.51(a) 所示,已知定时电阻 $R = 27\text{k}\Omega$、定时电容 $C = 0.05\mu\text{F}$,$V_{CC} = 12\text{V}$。

(1) 计算输出脉冲宽度 t_W。

(2) 计算暂态结束时电容 C 上电压 u_C。

(3) 若输入触发信号 u_I 的波形如图 10.94 所示,试对应画出电容 C 上电压 u_C 和输出信号 u_O 的波形。

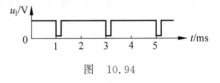

图 10.94

第 11 章 半导体存储器和可编程逻辑器件

CHAPTER 11

半导体存储器是能存储大量二值信息的器件,本章介绍半导体存储器的结构、原理,只读存储器实现组合逻辑函数的基本方法以及随机存取存储器容量扩展的基本方法。

可编程逻辑器件是可由用户编程实现某种逻辑功能的逻辑器件,本章简要介绍它的基本原理。

11.1 半导体存储器和可编程逻辑器件概述

半导体存储器是一些数字系统和计算机的重要组成部分,是能存储大量二进制信息的器件,用来存放数据、资料和运算程序等信息。

1. 半导体存储器的存储容量和分类

1) 存储容量

半导体存储器以字为单位存储数据信息,一个字由若干位二进制数组成,每个字在存储器中占据一组存储单元,即字存储单元。每个字存储单元有一个编号,称作地址,n 位地址对应有 2^n 个字存储单元。字的位数称为字长。

半导体存储器的数据存储能力用存储容量衡量。存储容量的基本单位有位(bit,b)和字节(Byte,B),字长为 8 位的二进制数为一个字节,即 1B=8b。存储器的容量较大时,常用如下简化形式表示:

$$1KB=2^{10}B=1024B, \quad 1MB=2^{10}KB=1024KB$$
$$1GB=2^{10}MB=1024MB, \quad 1TB=2^{10}GB=1024GB$$

一般有以下两种表示容量的方式。

(1) 存储器的容量=字数×位数,如存储 1024 个字、每个字的位数为 4 时,存储器的容量为 1024×4 位=1K×4 位。

(2) 存储器的容量用字节数表示,如容量为 1024×4 位,可表示为 $\frac{1024\times4}{8}B=512B$。

2) 存储器的分类

将数据存入存储器指定地址单元的过程称为写操作,从存储器指定地址单元取出数据的过程称为读操作。

半导体存储器通常按下述方式分类。

(1) 按存/取功能分为只读存储器(Read Only Memory,ROM)和随机存取存储器

(Random Access Memory,RAM)两大类。ROM 在正常工作时,数据只能从存储器中读出而不能写入。RAM 在工作时可随机对任一地址的存储单元进行读或写操作。

(2) 按工艺分为双极型存储器和 MOS 型存储器两大类。双极型存储器具有速度高的优点；MOS 电路具有功耗低、集成度高的优点,目前大容量的存储器都是采用 MOS 工艺制作的。

2. 可编程逻辑器件

可编程逻辑器件(Programmable Logic Device,PLD)是专用型大规模集成电路的一个重要分支,通过编程可以灵活地实现各种逻辑功能。

从构成逻辑函数的功能来说,ROM 中的 PMOM 和 EPROM 是 PLD 器件。除此之外,还有可编程逻辑阵列(Programmable Logic Array,PLA)和可编程阵列逻辑(Programmable Array Logic,PAL)等。

11.2 只读存储器

只读存储器(ROM)是存储器中结构最简单的一种类型,常用来存储数字系统及计算机中不需要改写的数据,如数据转换表、计算机操作系统程序等。

11.2.1 ROM 的分类

ROM 一般需由专用装置写入数据。按数据写入方式的不同,只读存储器分为掩模 ROM(Masked Read Only Memory,MROM)、可编程 ROM(Programmable Read Only Memory,PROM)、可擦除的可编程 ROM(Erasable Programmable Read Only Memory,EPROM)、电可擦除的可编程 ROM(Electrically Erasable Programmable Read Only Memory,E^2PROM)及快闪存储器(flash memory)等类型。

1. 掩模 ROM(MROM)

MROM 存储的数据在制作过程中使用掩模板固定,在出厂时将存储内容固化在存储器芯片上,用户只能读取数据而不能写入。

2. 可编程 ROM(PROM)

PROM 在出厂时全部存储单元存储的内容都为 1,用户可根据自己的需要,在使用前借助编程工具将某些存储单元改写为 0。但这种编程操作只能进行一次,不能反复改写。正常工作时只能读不能写。

3. 可擦除的可编程 ROM(EPROM)

EPROM 是采用浮栅技术制作的可编程存储器,用 N 沟道增强型叠栅注入 MOS (Stacked-gate Injection Metal Oxide Semiconductor,SIMOS)管做存储单元。数据信息的存储是通过 MOS 管浮栅上的电荷分布决定的,编程过程就是在高压脉冲电源作用下的电荷注入过程。编程结束后,尽管撤除了电源,但由于绝缘层的包围,注入浮栅上的电荷无法泄放,因此电荷分布维持不变,实现存入 1。

当用紫外线照射叠栅注入 MOS 管的栅极氧化层时,绝缘层中将产生电子-空穴对,为浮置栅极上的电子提供泄放通路,实现存入全 0,从而擦除了所有写入的数据信息。

EPROM 的编程及擦除可反复进行,正常工作时只能读不能写。

4. 电可擦除的可编程 ROM(E^2PROM)

E^2PROM 用浮栅隧道氧化层(Floating gate Tunnel Oxide,FLOTOX)MOS 管做存储单元,可以边擦除边写入信息。由于在擦写过程中需要 20V 高电压脉冲,所以需要用专用的编程器完成,但擦写速度比 EPROM 要快得多。有些集成 E^2PROM 芯片中设置升压电路,使擦写都能在外部+5V 电源下进行,省去了专用编程器,使 E^2PROM 实现在线读写功能。

5. 快闪存储器

快闪存储器(flash memory)的存储单元采用与 SIMOS 管类似的叠栅 MOS 管,数据的擦除与写入也是分开进行的,整片擦除只需要几秒的时间,还具有结构简单、高密度、高可靠性等优点。

11.2.2 ROM 的结构及工作原理

1. ROM 的一般结构

图 11.1 为 ROM 的一般结构示意图,ROM 主要由存储矩阵、地址译码器及输出缓冲器三部分组成。

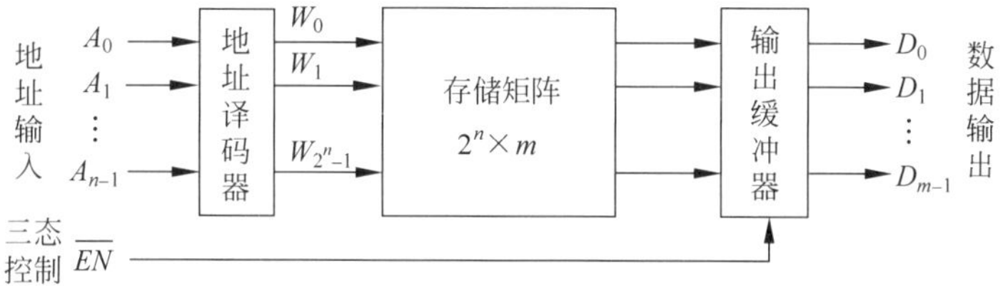

图 11.1 ROM 的一般结构示意图

(1) 存储矩阵由二极管、晶体管或 MOS 管等半导体器件作为存储单元规则排列构成,每个存储单元存储 1 位二值信息,由存储元件的连接情况决定存储 1 或 0。每组存储单元存放一个字。

ROM 断电后存储的信息也不丢失,属于非易失性存储器。

(2) 地址译码器将地址码译码,形成从存储矩阵中选择存储单元组的字选择信号。地址码的位数、字选择信号的个数、字数的关系为:n 位地址 $A_0 \sim A_{n-1}$(n 条地址输入线)对应 2^n 个字选择信号 $W_0 \sim W_{2^n-1}$(2^n 条字线,2^n 个字)。

例如,存储 1024 个字时,对应 10 位地址,有 10 条地址输入线。

(3) 输出缓冲器用于提高负载能力及控制三态输出。$D_0 \sim D_{m-1}$ 为 m 位数据,对应字长为 m 位,有 m 条数据输出线(位线)。$\overline{EN}$ 为三态输出控制变量。

2. ROM 的基本工作原理

下面以图 11.2 的 4×4 位容量的简单掩模 ROM 电路为例介绍工作原理。

图 11.2 中,存储矩阵用二极管构成的或门组成。其中,A_1、A_0 为 2 位输入地址;$W_0 \sim W_3$ 为译码器译码输出的 4 个字选择信号,对应 4 条字线;$D_3 \sim D_0$ 为 4 位输出数据,对应 4 条数据输出线。

地址译码器为 1 输出有效的二进制译码器,输出逻辑表达式为

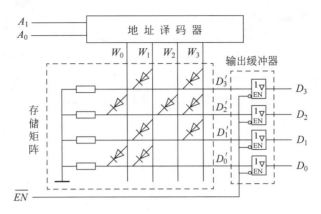

图 11.2 简单 ROM 的电路结构

$$\begin{cases} W_0 = \overline{A}_1 \overline{A}_0 \\ W_1 = \overline{A}_1 A_0 \\ W_2 = A_1 \overline{A}_0 \\ W_3 = A_1 A_0 \end{cases} \tag{11.1}$$

式(11.1)表明,每输入一个地址,仅一条字选择线为 1,从而从存储矩阵中选择出一个字存储单元组。

$\overline{EN} = 0$ 时,输出数据逻辑表达式为

$$\begin{cases} D_0 = W_0 + W_1 = \overline{A}_1 \overline{A}_0 + \overline{A}_1 A_0 \\ D_1 = W_1 + W_3 = \overline{A}_1 A_0 + A_1 A_0 \\ D_2 = W_0 + W_2 + W_3 = \overline{A}_1 \overline{A}_0 + A_1 \overline{A}_0 + A_1 A_0 \\ D_3 = W_1 + W_3 = \overline{A}_1 A_0 + A_1 A_0 \end{cases} \tag{11.2}$$

由式(11.2)可列出输出数据的真值表,如表 11.1 所示。

表 11.1 ROM 输出数据的真值表

A_1	A_0	D_3	D_2	D_1	D_0
0	0	0	1	0	1
0	1	1	0	1	1
1	0	0	1	0	0
1	1	1	1	1	0

对于真值表有下述两种理解方式。

(1) 从存储器角度横向理解真值表,每输入一个地址读出一个字。

(2) 从组合逻辑电路角度纵向理解真值表,该表为多输出函数的真值表。

对照表 11.1 及图 11.2 可得出结论,存储矩阵的每个字、位线交叉点是一个存储单元,存储单元中接有二极管存入 1,不接二极管存入 0。

3. ROM 的阵列图等效表示

ROM 的输出数据逻辑表达式及真值表表明,各输出数据是以地址为变量的最小项之

和表达式。

ROM 的结构示意图表明,由地址译码器产生以地址为变量的全体最小项,由存储矩阵实现相或某些最小项产生输出。ROM 在功能上可等效为产生以地址为变量的全体最小项的与逻辑阵列、相或某些最小项的或逻辑阵列,并用阵列图表示两个阵列。

例如上述 4×4 位 ROM,由输出数据逻辑表达式或输出数据的真值表可画出阵列图,如图 11.3 所示。

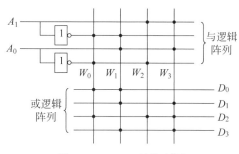

图 11.3　ROM 的阵列图

11.2.3　ROM 实现组合逻辑函数的应用

1. 基本原理及一般步骤

任何逻辑函数都可表示成最小项之和的形式。ROM 在功能上可等效为产生以地址为变量全体最小项的与逻辑阵列、相或某些最小项的或逻辑阵列。因此,以逻辑函数的变量作为 ROM 的地址输入变量,从 ROM 的数据输出端输出实现的逻辑函数,即可用 ROM 实现一般组合逻辑函数。

n 个变量、m 个函数的组合逻辑问题可用容量不小于 $2^n \times m$ 位的 ROM 实现。

ROM 实现组合逻辑函数的一般步骤如图 11.4 所示。

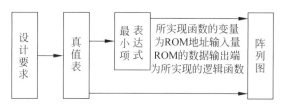

图 11.4　ROM 实现组合逻辑函数的一般步骤

2. 应用举例

例 11.1　试用 ROM 构成能实现函数 $y = x^2$ 的运算表电路,x 的取值范围为 $0 \sim 15$ 的正整数。

解:输入变量为与 x 取值范围 $0 \sim 15$ 对应的 4 位二进制数,用 $X_3 \sim X_0$ 表示;输出函数为表示 x 平方的 8 位二进制数,用 $Y_7 \sim Y_0$ 表示。

按 $y = x^2$ 的运算关系列出真值表,如表 11.2 所示。

表 11.2 例 11.1 的真值表

X_3	X_2	X_1	X_0	Y_7	Y_6	Y_5	Y_4	Y_3	Y_2	Y_1	Y_0
0	0	0	0	0	0	0	0	0	0	0	0
0	0	0	1	0	0	0	0	0	0	0	1
0	0	1	0	0	0	0	0	0	1	0	0
0	0	1	1	0	0	0	0	1	0	0	1
0	1	0	0	0	0	0	1	0	0	0	0
0	1	0	1	0	0	0	1	1	0	0	1
0	1	1	0	0	0	1	0	0	1	0	0
0	1	1	1	0	0	1	1	0	0	0	1
1	0	0	0	0	1	0	0	0	0	0	0
1	0	0	1	0	1	0	1	0	0	0	1
1	0	1	0	0	1	1	0	0	1	0	0
1	0	1	1	0	1	1	1	1	0	0	1
1	1	0	0	1	0	0	0	0	0	0	0
1	1	0	1	1	0	1	0	1	0	0	1
1	1	1	0	1	1	0	0	0	1	0	0
1	1	1	1	1	1	1	0	0	0	0	1

由真值表写出函数的标准与或式为

$$\begin{cases} Y_7 = m_{12} + m_{13} + m_{14} + m_{15} \\ Y_6 = m_8 + m_9 + m_{10} + m_{11} + m_{14} + m_{15} \\ Y_5 = m_6 + m_7 + m_{10} + m_{11} + m_{13} + m_{15} \\ Y_4 = m_4 + m_5 + m_7 + m_9 + m_{11} + m_{12} \\ Y_3 = m_3 + m_5 + m_{11} + m_{13} \\ Y_2 = m_2 + m_6 + m_{10} + m_{14} \\ Y_1 = 0 \\ Y_0 = m_1 + m_3 + m_5 + m_7 + m_9 + m_{11} + m_{13} + m_{15} \end{cases} \quad (11.3)$$

由式(11.3),以 $X_3 \sim X_0$ 为 ROM 的地址输入量,以 $Y_7 \sim Y_0$ 为 ROM 的数据输出,画出 ROM 的阵列图如图 11.5 所示。

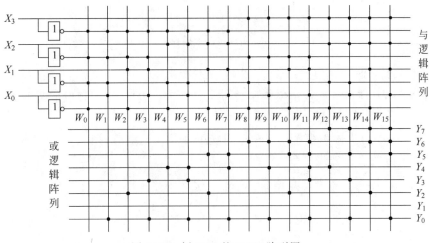

图 11.5 例 11.1 的 ROM 阵列图

11.3 随机存取存储器

随机存取存储器(RAM)又称为读/写存储器。在工作时可随机对任一地址的存储单元进行读或写操作,且读写时间与信息所处位置无关。

11.3.1 RAM 的分类

根据工作原理的不同,RAM 分为静态随机存取存储器(Static Random Access Memory,SRAM)和动态随机存取存储器(Dynamic Random Access Memory,DRAM)两大类。它们的基本电路结构相同,差别在于存储单元电路的构成。

SRAM 的存储单元电路以双稳态触发器为基础,状态稳定,只要不掉电,信息就不会丢失,工作速度快,且不需要刷新,即不需要每隔一定时间重写一次原信息。缺点是集成度低。

DRAM 的存储单元电路基于 MOS 管的栅极等效电容,利用电容的电荷存储效应存储信息。其优点是电路简单,集成度高。缺点是,由于漏电流的存在,栅极电容上的电荷不能长久保持不变,为避免存储的信息丢失,需要定时补充电荷,即定时进行刷新。

11.3.2 RAM 的结构及工作原理

1. RAM 的基本结构及工作原理

图 11.6(a)为 RAM 的基本结构示意图。RAM 主要由存储矩阵、行地址译码器、列地址译码器及读写控制电路 4 部分组成。

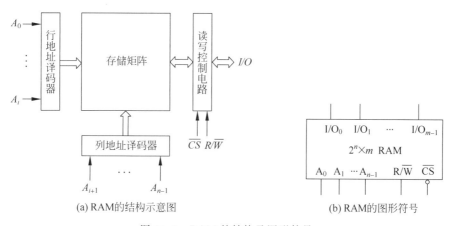

(a) RAM的结构示意图　　(b) RAM的图形符号

图 11.6　RAM 的结构及图形符号

存储矩阵由不能长期保存信息、可读写的静态或动态存储单元按行、列排列构成,每个存储单元可写入、读出 0 或 1,每组存储单元存放一个字。

RAM 断电后存储的信息随即丢失,属于易失性存储器。

地址译码器对地址码进行译码,$A_0 \sim A_{n-1}$ 为 n 位地址。其中,行地址译码器对输入的行地址译码,输出行选择线对存储单元进行按行选择;列地址译码器对输入的列地址译码,输出列选择线对存储单元进行按列选择。行、列双向译码,可减少对存储单元进行选择的选择线数量。

地址位数与字数的对应关系为：n 位地址 $A_0 \sim A_{n-1}$（n 条地址输入线）对应 2^n 个字。

读写控制电路进行读写控制，I/O 端口为三态输出结构的双向传输端口。当片选信号 $\overline{CS}=0$ 时，若读/写控制信号 $R/\overline{W}=0$，进行写操作，I/O 端口为数据输入端口；若读/写控制信号 $R/\overline{W}=1$，进行读操作，I/O 端口为数据输出端口；当片选信号 $\overline{CS}=1$ 时，I/O 端口呈高阻态，RAM 不能读也不能写，即 RAM 不工作。有如下关系：

$$I/O 端口数 = 数据位数 = 字长 = 输入/输出线数$$

图 11.6(b) 为 RAM 的图形符号。

2. RAM 中的存储单元

以 SRAM 为例介绍静态存储单元。静态存储单元用触发器存储信息，图 11.7 为用 6 个增强型 NMOS 管组成的静态存储单元。

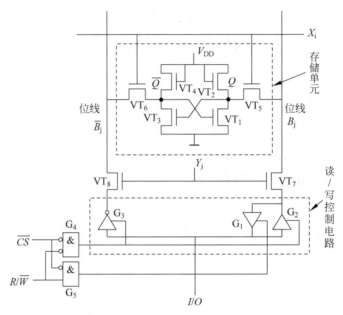

图 11.7 6 管静态 NMOS 存储单元

$VT_1 \sim VT_4$ 组成基本 RS 触发器，用于存储 1 位二值数据信息。VT_5 和 VT_6 是门控管，作为模拟开关使用，控制触发器的 Q、$\overline{Q}$ 端和位线 B_j、$\overline{B}_j$ 之间的联系。VT_5、VT_6 的开关状态由字线 X_i 的状态决定，当 $X_i=1$ 时，VT_5、VT_6 导通，触发器的 Q、$\overline{Q}$ 端和位线 B_j、$\overline{B}_j$ 接通；当 $X_i=0$ 时，VT_5、VT_6 截止，触发器的 Q、$\overline{Q}$ 端和位线 B_j、$\overline{B}_j$ 不接通。VT_7 和 VT_8 是每一列存储单元公用的门控管，用于控制和读/写控制电路的联系。VT_7、VT_8 的开关状态由列地址译码器的输出 Y_j 控制，$Y_j=1$ 时，VT_7、VT_8 导通，$Y_j=0$ 时，VT_7、VT_8 截止。门 $G_1 \sim G_5$ 构成读/写控制电路，I/O 端口为输入/输出双向传输端口，数据由此写入或读出。

当片选信号 $\overline{CS}=1$ 时，三态门 $G_1 \sim G_3$ 处于高阻态，从而使 I/O 端口为高阻态，数据不能输出或输入；当片选信号 $\overline{CS}=0$ 时，有以下两种读/写工作方式。

(1) 读/写控制信号 $R/\overline{W}=0$，使三态门 G_2、G_3 处于工作状态，G_1 处于高阻态，若 $X_i=1$、$Y_j=1$ 存储单元被选中，$VT_5 \sim VT_8$ 均导通，数据由 I/O 端口经三态门 G_2、G_3 写入基本

RS 触发器。

(2) 读/写控制信号 $R/\overline{W}=1$，使三态门 G_1 处于工作状态，G_2、G_3 处于高阻态，若 $X_i=1$、$Y_j=1$ 存储单元被选中，$VT_5 \sim VT_8$ 均导通，基本 RS 触发器存储的数据经三态门 G_1 输出到 I/O 端口。

由上述工作原理可知，由于用触发器作为存储单元，信息仅在带电状态存储，掉电后信息消失。

静态存储单元的主要缺点是存储电路较复杂，使集成度受到限制。

11.3.3　RAM 的存储容量扩展

当 RAM 芯片的容量不能满足要求时，组合几个 RAM 芯片，通过对 RAM 字数或位数的扩展，形成所需容量的存储器。一般扩展所用 RAM 芯片为同容量、同型号。

1. 位扩展

一个 RAM 芯片的字数够用而位数不够用时，采用位扩展的方法扩展每个字的位数。位扩展的方法如下。

(1) 计算所需 RAM 芯片数，有

$$\text{所需芯片数量} = \frac{\text{所要求存储容量}}{\text{单片存储容量}} \tag{11.4}$$

(2) 片间接法。分别对应并联各 RAM 芯片的地址输入线、读写控制信号线和片选信号线，各 RAM 芯片的输入/输出线并行排列。

例 11.2　试用 1024×4 位的 RAM 组成一个 1024×8 位的 RAM。

解：计算所需 RAM 芯片数，有

$$\text{所需芯片数量} = \frac{1024 \times 8 \text{ 位}}{1024 \times 4 \text{ 位}} = 2(\text{片})$$

将 2 片 1024×4 位 RAM 的地址输入线、读/写控制信号线、片选信号线分别对应并联，输入/输出线并行排列，画出连接线图如图 11.8 所示。

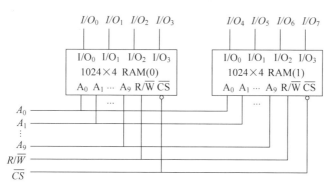

图 11.8　例 11.2 的位扩展接线图

2. 字扩展

一个 RAM 位数够用而字数不够用时，采用字扩展的方法扩展存储器的字数。字扩展方法如下。

(1) 按式(11.4)计算所需 RAM 芯片数。

(2) 确定扩展后的总地址变量数和单片的地址变量数,计算增加的地址变量数,有

$$增加的地址变量数 = 扩展后总的地址变量数 - 单片的地址变量数$$

(3) 增加的地址变量作为总地址变量中的高位地址变量,控制各 RAM 芯片依次轮流工作,列出控制真值表,求出各 RAM 芯片片选信号 $\overline{CS}$ 的逻辑表达式。

(4) 片间接法。按各片 $\overline{CS}$ 的逻辑表达式附加电路连接各 RAM 芯片的片选端,将各 RAM 芯片的地址输入线、读/写控制信号线和输入/输出线分别对应并联。

例 11.3 用 1K×4 位的 RAM 组成一个 4K×4 位的 RAM。

解:计算所需 RAM 芯片数,有

$$所需芯片数量 = \frac{4K \times 4 \text{位}}{1K \times 4 \text{位}} = 4(\text{片})$$

扩展后 RAM 的容量为 4K×4 位=4096×4 位,因 $2^{12}=4096$,所以有 12 位地址 $A_0 \sim A_{11}$;单片 RAM 的容量为 1K×4 位=1024×4 位,因 $2^{10}=1024$,所以有 10 位地址 $A_0 \sim A_9$。需增加 2 个高位地址 $A_{11}、A_{10}$。

增加的高位地址 $A_{11}、A_{10}$ 控制 4 片 RAM 依次轮流工作,控制真值表如表 11.3 所示。由真值表得各 RAM 芯片的片选信号逻辑表达式为

$$\begin{cases} \overline{CS}_0 = \overline{\overline{A}_{11}\overline{A}_{10}} \\ \overline{CS}_1 = \overline{\overline{A}_{11}A_{10}} \\ \overline{CS}_2 = \overline{A_{11}\overline{A}_{10}} \\ \overline{CS}_3 = \overline{A_{11}A_{10}} \end{cases}$$

表 11.3 例 11.3 的真值表

A_{11}	A_{10}	$\overline{CS}_0$	$\overline{CS}_1$	$\overline{CS}_2$	$\overline{CS}_3$
0	0	0	1	1	1
0	1	1	0	1	1
1	0	1	1	0	1
1	1	1	1	1	0

附加一个由 74LS138 构成的 2 线-4 线译码器,按逻辑表达式连接 4 片 RAM 的片选端,将 4 片 RAM 芯片的地址输入线、读/写控制信号线和输入/输出线分别对应并联,画出连接线图如图 11.9 所示。

3. 字位同时扩展

一个 RAM 芯片的位数、字数都不够用时,需要进行字、位同时扩展。扩展方法如下。

(1) 按式(11.4)计算所需 RAM 芯片数。

(2) 按位扩展的方式将若干个芯片组合进行位扩展,构成若干组位数符合要求的存储器。

(3) 按字扩展的方式对若干组位数符合要求的存储器进行字扩展。

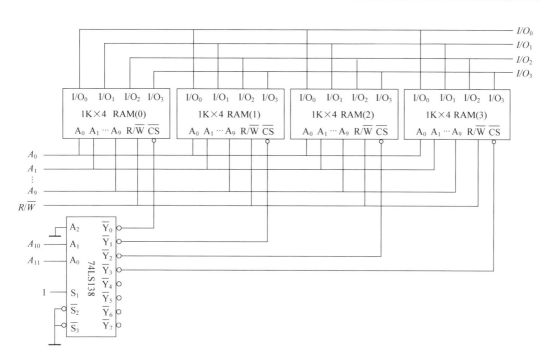

图 11.9 例 11.3 的位扩展接线图

11.4 可编程逻辑器件简介

可编程逻辑器件(PLD)具有标准逻辑器件的优点,又有现场可编程的特点,在数字系统的设计中,常用来代替传统的 SSI/MSI 集成芯片。

1. PLD 的有关逻辑约定

PLD 的主体是由与门和或门构成的与逻辑阵列和或逻辑阵列。

1) PLD 的输入缓冲器

PLD 与逻辑阵列在输入端设置输入缓冲器产生互补的原、反变量,以适应各种输入情况并提高驱动能力。图 11.10 为典型的 PLD 输入缓冲器,左侧变量 A 为输入量,右侧 A 和 $\overline{A}$ 为其原变量输出和反变量输出。

2) PLD 的 3 种连线表示法

图 11.11 为 PLD 的 3 种连线表示法。

图 11.10 PLD 的输入缓冲器　　图 11.11 PLD 的 3 种连线表示法

3) PLD 的与门、或门表示法

图 11.12 中,左侧为与门的 PLD 表示方法,右侧为等效的传统表示方法。

图 11.13 中,左侧为或门的 PLD 表示方法,右侧为等效的传统表示方法。

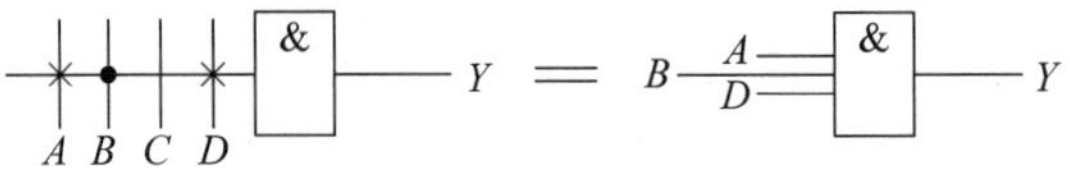

图 11.12 与门的 PLD 表示方法

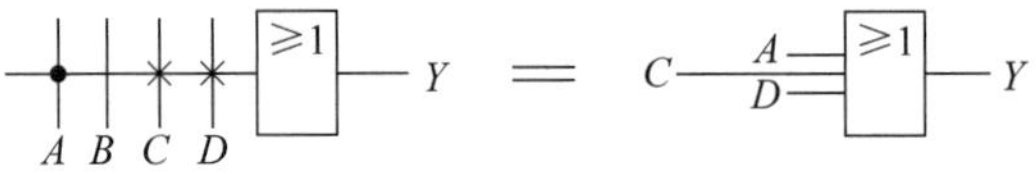

图 11.13 或门的 PLD 表示方法

2. PROM 的 PLD 表示

PROM 的 PLD 基本结构由固定的与逻辑阵列和可编程的或逻辑阵列组成,其中与逻辑阵列为全译码阵列。图 11.14 为 PROM 的 PLD 阵列结构图。

PROM 只能实现标准与或逻辑函数,芯片面积大,利用率低,一般用于制作函数表、存储器等。

3. 可编程逻辑阵列(PLA)

PLA 的 PLD 基本结构由可编程的与逻辑阵列和可编程的或逻辑阵列组成,其中与逻辑阵列为部分译码阵列。图 11.15 为 PLA 的 PLD 阵列结构图。

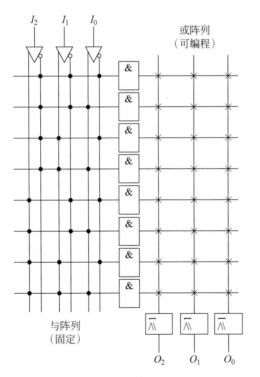
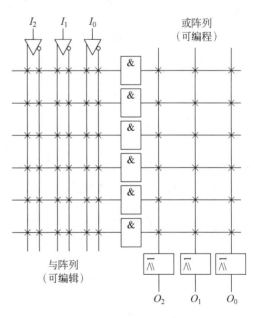

图 11.14 PROM 的 PLD 阵列结构　　图 11.15 PLA 的 PLD 阵列结构

PLA 能实现最简与或逻辑函数。PLA 的容量用阵列中与门的个数乘阵列中或门的个数表示。

4. 可编程阵列逻辑(PAL)

PAL 的 PLD 基本结构由可编程的与逻辑阵列和固定的或逻辑阵列组成,其中与逻辑阵列为部分译码阵列。图 11.16 为 PAL 的 PLD 阵列结构图。

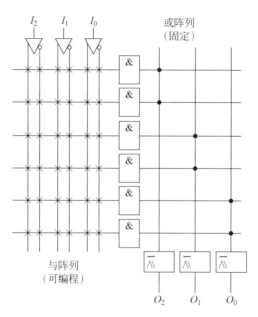

图 11.16 PAL 的 PLD 阵列结构

PAL 每个输出的积项数由固定连接的或阵列确定。

11.5 存储器 Multisim 仿真示例

1. 仿真方案设计

仿真分析随机存取存储器 SRAM6116 的数据读写操作过程。SRAM6116 的存储容量为 2K×8 位,有 $A_{10} \sim A_0$ 11 位地址输入量和 $I/O_0 \sim I/O_7$ 8 个数据输入/输出端口。为了简明验证数据的写入与读出过程,只对低 4 位地址指定的存储单元进行读/写操作。用集成 4 位二进制计数器 74LS161 的状态输出作为 6116RAM 的低 4 位地址输入信号 $A_3 \sim A_0$,高位地址 $A_{10} \sim A_4$ 分别接地,只使用 $I/O_0 \sim I/O_3$ 低 4 位数据输入/输出端口。由开关控制写操作时,输入/输出端口分别接写入逻辑电平开关;由开关控制读操作时分别接读出指示灯。$I/O_4 \sim I/O_7$ 高 4 位数据输入/输出端口悬空处理。

2. 仿真电路的构建及仿真运行

在 Multisim 14 中构建随机存取存储器存取功能仿真测试电路,如图 11.17 所示。SRAM6116 的 $\overline{CS}$ 为片选信号,$\overline{OE}$ 为输出允许信号,$\overline{WE}$ 为写允许信号。当 $\overline{CS}=0$、$\overline{OE}=\times$、$\overline{WE}=0$ 时进行写操作,当 $\overline{CS}=0$、$\overline{OE}=0$、$\overline{WE}=1$ 时进行读操作。

1) 写功能的 Multisim 仿真

仿真开始后,用开关 J1~J4 使 $I/O_3 \sim I/O_0$ 端口分别接写入逻辑电平开关 J5~J8。J11 开关先接地,再接 V_{CC} 电源,产生一个复位信号使计数器清零且存储单元地址

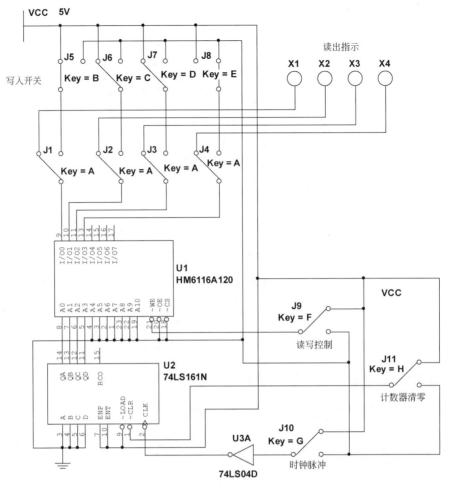

图 11.17 随机存储器存取功能仿真测试电路

$A_3A_2A_1A_0=0000$。由写入逻辑电平开关 J5~J8 输入数据 $I/O_3 \sim I/O_0 = 1111$,J9 控制使写允许信号 $\overline{WE}$ 由 1 变 0 再变 1,产生一个写脉冲信号,将 1111 数据写入 0000 地址单元中。

由开关 J10 产生一个单次计数脉冲,计数器加计数改变状态使存储单元地址 $A_3A_2A_1A_0=0001$,输入数据变为 $I/O_3 \sim I/O_0 = 1110$,将 $\overline{WE}$ 由 1 变 0 再变 1,产生一个写脉冲信号,将 1110 数据写入 0001 地址单元中。

以此类推,每输入一个单次计数脉冲,改变一次 $I/O_3 \sim I/O_0$ 端口输入的数据,$\overline{WE}$ 端输入一个写脉冲,按地址为 0000~1111 共 16 个存储单元写入数据 1111、1110、1101、1100、1011、1010、1001、1000、0111、0110、0101、0100、0011、0010、0001、0000。

2) 读功能的 Multisim 仿真

仿真开始后,用开关 J1~J4 使 $I/O_3 \sim I/O_0$ 端口分别接读出指示灯,J9 使写允许信号 $\overline{WE}=1$。

J11 开关先接地再接 V_{CC} 电源,产生一个复位信号使计数器清零且存储单元地址

$A_3A_2A_1A_0=0000$,指示灯显示 0000 地址单元读出的数据。

由开关 J10 产生一个单次计数脉冲,计数器加计数改变状态使存储单元地址 $A_3A_2A_1A_0=0001$,读出 0001 地址单元中的数据。

以此类推,每输入一个单次计数脉冲,读出一次数据,将写入 0000～1111 的共 16 个存储单元的数据分别读出,读出的数据和写入的数据一致。

本章小结

本章主要介绍半导体存储器和可编程逻辑器件。

(1) 半导体存储器的电路结构。半导体存储器在结构上由地址译码器、存储矩阵和输入/输出电路(读/写控制电路)三部分组成。半导体存储器按地址存放数据,只有被地址代码指定的存储单元才与输入/输出端接通,可对其进行读/写操作。存储器的输入/输出端是公用的。

(2) 半导体存储器的类型。按存/取功能分为只读存储器(ROM)和随机存储器(RAM)两大类。按存储单元电路结构和工作原理不同,又将 ROM 分为 MROM、PROM、EPROM 和 E^2PROM 等类型,将 RAM 分为静态 RAM 和动态 RAM 两类。

(3) 用 ROM 实现组合逻辑函数。ROM 在功能上可等效为产生以地址为变量的全体最小项的与逻辑阵列、相或某些最小项的或逻辑阵列,并用阵列图表示。以逻辑函数的变量作为 ROM 的地址输入,以逻辑函数为 ROM 的数据输出,可用 ROM 实现一般组合逻辑函数。需要掌握用 ROM 实现组合逻辑函数的方法。

(4) 存储器的容量扩展。当一个 RAM 芯片的容量不能满足要求时,组合几个 RAM 芯片,通过对字数和位数的扩展,形成所需容量的存储器。需要掌握 RAM 的位扩展、字扩展的方法。

(5) 需要清楚 PLD 器件 PROM、PLA、PAL 的结构及特点。

自测题

一、单项选择题

在各小题备选答案中选择出一个正确的答案,将正确答案前的字母填在题干后的括号内。

1. 对存储矩阵中的存储单元有进行选择作用的是存储器中的(　　)。
   A. 地址译码器　　　B. 读/写控制电路　　C. 存储矩阵　　　D. 片选控制
2. 有 10 位地址和 8 位字长的存储器,其存储容量为(　　)。
   A. 256×10 位　　B. 512×8 位　　C. 1024×10 位　　D. 1024×8 位
3. EPROM 的与逻辑阵列是(　　)。
   A. 全译码可编程阵列　　　　　　B. 全译码不可编程阵列
   C. 非全译码可编程阵列　　　　　D. 非全译码不可编程阵列
4. 用 ROM 实现组合逻辑函数时,所实现函数的表达式应变换成(　　)。
   A. 最简与或式　　　　　　　　　B. 标准与或式

C. 最简与非-与非式　　　　　　　　　D. 最简或非-或非式

5. 正常工作状态下,可以随时进行读、写操作的存储器是(　　)。
   A. EPROM　　　B. PROM　　　C. MROM　　　D. RAM

6. 随机存取存储器 RAM 的 I/O 端口为输入端口时,应使(　　)。
   A. $\overline{CS}=0, R/\overline{W}=0$　　　　B. $\overline{CS}=0, R/\overline{W}=1$
   C. $\overline{CS}=1, R/\overline{W}=0$　　　　D. $\overline{CS}=1, R/\overline{W}=1$

7. 容量为 1K×4 位的 RAM,每给定一个地址码所选中的基本存储电路的个数为(　　)。
   A. 4 个　　　B. 8 个　　　C. 256 个　　　D. 1024 个

8. 容量为 1024×4 位的 RAM,含有基本存储电路的数量为(　　)。
   A. 1024 个　　　B. 10 个　　　C. 4 个　　　D. 4096 个

9. 构成 4096×16 位的 RAM,需要 1024×4 位 RAM 的数量为(　　)。
   A. 8 片　　　B. 16 片　　　C. 2 片　　　D. 4 片

10. 用 1024×4 位容量的 RAM 扩展构成 2048×8 位容量的存储器,需增加的地址变量个数为(　　)。
    A. 1 个　　　B. 2 个　　　C. 3 个　　　D. 4 个

二、填空题

1. 半导体存储器芯片内包含大量的存储单元组,每个存储单元组都用唯一的 _____ 代码加以区分,并能存储一组二进制信息。

2. 在存储器结构中,采用同一个地址存放的一组二进制数称为字,字的位数称为 _____ ,存储器的容量为 _____ 。

3. 从逻辑关系来看,ROM 是由 _____ 逻辑阵列和 _____ 逻辑阵列构成的组合逻辑电路。

4. ROM 的阵列逻辑图中, _____ 逻辑阵列形成以地址为变量的全部最小项, _____ 逻辑阵列实现对某些最小项进行逻辑或运算。

5. ROM 在正常工作时只能 _____ 信息,存储在 ROM 中的数据信息不会因系统断电而丢失,属于 _____ 存储器。

6. 根据 ROM 的结构和工作原理,ROM 属于 _____ 逻辑电路。

7. 容量为 1K×4 位 RAM 存储器芯片,有 _____ 条地址输入线和 _____ 条数据传输线。

8. RAM 的工作状态受片选 $\overline{CS}$ 信号和 $R/\overline{W}$ 读/写信号控制,当 $\overline{CS}=0$ 时,若 $R/\overline{W}=1$ 执行 _____ 操作,若 $R/\overline{W}=0$ 执行 _____ 操作。

9. RAM 既可向指定的存储单元 _____ 信息,又可从指定的单元 _____ 信息。

10. RAM 进行字扩展时,用 _____ 控制各存储芯片的片选端,使其依次轮流工作。

习题

1. 分析图 11.18 所示的 ROM 阵列逻辑图,写出输出函数 Y_3、Y_2、Y_1、Y_0 的逻辑表达式,列出真值表,说明该电路的功能。

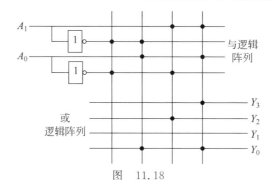

图 11.18

2. 分析图 11.19 所示的 ROM 阵列逻辑图,写出输出函数 Y_2、Y_1、Y_0 的逻辑表达式,列出真值表,说明该电路的功能。

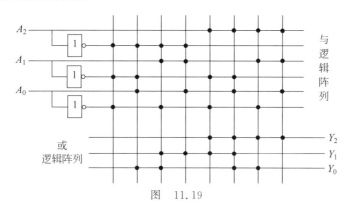

图 11.19

3. 分析图 11.20 所示的 ROM 阵列逻辑图,写出输出函数 Y_1、Y_0 的逻辑表达式,列出真值表,说明该电路的逻辑功能。

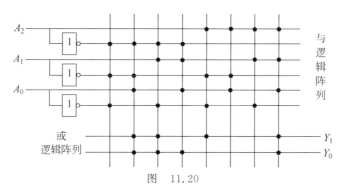

图 11.20

4. 试用 ROM 产生下列逻辑函数。

$$\begin{cases} Y_0 = \overline{A}B\overline{C}D + A\overline{B}C\overline{D} + \overline{A}BCD \\ Y_1 = \overline{A}BCD + ACD + A\overline{B}\,\overline{C}\,\overline{D} \\ Y_2 = A\overline{B}\,\overline{C}D + \overline{A}\,\overline{B}D \end{cases}$$

5. 用 ROM 设计一个将 4 位二进制代码转换为 4 位格雷码的代码转换电路,画出 ROM 实现的阵列图。

6. 某函数的输出 Y_1、Y_0 与输入 A、B、C 逻辑关系如图 11.21 所示，列出函数的真值表，画出用 ROM 实现的阵列图。

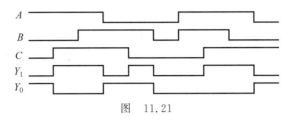

图 11.21

7. 试用 ROM 和二进制计数器产生如图 11.22 所示的序列周期信号，画出逻辑电路图。

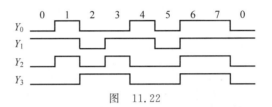

图 11.22

8. 试用 ROM 设计一个将两个 2 位二进制数相乘的乘法运算电路，列出 ROM 的存储真值表，画出用 ROM 实现的阵列图。

9. 现有一个容量为 1024×4 位的 RAM，试回答下列问题。

(1) 该 RAM 有多少个存储单元？

(2) 该 RAM 能存储多少个字？字长是多少位？

(3) 该 RAM 有多少条地址线？有多少条数据线？

(4) 每给定一个地址选中多少个存储单元？

10. 用 2 片 1024×4 位 RAM 扩展连接的存储器如图 11.23 所示。

(1) 分析扩展方式。

(2) 确定存储器的字数及字长。

(3) 确定存储器的总容量。

(4) 用十六进制数表示各片的地址范围。

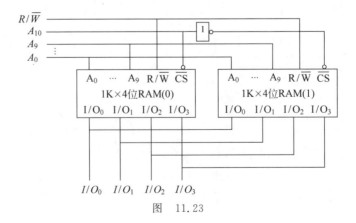

图 11.23

第 12 章 数模与模数转换电路

CHAPTER 12

将数字信号转换成模拟信号称为数/模(Digital to Analog,D/A)转换,实现 D/A 转换的器件称为 D/A 转换器(Digital-Analog Converter,DAC)。将模拟信号转换成数字信号称为模/数(Analog to Digital,A/D)转换,实现 A/D 转换的器件称为 A/D 转换器(Analog-Digital Converter,ADC)。本章介绍几种典型 DAC 及 ADC 的电路组成及工作原理。

12.1 D/A 转换器

D/A 转换,先将输入的二进制数字量的每一位转换成与其成正比的模拟电流量,再将这些电流量相加并转换为电压量,即得与输入的二进制数字量成正比的模拟电压量。

12.1.1 二进制权电阻网络 D/A 转换器

1. 电路组成

4 位二进制权电阻网络 D/A 转换器电路如图 12.1 所示。由 $2^0R \sim 2^3R$ 权电阻网络、$S_3 \sim S_0$ 电子开关、V_{REF} 基准电压源(参考电压源)及运算放大器构成的求和 I/V 转换电路 4 部分组成。其中,$D_3 \sim D_0$ 为输入数字量,D_3 是最高位(Most Significant Bit,MSB),D_0 是最低位(Least Significant Bit,LSB);电子开关的状态由输入数字量控制,当 $D_i=0$ 时,S_i 电子开关将权电阻接地,当 $D_i=1$ 时,S_i 电子开关将权电阻接基准电压源 V_{REF};u_O 为输出模拟电压。

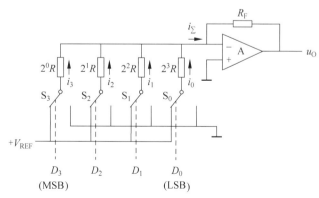

图 12.1 二进制权电阻网络 D/A 转换器

2. 工作原理

由图 12.1,可写出权电阻网络的输出电流为

$$i_\Sigma = i_3 + i_2 + i_1 + i_0 = \frac{V_{\text{REF}}}{2^0 R}D_3 + \frac{V_{\text{REF}}}{2^1 R}D_2 + \frac{V_{\text{REF}}}{2^2 R}D_1 + \frac{V_{\text{REF}}}{2^3 R}D_0$$

$$= \frac{V_{\text{REF}}}{2^3 R}(D_3 \times 2^3 + D_2 \times 2^2 + D_1 \times 2^1 + D_0 \times 2^0) \tag{12.1}$$

推广到 n 位权电阻网络 D/A 转换器,可得

$$i_\Sigma = \frac{V_{\text{REF}}}{2^{n-1}R}(D_{n-1} \times 2^{n-1} + D_{n-2} \times 2^{n-2} + \cdots + D_1 \times 2^1 + D_0 \times 2^0) = \frac{V_{\text{REF}}}{2^{n-1}R}\sum_{i=0}^{n-1}D_i \times 2^i \tag{12.2}$$

由理想运算放大器的虚短、虚地特性可写出输出模拟电压 u_O 的表达式为

$$u_O = -i_\Sigma R_F = -\frac{V_{\text{REF}} R_F}{2^{n-1} R}\sum_{i=0}^{n-1}D_i \times 2^i \tag{12.3}$$

当取 $R_F = R/2$ 时,输出模拟电压 u_O 的表达式为

$$u_O = -\frac{V_{\text{REF}}}{2^n}\sum_{i=0}^{n-1}D_i \times 2^i \tag{12.4}$$

式(12.3)和式(12.4)表明,输出模拟电压 u_O 与二进制输入数字量 $D_{n-1} \sim D_0$ 成正比,从而实现数字量到模拟量的转换。模拟电压 u_O 与基准电压源 V_{REF} 的极性相反;若基准电压源(参考电压源)V_{REF} 取负值,则输出模拟电压 u_O 为正极性。

3. 电路特点

二进制权电阻网络 D/A 转换器的电路结构简单,但随着输入二进制数字量位数的增加,权电阻的阻值相差过大,难以保证精度,且大电阻不宜集成在 IC 内部。

视频讲解

12.1.2　R-$2R$ 倒 T 形电阻网络 D/A 转换器

1. 电路组成

4 位 R-$2R$ 倒 T 形电阻网络 D/A 转换器电路如图 12.2 所示,它由 R-$2R$ 倒 T 形电阻网络、$S_3 \sim S_0$ 电子开关、V_{REF} 基准电压源(参考电压源)及运算放大器构成的求和 I/V 转换电路组成。其中,$D_3 \sim D_0$ 为输入数字量;电子开关的状态由输入数字量控制,当 $D_i = 0$ 时,S_i 电子开关接至地端,当 $D_i = 1$ 时,S_i 电子开关接至运算放大器的反相输入端,即虚地端;u_O 为输出模拟电压。

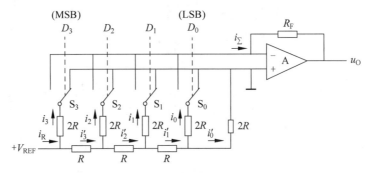

图 12.2　R-$2R$ 倒 T 形电阻网络 D/A 转换器

2. 工作原理

基准电压 V_{REF} 处的等效电阻为 R,基准电压 V_{REF} 提供的总电流为

$$i_R = \frac{V_{\text{REF}}}{R} \tag{12.5}$$

此电流流入电阻网络后,各个结点按两个支路对电流分流,且各支路等效电阻均为 $2R$,因此电阻网络的输出电流,即流向运算放大器反相输入端的电流为

$$i_\Sigma = i_3 D_3 + i_2 D_2 + i_1 D_1 + i_0 D_0 = \frac{i_R}{2} D_3 + \frac{i_R}{4} D_2 + \frac{i_R}{8} D_1 + \frac{i_R}{16} D_0$$

$$= \frac{i_R}{2^4}(D_3 \times 2^3 + D_2 \times 2^2 + D_1 \times 2^1 + D_0 \times 2^0)$$

$$= \frac{V_{\text{REF}}}{2^4 R}(D_3 \times 2^3 + D_2 \times 2^2 + D_1 \times 2^1 + D_0 \times 2^0) \tag{12.6}$$

推广到 n 位 $R\text{-}2R$ 倒 T 形电阻网络 D/A 转换器可得

$$i_\Sigma = \frac{V_{\text{REF}}}{2^n R}(D_{n-1} \times 2^{n-1} + D_{n-2} \times 2^{n-2} + \cdots + D_1 \times 2^1 + D_0 \times 2^0)$$

$$= \frac{V_{\text{REF}}}{2^n R} \sum_{i=0}^{n-1} D_i \times 2^i \tag{12.7}$$

由理想运算放大器的虚短、虚地特性,可写出输出模拟电压 u_O 的表达式为

$$u_\text{O} = -i_\Sigma R_\text{F} = -\frac{V_{\text{REF}} R_\text{F}}{2^n R} \sum_{i=0}^{n-1} D_i \times 2^i \tag{12.8}$$

当取 $R_\text{F} = R$ 时,则输出模拟电压 u_O 的表达式为

$$u_\text{O} = -\frac{V_{\text{REF}}}{2^n} \sum_{i=0}^{n-1} D_i \times 2^i \tag{12.9}$$

式(12.8)和式(12.9)表明,输出模拟电压 u_O 与二进制输入数字量 $D_{n-1} \sim D_0$ 成正比,从而实现数字量到模拟量的转换。模拟电压 u_O 与基准电压源 V_{REF} 的极性相反;若基准电压源 V_{REF} 取负值,则输出模拟电压 u_O 为正极性。

3. 电路特点

$R\text{-}2R$ 倒 T 形电阻网络 D/A 转换器电阻种类少,仅有 R 和 $2R$ 两种。输入二进制数字量变化时,即无论电子开关接至地端还是虚地端,各支路电流恒定不变,D/A 转换时不存在电流建立时间,具有较高的转换速度。

12.1.3 D/A 转换器的主要技术指标

1. 分辨率

分辨率是对输出最小电压的分辨能力。其定义为最小输出电压(输入数字量仅最低有效位为 1 时的输出电压)与最大输出电压(输入数字量全部为 1 时输出满量程电压)之比。

由式(12.3)和式(12.8),得

$$分辨率 = \frac{1}{2^n - 1} \tag{12.10}$$

D/A 转换器的位数越多,则分辨率越小,分辨输出电压的能力越高。例如,$n = 8$ 位的 D/A 转换器,分辨率 $= \frac{1}{2^8 - 1} \approx 0.004$;$n = 10$ 位的 D/A 转换器,分辨率 $= \frac{1}{2^{10} - 1} \approx 0.001$。

分辨率也可用输入数字量的位数表示,在分辨率为 n 位的 D/A 转换器中,输出电压能区分出 2^n 个不同的输入二进制状态,给出 2^n 个不同等级的输出模拟电压。

2. 转换精度

转换精度一般指最大的静态误差,是输出模拟电压的实际值与理论值之差。它是一个综合性误差,包括运算放大器的漂移误差、参考电压源 V_{REF} 漂移产生的比例系数误差、网络电阻的偏差及电子开关上的压降造成的偏差等非线性误差。

3. 转换速度

通常用建立时间定量描述 D/A 转换器的转换速度。建立时间的规定是,输入数字量从全 0 变成全 1 或由全 1 变成全 0 起到输出电压达到与稳态值相差 $\pm \frac{1}{2}$LSB 范围以内的时间。

12.1.4 集成 DAC

根据分辨率、转换速度及兼容性、接口特性等性能的不同,集成 DAC 有不同类型、系列的产品。DAC0832 是采用 CMOS 工艺的单片电流输出型 8 位 D/A 转换器,它可以和多种可编程逻辑器件直接连用,且接口电路简单,转换控制容易,在单片机及数字系统中得到广泛应用。

DAC0832 的结构框图如图 12.3 所示。其中,8 位输入寄存器用于暂存输入的 8 位数据,8 位 DAC 寄存器用于暂存要进行 D/A 转换的 8 位数据,8 位 D/A 转换器是 R-$2R$ 倒 T 形电阻网络 D/A 转换器。

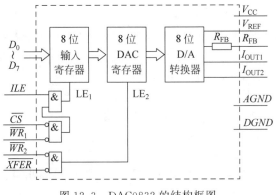

图 12.3 DAC0832 的结构框图

各引脚的作用如下。

(1) $D_7 \sim D_0$：8 位二进制数字量输入端。

(2) $\overline{CS}$：片选信号，低电平有效。

(3) ILE：输入寄存器选通信号，高电平有效。

(4) $\overline{WR}_1$：输入寄存器写选通信号，低电平有效。

(5) $\overline{WR}_2$：DAC 寄存器写选通信号，低电平有效。

(6) $\overline{XFER}$：数据传送控制信号，低电平有效。

(7) I_{OUT1}：模拟输出电流 1，大小与输入数字量 $D_7 \sim D_0$ 成正比。接在运算放大器的反相输入端。

(8) I_{OUT2}：模拟输出电流 2，大小与输入取反的数字量成正比，且 $I_{OUT1} + I_{OUT2} =$ 常数。接在运算放大器的同相输入端。

(9) R_{FB}：内部反馈电阻，$R_{FB} = 15\text{k}\Omega$。

(10) V_{REF}：转换器的基准电压源，其范围可在 $-10\text{V} \sim +10\text{V}$ 内选定。

(11) $AGND$：模拟信号地。

(12) $DGND$：数字信号地。

(13) V_{CC}：芯片电源，其值可在 $+5 \sim +15\text{V}$ 范围内选取。

DAC0832 的工作状态由片选信号 $\overline{CS}$、输入寄存器选通信号 ILE、输入寄存器写选通信号 $\overline{WR}_1$、DAC 寄存器写选通信号 $\overline{WR}_2$ 及数据传送控制信号 $\overline{XFER}$ 进行控制。

当 $\overline{CS} = 1$ 时，8 位输入寄存器的控制信号 $LE_1 = 0$，外部数据不能送入输入寄存器。

当 $\overline{CS} = 0$、$ILE = 1$、$\overline{WR}_1 = 0$ 时，使 $LE_1 = 1$，输入二进制数字量 $D_7 \sim D_0$ 存入 8 位输入寄存器；当 $\overline{WR}_2 = 0$、$\overline{XFER} = 0$ 时，使 $LE_2 = 1$，8 位输入寄存器的内容进入 8 位 DAC 寄存器并进行 D/A 转换。

通过对输入寄存器选通信号 ILE、片选信号 $\overline{CS}$、输入寄存器写选通信号 $\overline{WR}_1$、DAC 寄存器写选通信号 $\overline{WR}_2$、数据传送控制信号 $\overline{XFER}$ 的设置，DAC0832 可以有二级缓冲、单级缓冲及直通三种工作方式。

使用 DAC0832 应注意以下三点。

(1) DAC0832 以电流形式输出转换结果，须外加运算放大器构成 I/V 转换电路得到电压形式输出，且运算放大器应为低漂移。

(2) 当输入数字量为全 0 时，若输出电压 u_O 不为 0，则应对运算放大器调零，使输出电压等于 0。

(3) DAC0832 内部已接入反馈电阻，在放大倍数不够时可在 DAC0832 的 R_{FB} 端和运算放大器输出端之间外接电阻。

DAC0832 直通工作方式的接法如图 12.4 所示，其工作特点是二进制数字量送到数据输入端立即进入 D/A 转换器进行转换。当 DAC0832 内部电阻 R_{FB} 与外接反馈电阻 R_F 之和等于 DAC0832 内部 R-$2R$ 倒 T 形电阻网络的电阻 R 时，输出模拟电压为

$$u_O = -\frac{V_{REF}}{2^8} \sum_{i=0}^{7} D_i \times 2^i \tag{12.11}$$

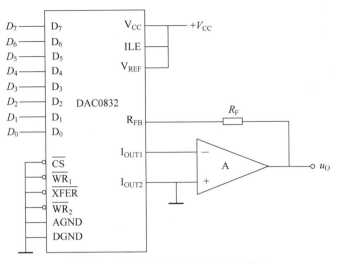

图 12.4　DAC0832 直通工作方式的接法

12.2　A/D 转换器

模/数转换是将输入的模拟电压量转换成相应的数字量(Analog to Digital,A/D)。A/D 转换器的类型很多,按工作原理可分为直接转换型和间接转换型两大类。前者直接将模拟电压量转换成数字量,后者是先将模拟电压量转换成一个中间量,再将中间量转换成数字量。下面先介绍 A/D 转换的一般原理,再分别介绍直接转换型的并行比较 A/D 转换器、逐次逼近 A/D 转换器和间接转换型的双积分 A/D 转换器。

12.2.1　A/D 转换的基本原理

图 12.5 为 A/D 转换器的组成框图。将模拟量转换为数字量一般需经过采样、保持、量化与编码 4 个过程,前两个过程在采样与保持电路中完成,后两个过程在 A/D 转换中完成。

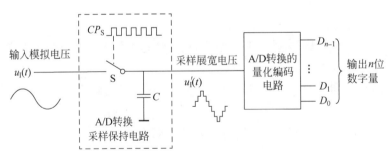

图 12.5　A/D 转换器的组成框图

1. 采样与保持

采样是按一定的时间间隔采集模拟信号的过程。

采样保持电路由受控的模拟开关与存储电容 C 组成。模拟开关的状态由周期性的采样脉冲 CP_S 进行控制,将连续变化的模拟量 $u_I(t)$ 转换成时间上离散的模拟量,然后将采样

值存储在电容 C 上,即将 $u_1(t)$ 转换成阶梯状的样值展宽信号 $u'_1(t)$,并将采样值保持到下一个采样脉冲到来之前,在保持时间内采样值完成 A/D 转换。

图 12.6 为采样保持电路中对输入模拟电压采样保持的波形举例。可以证明,为正确无误地用 $u'_1(t)$ 表示模拟信号 $u_1(t)$,采样时间比采样脉冲信号的周期 T_S 要小得多。采样脉冲信号 CP_S 的频率 f_S 与输入模拟电压 $u_1(t)$ 中的最高频率 f_{Imax} 必须满足关系

$$f_S \geq 2f_{Imax} \tag{12.12}$$

式(12.12)称为采样定理。

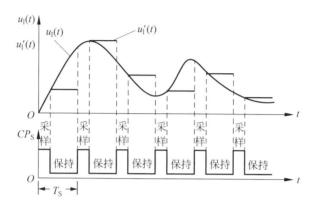

图 12.6 输入模拟信号的采样保持

图 12.7 为采样保持原理电路。其中,NMOS 管作为开关使用,开关状态受采样脉冲号 CP_S 控制;电容 C 为保持电容;运算放大器组成电压跟随电路,起缓冲隔离作用。工作原理如下。

当采样脉冲号 CP_S 为高电平时,NMOS 管导通,$u_1(t)$ 经 VT 对电容 C 充电,充电时间常数 $\tau_充 = R_{on}C$(R_{on} 为 NMOS 管的导通电阻)远小于采样脉冲号 CP_S 的周期 T_S。充电结束后 $u'_1(t) = u_1(t)$,此过程称为采样。

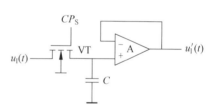

图 12.7 采样保持原理电路

当采样脉冲号 CP_S 为低电平时,NMOS 管截止,电容 C 上的电压可以在一段时间内基本保持不变,此过程称为保持。

2. 量化与编码

采样保持电路的输出信号在时间上是离散的,但在幅度上仍是连续的,无法与 n 位有限的 2^n 个数字输出量 $D_{n-1} \cdots D_1 D_0$ 相对应,因此必须将采样保持电压值限定在规定个数的离散电平上,将介于两个离散电平之间的采样保持电压归并到这两个离散电平之一上,即将采样保持电压转化成最小数量单位的整数倍。

规定的最小数量单位称为量化单位,用 Δ 表示。输出数字量最低有效位中的 1 对应的输入模拟电压就是 Δ。

将采样保持电压值转换为最小数量单位整数倍的过程称为量化。

量化有只舍不入法和四舍五入法两种方法。只舍不入法是舍去不够量化单位的数,只取整数。四舍五入法是舍去小于 $\Delta/2$ 的数,而保留大于 $\Delta/2$ 的数并取为 Δ。

将量化的结果用 n 位二进制数字量表示称为编码。

图12.8为两种量化方法的示意图。设输入信号 u_I 为 0~1V 的模拟电压,输出为 3 位二进制代码。

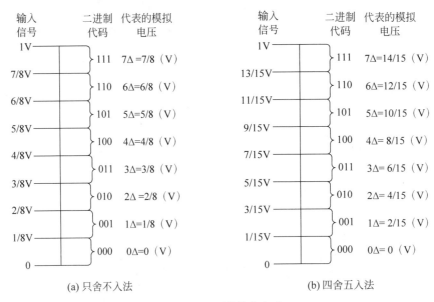

图 12.8　两种量化方法

图 12.8(a)中取量化单位 $\Delta=1/8V$,采用 8 个量化电平,即 $0\cdot\Delta(0V),1\cdot\Delta(1/8V),\cdots,7\cdot\Delta(7/8V)$。量化处理方法是舍去不够量化单位的数,只取整数。如 $0\leqslant u_I<1/8V$,则量化为 $0\cdot\Delta=0V$,用二进制数 000 表示。又如 $1/8V\leqslant u_I<2/8V$,则量化为 $1\cdot\Delta=1/8V$,用二进制数 001 表示,以此类推。

图 12.8(b)中,取量化单位 $\Delta=2/15V$,采用 8 个量化电平,即 $0\cdot\Delta(0V),1\cdot\Delta(2/15V),\cdots,7\cdot\Delta(14/15V)$。量化处理方法是舍去小于 $\Delta/2$ 的数,保留大于 $\Delta/2$ 的数并取为 Δ。如 $0\leqslant u_I<1/15V$,则量化为 $0\cdot\Delta=0V$,用二进制数 000 表示。又如 $1/15V\leqslant u_I<3/15V$,则量化为 $1\cdot\Delta=2/15V$,用二进制数 001 表示,以此类推。

当采样保持电压不能被 Δ 整除时,将产生量化误差。无论何种量化方法都存在量化误差,只舍不入法的最大量化误差为 Δ,四舍五入法的最大量化误差为 $\Delta/2$。

减小量化误差应减小量化电平 Δ,即减小 n 位数字量最低有效位为 1 时代表的量化值,因此要增加数字量的位数。

12.2.2　并行比较 A/D 转换器

视频讲解

1. 电路组成

图 12.9 为 3 位并行比较 A/D 转换器电路,由电阻分压器、电压比较器、寄存器和编码器等部分组成。

2. 工作原理

输入 u_I 为采样保持后的电压,范围为 $0\sim V_{REF}$;输出为 $n=3$ 位的二进制数字量。

电阻分压器将基准电压 V_{REF} 分成 $\frac{1}{15}V_{REF},\frac{3}{15}V_{REF},\cdots,\frac{13}{15}V_{REF}$ 7 个比较电压(量化电

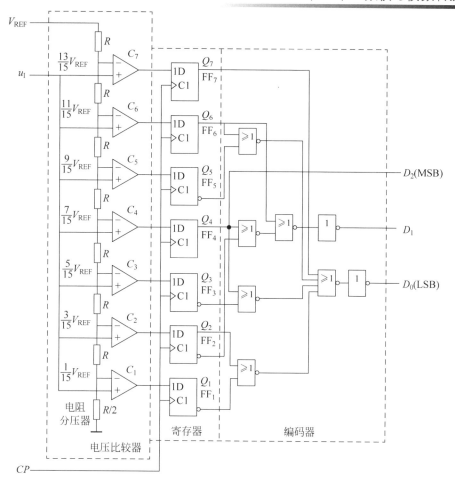

图 12.9 3 位并行比较 A/D 转换器

平),分别接到电压比较器 $C_1 \sim C_7$ 的一个输入端,输入电压 u_1 同时接到 $C_1 \sim C_7$ 的另一个输入端。

电路采用四舍五入法量化方法,量化单位 $\Delta = \dfrac{2}{15}V_{REF}$。输入的模拟电压 u_1 同时和 7 个量化电平比较进行 A/D 转换。

电压比较器的 $U_+ > U_-$ 时输出为 1,$U_+ < U_-$ 时输出为 0。在时钟脉冲 CP 的作用下将比较结果存入寄存器,由编码电路对寄存器的输出 $Q_1 \sim Q_7$ 进行编码得到二进制输出数字量。

输入电压与二进制代码的对应关系如表 12.1 所示。

表 12.1 3 位并行比较 A/D 转换器的功能表

输入模拟电压 u_1	电压比较器输出(寄存器状态)							输出数字量(编码器输出)		
	$C_7(Q_7)$	$C_6(Q_6)$	$C_5(Q_5)$	$C_4(Q_4)$	$C_3(Q_3)$	$C_2(Q_2)$	$C_1(Q_1)$	D_2	D_1	D_0
$\left(0 \sim \dfrac{1}{15}\right)V_{REF}$	0	0	0	0	0	0	0	0	0	0

续表

输入模拟电压 u_1	电压比较器输出（寄存器状态）							输出数字量（编码器输出）		
	$C_7(Q_7)$	$C_6(Q_6)$	$C_5(Q_5)$	$C_4(Q_4)$	$C_3(Q_3)$	$C_2(Q_2)$	$C_1(Q_1)$	D_2	D_1	D_0
$\left(\frac{1}{15}\sim\frac{3}{15}\right)V_{REF}$	0	0	0	0	0	0	1	0	0	1
$\left(\frac{3}{15}\sim\frac{5}{15}\right)V_{REF}$	0	0	0	0	0	1	1	0	1	0
$\left(\frac{5}{15}\sim\frac{7}{15}\right)V_{REF}$	0	0	0	0	1	1	1	0	1	1
$\left(\frac{7}{15}\sim\frac{9}{15}\right)V_{REF}$	0	0	0	1	1	1	1	1	0	0
$\left(\frac{9}{15}\sim\frac{11}{15}\right)V_{REF}$	0	0	1	1	1	1	1	1	0	1
$\left(\frac{11}{15}\sim\frac{13}{15}\right)V_{REF}$	0	1	1	1	1	1	1	1	1	0
$\left(\frac{13}{15}\sim 1\right)V_{REF}$	1	1	1	1	1	1	1	1	1	1

3. 并行比较 A/D 转换器的特点

并行比较 A/D 转换器有以下三个特点。

(1) 无须中间变量就能将输入的模拟信号直接转换成数字信号，属于直接 A/D 转换器。

(2) 转换速度快。因为是并行转换，其速度仅被比较器及门电路的延迟时间所限，与转换的位数无关。它是各种 ADC 电路中转换速度最快的电路，转换时间仅数十 ns。

(3) n 位数字量需用 (2^n-1) 个比较器和 (2^n-1) 个 D 触发器。当位数增加时，运算放大器、D 触发器等器件数量将剧增。

例 12.1 图 12.9 的 3 位并行比较 A/D 转换器，采用四舍五入方法量化，已知基准电压源 $V_{REF}=10V$，求输入模拟电压 $u_1=6.28V$ 时相应的输出数字量 $D_2D_1D_0$。

解： 量化单位 $\Delta=\frac{2}{15}V_{REF}=\left(\frac{2}{15}\times 10\right)V=1\frac{1}{3}V$

而 $\frac{u_I}{\Delta}=\frac{6.28}{4}\times 3=4.71$，即 $u_I=4.71\Delta$

因四舍五入方法量化，且尾数 $0.71>\Delta/2$，所以输入电压量化后的值为 $u_I=5\Delta$，相应的输出数字量 $D_2D_1D_0=101$。

12.2.3 逐次逼近 A/D 转换器

视频讲解

1. 电路组成

图 12.10 为 3 位逐次逼近 A/D 转换器电路，由比较器、3 位 DAC、$FF_2\sim FF_0$ 构成的数

据寄存器，$FF_A \sim FF_E$ 构成的环形计数器，门 $G_1 \sim G_5$ 构成的控制逻辑，门 $G_6 \sim G_8$ 构成的输出电路等部分组成。

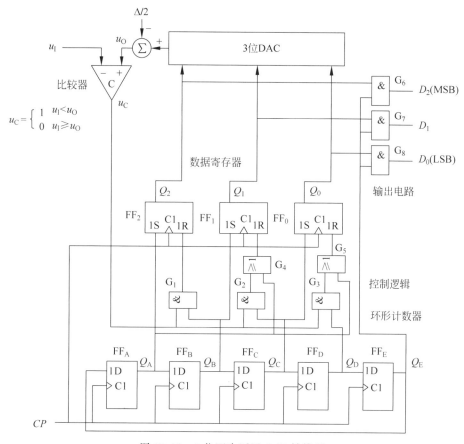

图 12.10 3 位逐次逼近 A/D 转换器

2. 工作原理

输入 u_1 为采样保持后的电压。控制逻辑电路使数据寄存器的最高位 Q_2 为 1，3 位 DAC 对数据寄存器输出状态 $Q_2Q_1Q_0$ 进行 D/A 转换得模拟电压 u_O，u_O 和输入模拟电压 u_1 在比较器中进行比较，当 $u_1 \geqslant u_O$ 时，比较器输出 $u_C = 0$，说明 $Q_2Q_1Q_0$ 不够大，应保留最高位 Q_2 为 1；当 $u_1 < u_O$ 时，比较器输出 $u_C = 1$，说明 $Q_2Q_1Q_0$ 过大，应将最高位 Q_2 为 1 清除改为 0。再按同样的方法使数据寄存器的次高位置 1，进行比较后确定该位的 1 是否保留。逐位比较下去一直到最低位为止，数据寄存器的输出就是转换的数字量。

转换开始前，使环形计数器置于初始状态 $Q_AQ_BQ_CQ_DQ_E = 00001$。转换过程如下：

(1) 第 1 个时钟脉冲 CP 到来后，环形计数器循环右移一位，使 $Q_AQ_BQ_CQ_DQ_E = 10000$。环形计数器的状态输出通过控制逻辑电路使数据寄存器输出状态 $Q_2Q_1Q_0$ 为 100，经 DAC 转换为模拟电压 u_O，在比较器中和输入模拟电压 u_1 进行比较产生输出 $u_C = 1$ 或 0。$Q_E = 0$ 封锁输出电路。

(2) 第 2 个时钟脉冲 CP 到来后，环形计数器循环右移一位，使 $Q_AQ_BQ_CQ_DQ_E = 01000$。前次比较器的输出及环形计数器的状态输出通过控制逻辑电路使数据寄存器输出状态改变。若前次比较器的输出 $u_C=1$,则使数据寄存器输出状态 $Q_2Q_1Q_0$ 为 010;若前次比较器的输出 $u_C=0$,则使数据寄存器输出状态 $Q_2Q_1Q_0$ 为 110。经 DAC 转换为模拟电压 u_O,在比较器中和输入模拟电压 u_I 进行比较使 $u_C=1$ 或 0。$Q_E=0$ 封锁输出电路。

(3) 第 3 个时钟脉冲 CP 到来后,环形计数器循环右移一位,使 $Q_AQ_BQ_CQ_DQ_E=$ 00100。前次比较器的输出及环形计数器的状态通过控制逻辑电路使数据寄存器输出状态改变。若前次比较器的输出 $u_C=1$,则使数据寄存器输出状态 $Q_2Q_1Q_0$ 为 001 或 101;若前次比较器的输出 $u_C=0$,则使数据寄存器输出状态 $Q_2Q_1Q_0$ 为 111 或 011。经 DAC 转换为模拟电压 u_O,在比较器中和输入模拟电压 u_I 进行比较使 $u_C=1$ 或 0。$Q_E=0$ 封锁输出电路。

(4) 第 4 个时钟脉冲 CP 到来后,环形计数器循环右移一位,使 $Q_AQ_BQ_CQ_DQ_E=$ 00010。前次比较器的输出及环形计数器的状态通过控制逻辑电路使数据寄存器输出状态改变。若前次比较器的输出 $u_C=1$,则使数据寄存器输出状态 $Q_2Q_1Q_0$ 为 000、010、100 或 110;若前次比较器的输出 $u_C=0$,则使数据寄存器输出状态 $Q_2Q_1Q_0$ 为 001、011、101 或 111。经 DAC 转换为模拟电压 u_O,在比较器中和输入模拟电压 u_I 进行比较使 $u_C=1$ 或 0。$Q_E=0$ 封锁输出电路。

(5) 第 5 个时钟脉冲 CP 到来后,环形计数器循环右移一位,使 $Q_AQ_BQ_CQ_DQ_E=$ 00001。前次比较器的输出及环形计数器的状态通过控制逻辑电路确定数据寄存器输出状态。若前次比较器的输出 $u_C=1$,使数据寄存器输出状态 $Q_2Q_1Q_0$ 为 000、010、100 或 110;若前次比较器的输出 $u_C=0$,使数据寄存器输出状态 $Q_2Q_1Q_0$ 为 001、011、101 或 111。环形移位寄存器的 $Q_E=1$ 解除对输出电路的封锁,将数据寄存器的数据通过输出电路输出。

3. 逐次逼近 A/D 转换器的特点

(1) 无须中间变量就能将输入的模拟信号直接转换成数字信号,属于直接 A/D 转换器。

(2) 完成一次 A/D 转换所需的时间 $=(n+2)T_{CP}$。其中,n 为数字量的位数,T_{CP} 为时钟周期。

(3) 输入模拟电压 u_I 的最大值与 ADC 的位数有关,且不能大于 DAC 的最大输出电压。

(4) 转换精度主要取决于比较器的灵敏度及 DAC 的精度。为了减小量化误差,在 DAC 的输出端加入一个 $-\Delta/2$ 偏移量(Δ 为 DAC 最低有效位为 1 时的输出电压),使所有比较电平向负方向偏移 $\Delta/2$,从而满足量化误差为 $\Delta/2$ 时第一个量化电平必须为 $\Delta/2$ 的要求。

12.2.4 双积分 A/D 转换器

1. 电路组成

图 12.11 为双积分 A/D 转换器电路,由积分器、比较器、n 位二进制计数器、时钟输入控制门、定时器、逻辑控制门等部分组成。

2. 工作原理

输入 u_I 为采样保持后的电压。通过进行两次积分完成 A/D 转换:第一次对输入模拟电压 u_I 进行积分,完成将输入模拟电压 u_I 转换成相应的时间间隔 T;第二次对基准电压 $-V_{REF}$ 积分,实现控制送入计数器的时钟脉冲 CP 个数。工作过程如下:

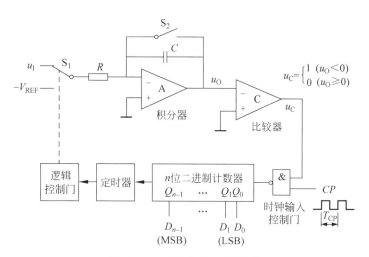

图 12.11 双积分 A/D 转换器

1) 起始状态

进行 A/D 转换前,控制电路将计数器清零,电子开关 S_2 闭合使电容 C 放电,C 放电结束后 S_2 再断开。

2) 第一次积分——积分器对输入模拟电压 u_I 进行定时积分

$t=0$ 时刻开始转换,控制电路使电子开关 S_1 合向 u_I 端,积分电路对输入模拟电压 u_I 进行定时积分,t_1 时刻积分结束,积分时间为 $T_1 = t_1 - 0$ 固定不变,输入模拟电压 $u_I = U_I$ 保持不变。积分器的输出电压为

$$u_O(t) = -\frac{1}{RC}\int_0^t u_I dt = -\frac{1}{RC}\int_0^t U_I dt = -\frac{U_I}{RC}t \quad (12.13)$$

式(12.13)表明,积分器的输出电压 u_O 从 0 开始随时间负向线性变化,与输入电压 u_I 成正比。

由于 $u_I > 0$,在积分期间积分器的输出 $u_O < 0$,使比较器的输出 $u_C = 1$,高电平的 u_C 信号使时钟控制输入门打开,周期为 T_{CP} 的时钟脉冲信号 CP 加入 n 位二进制计数器,计数器从 0 开始进行递增计数。

t_1 时刻计数器计满归零时,定时器置 1,逻辑控制门使电子开关合向基准电压 $-V_{REF}$,积分器对 u_I 的积分过程结束。

由式(12.13),积分结束时积分器的输出电压为

$$u_O(T_1) = -\frac{U_I}{RC}T_1 \quad (12.14)$$

第一次积分时间可表示为

$$T_1 = 2^n T_{CP} \quad (12.15)$$

将式(12.15)代入式(12.14),积分结束时积分器的输出电压可表示为

$$u_O(T_1) = -\frac{U_I}{RC} 2^n T_{CP} \quad (12.16)$$

3) 第二次积分——积分器对基准电压 $-V_{REF}$ 进行反向积分

t_1 时刻开始积分,积分器对参考电压 $-V_{REF}$ 进行反向积分,积分的初始值为 $u_O(T_1)$,

t_2 时刻积分结束,积分时间为 $T_2 = t_2 - t_1$。积分器的输出电压为

$$u_O(t) = -\frac{1}{RC}\int_{T_1}^{t}(-V_{REF})dt + u_O(T_1) = \frac{V_{REF}}{RC}(t - T_1) - \frac{U_I}{RC}2^n T_{CP} \quad (12.17)$$

式(12.17)表明,积分器的输出电压由负的初始值 $u_O(T_1)$ 增大变化,但在积分期间 $u_O < 0$,使比较器的输出 $u_C = 1$,高电平的 u_C 信号使时钟控制输入门打开,周期为 T_{CP} 的时钟脉冲信号 CP 加入 n 位二进制计数器,计数器从 0 开始进行递增计数。

t_2 时刻 u_O 增大为 0,使比较器的输出 $u_C = 0$,低电平的 u_C 信号封锁时钟控制输入门,时钟脉冲信号 CP 不能加入 n 位二进制计数器,计数器停止计数,积分器对 $-V_{REF}$ 的反向积分过程结束。

在 $t_1 \sim t_2$ 期间,计数器的计数值为 D,有

$$t_2 - t_1 = T_2 = DT_{CP} \quad (12.18)$$

将式(12.18)及积分结束时 $t = T_2 + T_1$ 和 $u_O = 0$ 代入式(12.17),有

$$\frac{V_{REF}}{RC}DT_{CP} - \frac{U_I}{RC}2^n T_{CP} = 0 \quad (12.19)$$

因而得到输出数字量的表达式为

$$D = \frac{2^n U_I}{V_{REF}} \quad (12.20)$$

图 12.12 为双积分 A/D 转换器工作时积分器输入、输出电压波形及对应的计数器输入时钟脉冲。如图 12.12 中虚线所示,当输入电压减小为 $u_1' = U_1'$ 时,由式(12.13)可知,第一次积分时积分器的输出电压为 $u_O(t)$,且相应减小;第二次积分时 T_2 也将减小,由式(12.17)可知,因 V_{REF} 不变,积分斜率不变。

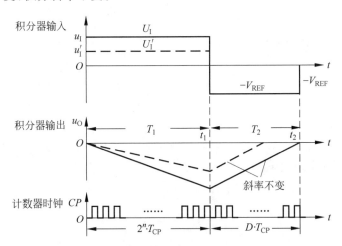

图 12.12 积分器输入、输出波形及计数器输入时钟脉冲

3. 双积分 A/D 转换器的特点

(1) 需将输入的模拟信号转换成时间中间量,再将时间中间量转换成数字信号,属于间接 A/D 转换器。

(2) 工作性能稳定,转换精度高。双积分 A/D 转换器在完成一次 A/D 转换过程中进行了两次积分,只要两次积分的时间常数不变,转换结果就不受时间常数影响。在转换过程

中,只要时钟脉冲的周期 T_{CP} 不变,也不影响转换结果。

(3) 抗干扰能力强。由于 A/D 转换器的输入级为积分器,所以对交流噪声有很强的抑制能力,能有效地抑制电网的工频干扰。

(4) 工作速度低。双积分 A/D 转换器完成一次转换的时间 $= T_1 + T_2 = 2^n T_{CP} + DT_{CP}$。若再加上转换前的积分电容放电、计数器清零的准备时间及转换结果输出时间,完成一次转换所需时间还要长一些。

12.2.5 A/D 转换器的主要技术指标

1. 分辨率

分辨率表示 A/D 转换器对输入模拟电压的分辨能力,常用二进制或十进制数的位数表示,n 位 A/D 转换器能区分输入模拟电压的 2^n 个不同等级。

2. 转换误差

A/D 转换器常用相对误差表示转换误差,它表示 A/D 转换器实际输出的数字量与理想输出数字量的差别,并用最低有效位的倍数表示。

3. 转换速度

转换速度常用完成一次转换所需时间来表示,即从转换控制信号发出到有稳定的数字量输出为止的一段时间。

转换时间越短,说明转换速度越快。A/D 转换器的转换速度主要取决于电路的类型,不同类型的 A/D 转换器转换速度差别很大。并行比较 A/D 转换器的转换速度最高,逐次逼近 A/D 转换器次之,双积分 A/D 转换器的转换速度最低。

12.2.6 集成 ADC

ADC0809 是采用 CMOS 工艺制成的单片 8 位 8 通道逐次逼近式 A/D 转换器,结构框图如图 12.13 所示。其中,8 位模拟开关用于从 8 路模拟输入信号中选择 1 路进行 A/D 转换,地址锁存与译码部分存放地址码并进行译码实现对 8 路模拟输入信号的选择,8 位 A/D 转换器为逐次逼近 A/D 转换器,三态输出锁存缓冲器用于锁存转换后的数字量并控制三态输出。

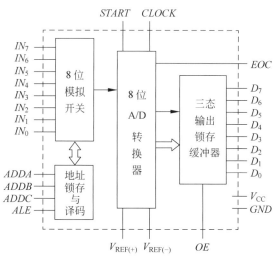

图 12.13 ADC0809 的结构框图

各引脚的作用如下。

(1) $CLOCK(CP)$：时钟信号输入端，允许范围为 10~1280kHz。

(2) $V_{REF(+)}$ 与 $V_{REF(-)}$：正负基准电压输入端，典型值分别为 +5V 和 0V。

(3) $IN_0 \sim IN_7$：8路模拟信号输入端，输入模拟电压范围 $V_{REF(-)} \sim V_{REF(+)}$。

(4) $ADDC$、$ADDB$、$ADDA$：地址输入端。

(5) $D_7 \sim D_0$：数字量输出端，D_0 为最低有效位(LSB)，D_7 为最高有效位(MSB)。

(6) ALE：地址锁存允许输入信号端，上升沿锁存 $ADDC$、$ADDB$、$ADDA$ 地址码。

(7) $START$：启动脉冲信号输入端，有效信号为正脉冲，脉冲的上升沿 A/D 转换器内部寄存器均被清零，在其下降沿开始 A/D 转换。

(8) OE：输出允许信号，高电平有效。

(9) EOC：转换结束信号，当 A/D 转换完毕之后发出一个正脉冲。

(10) V_{CC}：电源电压，为 +5V。

(11) GND：接地端。

12.3 数模与模数转换电路 Multisim 仿真实例

视频讲解

1. D/A 转换器的 Multisim 仿真

1) 仿真方案设计

仿真分析 VDAC8 虚拟集成 8 位电压型 D/A 转换器的 D/A 转换关系。VDAC8 中，$D_7 \sim D_0$ 为 8 位数字量输入端，OUTPUT 为模拟电压输出端；V_{REF+} 为基准电压源"+"输入端；V_{REF-} 为基准电压源"-"输入端。VDAC8 将输入数字量转换成与其大小成正比的模拟电压，转换关系式为

$$u_O = \frac{(V_{REF+} - V_{REF-})}{256} \times D \tag{12.21}$$

D 为输入二进制数字量对应的十进制数。

选择以单刀双掷开关方式产生 8 位输入数字量 $D_7 \sim D_0$，采用数字电压表测试转换后的模拟电压量，VDAC8 的 V_{REF+} 接 10V 基准电压源的正极，V_{REF-} 接地。

2) 仿真电路构建及仿真运行

在 Multisim 14 中构建 VDAC8 集成 8 位电压型 DAC 仿真测试电路，如图 12.14 所示。

仿真开始后，通过控制键使输入数字量 $D_7 D_6 D_5 D_4 D_3 D_2 D_1 D_0$ 分别为 00000000~11111111，用数字电压表分别测试转换后的模拟电压量为 0~10V 与按式(12.21)理论计算结果一致。

2. A/D 转换器的 Multisim 仿真

1) 仿真方案设计

仿真分析虚拟集成 8 位 A/D 转换器的 A/D 转换关系。虚拟集成 8 位 A/D 转换器中，V_{IN} 为模拟电压输入端；$D_7 \sim D_0$ 为 8 位数字量输出端；V_{REF+} 为基准电压源"+"输入端，接 5V 基准电压源的正极；V_{REF-} 为基准电压源"-"输入端，接地；SOC 为启动转换信号，从低电平变为高电平时开始转换；EOC 转换结束标志，高电平时表示转换结束；OE 输出允许信号，可与 EOC 接一起。转换关系式为

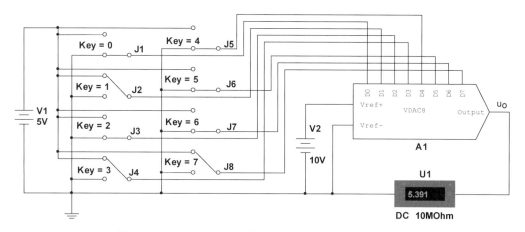

图 12.14　VDAC8 集成 8 位电压型 DAC 的仿真测试电路

$$D = \frac{2^8 u_1}{V_{\text{REF}}} \tag{12.22}$$

D 为输出二进制数字量。

输入模拟电压由可变电阻对 5V 电压源分压后提供，选用数字万用表测试输入模拟电压；启动转换信号由时钟电压源提供；选用指示灯或 LED 显示转换后的数字量及转换结束标志，指示灯或 LED 亮显示逻辑 1，不亮显示逻辑 0。

2) 仿真电路构建及仿真运行

在 Multisim 14 中构建虚拟集成 8 位 ADC 仿真测试电路，如图 12.15 所示。

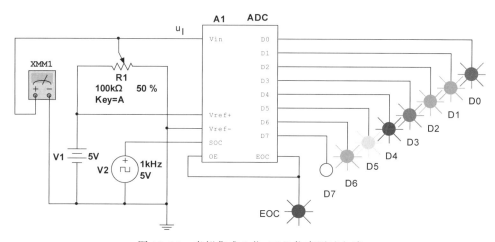

图 12.15　虚拟集成 8 位 ADC 仿真测试电路

仿真开始后，改变可变电阻 R1 活动端的位置，即可改变输入模拟电压的大小，在 D/A 转换器的输出端可观察到数字量的变化。如 R1 活动端在 50% 的位置，输入模拟电压 $u_1 =$ 2.5V，显示的输出数字量 $D_7 D_6 D_5 D_4 D_3 D_2 D_1 D_0 = 01111111$。

按式 (12.22) 计算的理论值为

$$D = \frac{2^8 u_1}{V_{\text{REF}}} = \frac{2^8 \times 2.5}{5} = 2^7 = 01111111$$

测试值与理论计算值一致。

本章小结

本章主要介绍了数模与模数转换。

(1) D/A 转换器。分别介绍了二进制权电阻网络 D/A 转换器和 R-$2R$ 倒 T 形电阻网络 D/A 转换器的电路组成、工作原理、电路的优缺点及集成 D/A 转换器。

(2) A/D 转换器。不仅介绍了 A/D 转换的主要步骤、转换方式、采样与保持电路的作用及量化与编码方法,还介绍了并行比较 A/D 转换器、逐次逼近 A/D 转换器及双积分 A/D 转换器的电路组成、工作原理、电路的优缺点及集成 A/D 转换器。

(3) 掌握几种典型转换电路的基本原理、输出量与输入量之间的定量关系、主要特点,以及分辨率、转换精度、转换误差、转换速度的概念与表示方法。

自测题

一、单项选择题

在各小题备选答案中选择出一个正确的答案,将正确答案前的字母填在题干后的括号内。

1. R-$2R$ 倒 T 形电阻网络 D/A 转换器中的电阻取值为( )。
   A. R 和 $2R$ B. R C. $2R$ D. R 和 $R/2$

2. 8 位 R-$2R$ 倒 T 形电阻网络 D/A 转换器,当输入数字量只有最低位为 1 时输出电压为 -0.02V,若输入数字量只有最高位为 1 时,则输出电压为( )。
   A. -0.039V   B. -2.56V   C. -1.27V   D. 都不是

3. DAC 中输出端运算放大器的作用是( )。
   A. 倒相   B. 放大
   C. 积分   D. 求和及 I/V 转换

4. D/A 转换器的主要参数有转换精度、转换速度及( )。
   A. 分辨率   B. 输入电阻   C. 输出电阻   D. 参考电压

5. 采样脉冲信号 CP_S 的频率 f_S 与输入模拟电压 $u_I(t)$ 中的最高频率 f_{Imax} 的关系为( )。
   A. $f_S \geqslant 2f_{Imax}$ B. $f_S \geqslant f_{Imax}$ C. $f_S = f_{Imax}$ D. $f_S < f_{Imax}$

6. 在 ADC 工作过程中,包括保持 a、采样 b、编码 c、量化 d 4 个过程,它们的先后顺序应该是( )。
   A. abcd   B. bcda   C. cbad   D. badc

7. A/D 转换器中,转换速度最快的是( )。
   A. 并行比较型   B. 逐次逼近型
   C. 双积分型   D. 以上各型速度相同

8. 以下各种 ADC 中,转换速度最慢的是( )。
   A. 并行比较型   B. 逐次逼近型

C. 双积分型　　　　　　　　　D. 以上各型速度相同
9. 抑制电网工频干扰能力强的 A/D 转换器是(　　)。
　　A. 并行比较型　　B. 逐次逼近型　　C. 双积分型　　D. 以上各型均可
10. 不能对正弦信号进行 A/D 转换的是(　　)。
　　A. 并行比较型　　　　　　　　B. 逐次逼近型
　　C. 双积分型　　　　　　　　　D. 以上各型均不能

二、填空题

1. D/A 转换器将输入的_____转换为与之成正比的_____。
2. 电阻网络 D/A 转换器主要由_____、_____、_____和_____等部分组成。
3. DAC 的位数越多,分辨率_____,分辨能力越高。
4. 最小输出电压和最大输出电压之比,称作_____,它取决于 D/A 转换器的_____。
5. A/D 转换器用来将输入的_____转换为_____输出。
6. 在 A/D 转换器中,量化单位是指输出_____对应的模拟电压。
7. 在 A/D 转换的量化中,最小量化单位为 Δ,如果使用四舍五入法,最大量化误差为_____,如果使用只舍不入法,最大量化误差为_____。
8. 只适用于对直流电压进行 A/D 转换的是_____型 A/D 转换器。
9. 就逐次逼近型和双积分型两种 A/D 转换器而言,_____的抗干扰能力强,_____的转换速度快。
10. 并行比较型、逐次逼近型及双积分型 A/D 转换器中,不属于直接 A/D 转换的是_____A/D 转换器。

习题

1. 图 12.1 所示的 4 位二进制权电阻网络 D/A 转换器中,$V_{REF}=5V$,$R_F=R/2$。试求:
(1) 当 LSB 由 0 变 1 时,输出电压 u_O 的变化量。
(2) 当输入数字量 $D_3D_2D_1D_0=0101$ 时的输出模拟电压 u_O。
(3) 最大输入数字量时的输出模拟电压 u_O。
(4) 分辨率。

2. 图 12.1 所示的 4 位二进制权电阻网络 D/A 转换器中,分析是否接 D_0 的电阻一定为 2^3R,接 D_3 的电阻一定为 R。

3. 图 12.2 所示的 4 位 R-$2R$ 倒 T 形电阻网络 D/A 转换器中,已知 $V_{REF}=10V$,$R_F=2R$。试求:
(1) 输出电压的范围。
(2) 分辨率。

4. 由计数器控制的 D/A 转换器如图 12.16(a)所示,D/A 转换器的输出特性如图 12.16(b)所示,计数器的状态图如图 12.16(c)所示,试对应时钟脉冲 CP 画出计数器完成一个计数循环时输出电压 u_O 的波形。

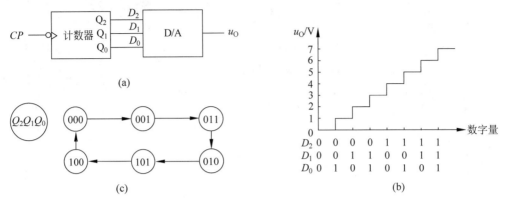

图 12.16

5. 集成二进制计数器 74LS161 与 4 位 R-$2R$ 倒 T 形电阻网络 D/A 转换器按图 12.17 所示方式的连接,试画出在 10 个时钟脉冲 CP 作用下输出电压 u_O 的波形,已知 D/A 转换器的 $V_{REF}=8V, R_F=2R$。

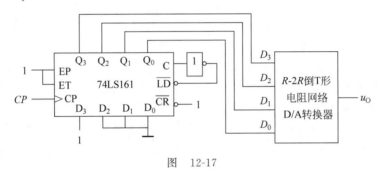

图 12-17

6. A/D 转换中,模拟输入电压的最高频率分量为 $f_{Imax}=4000Hz$,试求最低采样频率 f_{Smin}。

7. 一个 16 位的 A/D 转换器,输入模拟电压的最大值为 $U_I=10V$,试计算可以分辨的输入电压。

8. 若将数值为 $U_I=5V$ 的模拟电压转换成数字信号,并要求输入模拟电压每变化 20mV 能使数字量的最低有效位发生变化,试求 A/D 转换器的位数。

9. 图 12.9 所示的 3 位并行比较 A/D 转换器中,已知基准电压源 $V_{REF}=8V$,当输入模拟电压分别为 8V、6.2V、5.6V、3V、1.5V 及 0.5V 时,求相应的输出数字量 $D_2D_1D_0$。

10. 一个双积分 A/D 转换器,若输入电压的最大值为 $U_I=2V$,并要求能分辨出 0.1mV 的输入电压。试求:

(1) 双积分 A/D 转换器中的二进制计数器的位数。

(2) 时钟脉冲 CP 的频率为 2000kHz 时的采样保持时间。

(3) 基准电压源 $|V_{REF}|=2V$ 时完成一次 A/D 转换的时间。

参 考 文 献

[1] 任骏原,杨玉强,刘维学.数字电子技术基础[M].北京:清华大学出版社,2013.
[2] 任骏原,腾香,李金山.数字逻辑电路 Multisim 仿真技术[M].北京:电子工业出版社,2013.
[3] 霍亮生.电子技术基础[M].3 版.北京:清华大学出版社,2019.
[4] 贾立新.数字电路[M].3 版.北京:电子工业出版社,2017.
[5] 杨素行.模拟电子技术基础简明教程[M].3 版.北京:高等教育出版社,2006.
[6] 余孟尝.数字电子技术基础简明教程[M].3 版.北京:高等教育出版社,2007.
[7] 王连英.基于 Multisim 10 的电子仿真实验与设计[M].北京:北京邮电大学出版社,2009.
[8] 张燕君,齐跃峰,吴国庆,等.电路原理[M].北京:清华大学出版社,2017.
[9] 童诗白,华成英.模拟电子技术基础[M].5 版.北京:高等教育出版社,2015.
[10] 阎石,王红.数字电子技术基础[M].6 版.北京:高等教育出版社,2016.
[11] Wakerly J F. Digital Design:Principles & Practices[M].5th ed. London:Pearson Education,2018.
[12] Susan A R G,Rober J B. Digital Logic:Analysis,Application & Design[M]. Boston:Houghton Mifflin Harcourt,1991.

图书资源支持

感谢您一直以来对清华大学出版社图书的支持和爱护。为了配合本书的使用，本书提供配套的资源，有需求的读者请扫描下方的"书圈"微信公众号二维码，在图书专区下载，也可以拨打电话或发送电子邮件咨询。

如果您在使用本书的过程中遇到了什么问题，或者有相关图书出版计划，也请您发邮件告诉我们，以便我们更好地为您服务。

我们的联系方式：

地　　址：北京市海淀区双清路学研大厦 A 座 714

邮　　编：100084

电　　话：010-83470236　010-83470237

资源下载：http://www.tup.com.cn

客服邮箱：tupjsj@vip.163.com

QQ：2301891038（请写明您的单位和姓名）

用微信扫一扫右边的二维码，即可关注清华大学出版社公众号。

教学资源·教学样书·新书信息

人工智能科学与技术
人工智能|电子通信|自动控制

资料下载·样书申请

书圈